| 光明社科文库 |

教学资源库建设与应用

基于新能源类专业

王宝龙 李云梅◎主编

光明日报出版社

图书在版编目（CIP）数据

教学资源库建设与应用：基于新能源类专业 / 王宝龙，李云梅主编．-- 北京：光明日报出版社，2022.8

ISBN 978-7-5194-6759-3

Ⅰ．①教… Ⅱ．①王…②李… Ⅲ．①新能源—职业教育—教育资源—资源建设—研究 Ⅳ．①TK01

中国版本图书馆 CIP 数据核字（2022）第 160088 号

教学资源库建设与应用：基于新能源类专业

JIAOXUE ZIYUANKU JIANSHE YU YINGYONG：JIYU XINNENGYUAN LEI ZHUANYE

主　　编：王宝龙　李云梅

责任编辑：刘兴华　　　责任校对：李　倩　赵海霞

封面设计：中联华文　　　责任印制：曹　净

出版发行：光明日报出版社

地　　址：北京市西城区永安路 106 号，100050

电　　话：010-63169890（咨询），010-63131930（邮购）

传　　真：010-63131930

网　　址：http://book.gmw.cn

E - mail：gmrbcbs@gmw.cn

法律顾问：北京市兰台律师事务所龚柳方律师

印　　刷：三河市华东印刷有限公司

装　　订：三河市华东印刷有限公司

本书如有破损、缺页、装订错误，请与本社联系调换，电话：010-63131930

开　　本：170mm×240mm

字　　数：682 千字　　　印　　张：35

版　　次：2023 年 6 月第 1 版　　　印　　次：2023 年 6 月第 1 次印刷

书　　号：ISBN 978-7-5194-6759-3

定　　价：188.00 元

目 录
CONTENTS

第一部分 01

制度篇

第一章 国家相关制度

第一节 关于推动现代职业教育高质量发展的意见

职业教育是国民教育体系和人力资源开发的重要组成部分，肩负着培养多样化人才、传承技术技能、促进就业创业的重要职责。在全面建设社会主义现代化国家新征程中，职业教育前途广阔、大有可为。为贯彻落实全国职业教育大会精神，推动现代职业教育高质量发展，现提出如下意见。

一、总体要求

（一）指导思想。以习近平新时代中国特色社会主义思想为指导，深入贯彻党的十九大和十九届二中、三中、四中、五中全会精神，坚持党的领导，坚持正确办学方向，坚持立德树人，优化类型定位，深入推进育人方式、办学模式、管理体制、保障机制改革，切实增强职业教育适应性，加快构建现代职业教育体系，建设技能型社会，弘扬工匠精神，培养更多高素质技术技能人才、能工巧匠、大国工匠，为全面建设社会主义现代化国家提供有力人才和技能支撑。

（二）工作要求。坚持立德树人、德技并修，推动思想政治教育与技术技能培养融合统一；坚持产教融合、校企合作，推动形成产教良性互动、校企优势互补的发展格局；坚持面向市场、促进就业，推动学校布局、专业设置、人才培养与市场需求相对接；坚持面向实践、强化能力，让更多青年凭借一技之长实现人生价值；坚持面向人人、因材施教，营造人人努力成才、人人皆可成才、人人尽展其才的良好环境。

（三）主要目标

到 2025 年，职业教育类型特色更加鲜明，现代职业教育体系基本建成，技能型社会建设全面推进。办学格局更加优化，办学条件大幅改善，职业本科教育招生规模不低于高等职业教育招生规模的 10%，职业教育吸引力和培养质量显著提高。

到2035年，职业教育整体水平进入世界前列，技能型社会基本建成。技术技能人才社会地位大幅提升，职业教育供给与经济社会发展需求高度匹配，在全面建设社会主义现代化国家中的作用显著增强。

二、强化职业教育类型特色

（四）巩固职业教育类型定位。因地制宜、统筹推进职业教育与普通教育协调发展。加快建立“职教高考”制度，完善“文化素质+职业技能”考试招生办法，加强省级统筹，确保公平公正。加强职业教育理论研究，及时总结中国特色职业教育办学规律和制度模式。

（五）推进不同层次职业教育纵向贯通。大力提升中等职业教育办学质量，优化布局结构，实施中等职业学校办学条件达标工程，采取合并、合作、托管、集团办学等措施，建设一批优秀中等职业学校和优质专业，注重为高等职业教育输送具有扎实技术技能基础和合格文化基础的生源。支持有条件的中等职业学校根据当地经济社会发展需要试办社区学院。推进高等职业教育提质培优，实施好“双高计划”，集中力量建设一批高水平高等职业学校和专业。稳步发展职业本科教育，高标准建设职业本科学校和专业，保持职业教育办学方向不变、培养模式不变、特色发展不变。一体化设计职业教育人才培养体系，推动各层次职业教育专业设置、培养目标、课程体系、培养方案衔接，支持在培养周期长、技能要求高的专业领域实施长学制培养。鼓励应用型本科学校开展职业本科教育。按照专业大致对口原则，指导应用型本科学校、职业本科学校吸引更多中高职毕业生报考。

（六）促进不同类型教育横向融通。加强各学段普通教育与职业教育渗透融通，在普通中小学实施职业启蒙教育，培养掌握技能的兴趣爱好和职业生涯规划的意识能力。探索发展以专项技能培养为主的特色综合高中。推动中等职业学校与普通高中、高等职业学校与应用型大学课程互选、学分互认。鼓励职业学校开展补贴性培训和市场化社会培训。制定国家资历框架，建设职业教育国家学分银行，实现各类学习成果的认证、积累和转换，加快构建服务全民终身学习的教育体系。

三、完善产教融合办学体制

（七）优化职业教育供给结构。围绕国家重大战略，紧密对接产业升级和技术变革趋势，优先发展先进制造、新能源、新材料、现代农业、现代信息技术、生物技术、人工智能等产业需要的一批新兴专业，加快建设学前、护理、康养、家政等一批人才紧缺的专业，改造升级钢铁冶金、化工医药、建筑工程、轻纺制造等一批传统专业，撤并淘汰供给过剩、就业率低、职业岗位消失的专业，鼓励学校开设更多紧缺的、符合市场需求的专业，形成紧密对接产业链、创新链的专业体系。优化区域资源配置，推进部省共建职业教育创新发展高地，持续深化职业教育东西部协作。启动实施技能型社会职业教育体系建设地方试点。支持办好面向农村的职业教育，强化校地合作、育训结合，加快培养乡村振兴人才，鼓励更多农民、返乡农民工接受职业教育。支持行业企业开展技术技能人才培养培训，推行终身职业技能培训制度和在岗继续教育制度。

（八）健全多元办学格局。构建政府统筹管理、行业企业积极举办、社会力量深度参与的多元办学格局。健全国有资产评估、产权流转、权益分配、干部人事管理等制度。鼓励上市公司、行业龙头企业举办职业教育，鼓励各类企业依法参与举办职业教育。鼓励职业学校与社会资本合作共建职业教育基础设施、实训基地，共建共享公共实训基地。

（九）协同推进产教深度融合。各级政府要统筹职业教育和人力资源开发的规模、结构和层次，将产教融合列入经济社会发展规划。以城市为节点、行业为支点、企业为重点，建设一批产教融合试点城市，打造一批引领产教融合的标杆行业，培育一批行业领先的产教融合型企业。积极培育市场导向、供需匹配、服务精准、运作规范的产教融合服务组织。分级分类编制发布产业结构动态调整报告、行业人才就业状况和需求预测报告。

四、创新校企合作办学机制

（十）丰富职业学校办学形态。职业学校要积极与优质企业开展双边多边技术协作，共建技术技能创新平台、专业化技术转移机构和大学科技园、科技企业孵化器、众创空间，服务地方中小微企业技术升级和产品研发。推动职业学校在企业设立实习实训基地、企业在职业学校建设培养培训基地。推动校企共建共管产业学院、企业学院，延伸职业学校办学空间。

（十一）拓展校企合作形式内容。职业学校要主动吸纳行业龙头企业深度参与职业教育专业规划、课程设置、教材开发、教学设计、教学实施，合作共建新专业、开发新课程、开展订单培养。鼓励行业龙头企业主导建立全国性、行业性职教集团，推进实体化运作。探索中国特色学徒制，大力培养技术技能人才。支持企业接收学生实习实训，引导企业按岗位总量的一定比例设立学徒岗位。严禁向学生违规收取实习实训费用。

（十二）优化校企合作政策环境。各地要把促进企业参与校企合作、培养技术技能人才作为产业发展规划、产业激励政策、乡村振兴规划制定的重要内容，对产教融合型企业给予“金融+财政+土地+信用”组合式激励，按规定落实相关税费政策。工业和信息化部门要把企业参与校企合作的情况，作为各类示范企业评选的重要参考。教育、人力资源社会保障部门要把校企合作成效作为评价职业学校办学质量的重要内容。国有资产监督管理机构要支持企业参与和举办职业教育。鼓励金融机构依法依规为校企合作提供相关信贷和融资支持。积极探索职业学校实习生参加工伤保险办法。加快发展职业学校学生实习实训责任保险和人身意外伤害保险，鼓励保险公司对现代学徒制、企业新型学徒制保险专门确定费率。职业学校通过校企合作、技术服务、社会培训、自办企业等所得收入，可按一定比例作为绩效工资来源。

五、深化教育教学改革

（十三）强化双师型教师队伍建设。加强师德师风建设，全面提升教师素养。完善职业教育教师资格认定制度，在国家教师资格考试中强化专业教学和实践要求。制定双师型教师标准，完善教师招聘、专业技术职务评聘和绩效考核标准。按照职业学校生师比例和结构要求配齐专业教师。加强职业技术师范学校建设。支持高水平学校和大中型企业共建双师型教师培养培训基地，落实教师定期到企业实践的规定，支持企业技术骨干到学校从教，推进固定岗与流动岗相结合、校企互聘兼职的教师队伍建设改革。继续实施职业院校教师素质提高计划。

（十四）创新教学模式与方法。提高思想政治理论课质量和实效，推进习近平新时代中国特色社会主义思想进教材、进课堂、进头脑。举办职业学校思想政治教育课程教师教学能力比赛。普遍开展项目教学、情境教学、模块化教学，推动现代信息技术与教育教学深度融合，提高课堂教学质量。全面实施弹性学习和学分制管理，支持学生积极参加社会实践、创新创业、竞赛活动。办好全国职业院校技能大赛。

（十五）改进教学内容与教材。完善“岗课赛证”综合育人机制，按照生产实际和岗位需求设计开发课程，开发模块化、系统化的实训课程体系，提升学生实践能力。深入实施职业技能等级证书制度，完善认证管理办法，加强事中事后监管。及时更新教学标准，将新技术、新工艺、新规范、典型生产案例及时纳入教学内容。把职业技能等级证书所体现的先进标准融入人才培养方案。强化教材建设国家事权，分层规划，完善职业教育教材的编写、审核、选用、使用、更新、评价监管机制。引导地方、行业和学校按规定建设地方特色教材、行业适用教材、校本专业教材。

（十六）完善质量保证体系。建立健全教师、课程、教材、教学、实习实训、信息化、安全等国家职业教育标准，鼓励地方结合实际出台更高要求的地方标准，支持行业组织、龙头企业参与制定标准。推进职业学校教学工作诊断与改进制度建设。完善职业教育督导评估办法，加强对地方政府履行职业教育职责督导，做好中等职业学校办学能力评估和高等职业学校适应社会需求能力评估。健全国家、省、学校质量年报制度，定期组织质量年报的审查抽查，提高编制水平，加大公开力度。强化评价结果运用，将其作为批复学校设置、核定招生计划、安排重大项目的重要参考。

六、打造中国特色职业教育品牌

（十七）提升中外合作办学水平。办好一批示范性中外合作办学机构和项目。加强与国际高水平职业教育机构和组织合作，开展学术研究、标准研制、人员交流。在“留学中国”项目、中国政府奖学金项目中设置职业教育类别。

（十八）拓展中外合作交流平台。全方位践行世界技能组织2025战略，加强与联合国教科文组织等国际和地区组织的合作。鼓励开放大学建设海外学习中心，推进职业教育涉外行业组织建设，实施职业学校教师教学创新团队、高技能领军人才和产业紧缺人才境外培训计划。积极承办国际职业教育大会，办好办实中国-东盟教育交流周，形成一批教育交流、技能交流和人文交流的品牌。

（十九）推动职业教育走出去。探索“中文+职业技能”的国际化发展模式。服务国际产能合作，推动职业学校跟随中国企业走出去。完善“鲁班工坊”建设标准，拓展办学内涵。提高职业教育在出国留学基金等项目中的占比。积极打造一批高水平国际化的职业学校，推出一批具有国际影响力的专业标准、课程标准、教学资源。各地要把职业教育纳入对外合作规划，作为友好城市（省州）建设的重要内容。

七、组织实施

（二十）加强组织领导。各级党委和政府要把推动现代职业教育高质量发展摆在更加突出的位置，更好支持和帮助职业教育发展。职业教育工作部门联席会议要充分发挥作用，教育行政部门要认真落实对职业教育工作统筹规划、综合协调、宏观管理职责。国家将职业教育工作纳入省级政府履行教育职责督导评价，各省将职业教育工作纳入地方经济社会发展考核。选优配强职业学校主要负责人，建设高素质专业化职业教育干部队伍。落实职业学校在内设机构、岗位设置、用人计划、教师招聘、职称评聘等方面的自主权。加强职业学校党建工作，落实意识形态工作责任制，开展新时代职业学校党组织示范创建和质量创优工作，把党的领导落实到办学治校、立德树人全过程。

（二十一）强化制度保障。加快修订职业教育法，地方结合实际制定修订有关地方性法规。健全政府投入为主、多渠道筹集职业教育经费的体制。优化支出结构，新增教育经费向职业教育倾斜。严禁以学费、社会服务收入冲抵生均拨款，探索建立基于专业大类的职业教育差异化生均拨款制度。

（二十二）优化发展环境。加强正面宣传，挖掘宣传基层和一线技术技能人才成长成才的典型事迹，弘扬劳动光荣、技能宝贵、创造伟大的时代风尚。打通职业学校毕业生在就业、落户、参加招聘、职称评审、晋升等方面的通道，与普通学校毕业生享受同等待遇。对在职业教育工作中取得成绩的单位和个人、在职业教育领域作出突出贡献的技术技能人才，按照国家有关规定予以表彰奖励。各地将符合条件的高水平技术技能人才纳入高层次人才计划，探索从优秀产业工人和农业农村人才中培养选拔干部机制，加大技术技能人才薪酬激励力度，提高技术技能人才社会地位。

第二节 国家职业教育改革实施方案

国发〔2019〕4号

职业教育与普通教育是两种不同教育类型，具有同等重要地位。改革开放以来，职业教育为我国经济社会发展提供了有力的人才和智力支撑，现代职业教育体系框架全面建成，服务经济社会发展能力和社会吸引力不断增强，具备了基本实现现代化的诸多有利条件和良好工作基础。随着我国进入新的发展阶段，产业升级和经济结构调整不断加快，各行各业对技术技能人才的需求越来越紧迫，职业教育重要地位和作用越来越凸显。但是，与发达国家相比，与建设现代化经济体系、建设教育强国的要求相比，我国职业教育还存在着体系建设不够完善、职业技能实训基地建设有待加强、制度标准不够健全、企业参与办学的动力不足、有利于技术技能人才成长的配套政策尚待完善、办学和人才培养质量水平参差不齐等问题，到了必须下大力气抓好的时候。没有职业教育现代化就没有教育现代化。为贯彻全国教育大会精神，进一步办好新时代职业教育，落实《中华人民共和国职业教育法》，制定本实施方案。

总体要求与目标：坚持以习近平新时代中国特色社会主义思想为指导，把职业教育摆在教育改革创新和经济社会发展中更加突出的位置。牢固树立新发展理念，服务建设现代化经济体系和实现更高质量更充分就业需要，对接科技发展趋势和市场需求，完善职业教育和培训体系，优化学校、专业布局，深化办学体制改革和育人机制改革，以促进就业和适应产业发展需求为导向，鼓励和支持社会各界特别是企业积极支持职业教育，着力培养高素质劳动者和技术技能人才。经过5—10年左右时间，职业教育基本完成由政府举办为主向政府统筹管理、社会多元办学的格局转变，由追求规模扩张向提高质量转变，由参照普通教育办学模式向企业社会参与、专业特色鲜明的类型教育转变，大幅提升新时代职业教育现代化水平，为促进经济社会发展和提高国家竞争力提供优质人才资源支撑。

具体指标：到2022年，职业院校教学条件基本达标，一大批普通本科高等学校向应用型转变，建设50所高水平高等职业学校和150个骨干专业（群）。建成覆盖大部分行业领域、具有国际先进水平的中国职业教育标准体系。企业参与职业教育的积极性有较大提升，培育数以万计的产教融合型企业，打造一批优秀职业教育培训评价组织，推动建设300个具有辐射引领作用的高水平专业化产教融合实训基地。职业院校实践性教学课时原则上占总课时一半以上，顶岗实习时间一般为6个月。“双师型”教师（同时具备理论教学和实践教学能力的教师）占专业课教师总数超过一半，分专业建设一批国家级职业教育教师教学创新团队。从2019年开始，在职业院校、应用型本科高校启动“学历证书+若干职业技能等级证书”制度试点（以下称1+X证书制度试点）工作。

一、完善国家职业教育制度体系

（一）健全国家职业教育制度框架

把握好正确的改革方向，按照“管好两端、规范中间、书证融通、办学多元”的原则，严把教学标准和毕业学生质量标准两个关口。将标准化建设作为统领职业教育发展的突破口，完善职业教育体系，为服务现代制造业、现代服务业、现代农业发展和职业教育现代化提供制度保障与人才支持。建立健全学校设置、师资队伍、教学教材、信息化建设、安全设施等办学标准，引领职业教育服务发展、促进就业创业。落实好立德树人根本任务，健全德技并修、工学结合的育人机制，完善评价机制，规范人才培养全过程。深化产教融合、校企合作，育训结合，健全多元化办学格局，推动企业深度参与协同育人，扶持鼓励企业和社会力量参与举办各类职业教育。推进资历框架建设，探索实现学历证书和职业技能等级证书互通衔接。

（二）提高中等职业教育发展水平

优化教育结构，把发展中等职业教育作为普及高中阶段教育和建设中国特色职业教育体系的重要基础，保持高中阶段教育职普比大体相当，使绝大多数城乡新增劳动力接受高中阶段教育。改善中等职业学校基本办学条件。加强省级统筹，建好办好一批县域职教中心，重点支持集中连片特困地区每个地（市、州、盟）原则上至少建设一所符合当地经济社会发展和技术技能人才培养需要的中等职业学校。指导各地优化中等职业学校布局结构，科学配置并做大做强职业教育资源。加大对民族地区、贫困地区和残疾人职业教育的政策、金融支持力度，落实职业教育东西协作行动计划，办好内地少数民族中职班。完善招生机制，建立中等职业学校和普通高中统一招生平台，精准服务区域发展需求。积极招收初高中毕业未升学学生、退役军人、退役运动员、下岗职工、返乡农民工等接受中等职业教育；服务乡村振兴战略，为广大农村培养以新型职业农民为主体的农村实用人才。发挥中等职业学校作用，帮助部分学业困难学生按规定在职业学校完成义务教育，并接受部分职业技能学习。

鼓励中等职业学校联合中小学开展劳动和职业启蒙教育，将动手实践内容纳入中小学相关课程和学生综合素质评价。

（三）推进高等职业教育高质量发展

把发展高等职业教育作为优化高等教育结构和培养大国工匠、能工巧匠的重要方式，使城乡新增劳动力更多接受高等教育。高等职业学校要培养服务区域发展的高素质技术技能人才，重点服务企业特别是中小微企业的技术研发和产品升级，加强社区教育和终身学习服务。建立“职教高考”制度，完善“文化素质+职业技能”的考试招生办法，提高生源质量，为学生接受高等职业教育提供多种入学方式和学习方式。在学前教育、护理、养老服务、健康服务、现代服务业等领域，扩大对初中毕业生实行中高职贯通培养的招生规模。启动实施中国特色高水平高等职业学校和专业建设计划，建设一批引领改革、支撑发展、中国特色、世界水平的高等职业学校和骨干专业（群）。根据高等学校设置制度规定，将符合条件的技师学院纳入高等学校序列。

（四）完善高层次应用型人才培养体系

完善学历教育与培训并重的现代职业教育体系，畅通技术技能人才成长渠道。发展以职业需求为导向、以实践能力培养为重点、以产学研用结合为途径的专业学位研究生培养模式，加强专业学位硕士研究生培养。推动具备条件的普通本科高校向应用型转变，鼓励有条件的普通高校开办应用技术类型专业或课程。开展本科层次职业教育试点。制定中国技能大赛、全国职业院校技能大赛、世界技能大赛获奖选手等免试入学政策，探索长学制培养高端技术技能人才。服务军民融合发展，把军队相关的职业教育纳入国家职业教育大体系，共同做好面向现役军人的教育培训，支持其在服役期间取得多类职业技能等级证书，提升技术技能水平。落实好定向培养直招士官政策，推动地方院校与军队院校有效对接，推动优质职业教育资源向军事人才培养开放，建立军地网络教育资源共享机制。制订具体政策办法，支持适合的退役军人进入职业院校和普通本科高校接受教育和培训，鼓励支持设立退役军人教育培训集团（联盟），推动退役、培训、就业有机衔接，为促进退役军人特别是退役士兵就业创业作出贡献。

二、构建职业教育国家标准

（一）完善教育教学相关标准

发挥标准在职业教育质量提升中的基础性作用。按照专业设置与产业需求对接、课程内容与职业标准对接、教学过程与生产过程对接的要求，完善中等、高等职业学校设置标准，规范职业院校设置；实施教师和校长专业标准，提升职业院校教学管理和教学实践能力。持续更新并推进专业目录、专业教学标准、课程标准、顶岗实习标准、实训条件建设标准（仪器设备配备规范）建设和在职业院校落地实施。巩固和发展国务院教育行政部门联合行业制定国家教学标准、职业院校依据标准自主制订人才培养方案的工作格局。

（二）启动1+X证书制度试点工作

深化复合型技术技能人才培养培训模式改革，借鉴国际职业教育培训普遍做法，制订工作方案和具体管理办法，启动1+X证书制度试点工作。试点工作要进一步发挥好学历证书作用，夯实学生可持续发展基础，鼓励职业院校学生在获得学历证书的同时，积极取得多类职业技能等级证书，拓展就业创业本领，缓解结构性就业矛盾。国务院人力资源社会保障行政部门、教育行政部门在职责范围内，分别负责管理监督考核院校外、院校内职业技能等级证书的实施（技工院校内由人力资源社会保障行政部门负责），国务院人力资源社会保障行政部门组织制定职业标准，国务院教育行政部门依照职业标准牵头组织开发教学等相关标准。院校内培训可面向社会人群，院校外培训也可面向在校学生。各类职业技能等级证书具有同等效力，持有证书人员享受同等待遇。院校内实施的职业技能等级证书分为初级、中级、高级，是职业技能水平的凭证，反映职业活动和个人职业生涯发展所需要的综合能力。

（三）开展高质量职业培训

落实职业院校实施学历教育与培训并举的法定职责，按照育训结合、长短结合、内外结合的要求，面向在校学生和全体社会成员开展职业培训。自2019年开始，围绕现代农业、先进制造业、现代服务业、战略性新兴产业，推动职业院校在10个左右技术技能人才紧缺领域大力开展职业培训。引导行业企业深度参与技术技能人才培养培训，促进职业院校加强专业建设、深化课程改革、增强实训内容、提高师资水平，全面提升教育教学质量。各级政府要积极支持职业培训，行政部门要简政放权并履行好监管职责，相关下属机构要优化服务，对于违规收取费用的要严肃处理。畅通技术技能人才职业发展通道，鼓励其持续获得适应经济社会发展需要的职业培训证书，引导和支持企业等用人单位落实相关待遇。对取得职业技能等级证书的离校未就业高校毕业生，按规定落实职业培训补贴政策。

（四）实现学习成果的认定、积累和转换

加快推进职业教育国家“学分银行”建设，从2019年开始，探索建立职业教育个人学习账号，实现学习成果可追溯、可查询、可转换。有序开展学历证书和职业技能等级证书所体现的学习成果的认定、积累和转换，为技术技能人才持续成长拓宽通道。职业院校对取得若干职业技能等级证书的社会成员，支持其根据证书等级和类别免修部分课程，在完成规定内容学习后依法依规取得学历证书。对接受职业院校学历教育并取得毕业证书的学生，在参加相应的职业技能等级证书考试时，可免试部分内容。从2019年起，在有条件的地区和高校探索实施试点工作，制定符合国情的国家资历框架。

三、促进产教融合校企“双元”育人

（一）坚持知行合一、工学结合

借鉴“双元制”等模式，总结现代学徒制和企业新型学徒制试点经验，校企共同研究制定人才培养方案，及时将新技术、新工艺、新规范纳入教学标准和教学内容，强化学生实习实训。健全专业设置定期评估机制，强化地方引导本区域职业院校优化专业设置的职责，原则上每5年修订1次职业院校专业目录，学校依据目录灵活自主设置专业，每年调整1次专业。健全专业教学资源库，建立共建共享平台的资源认证标准和交易机制，进一步扩大优质资源覆盖面。遴选认定一大批职业教育在线精品课程，建设一大批校企“双元”合作开发的国家规划教材，倡导使用新型活页式、工作手册式教材并配套开发信息化资源。每3年修订1次教材，其中专业教材随信息技术发展和产业升级情况及时动态更新。适应“互联网+职业教育”发展需求，运用现代信息技术改进教学方式方法，推进虚拟工厂等网络学习空间建设和普遍应用。

（二）推动校企全面加强深度合作

职业院校应当根据自身特点和人才培养需要，主动与具备条件的企业在人才培养、技术创新、就业创业、社会服务、文化传承等方面开展合作。学校积极为企业提供所需的课程、师资等资源，企业应当依法履行实施职业教育的义务，利用资本、技术、知识、设施、设备和管理等要素参与校企合作，促进人力资源开发。校企合作中，学校可从中获得智力、专利、教育、劳务等报酬，具体分配由学校按规定自行处理。在开展国家产教融合建设试点基础上，建立产教融合型企业认证制度，对进入目录的产教融合型企业给予

“金融+财政+土地+信用”的组合式激励，并按规定落实相关税收政策。试点企业兴办职业教育的投资符合条件的，可按投资额一定比例抵免该企业当年应缴教育费附加和地方教育附加。厚植企业承担职业教育责任的社会环境，推动职业院校和行业企业形成命运共同体。

（三）打造一批高水平实训基地

加大政策引导力度，充分调动各方面深化职业教育改革创新的积极性，带动各级政府、企业和职业院校建设一批资源共享，集实践教学、社会培训、企业真实生产和社会技术服务于一体的高水平职业教育实训基地。面向先进制造业等技术技能人才紧缺领域，统筹多种资源，建设若干具有辐射引领作用的高水平专业化产教融合实训基地，推动开放共享，辐射区域内学校和企业；鼓励职业院校建设或校企共建一批校内实训基地，提升重点专业建设和校企合作育人水平。积极吸引企业和社会力量参与，指导各地各校借鉴德国、日本、瑞士等国家经验，探索创新实训基地运营模式。提高实训基地规划、管理水平，为社会公众、职业院校在校生取得职业技能等级证书和企业提升人力资源水平提供有力支撑。

（四）多措并举打造“双师型”教师队伍

从2019年起，职业院校、应用型本科高校相关专业教师原则上从具有3年以上企业工作经历并具有高职以上学历的人员中公开招聘，特殊高技能人才（含具有高级工以上职业资格人员）可适当放宽学历要求，2020年起基本不再从应届毕业生中招聘。加强职业技术师范院校建设，优化结构布局，引导一批高水平工科学校举办职业技术师范教育。实施职业院校教师素质提高计划，建立100个“双师型”教师培养培训基地，职业院校、应用型本科高校教师每年至少1个月在企业或实训基地实训，落实教师5年一周期的全员轮训制度。探索组建高水平、结构化教师教学创新团队，教师分工协作进行模块化教学。定期组织选派职业院校专业骨干教师赴国外研修访学。在职业院校实行高层次、高技能人才以直接考察的方式公开招聘。建立健全职业院校自主聘任兼职教师的办法，推动企业工程技术人员、高技能人才和职业院校教师双向流动。职业院校通过校企合作、技术服务、社会培训、自办企业等所得收入，可按一定比例作为绩效工资来源。

四、建设多元办学格局

（一）推动企业和社会力量举办高质量职业教育

各级政府部门要深化“放管服”改革，加快推进职能转变，由注重

“办”职业教育向“管理与服务”过渡。政府主要负责规划战略、制定政策、依法依规监管。发挥企业重要办学主体作用，鼓励有条件的企业特别是大企业举办高质量职业教育，各级人民政府可按规定给予适当支持。完善企业经营管理和技术人员与学校领导、骨干教师相互兼职兼薪制度。2020 年初步建成 300 个示范性职业教育集团（联盟），带动中小企业参与。支持和规范社会力量兴办职业教育培训，鼓励发展股份制、混合所有制等职业院校和各类职业培训机构。建立公开透明规范的民办职业教育准入、审批制度，探索民办职业教育负面清单制度，建立健全退出机制。

（二）做优职业教育培训评价组织

职业教育包括职业学校教育和职业培训，职业院校和应用型本科高校按照国家教学标准和规定职责完成教学任务和职业技能人才培养。同时，也必须调动社会力量，补充校园不足，助力校园办学。能够依据国家有关法规和职业标准、教学标准完成的职业技能培训，要更多通过职业教育培训评价组织（以下简称培训评价组织）等参与实施。政府通过放宽准入，严格末端监督执法，严格控制数量，扶优、扶大、扶强，保证培训质量和学生能力水平。要按照在已成熟的品牌中遴选一批、在成长中的品牌中培育一批、在有需要但还没有建立项目的领域中规划一批的原则，以社会化机制公开招募并择优遴选培训评价组织，优先从制订过国家职业标准并完成标准教材编写，具有专家、师资团队、资金实力和 5 年以上优秀培训业绩的机构中选择。培训评价组织应对接职业标准，与国际先进标准接轨，按有关规定开发职业技能等级标准，负责实施职业技能考核、评价和证书发放。政府部门要加强监管，防止出现乱培训、滥发证现象。行业协会要积极配合政府，为培训评价组织提供好服务环境支持，不得以任何方式收取费用或干预企业办学行为。

五、完善技术技能人才保障政策

（一）提高技术技能人才待遇水平

支持技术技能人才凭技能提升待遇，鼓励企业职务职级晋升和工资分配向关键岗位、生产一线岗位和紧缺急需的高层次、高技能人才倾斜。建立国家技术技能大师库，鼓励技术技能大师建立大师工作室，并按规定给予政策和资金支持，支持技术技能大师到职业院校担任兼职教师，参与国家重大工程项目联合攻关。积极推动职业院校毕业生在落户、就业、参加机关事业单位招聘、职称评审、职级晋升等方面与普通高校毕业生享受同等待遇。逐步提高技术技能人才特别是技术工人收入水平和地位。机关和企事业单位招用人员不得歧视职业院校毕业生。国务院人力资源社会保障行政部门会同有关部门，适时组织清理调整对技术技能人才的歧视政策，推动形成人人皆可成才、人人尽展其才的良好环境。按照国家有关规定加大对职业院校参加有关技能大赛成绩突出毕业生的表彰奖励力度。办好职业教育活动周和世界青年技能日宣传活动，深入开展“大国工匠进校园”、“劳模进校园”、“优秀职校生校园分享”等活动，宣传展示大国工匠、能工巧匠和高素质劳动者的事迹和形象，培育和传承好工匠精神。

（二）健全经费投入机制

各级政府要建立与办学规模、培养成本、办学质量等相适应的财政投入制度，地方政府要按规定制定并落实职业院校生均经费标准或公用经费标准。在保障教育合理投入的同时，优化教育支出结构，新增教育经费要向职业教育倾斜。鼓励社会力量捐资、出资兴办职业教育，拓宽办学筹资渠道。进一步完善中等职业学校生均拨款制度，各地中等职业学校生均财政拨款水平可适当高于当地普通高中。各地在继续巩固落实好高等职业教育生均财政拨款水平达到12000元的基础上，根据发展需要和财力可能逐步提高拨款水平。组织实施好现代职业教育质量提升计划、产教融合工程等。经费投入要进一步突出改革导向，支持校企合作，注重向中西部、贫困地区和民族地区倾斜。进一步扩大职业院校助学金覆盖面，完善补助标准动态调整机制，落实对建档立卡等家庭经济困难学生的倾斜政策，健全职业教育奖学金制度。

六、加强职业教育办学质量督导评价

（一）建立健全职业教育质量评价和督导评估制度

以学习者的职业道德、技术技能水平和就业质量，以及产教融合、校企合作水平为核心，建立职业教育质量评价体系。定期对职业技能等级证书有关工作进行“双随机、一公开”的抽查和监督，从2019年起，对培训评价组织行为和职业院校培训质量进行监测和评估。实施职业教育质量年度报告制度，报告向社会公开。完善政府、行业、企业、职业院校等共同参与的质量评价机制，积极支持第三方机构开展评估，将考核结果作为政策支持、绩效考核、表彰奖励的重要依据。完善职业教育督导评估办法，建立职业教育定期督导评估和专项督导评估制度，落实督导报告、公报、约谈、限期整改、奖惩等制度。国务院教育督导委员会定期听取职业教育督导评估情况汇报。

（二）支持组建国家职业教育指导咨询委员会

为把握正确的国家职业教育改革发展方向，创新我国职业教育改革发展

模式，提出重大政策研究建议，参与起草、制订国家职业教育法律法规，开展重大改革调研，提供各种咨询意见，进一步提高政府决策科学化水平，规划并审议职业教育标准等，在政府指导下组建国家职业教育指导咨询委员会。成员包括政府人员、职业教育专家、行业企业专家、管理专家、职业教育研究人员、中华职业教育社等团体和社会各方面热心职业教育的人士。通过政府购买服务等方式，听取咨询机构提出的意见建议并鼓励社会和民间智库参与。政府可以委托国家职业教育指导咨询委员会作为第三方，对全国职业院校、普通高校、校企合作企业、培训评价组织的教育管理、教学质量、办学方式模式、师资培养、学生职业技能提升等情况，进行指导、考核、评估等。

七、做好改革组织实施工作

（一）加强党对职业教育工作的全面领导

以习近平新时代中国特色社会主义思想特别是习近平总书记关于职业教育的重要论述武装头脑、指导实践、推动工作。加强党对教育事业的全面领导，全面贯彻党的教育方针，落实中央教育工作领导小组各项要求，保证职业教育改革发展正确方向。要充分发挥党组织在职业院校的领导核心和政治核心作用，牢牢把握学校意识形态工作领导权，将党建工作与学校事业发展同部署、同落实、同考评。指导职业院校上好思想政治理论课，实施好中等职业学校“文明风采”活动，推进职业教育领域“三全育人”综合改革试点工作，使各类课程与思想政治理论课同向同行，努力实现职业技能和职业精神培养高度融合。加强基层党组织建设，有效发挥基层党组织的战斗堡垒作用和共产党员的先锋模范作用，带动学校工会、共青团等群团组织和学生会组织建设，汇聚每一位师生员工的积极性和主动性。

（二）完善国务院职业教育工作部际联席会议制度

国务院职业教育工作部际联席会议由教育、人力资源社会保障、发展改革、工业和信息化、财政、农业农村、国资、税务、扶贫等单位组成，国务院分管教育工作的副总理担任召集人。联席会议统筹协调全国职业教育工作，研究协调解决工作中重大问题，听取国家职业教育指导咨询委员会等方面的意见建议，部署实施职业教育改革创新重大事项，每年召开两次会议，各成员单位就有关工作情况向联席会议报告。国务院教育行政部门负责职业教育工作的统筹规划、综合协调、宏观管理，国务院教育行政部门、人力资源社会保障行政部门和其他有关部门在职责范围内，分别负责有关的职业教育工作。各成员单位要加强沟通协调，做好相关政策配套衔接，在国家和区域战略规划、重大项目安排、经费投入、企业办学、人力资源开发等方面形成政策合力。推动落实《中华人民共和国职业教育法》，为职业教育改革创新提供重要的制度保障。

第三节 职业教育专业教学资源库建设工作手册（2019）

职业教育专业教学资源库（以下简称资源库）是“互联网+职业教育”的重要实现形式，是推动信息技术在职业教育专业教学和职业培训领域综合应用的重要手段，为健全专业教学资源库，提升资源库建设和应用效果，特制定本工作手册。

一、功能定位

资源库定位于“能学、辅教”，服务复合型技术技能人才培养培训。“能学”指有学习意愿并具备基本学习条件的学生、教师、企业员工和社会学习者，均可以通过资源库，自主选择进行系统化、个性化的学习，实现学习目标。“辅教”指教师可以针对不同的教授对象和教学要求，利用资源库灵活组织教学和培训内容、辅助教学实施，实现教学和培训目标。

二、建设思路

资源库遵循“一体化设计、结构化课程、颗粒化资源”的建构逻辑。其中，“一体化设计”是前提，资源库建设要以用户需求为导向、结合专业特点和信息化特征，完善专业人才培养方案，统筹资源建设、平台设计以及共建共享机制的构建，形成整体系统的顶层设计；“结构化课程”是重点，资源库的标准化课程要纳入专业人才培养方案、覆盖专业核心课程、展现教学内容与课程体系改革成果、融入思想政治教育与创新创业教育，满足网络学习和线上线下混合教学的需要；“颗粒化资源”是基础，库内资源的最小单元须是独立的知识点或完整的表现素材，单体结构完整、属性标注全面，方便用户检索、学习和组课。

三、建设内容

（一）专业人才培养方案。资源库第一主持单位要联合参建单位对接职业标准、技术标准，贯彻国家专业教学标准，共同制定并实施适应“互联网+职业教育”发展需求的专业人才培养方案，优化专业课程体系。

（二）基本资源。一般指涵盖专业教学标准规定内容、覆盖专业基本知识点和技能点，颗粒化程度较高、表现形式恰当，能够支撑标准化课程的资源。

（三）拓展资源。一般指基本资源之外，针对产业发展需要和用户个性化需求，开发建设的特色性、前瞻性资源。

（四）培训资源。资源库应积极建设各级各类专业培训资源，遵循育训结合、长短结合、内外结合的要求，服务于全体社会学习者的技术技能培训。鼓励开展1+X证书制度试点，积极开发符合相关标准的职业技能等级证书培训资源和课程，支持学习者通过资源库学习，获取多类职业技能等级证书，提升业务水平和可持续发展能力。

（五）资源属性。库内资源应按照内容和性质全面详细标注属性，以便资源的检索和组织。资源形式规格应遵循网络教育技术标准。鼓励按《中国标准关联标识符（ISLI）》标识资源。

（六）资源类型。资源类型一般包括文本类素材、演示文稿类素材、图形（图像）类素材、音频类素材、视频类素材、动画类素材和虚拟仿真类素材等。应充分发挥信息技术优势，提高库内视频类、动画类、虚拟仿真类资源的占比。视频类素材注重叙事性和完整性，以"微课程"为主要形式，用于讲解知识点或技能点；动画类素材注重逻辑规律运动的形象表达，将抽象微观黑箱的概念可视化，用于演示抽象概念、复杂结构、复杂运动等；虚拟仿真类素材注重现场感和体验，主要用于展现"看不见、进不去、动不得、难再现"等不能开展现场教学的场景环境过程。

（七）分层建设。库内资源应包含素材、积件、模块和课程等不同层次。素材是最基础的、颗粒化的资源单体；积件是以知识点、技能点为单位，由多个内在关联的素材组合形成；模块以工作任务、技能训练项目等为单位，由多个知识点、技能点的积件组合形成；课程由多个工作任务、技能训练项目等组合形成，包括逻辑合理、内容完备、周期完整的标准化课程以及满足不同需要、用户自行搭建的个性化课程。

（八）资源冗余。库内的素材、积件、模块应在数量和类型上超出标准化课程包含的内容，以更好支持用户自主搭建课程和拓展学习。

（九）支持服务。资源库内容还应包括但不限于：专业介绍、教学文件、职业标准、技术标准、作业及测评系统、习题库（试题库）、企业案例、双师团队、就业与岗位、产品及文化展示、就业创业平台、企业网站链接，以及导学助学系统等。

四、运行平台

资源库运行平台须符合《职业教育专业教学资源库运行平台技术要求》（见附件4），主动配合建设工作、运行监测和使用评价，优化用户体验，支持主流搜索引擎对资源的检索、向用户提供免费服务，不对库内资源设置使用权限和用于商业目的，并根据用户需求不断完善。

五、应用要求

资源库要求使用便捷、应用有效。“使用便捷”指时时处处可用，学习、组课方便，相比传统教学资源获取快捷，鼓励通过最新的信息技术和富媒体平台，在实习实训基地、生产现场和日常生活中广泛使用资源库资源。“应用有效”指资源形式和组织表现能够充分体现数字资源的优势并适合信息化教学的需要，资源库主持单位会同参建单位能够将资源库融入专业教学和职业培训的全过程，健全基于用户画像的资源奖励机制和学习使用激励机制，吸引更多学校和行业企业使用。

六、组织实施

国家级资源库主要面向专业布点多、学生数量大、行业企业需求迫切的职业教育专业领域，为全国相同（相近）专业提供教改范例和优质资源，按照“自主建设、省级统筹、遴选入库、择优支持、边建边用、验收评议、持续应用”的方式开展。

（一）自主建设。具有专业优势的职业院校，可根据教育部制定的资源库建设基本要求，汇聚优质学校和业内有影响的企业组建项目团队，自主建设资源库。鼓励职业院校全面建设与应用资源库，倡导校际、省际合作，利用一切可以利用的资源，多渠道筹措资源库建设资金。

（二）省级统筹。各省（区、市）应认真落实《国家职业教育改革实施方案》，与国家级资源库错位布局，统筹规划和支持省级资源库建设，择优向教育部推荐国家级备选资源库项目。

（三）遴选入库。教育部根据各地推荐资源库的专业方向、建设基础、应用水平、建设方案、学校举办方或同级财政投入情况、行业企业支持力度以及相关单位自筹能力等，从符合条件的推荐项目中按照既定程序遴选国家级备选资源库。

符合以下条件的资源库将在同等条件下优先入选：一是面向国家鼓励的

战略性新兴产业和支柱产业领域，服务产业高端和高端产业的资源库；二是面向技术技能人才紧缺的职业领域，率先开展国家1+X证书制度试点工作的资源库；三是国际化程度高，服务国家“一带一路”建设相关产业领域的资源库；四是“民族文化传承与创新”资源库子库。

（四）择优支持。教育部支持排名靠前、省级支持力度大、建设及应用基础好的备选资源库为国家级立项建设资源库，并审核认定建设方案、任务书。第一主持单位应会同联合主持单位和参建单位使用项目筹措资金开展建设和应用，教育部根据部本专项预算情况，酌情给予支持。

（五）边建边用。资源库主持单位要会同参建单位按照建设方案和任务书，建立激励和约束机制，完成建设任务、实现预期目标，规范使用和管理建设资金；参建院校应加强建设、应用、学习等方面的成果认定，扩展资源库在相关专业教学中的使用；参建行业企业应在培训、考核中加强资源库使用。

（六）验收评议。国家级立项建设资源库须在批准立项2年内完成任务书建设内容并接受验收。验收程序包括：验收材料网上公示、专家网上审阅、现场陈述、演示问答、专家评议等。验收结果向社会公布。

（七）持续应用。通过验收的资源库应持续完善以用促建的长效机制，持续更新资源、提升用户体验、加强应用推广，明确制度和经费保障，保证每年新增或更新的资源比例不低于验收时总量的10%，每年新增用户数不低于验收时总数的10%，并保持用户活跃程度。

七、申请条件

申请国家级备选资源库应具备如下基本条件。

（一）已立项在建或已完成建设的省级资源库。

（二）与已立项国家级资源库的专业领域不重复或不高度相近。

（三）运行平台满足规定的功能、技术、监测与管理要求。

（四）牵头主持单位是独立设置的职业院校（中等职业学校或高等职业院校）。联合主持单位不超过3个。排序第一的主持单位总负责资源库的任务和资金分配以及验收准备、后续管理等工作。

（五）建设基础良好。资源库建设方案体现高水平的专业建设与课程体系改革成果；已建成的以专业核心课为主的标准化课程不少于6门且有完整的线上教学周期，用于自主学习的典型工作任务或重点技能训练模块不少于10个；资源类型多样、布局合理，文本型演示文稿类和图形（图像）类和文本类资源数量占比小于50%，已被组课应用的资源占比不低于50%；教学设计、教学实施、过程记录、教学评价、自主学习、测评考试等功能完备。

（六）建设团队优秀。资源库建设团队成员应深度实施校企融合、协同育人，建立完善有效的激励机制，吸引企业人员深度参与资源库建设和更新，分工明确、优势互补、执行力强，能够代表本专业领域全国一流水平（同等条件下，优先考虑中国特色高水平高职学校和专业建设计划立项建设单位和全国优质高职院校立项建设单位牵头主持的资源库）。参与建设单位必须承担具体建设任务和应用任务。

（七）应用效果良好。注册用户分布合理，用户数不少于2000，用户深度使用且学习行为符合规律。所有建设院校相关专业的在籍教师和在校学生须实名注册，并已将资源库应用于教学、培训和继续教育等方面。

（八）工作机制健全。资源建设标准和评价机制明确；建设资金使用管理制度完备；绩效目标设定能够清晰反映资源库预期的产出和效果，绩效指标有依据（或参考标准），符合“指向明确、细化量化、合理可行、相应匹配”的要求；预算按照功能和经济分类编制，符合目标相关性、政策相符性和经济合理性要求，第一主持单位项目管理、预算管理、绩效管理较为规范。经费投入、团队管理、资源审核、资源更新、共建共享、标准认证和交易机制能够保障资源库的持续建设与应用。

（九）第一主持单位具有筹措补齐预算差额的能力；近5年使用中央财政资金规范有效、公开透明、内部控制较好；举办方或同级财政投入以及行业企业支持力度较大。未获得过部本专项支持的，同等条件下优先支持。参建单位近年来教育经费使用管理，特别是使用中央财政专项资金有违规现象和不良记录、无明显改进的，不予支持。暂缓通过和申请延期验收期间，资源库主持单位不得牵头申请新的资源库。

八、备选资源库申请流程

教育部按照以下程序遴选国家级备选资源库。

（一）院校申请。资源库第一主持单位在规定时间内登录管理系统，填写《职业教育专业教学资源库备选资源库申请书》，提交资源库建设可行性研究报告（包括前期建设与成效）、资源库建设方案（包括共享方案及目前成效）、资源库运行地址、最近6个月的运行数据（符合附件4要求）和登录信息等。相关材料纸质版（资源库主持单位逐一签章）按要求函报教育部职成司。

（二）省级推荐。省级教育行政部门确定推荐资源库（不含上一年度已经入选的备选资源库），形成书面推荐意见（含省级立项支持佐证材料），按要求函报教育部职成司。

（三）资格审查。教育部对照“七、申请条件”要求，审核申报资格。

（四）材料公示。通过管理系统公示申请材料。公示期间，社会各界可以通过电话、传真、电子邮件等形式实名反映问题。反映问题一经查实，中止相应资源库遴选资格。

（五）网络预审。以“网络匿名评议”的方式审核申报备选资源库的建设基础、应用水平等，产生进入现场评议环节的项目名单。

（六）现场评议。以现场陈述答辩的方式进行综合评议，确定国家级备选资源库建议名单。

九、验收流程

完成建设任务的资源库提交《总结报告》《审计报告》等材料，按程序接受验收。应验收资源库可根据实际情况申请延期验收，申请延期验收资源库的第一主持单位须以公函形式提出延期申请并说明理由，经教育部审核同意后，参加下一批次验收。同一资源库只能申请 1 次延期验收。

（一）建设总结。资源库主持单位会同建设团队撰写资源库《总结报告》，内容应包括但不限于：资源库建设基本情况，任务书规定建设目标的完成情况，建设单位基于资源库的课程体系改革成效，资源库应用和推广成效，资源库建设对相关专业和产业发展的贡献，典型学习方案，资金预算执行情况、管理与绩效，共享机制设计与实践，存在的问题，后续工作规划等。延期验收和上次验收暂缓通过的资源库还须撰写整改报告。

（二）项目审计。资源库第一主持单位须按照《职业教育专业教学资源库建设资金管理办法》（教财厅函〔2016〕28 号）（简称《资金管理办法》）第六章第二十八条的规定组织审计，提交《审计报告》。《审计报告》必须全面发表审计意见。

（三）提交材料。资源库主持单位须在规定时间内登录管理系统，填写《总结报告》，上传《审计报告》和相关佐证材料。从网上直接打印并签章，按要求函报教育部职成司。

（四）网上审阅。验收专家登录管理系统验收专栏审阅相关材料，查阅监测数据和资源库网站。

（五）现场答辩。采用现场陈述（演示）方式进行，教育部提前随机抽取若干教师和学生，与资源库主持人、财务负责人等一起参加现场答辩，主答辩人一般应为资源库主持人。

（六）专家评议。专家组根据资源库建设情况、监测数据、陈述答辩情况，以及资金预算执行、管理与绩效情况、实际应用情况等，对照“职业教育专业教学资源库验收评议重点和指标”（见附件 5），合议验收结论。

验收结论分为“通过”“暂缓通过”和“不通过”三种。

“暂缓通过”的资源库，须参照专家意见组织整改，参加下一批次的资源库验收。上一批次验收“暂缓通过”的资源库和延期验收的资源库，再次验收仍未通过的，结论确定为“不通过”。

十、质量与监测

（一）质量管理。资源库主持单位和运行平台应建立全面的质量管理体系，健全资源质量审核机制，优化资源库应用环境，定期开展自评和审查，确保资源建设和应用质量，并对资源的合法性、科学性、教育性、技术性、艺术性及知识产权负责。

（二）资源库监测。立项或备选的国家级资源库，须接受和配合职业教育专业教学资源库监测平台（简称监测平台）对其资源质量和使用成效的监测。监测平台定期和不定期地采集建设和应用数据，供立项、验收和项目管理使用。监测平台对资源库的使用效果、资源更新、用户行为等进行分析，适时在适当范围发布资源库建设与应用分析报告，为资源库管理、推广、决策和规划提供依据。

十一、管理机制

（一）持续支持。教育部每年在已通过验收并运行 1 年以上、后续建设规划和建设机制健全、资源更新和应用效果较好的资源库中遴选若干个为升级改进支持项目，予以立项。第一主持单位应会同联合主持单位和参建单位使用项目筹措资金开展建设和应用，按照新的建设标准，优化组库结构、完善已有资源、补充新的资源、提升用户体验、扩大共享范围。教育部根据部本专项预算情况，酌情给予支持。同一资源库原则上 3 年内部本专项只安排一次升级改进支持经费。

（二）调整报备。立项建设的资源库，经审核认定的建设方案、任务书和资金预算原则上不予调整。确需调整的，须由第一主持单位向所在省级教育行政部门提出申请，得到同意并报教育部备案后方可实施。

（三）负面清单。列为备选的资源库项目，下年度未重新申请参加遴选的，其备选资格自然终止。立项建设的资源库，第一主持单位可对建设和应用不力的参与建设单位提出警告。连续 2 次警告仍无有效改进的，第一主持单位可终止其后续建设任务、取消其参与建设的资格，并向教育部申请将其列入教育行为负面清单。验收不通过的资源库，终止后续建设、取消国家级资源库建设资格、追回部本专项资金，相关建设单位列入教育行为负面清单。教育部对已验收的资源库中资源更新不力或应用情况较差的提出警告，连续 2 次警告仍无有效改进的，终止后续建设、取消国家级资源库资格，相关建设单位列入教育行为负面清单。列入教育行为负面清单的主持单位 5 年内、参与建设单位 3 年内不得申报或参与申报新的中央财政支持项目。

十二、保障措施

（一）组织保障。资源库主持单位负责组建项目团队、成立建设指导小组，集聚行业、企业及职业院校的专家参与建设。鼓励跨区域组建项目团队，选择与所建资源库专业领域相关的全国性行业和先进企业特别是大企业合作。主持单位要充分发挥统筹协调作用，明确资源库子项目的认定级别，在资源库建设的理念、方法、技能、水平以及质量保障等方面加强对团队成员的指导与培训；参与建设单位要切实承担好建设应用任务，为资源库相关工作提供必要支持；相关建设院校要把资源库建设应用工作作为推进学校信息化教学的重要抓手，在教师职称评聘、考核评价等方面建立长效激励机制。

（二）知识产权。资源库属于职务作品，建设单位享有资源的著作权，并保证资源内容没有侵犯他人知识产权和其他合法权益；参与建设的个人对其原创的资源享有署名权。资源库验收后，升级改进产生的资源著作权由建设单位和个人协商确定。建设单位、参建人员、运行平台应商定和签署知识产权保障协议。

（三）建设资金。资源库建设单位须按照《资金管理办法》要求，分配、筹措、使用和管理建设资金，合理编制和执行预算，强化监督和检查，全面实施绩效管理，实行绩效年度考核制，加强绩效年度评价结果的应用，绩效评价结果与下一年度预算拨款挂钩。

各地、各学校应参照本手册，分级规划、系统推进资源库建设工作。各省（区、市）应与国家级资源库错位布局规划建设省级资源库，指导支持行政区域内职业院校建设具有校本特色的校级资源库，推动国家级和省级资源库在职业院校的使用。各职业院校应根据自身条件，积极建设校级资源库，主动承建省级、国家级资源库，在学校教学中充分使用各级资源库。

第四节 职业教育专业教学资源库验收评议重点和指标

评议重点				
序号	评议重点	内涵说明	结论判定	备注
1	任务进度	按照《建设方案》和《任务书》如期完成各项建设任务，达到预期目标	未能完成全部建设任务，但预期目标完成98%以上的，验收结论可为“通过”；否则“暂缓通过”或“不通过”。	
2	预算执行、管理与绩效	预算执行好，资金到位足额；支出符合国家政策、制度要求以及《任务书》相关协定；财务控制与管理成效好；资金专款专用，专账管理科学规范；实现了支出绩效目标	预算执行有悖国家规定，资金使用、管理与绩效存在问题，有整改可能性的，验收结论为“通过”；否则“暂缓通过”或“不通过”。	
3	公示结果	验收材料公示无异议，或有异议经核实无问题	验收材料公示有异议，经核实确有问题，但可补救且不影响资源库整体使用效果的，验收结论为“通过”；否则“暂缓通过”或“不通过”。	

续表

评议指标		
主要指标	主要观测点	观测点内涵说明
1. 资源建设（35%）	1.1 资源规划（10%）	①专业人才培养方案能对接职业标准、技术标准和专业教学标准，适应“互联网+职业教育”发展需求，体现信息化特征。 ②以用户需求为导向、结合专业特点，科学构架课程和资源体系。 ③专业启动对应的 1+X 证书制度试点，支持学习者通过资源库学习，获取多类职业技能等级证书。 ④库内资源架构按照素材、积件、模块和课程等分层建设。 ⑤库内资源丰富多样、呈现方式得当，文本型演示文稿、图形（图像）类和文本类资源数量占比小于 50%。 ⑥建有基本资源、拓展资源以及支持服务的相关内容。库内资源数量大幅度超出库内提供课程所调用的资源，实现资源冗余。 ⑦以学习者为中心定制典型学习方案，突出网络“教”与“学”的特点。
	1.2 资源内容（15%）	①基本资源涵盖专业教学标准规定的内容、覆盖专业的基本知识点和技能点。颗粒化资源单体结构完整，资源属性标识全面。拓展资源适应产业发展需要和用户的个性化需求，具有特色性和前瞻性。 ②支持服务内容齐全。（详见《职业教育专业教学资源库建设工作手册（2019）》第四部分第 9 点）。 ③对接《职业教育专业目录（2021 年）》新专业目录，及时根据新专业目录，补充新资源。 ④教学设计、教学实施、教学过程记录、教学评价等各个环节资源搭建完整。 ⑤资源使用无知识产权争议，原创资源要达到占本资源库总数的 80%。
	1.3 质量保证（10%）	①资源建设团队校企深度融合、实力较强，任务分工明确。 ②建立有资源建设和应用的质量要求的相关标准文件。 ③能提供监督、记录和评估资源质量活动的执行结果数据。 ④提交任务书中至少 6 门的标准化课程质量报告和相应的在线（混合）教学标准（规范）文件。

续表

2. 资源应用（50%）	2.1 功能实现（10%）	①学生、教师、企业员工和社会学习者，均可以方便注册资源库，自主选择进行系统化、个性化的学习。 ②教师可以针对不同的教授对象和教学要求，利用资源库灵活组织教学内容、辅助教学实施。 ③共享平台框架设计合理、先进，交互性好，界面视觉表现规范、美观，导航清晰，资源库素材或课程能以知识点、技能点的为线索系统呈现，平台运行公网上，响应速度快。 ④使用界面人性化，用户体验好。
	2.2 基本应用（25%）	①资源库支持线上教学或线上线下混合教学，促进教与学的改革，探索出教与学、教与教、学与学互动的专业教学模式。 ②教师率先使用，主持院校相应专业教师实名注册比例不低于 90%，使用资源库进行专业教学的学时数占专业课总学时的比例达 60%以上，参与建设院校该比例达 40%以上①，课程使用率达 100%，题库题目使用率达 60%以上。 ③学生广泛使用，主持院校和参与建设院校的本专业学生实名注册比例不低于 90%。 ④各类用户积极使用资源库浏览、下载资源，参与课程学习和线上互动等，实名教师和学生中无活动用户比例不超过 10%。 ⑤标准化课程开课不少于 2 期，且教学活动完整，提供完整课程质量报告。 ⑥发挥示范效应，辐射带动参与建设中高职院校其他专业教学改革。
	2.3 校企融合（5%）	①企业实质参与资源库规划、建设、应用和推广。 ②企业为资源库建设提供实际案例和实质技术支持，在资源库平台发布新产品和新技术及相关培训课程。 ③资源库联合建设行业企业把资源库平台纳入职工继续教育、技能提升培训系统，提供相应文件证明。
	2.4 社会服务（5%）	①各类用户可通过主流搜索引擎查找库内资源。 ②企业员工和社会学习者应用资源库学习频度较高、累计学习时间较长。 ③形成服务学习型社会建设的品牌影响力，通过各类活动或媒体进行推广与宣传。

① 主持院校、参与建设院校相应专业教师使用资源库进行专业教学的学时数占专业课总学时比例情况须在《总结报告》中说明。

续表

2. 资源应用（50%）	2.5 特色与创新（5%）	①坚持应用驱动，在深化本专业教学改革、提升教学信息化水平、为各类学习者提供个性化服务等方面深入探索、富有成效。 ②建立健全资源认证标准。 ③探索基于课程或模块的资源标准认证体系，建立校际课程互选、学分互认机制。 ④能够利用资源库开展创新创业、精准扶贫等特色应用。
3. 资源更新（15%）	3.1 更新机制（7%）	①持续投入机制。 ②主持院校和参与建设院校在推进资源库建设和应用方面出台的有关制度文件（含子项目级别认定、教师职称评聘、考核评价等）。
	3.2 更新实效（8%）	①有明确的更新经费投入。 ②资源内容年更新比例不低于存储总量的 10%。 ③资源库用户数量每年实现一定比例增长。

第五节 职业教育专业教学资源库运行平台技术要求

职业教育专业教学资源库运行平台（以下简称运行平台）须有效支撑资源库“能学、辅教”的功能定位，满足“使用便捷、应用有效”的应用要求，能够根据专业特点和资源库的个性化需求优化设计，共建共享。

一、基本功能

运行平台应具备资源库建设、维护、管理、教学、学习、分析等基本功能，体现以用户为中心的服务理念，支持个性化学习和个性化教学。

（一）建设功能

1. 支持资源“先审后发、批量审核、分级审核”，能够通过设定不同管理权限保证资源质量，资源审核责任可追溯。

2. 支持多种类型和格式的资源上传，包括文本、图片、动画、视频、音频等，能够根据文件扩展名自动分类存储和预览。支持资源的批量上传、下载、新增、转换、删除，支持资源的在线编辑、查看和预览，支持超大附件上传及断点续传等，能够对上传的资源进行智能压缩和智能分发。支持资源批量上传时属性的自动识别、标注与继承。

3. 支持按照专业类别、课程名称、素材类型、来源等进行资源分组，支持资源的一站式智能搜索。允许用户按照资源的发布时间、更新时间、素材类型、所属课程/栏目、发布作者、学习者、发布单位、主题关键字等快速查找与统计。能够按照评价规则（如点击率、下载率、好评率等）对热门资源进行自动排名和统计。

4. 支持题库类资源建设，支持多种题型的编辑，支持试题的批量导入，支持在线编辑试题中的图片和公式。

5. 支持用户引用各级各类资源搭建和重组积件、模块、课程。

6. 支持课程门户建设。支持新闻编辑、发布和站内搜索等功能，支持用户选择不同风格的显示模板。可提供各类统计数据接口。

7. 支持开放式资源访问功能。用户无需注册可以访问、浏览平台资源，进行课程学习。

（二）教学功能

1. 支持灵活搭建学习资源。用户能够根据资源名称、资源类型、资源属性、课程属性等不同检索项目在资源库中检索资源，自由搭建积件、模块、课程。用户也可以根据需要，对已搭建的学习资源的内容进行修改、调整、重组。

2. 支持同一课程的多班同轨教学，支持不同教师并行开课、各自管理教学班。已经搭建的课程可以按学年或学期重复开课，无需重建。

3. 支持在线报名选课和开课信息发布，支持学习者通过运行平台报名选课、学习，以及选课之前的试学习。

4. 支持在线教学活动管理。教师用户能够根据教学需要，添加、删除学习者，分配开课周期、班级、小组等；添加主讲教师、辅导教师、助教等协助维护课程。运行平台能够向教师用户提供学习者整体和个体的学习统计分析，并具备打印功能。

5. 支持在线教学活动部署与实施。教师用户可以根据教学需要在运行平台组织讨论、发布通知、分组教学、开展在线指导与测评。支持多种评价方式，支持作业及考试的自动批改、人工批改、人工评阅、学习者互相点评等并能够提供完整活动记录。

6. 支持资源推送、消息推送、学习进度推送、学习报告发布等。运行平台可以根据学习行为向学习者智能推送有关学习资源、课程信息、学习进度等消息。教师用户可通过运行平台向学习者发送课程学习报告、学习成绩等信息。

（三）学习功能

1. 支持学习者自主学习，对课程、教师、资源等进行收藏、评价、评论、分享，将学习心得、学习成果分享到常用社交工具。

2. 能够根据学习者的需要支持多种学习形式，如自主学习、合作学习以及移动学习等。学习者在学习过程中，能够随时在线记录学习笔记，开展小组讨论，共同完成小组作业，完成投票、问卷、考试等任务。

3. 能够将学习者的课程内容浏览、讨论交流、答疑、自测、笔记等集成于一个学习界面。能够提供学习者学习过程节点的记录，便于学习者快速定位、继续进行学习。

4. 支持答疑互动。学习者可以在线提问，教师和其他学习者可以回复交流。系统能够自动检索类似问题及相关回复，供提问者参阅。

5. 支持自测和在线考试。支持针对学习模块和课程随机抽取题目进行自测或考试，并记录成绩、提供参考答案。

（四）统计功能

1. 资源应用统计。支持资源数量统计、访问统计、引用统计、下载统计、用户上传统计等功能；根据资源的浏览量、引用量、下载量、回复量、访问区域分布、集中访问时段等分析资源质量和应用情况；全程记录、周期性公布或反馈分析结果；生成相应的分析报告。

2. 教学行为统计。能够提供任教课程的教学统计，从学校、专业、课程、模块等不同角度统计分析课程教学和学习的情况；全程记录、周期性反馈统计结果；生成相应的分析报告。

（五）系统功能及其他

1. 用户组织管理。运行平台支持资源库主持单位管理参与单位的建设过程，支持子项目分级管理。

2. 用户注册管理。鼓励用户注册后开展学习，用户注册后应通过短信或邮件验证。提供各类用户角色、权限和权限映射关系，能够分级设置管理权限。资源库所有建设院校相关专业在籍教师和在校学生须采用“实名制”注册。资源库运行平台内的“姓名+学号”或“姓名+教工号”与“高等职业院校人才培养工作状态数据采集与管理系统”数据一致，视为实名。

3. 用户空间管理。能够为注册用户分配个人空间，提供开课、积分、学习进度提醒、密码找回、发送短信、邮件推送等服务，提供各类活动记录和学习档案管理功能。

4. 日志管理。数据库日志定时定量归档、备份，可恢复、可追溯；系统日志存储方式合理，便于集中查询和分析处理。

5. 后台管理。能够提供对平台各层级管理功能及数据的汇总管理、状态分析、敏感词过滤、系统日志、数据字典等功能。

6. 数据报送。主动对接职业教育专业教学资源库监测平台（以下简称监测平台）数据接口，按照监测要求，实时推送相关数据。

7. 用户激励。能够提供根据用户使用时间、资源学习、参与活动、贡献资源及质量等情况给予奖励（例如：用户积分、徽章、等级等）的功能和设置。

8. 终端访问。除 PC 机以外，支持 iOS、Android 等主流操作系统的各类移动终端访问和使用，界面能够自适应。鼓励提供平台公众号、平台 APP 客户端等访问入口。访问数据后台统一管理。

9. 扩展性。支持对接各类特色的第三方公开、免费在线资源，如虚拟仿真实训等。

10. 通用性。提供课程、资源、用户等数据批量导出到其他主流同类型平台的接口，也可以批量导入其他主流同类型平台导出的数据，支持个性化门户网站分类重组展示资源。

二、性能和安全

备选资源库申报和立项验收时均应提供系统性能测试报告和当年度的安全评估报告，相关报告应由具有国家级第三方软、硬件产品及信息系统工程质量安全与可靠性检测认证资质的机构出具。

（一）性能基本要求

表1-1 运行平台性能基本要求

同时在线用户数	并发用户数	响应时间		
		业务访问	文档类资源	视频类资源
50000人	2500人	3秒以内	3秒以内	6秒以内

运行平台必须采用提升数据访问速度的优化技术（IDC、Cache、CDN等），保障资源的访问速度和下载效率。独立的课程运行门户网站域名等信息须在ICP备案。支撑运行平台的服务器须设在ISP运营商的IDC机房或BGP机房，确保7＊24小时不间断运行。

（二）安全基本要求

运行平台在物理安全、网络安全、主机安全、应用安全、数据安全、管理要求等方面，不低于《信息安全等级保护管理办法》规定的信息系统安全等级保护（二级）基本要求。运行平台对网络（含网站外部链接）的安全负责，项目单位对上传的资源内容负责。

三、监测数据要求

运行平台须全程、客观记录资源库建设和应用的数据，主动对接项目监测平台，按要求推送有关用户行为、资源建设、资源应用等运行数据，并提供对应的数据字典。运行平台对推送数据的真实性和有效性负责，接受监测平台对WEB服务器系统日志的不定期检查。

第六节　职业教育专业教学资源库建设资金管理办法

第一章　总　则

第一条　为加强职业教育专业教学资源库建设资金（以下简称建设资金）管理，提高资金使用的规范性、安全性和有效性，助推优质教育资源共建共享，不断提升专业建设能力，根据国家法律制度规定，结合资源库项目建设实际，特制定本办法。

第二条　建设资金是指通过教育部职业教育专业能力建设专项（以下简称部本专项资金）和项目筹措资金统筹安排，用于优质教育资源开发应用，建设国家级专业教学资源库的资金。部本专项资金属于项目建设补助性资金，有序支持经遴选确定的国家级资源库建设项目，由教育部拨付给项目第一主持单位统筹使用与管理。项目筹措资金可以由项目主持单位举办方或地方财政投入资金、行业企业支持资金以及相关院校自筹资金组成。

第三条　建设资金的使用与管理坚持“统一规划、分级管理、专款专用、专账核算、注重绩效、问效问责”的原则。

教育部负责项目中长期规划、建设资金管理办法的制定和组织实施；负责项目建设任务、资金预算及绩效目标的核定；负责部本专项资金的申请、分配、拨付与监管。

省级教育行政管理部门负责项目的推荐，负责项目建设任务、资金预算和绩效目标的审核；负责建设资金使用与管理的日常监督与检查。

项目实施单位按任务书约定筹措、使用与管理建设资金。项目第一主持单位对建设资金使用与管理的真实性、规范性、安全性和有效性负责。联合主持单位和参与建设单位接受第一主持单位的指导和监督。项目实施单位应当充分利用信息化手段，建立健全单位内部资源库项目建设、财务部门和项目负责人共享的信息平台，提高管理效率和便利化程度，在资源库项目预算编制和调剂、经费使用、财务决算和验收等方面提供专业化服务。

第二章　部本专项资金的分配与拨付

第四条　教育部及时发布年度《职业教育专业教学资源库建设工作指南》，按既定规程，在公开、公平、公正的原则下进行备选项目遴选，充实项目库。根据项目年度预算控制总额，确定部本专项资金支持的项目数量和支持额度，优先支持先进制造业战略性新兴产业、现代服务业以及支柱产业的专业教学资源库建设。有下列情形之一的，不予支持。

（1）主持单位举办方或地方政府投入力度较弱的；

（2）行业企业支持力度较弱的；

（3）不具备补齐项目预算差额能力的；

（4）建设资金管理细则不符合内部控制要求，没有对联合主持单位和参与建设单位资金使用与管理以及合同管理等做出详尽规定的；

（5）绩效目标设定不符合实际的；

（6）预算编制不符合要求的；

（7）使用中央财政支持资金，主持单位近5年或参与建设单位近3年有违规现象的；

（8）建设基础、运行平台等其他不能满足有关方面申报条件的。

第五条　部本专项资金对每个新立项项目的补助基数为500万元，以补助方式支持的升级改进项目的补助基数为新立项的三分之一左右。在此基础上，根据国家扶持政策、建设任务轻重、项目第一主持单位所在地财力情况、预算安排等因素，适当上下浮动。

第六条　部本专项资金拨付采取“一次确定，两年拨付，逐年考核，适度调整”的方式。下拨年度部本专项资金时，同时下达年度项目支出绩效目标。

第三章　建设资金使用与管理

第七条　建设资金使用与管理实行项目第一主持单位负责制，要建立健全内部管理机制，制定科学完善的项目建设资金使用与管理细则，强化制度约束，加强预算控制，规范会计核算与监督，确保专款专用、专账核算。建设资金可以实行统一管理，也可以实行分级管理。

第八条　建设资金主要用于调研论证、素材制作、企业案例收集制作、课程开发、特殊工具软件制作、应用推广等方面的支出，按照经济性质分类，相应在咨询费、印刷费、差旅费、会议费、培训费、专用材料费、委托业务费、其他商品和服务支出、专用设备购置费、信息网络及软件购置更新等会计科目中归集与核算。用于升级改进的建设资金不再用于平台维护和资源导入方面的支出。

第九条　建设资金用于专家咨询、调研论证的费用严格控制在项目预算总额的10%以内；上述“第八条”所列六方面支出以外的“其他支出”原则上不得超出项目预算总额的8%。部本专项资金用于职业教育专业教学资源库建设的直接支出，“专家咨询”“其他”等非直接支出从项目筹措资金中统筹安排，不得使用部本专项资金。

凡应纳入政府采购的支出项目，应当按照政府采购及招投标有关规定执行，否则不得列支。凡使用建设资金取得的资产，均为国有资产，应当按照国有资产管理有关规定统一管理。

第十条　项目实施单位要确保项目预算执行进度，如期完成项目建设任务。年度未支出的专项资金，严格按照国家有关结余结转规定进行管理。

第十一条　严禁将建设资金用于偿还债务、支付利息、缴纳罚款、对外投资、弥补其他建设资金缺口、赞助捐赠等，不得从建设资金中提取工作经费或管理经费。

第四章　预算编制与执行

第十二条　项目第一主持单位是预算编制和执行主体，对预算编制的全面性、完整性、真实性和预算执行及结果负责。

第十三条　预算由收入预算和支出预算组成，坚持目标相关性、政策相符性、经济合理性的编制原则，按照功能分类和经济性质分类编制收支预算。项目预（决）算要纳入单位预（决）算管理。

第十四条　项目总预算要与年度预算相匹配。项目第一主持单位应当按项目实施单位分别设定委托业务绩效目标；要翔实说明部本专项资金用于其他资本性支出的预算细目；要反映项目筹措资金来源、承诺情况以及前期建设经费投入情况。升级改进项目须说明项目验收后发生的实际投入情况和申报当年的实际投入情况。编制预算时，不考虑不可预见因素。

第十五条　项目预算须经省级教育行政管理部门组织专家进行审核，教育部确认，并与项目建设《任务书》一并下达。

第十六条　项目总预算一经确定，原则上不予调整。确需调整的，须按程序向项目第一主持单位所在省份教育行政管理部门提出申请，省级教育行政管理部门应在收到申请15个工作日内进行审批，并报教育部备案。预算调整方案应当说明预算调整理由、项目和金额。

第十七条　项目第一主持单位应当加强对预算执行的领导。项目实施单位应当加强对预算收入和支出的管理，共同按照《任务书》的约定，确保预算资金及时足额到位。不得截留、挪用项目预算收入，不得擅自扩大支出范围，不得虚假列支，应当对预算支出情况开展绩效评价。

第十八条　项目第一主持单位每季度应当如实填写《职业教育国家级专业教学资源库建设资金预算执行季报表》，于下一季度5个工作日内报备教育部。

第五章　绩效管理与评价

第十九条　项目实施单位应当参照《中央部门预算绩效目标管理办法》（财预〔2015〕88号）精神，增强绩效意识，事前绩效设定，事中绩效监控，事后绩效评价，强化绩效目标管理。

第二十条　绩效目标设定要能清晰反映预算资金的预期产出和效果，并以相应的指标予以细化、量化描述，符合“指向明确、细化量化、合理可行、相应匹配”的要求。按照“谁申请资金，谁拟定目标”的工作原则，由项目第一主持单位负责组织填报《职业教育国家级专业教学资源库建设资金项目支出预算目标申报表》。凡没有绩效目标或绩效目标不符合要求的，部本专项资金不予支持。

第二十一条　省级教育行政管理部门按照预算评审流程，对项目支出绩效目标的相关性、完整性、适当性、可行性进行审核；教育部对项目支出绩效目标进行审定。

第二十二条　项目第一主持单位应当紧扣批复的绩效目标，组织预算执行，并对资金运行状况和绩效目标预期实现程度开展绩效监控，及时发现并纠正绩效运行中存在的问题，力保绩效目标如期实现。省级教育行政管理部门对建设资金使用情况开展绩效追踪，积极推进中期绩效评价。

第二十三条　教育部依据中期绩效评价结果和上年度预算执行等情况，对预算执行进度缓慢、绩效不理想、财务管理较差以及不按要求季报的资源库项目，停拨或核减部本专项资金，由此造成的项目建设资金不足部分按立项承诺予以补齐。扣减、追回以及年度考核核减的部本资金可以调节用于升级改进项目建设。

教育部依据已验收资源库项目的绩效评价结果，坚持“注重实效、择优奖励、宁缺毋滥”原则，以补助方式支持内容更新到位、应用效果较好的资源库进行升级改进。

第六章　监督检查

第二十四条　项目实施单位应当加强内部控制，确保内部控制覆盖经济和业务活动全过程，完善监督体系，确保内部控制有效实施，强化对内部权力运行的制约，确保制度健全、执行有力、监督到位。

第二十五条 项目实施单位应当加强项目管理的跟踪与督办，对项目资金使用与管理应当进行不少于一次的中期内部审计。

第二十六条 项目实施单位应当主动接受教育、财政、纪检、监察等部门的检查，依法接受外部审计部门的监督，对发现的问题，应当及时制定整改措施并落实。

第二十七条 建设资金的预算和绩效目标，应按照有关法律、法规规定逐步予以公开，接受各方监督。

第二十八条 项目终了，应当聘请具有资质的第三方审计机构对项目进行全面审计，独立发表审议意见，出具项目《审计报告》。联合主持和参与建设单位须向项目第一主持单位提供单位法人代表签字、单位盖章的子项目全部建设资金决算报告（须附明细账及承诺资金的到账证明）、管理与绩效情况的详细说明。第三方审计机构须对子项目建设单位提供的相关资料进行职业判断，并对重大事项支出和认为有必要延伸审计的进行延伸审计。项目第一主持单位须针对项目《审计报告》指出的问题及时整改。子项目资金决算报告、管理与绩效情况和项目主持院校单位负责人签字的整改结果作为审计报告附件一并上报。

第二十九条 逐步推行信用管理制度，探索建立覆盖项目第一主持单位负责人、项目负责人、评估（审）专家、中介机构、联合主持单位、参与建设单位等主体，涵盖项目建设全过程的信用记录制度。对异常现象列入“异常名录”，对挤占、挪用、虚列、套取部本专项资金或建设资金管理严重违反制度规定的单位及责任人，对严重违反专家工作纪律的评估（审）专家，对未能独立客观地发表意见，在评审等有关工作中存在虚假、伪造行为的中介机构，列入“黑名单”，阶段性或永久性取消其申请资金支持或参与项目管理的资格。

第三十条 建立和完善责任追究制度。对于挤占、挪用、虚列、套取部本专项资金的行为按照国家法律法规有关规定进行处理。

第七章 附 则

第三十一条 项目第一主持单位应当根据本办法，结合项目建设实际，重点围绕内部控制、联合主持单位和参与建设单位资金使用与管理以及合同管理、资金管理等内容，制定实施细则。

第三十二条 本办法由教育部负责解释，自公布之日起实行。

第七节 国家“双碳”相关政策和能源相关行业政策

目前我国的“双碳”相关政策主要包括减少碳排放和提高碳吸收两个互相补充的方面。在减少碳排放方面，旨在构建清洁低碳安全高效的能源体系、实施重点行业领域减污减碳行动、推广绿色交通、倡导绿色出行以及推行绿色金融、碳排放交易等配套设施。在提高碳吸收方面，主要加强碳捕捉技术与提升生态碳汇能力。

表 1-2 “双碳”国家政策

部门	时间	政策	内容
国务院	2021.10	《2030 年前碳达峰行动方案》	“十四五”期间，产业结构和能源结构调整优化取得明显进展，重点行业能源利用效率大幅提升，煤炭消费增长得到严格控制，新型电力系统加快构建，绿色低碳技术研发和推广应用取得新进展，绿色生产生活方式得到普遍推行，有利于绿色低碳循环发展的政策体系进一步完善。到 2025 年，非化石能源消费比重达到 20%左右，单位国内生产总值能源消耗比 2020 年下降 13.5%，单位国内生产总值二氧化碳排放比 2020 年下降 18%，为实现碳达峰奠定坚实基础。 “十五五”期间，产业结构调整取得重大进展，清洁低碳安全高效的能源体系初步建立，重点领域低碳发展模式基本形成，重点耗能行业能源利用效率达到国际先进水平，非化石能源消费比重进一步提高，煤炭消费逐步减少，绿色低碳技术取得关键突破，绿色生活方式成为公众自觉选择，绿色低碳循环发展政策体系基本健全。到 2030 年，非化石能源消费比重达到 25%左右，单位国内生产总值二氧化碳排放比 2005 年下降 65%以上，顺利实现 2030 年前碳达峰目标。
中共中央、国务院	2021.9	《中共中央国务院关于完整准确全面贯彻新发展理念做好碳达峰碳中和工作的意见》	到 2025 年，绿色低碳循环发展的经济体系初步形成，重点行业能源利用效率大幅提升。单位国内生产总值能耗比 2020 年下降 13.5%；单位国内生产总值二氧化碳排放比 2020 年下降 18%；非化石能源消费比重达到 20%左右；森林覆盖率达到 24.1%，森林蓄积量达到 180 亿立方米，为实现碳达峰、碳中和奠定坚实基础。

续表

部门	时间	政策	内容
			到2030年，经济社会发展全面绿色转型取得显著成效，重点耗能行业能源利用效率达到国际先进水平。单位国内生产总值能耗大幅下降；单位国内生产总值二氧化碳排放比2005年下降65%以上；非化石能源消费比重达到25%左右，风电、太阳能发电总装机容量达到12亿千瓦以上；森林覆盖率达到25%左右，森林蓄积量达到190亿立方米，二氧化碳排放量达到峰值并实现稳中有降。 到2060年，绿色低碳循环发展的经济体系和清洁低碳安全高效的能源体系全面建立，能源利用效率达到国际先进水平，非化石能源消费比重达到80%以上，碳中和目标顺利实现，生态文明建设取得丰硕成果，开创人与自然和谐共生新境界。
全国人大、全国政协	2021.3	《中华人民共和国国民经济和社会发展第十四个五年规划和2035年远景目标纲要》	“十四五”期间，单位国内生产总值二氧化碳排放降低18%的目标，落实2030年应对气候变化国家自主贡献目标，锚定努力争取2060年前实现碳中和。
国务院	2021.2	《关于加快建立健全绿色低碳循环发展经济体系的指导意见》	到2025年，产业结构、能源结构、运输结构明显优化，绿色产业比重显著提升，主要污染物排放总量持续减少，碳排放强度明显降低，生态环境持续改善，市场导向的绿色技术创新体系更加完善，法律法规政策体系更加有效，绿色低碳循环发展的生产体系、流通体系、消费体系初步形成。
生态环境部	2021.1	《关于统筹和加强应对气候变化与生态环境保护相关工作的指导意见》	到2030年前，应对气候变化与生态环境保护相关工作整体合力充分发挥，生态环境治理体系和治理能力稳步提升，为实现二氧化碳排放达峰目标与碳中和愿景提供支撑，助力美丽中国建设。

表 1-3　节能减排相关政策

部门	时间	政策	内容
国务院	2021. 12	《“十四五”节能减排综合工作方案》	到 2025 年，全国单位国内生产总值能源消耗比 2020 年下降 13. 5%，能源消费总量得到合理控制，化学需氧量、氨氮、氮氧化物、挥发性有机物排放总量比 2020 年分别下降 8%、8%、10%以上、10%以上。节能减排政策机制更加健全，重点行业能源利用效率和主要污染物排放控制水平基本达到国际先进水平，经济社会发展绿色转型取得显著成效。
中共中央办公厅、国务院办公厅	2021. 10	《关于推动城乡建设绿色发展的意见》	到 2025 年，城乡建设绿色发展体制机制和政策体系基本建立，建设方式绿色转型成效显著，碳减排扎实推进，城市整体性、系统性、生长性增强，“城市病”问题缓解，城乡生态环境质量整体改善，城乡发展质量和资源环境承载能力明显提升，综合治理能力显著提高，绿色生活方式普遍推广。 到 2035 年，城乡建设全面实现绿色发展，碳减排水平快速提升，城市和乡村品质全面提升，人居环境更加美好，城乡建设领域治理体系和治理能力基本实现现代化，美丽中国建设目标基本实现。
生态环境部	2021. 3	《企业温室气体排放报告核查指南（试行）》	确定了省级重点排放单位温室气体检查的原则、工作方式和要点。
生态环境部	2021. 3	《关于加强企业温室气体排放报告管理相关工作的通知》	明确了温室气体排放报告的规范；具体行业、企业的排放配额。
科技部	2021. 2	《国家高新区绿色发展专项行动实施方案》	在国家高新区率先实现联合国 2030 年可持续发展议程、工业废水近零排放、碳达峰、园区绿色发展治理能力现代化等目标，部分高新区率先实现碳中和。
发改委等六部门	2020. 5	《关于营造更好发展环境　支持民营节能环保企业健康发展的实施意见》	围绕营造公平开放的市场环境、完善稳定普惠的产业支持政策、推动提升企业经营水平、畅通信息沟通反馈机制等四个方面，提出了十二条支持民营节能环保企业健康发展的政策措施。

续表

部门	时间	政策	内容
发改委、司法部	2020.3	《关于加快建立绿色生产和消费法规政策体系的意见》	到2025年，绿色生产和消费相关的法规、标准、政策进一步健全，激励约束到位的制度框架基本建立，绿色生产和消费方式在重点领域、重点行业、重点环节全面推行，我国绿色发展水平实现总体提升。

表1-4 能源相关行业政策

部门/地区	时间	政策名称	内容
国家发改委	2021.06	《关于2021年新能源上网电价政策有关事项的通知》	明确2021年起对新备案集中式光伏电站、工商业分布式光伏项目和新核准陆上风电项目，中央财政不再补贴，实行平价上网，同时为支持产业加快发展，明确2021年新建项目不再通过竞争性方式形成具体上网电价，直接执行当地燃煤发电基准价。
国家发改委、国家能源局	2021.5	《做好新能源配套送出工程投资建设有关事项的通知》	各地和有关企业要高度重视新能源配套工程建设，尽快解决并网消纳矛盾，满足快速增长的并网消纳需求。做好新能源与配套送出工程的统一规划；考虑规划整体性和运行需要，优先电网企业承建新能源配套送出工程，满足新能源并网需求，确保送出工程与电源建设的进度相匹配。
国家能源局	2021.4	《2021年能源工作指导意见》	当前国内外形势错综复杂，能源安全风险不容忽视，落实碳达峰、碳中和目标，实现绿色低碳转型发展任务艰巨。为持续推动能源高质量发展，国家能源局制定了2021年主要预期目标；目标主要围绕能源结构、供应保障、质量效率、科技创新和体制改革五大方面进行。
国家能源局	2021.3	《清洁能源消纳情况综合监管工作方案》	坚持问题导向和目标导向，督促有关地区和企业严格落实国家清洁能源政策，监督检查清洁能源消纳目标任务和可再生能源电力消纳责任权重完成情况；及时发现清洁能源发展过程中存在的突出问题，进一步促进清洁能源消纳，推动清洁能源行业高质量发展。

续表

部门/地区	时间	政策名称	内容
国家能源局、国家标准化管理委员会	2020. 9	《关于加快能源领域新型标准体系建设的指导意见》	解决各级政府推荐性标准界限不清，行业标准聚焦支撑能源主管部门履行行政管理、提供公共服务的公益属性不够突出，团体标准的发展空间和活力有待进一步释放等问题。
国家能源局	2020. 1	《关于加强储能标准化工作的实施方案》	十四五期间，形成较为科学、完善的储能技术标准体系，积极参与储能标准化国际活动，提高国际影响力和话语权。

表 1-5 促进高耗能产业转型升级的相关政策

部门/地区	时间	政策	内容
国家发展改革委、工业和信息化部、生态环境部、国家能源局	2022. 2	《高耗能行业重点领域节能降碳改造升级实施指南（2022 年版）》	对于能效在标杆水平特别是基准水平以下的企业，积极推广本实施指南、绿色技术推广目录、工业节能技术推荐目录、“能效之星”装备产品目录等提出的先进技术装备，加强能量系统优化、余热余压利用、污染物减排、固体废物综合利用和公辅设施改造，提高生产工艺和技术装备绿色化水平，提升资源能源利用效率，促进形成强大国内市场。
工信部、发改委、生态环境部	2022. 1	《促进钢铁工业高质量发展的指导意见》	力争到 2025 年，钢铁工业基本形成布局结构合理、资源供应稳定、技术装备先进、质量品牌突出、智能化水平高、全球竞争力强、绿色低碳可持续的高质量发展格局。
国家发展改革委、工业和信息化部、生态环境部、市场监管总局、国家能源局	2021. 10	《关于严格能效约束推动重点领域节能降碳的若干意见》	到 2025 年，通过实施节能降碳行动，钢铁、电解铝、水泥、平板玻璃、炼油、乙烯、合成氨、电石等重点行业和数据中心达到标杆水平的产能比例超过 30%，行业整体能效水平明显提升，碳排放强度明显下降，绿色低碳发展能力显著增强。 到 2030 年，重点行业能效基准水平和标杆水平进一步提高，达到标杆水平企业比例大幅提升，行业整体能效水平和碳排放强度达到国际先进水平，为如期实现碳达峰目标提供有力支撑。

续表

部门/地区	时间	政策	内容
生态环境部	2021.5	《关于加强高耗能、高排放建设项目生态环境源头防控的指导意见》	全面落实党的十九届五中全会关于加快推动绿色低碳发展的决策部署，坚决遏制“两高”项目盲目发展，推动绿色转型和高质量发展。指导各级生态环境部门加强“两高”项目生态环境源头防控。
中钢协	2021.2	《钢铁担当，开启低碳新征程——推进钢铁行业低碳行动倡议书》	通过积极参与碳达峰，实现行业转型升级、高质量发展。
生态环境部等三部门	2021.4	《钢铁行业碳达峰及降碳行动方案》（审批中）	2025年前，钢铁行业实现碳排放达峰；2030年，钢铁行业碳排放量较峰值降低30%，预计将实现碳减排量4.2亿吨。
工信部	2021.4	新版《钢铁行业产能置换实施办法》	为巩固钢铁行业化解过剩产能工作成效，推动行业高质量发展，修订后的产能实施办法将大幅提高置换比例，扩大敏感区域，并进一步对特定区域改扩建范围加大限制。
住房和城乡建设部等七部门	2020.7	《绿色建筑创建行动方案》	到2022年，当年城镇新建建筑中绿色建筑面积占比达到70%，星级绿色建筑持续增加，建筑能效水平不断提高，住宅健康性能不断完善。
财政部、住房和城乡建设部	2020.1	《关于政府采购支持绿色建材促进建筑品质提升试点工作的通知》	在政府采购工程中推广可循环可利用建材、高强度高耐久建材、绿色部品部件、绿色装饰装修材料、节水节能建材等绿色建材产品，积极应用装配式、智能化等新型建筑工业化建造方式，鼓励建成二星级及以上绿色建筑。

表 1-6 推广新能源汽车相关政策

部门/地区	时间	政策	内容
国家发展改革委、国家能源局、工业和信息化部、财政部、自然资源部、住房和城乡建设部、交通运输部、农业农村部、应急部、市场监管总局	2022. 1	《关于进一步提升电动汽车充电基础设施服务保障能力的实施意见》	“十三五”期间，我国充电基础设施实现了跨越式发展，充电技术快速提升，标准体系逐步完备，产业生态稳步形成，建成世界上数量最多、辐射面积最大、服务车辆最全的充电基础设施体系。但快速发展的背后仍存在居住社区建桩难、公共充电设施发展不均衡、用户充电体验有待提升、行业质量与安全监管体系有待完善等突出问题，亟须加快相关技术、模式与机制创新，进一步提升充电服务保障能力。 到“十四五”末，我国电动汽车充电保障能力进一步提升，形成适度超前、布局均衡、智能高效的充电基础设施体系，能够满足超过 2000 万辆电动汽车充电需求。
市场监督管理总局	2021. 2	《乘用车燃料消耗量限值》	旨在降低汽车碳排放，促进汽车行业健康有序、绿色发展。
工信部等三部门	2021. 2	《国家车联网产业标准体系建设指南（智能交通相关）》	到 2025 年，制修订智能管理和服务、车路协同等领域智能交通关键标准 20 项以上，系统形成能够支撑车联网应用、满足交通运输管理和服务需求的标准体系。
交通运输部、发改委	2020. 7	《绿色出行创建行动方案》	力争 60%以上的创建城市绿色出行比例达到 70%以上，绿色出行服务满意率不低于 80%。
工业和信息化部	2020. 6	《关于修改〈乘用车企业平均燃料消耗量与新能源汽车积分并行管理办法〉的决定》	更新双积分政策部分条款，明确 2021—2023 年积分比例要求为 14%、16%、18%。
财政部等三部门	2020. 4	《关于新能源汽车免征车辆购置税有关政策的公告》	自 2021 年 1 月 1 日至 2022 年 12 月 31 日，对购置的新能源汽车免征车辆购置税。

表 1-7 生态碳汇相关政策

部门/地区	时间	政策	内容
发改委	2020.6	《全国重要生态系统保护和修复重大工程总体规划（2021—2035年）》	到2035年，森林覆盖率达到26%，森林蓄积量达到21亿立方米，天然林面积保有量稳定在2亿公顷左右，草原综合植被盖度达到60%，湿地保护率提高到60%，新增水土流失综合治理面积5640万公顷，75%以上的可治理沙化土地得到治理，自然海岸线保有率不低于35%，以国家公园为主体的自然保护地占陆域国土面积18%以上。
陕西	2021.10	《陕西省“十四五”生态环境保护规划》	到2025年绿色低碳发展加快推进，能源资源配置更加合理、利用效率大幅提高，碳排放强度持续降低，简约适度、绿色低碳的生活方式加快形成，生态文明建设实现新进步，美丽陕西建设取得明显进展。《规划》同时展望2035年，碳排放达峰后稳中有降，生态环境质量根本好转，绿色生产生活方式广泛形成，美丽陕西建设目标基本实现。
广东	2021.10	《广东省“十四五”生态环境保护规划》	建立绿色低碳循环经济体系，推动经济高质量发展。实施碳排放达峰行动，建立碳排放总量和强度双控制度，加强温室气体和大气污染物协同控制。落实分区域、差异化的低碳发展路线图，推动珠三角城市碳排放率先达峰，粤东西北地区城市提升节能减碳工作力度，促进单位国内生产总值二氧化碳排放量实现较大幅度下降。制定深化碳市场工作方案，结合国家碳排放权交易市场建设推进情况，适时扩大我省控排行业范围。开展粤港澳大湾区碳市场体系建设可行性研究，推动粤港澳大湾区碳市场建设。
福建	2021.10	《福建省“十四五”生态环境保护规划》	把碳达峰、碳中和纳入生态省建设整体布局，把降碳作为促进经济社会全面绿色转型的总抓手。实施二氧化碳排放达峰行动。制定实施碳排放达峰行动方案，科学合理制定全省二氧化碳排放达峰时间表、路线图、施工图，全面融入经济社会发展全局，积极开展碳达峰行动，加强达峰目标过程管理，强化形势分析和激励督导，确保如期实现碳达峰目标。支持有条件的地方率先达峰。因地制宜制定实施各地碳达峰行动方案，支持厦门、南平等有条件的地区率先实现碳排放达峰，在南平探索碳中和实现路径，推动平潭低碳海岛建设，支持三明市探索建设净零碳排放城市。开展低碳社区、低碳园区、近零碳排放区示范工程建设和碳中和示范区创建。推动重点行业实施达峰行动。

续表

部门/地区	时间	政策	内容
宁夏回族自治区	2021.9	《宁夏回族自治区生态环境保护“十四五”规划》	紧盯碳达峰、碳中和目标，落实积极应对气候变化国家战略，制定碳排放达峰行动方案，推动温室气体和大气污染物协同治理，增强应对气候变化能力。
新疆维吾尔自治区	2021.6	《新疆维吾尔自治区国民经济和社会发展第十四个五年规划和2035年远景目标纲要》	推动绿色低碳发展。严格执行《绿色产业指导目录（2019年版）》，落实环境准入要求，实施生态环境准入清单管理，从源头上防止环境污染。加强能耗“双控”管理，严格控制能源消费增量和能耗强度。优化能源消费结构，对“乌-昌-石”“奎-独-乌”等重点区域实施新建用煤项目煤炭等量或减量替代。加快产业结构优化调整，加大落后产能淘汰力度，支持绿色技术创新，加快发展节能环保、清洁生产产业，推进重点行业和重要领域绿色化改造，促进企业清洁化升级转型和绿色工厂建设。制定碳排放达峰行动方案，加大温室气体排放控制力度，降低碳排放强度。大力发展绿色建筑，城镇新建公共建筑全面执行65%强制性节能标准，新建居住建筑全面执行75%强制性节能标准。开展超低能耗、近零能耗建筑试点，扩大地源热、太阳能、风能等可再生能源建筑应用范围。开展绿色生活创建活动，倡导简约适度、绿色低碳生活方式，推进低碳城市、低碳园区、低碳社区和低碳企业试点示范。加快绿色金融、绿色贸易、绿色流通等服务体系建设，健全绿色发展政策法规体系。

表1-8 主要碳排放交易政策

部门/地区	时间	政策	内容
生态环境部	2021.10	《关于做好全国碳排放权交易市场数据质量监督管理相关工作的通知》	要求迅速开展企业碳排放数据质量自查工作，各地生态环境局对本行政区域内重点排放单位2019和2020年度的排放报告和核查报告组织进行全面自查。
上海环交所	2021.6	《关于全国碳排放权交易相关事项的公告》	碳排放配额（CEA）交易应当通过交易系统进行，可以采取协议转让、单向竞价或者其他符合规定的方式，协议转让包括挂牌协议交易和大宗协议交易。

续表

部门/地区	时间	政策	内容
生态环境部	2021.5	《碳排放权登记管理规则（试行）》《碳排放权交易管理规则（试行）》《碳排放权结算管理规则（试行）》	规范全国碳排放权登记、交易、结算活动，保护全国碳排放权交易市场各参与方合法权益。
生态环境部	2020.12	《碳排放权交易管理办法（试行）》	在应对气候变化和促进绿色低碳发展中充分发挥市场机制作用，进一步加强对温室气体排放的控制和管理，推动温室气体减排，规范全国碳排放权交易及相关活动。
天津	2020.6	《天津市碳排放权交易管理暂行办法》	按照企业温室气体排放核算要求，根据本市碳排放总量控制目标和相关行业碳排放等情况，确定纳入配额管理的行业范围及排放单位的碳排放规模；配额和核证自愿减排量等碳排放权交易品种应在指定的交易机构内，依据相关规定进行交易。

表 1-9　绿色金融相关政策

部门/地区	时间	政策	内容
国务院	2021.10	《2030 年前碳达峰行动方案》	深化绿色金融国际合作，与有关各方共同推动绿色低碳转型；完善绿色金融评价机制。建立健全绿色金融标准体系，大力发展绿色金融，推动 2030 碳达峰目标的实现。
银保监会	2021.4	《关于金融支持海南全面深化改革开放的意见》	发展绿色金融。鼓励绿色金融创新业务在海南先行先试，支持国家生态文明试验区建设。加大对生态环境保护，特别是应对气候变化的投融资支持力度。
发改委等五部门	2021.2	《关于引导加大金融支持力度促进风电和光伏发电等行业健康有序发展的通知》	旨在加大金融支持力度，促进风电和光伏发电等行业健康有序发展。

续表

部门/地区	时间	政策	内容
生态环境部等五部门	2020.1	《关于促进应对气候变化投融资的指导意见》	到2022年，营造有利于气候投融资发展的政策环境，气候投融资相关标准建设有序推进，气候投融资地方试点启动并初见成效，气候投融资专业研究机构不断壮大。
北京	2021.9	《北京市关于进一步完善市场导向的绿色技术创新体系若干措施》	完善绿色金融对北京绿色技术创新融资的支持。
重庆	2021.10	《关于加快建立健全绿色低碳循环经济体系的实施意见》	大力发展绿色金融，创建国家绿色金融改革试验区，持续引导重庆金融业支持绿色低碳循环发展。
上海	2021.10	《加快打造国际绿色金融枢纽服务碳达峰碳中和目标的实施意见》	为加快打造上海国际金融枢纽的目标，大力发展绿色金融建设。
河北	2021.9	《关于银行业保险业发展绿色金融助力碳达峰碳中和目标实现的指导意见》	大力促进银行业保险业绿色金融发展，助力河北省双碳目标的实现。
陕西	2021.10	《关于金融支持陕西省绿色发展助推实现碳达峰碳中和目标的指导意见》	大力加大陕西绿色金融融资支持力度，构建绿色低碳金融服务体系，强化相关保障措施，助力陕西省双碳目标的实现。
四川	2021.10	《关于深入实施财政金融互动政策的通知》	通过对绿色信贷银行机构和贷款项目的支持，支持绿色金融的发展。
江苏	2021.9	《关于大力发展绿色金融指导意见的通知》	构建具有江苏特色的绿色金融体系，引导和激励更多金融资源支持节能减排和绿色发展，确保如期实现“双碳”目标。

第二章 新能源类专业教学资源库相关制度

第一节 职业教育新能源类专业教学资源库建设联盟章程

第一章 总则

第一条 联盟成立背景。随着社会的发展、科技的进步，人们的生活与新能源技术的联系越来越紧密，包括利用空调设备对生活环境的改善、利用冷冻冷藏设备对食品的储藏保鲜等等。我国有百余所职业院校都开设了“新能源与空调（冷藏）技术”专业，但各学校之间缺乏交流，在专业建设过程中缺乏必要的指导性规范，优质资源无法共享，也缺乏沟通交流的平台。为此，根据各院校的共同心愿，本着自愿的原则，成立“全国职业教育新能源类专业建设联盟”。

第二条 本联盟的名称为“全国职业教育新能源类专业建设联盟”。英文译名为 China Occupation Education Alliance of Refrigeration and Air Conditioning (Cold Storage) Technology Major Construction，缩写为 CARA。

第三条 全国职业教育新能源类专业建设联盟（以下简称为联盟）在教育部专业教学指导委员会、中国新能源空调工业协会、中国新能源学会指导下，主要专业领域涉及：新能源产品设计与生产、新能源工程设计与施工、新能源系统管理与维护，是一个由全国各地职业院校及新能源领域内企业自愿组成的全国性合作组织。

第四条 联盟的宗旨：本联盟坚持“平等、自愿、协作、资源共享、共同促进与发展”的原则，在专业规范建设、人才培养、课程体系与教学内容建设、教材建设与师资队伍培养及校企合作等方面展开全方位的互利共赢工作，共同致力于我国新能源类专业建设与人才培养，为我国新能源产业的发展做出应有贡献。

第二章 工作内容

第五条 全国职业教育新能源类专业建设联盟的主要工作内容包括：

（一）研究制定“职业教育新能源类专业及人才培养发展战略”；

（二）研制“职业教育新能源类专业规范”；

（三）研制符合职业教育新能源类人才培养需求的专业课程体系及教学内容；

（四）构建成员单位教师培训、交流、合作平台；

（五）讨论并制定职业教育新能源类专业实践教学体系与解决方案；

（六）组织策划编写及出版本专业所需的教材；

（七）其他与本联盟性质和宗旨相符的活动。

第三章 组织机构

第六条 联盟采取单位会员制。设立秘书长单位，秘书处挂靠在秘书长单位，由秘书长、常务副秘书长各一名及秘书一名组成，负责制定组织与实施联盟的工作计划和各项日常事务；每个会员单位推选一名委员作为本单位的负责及联络人。

第七条 联盟以单位会员（职业教育院校、企业）为主，同时也接纳在新能源行业有一定影响的专家、学者为个人会员。

第八条 加盟条件

申请者拥护《全国职业教育新能源类专业联盟章程》。

已经开设和计划开设新能源技术类专业和课程的中职、高职和应用型本科院校以及新能源行业的企业。

第九条 加盟程序。由单位委员或个人委员向秘书处提出书面申请，由秘书处审核、批准及备案。

第十条 成员单位的权利和义务

成员权利

（一）积极参加并支持本联盟的活动；

（二）参与制定《职业教育新能源类专业建设规范》；

（三）参加全国职业教育新能源类专业教材编委会；

（四）共建共享新能源类专业建设的经验和成果等。

成员义务

（一）遵守本联盟章程；

（二）执行本联盟决议，完成本联盟所委托的工作；

（三）维护本联盟合法权益；

（四）及时向联盟反馈信息。

第四章 附则

第十一条 未经秘书处同意，任何单位和个人不得以“全国职业教育新能源技术类专业教学资源库建设联盟”名义开展活动。

第十二条 本章程交由联盟大会讨论通过，并上报至教育部专业教学指导委员会审核通过，即日生效。

第二节 职业教育新能源类专业教学资源库建设项目管理办法

第一章 总 则

第一条 为规范新能源类专业教学资源库建设，加强对建设项目的管理，确保项目建设质量，按时完成建设任务，严格按照《教育部财政部关于国家示范性高等职业院校建设计划管理暂行办法的通知》（教高［2007］12号）文件要求，制定本办法。

第二条 本办法适用于新能源类专业教学资源库建设的各项建设项目。

第三条 新能源类专业教学资源库建设项目的管理目标是规范、有序地实施每个项目的建设，高质量、高标准地实现各个建设项目的预期目标，建设代表国家水平、具有高等职业教育特色的标志性新能源类专业教学资源库。

第四条 新能源类专业教学资源库建设项目的管理内容包括项目的规划、实施、协调、统计、检查、评估、验收以及建设资金的管理等。

第二章 管理机构与职责

第五条 设立新能源类专业教学资源库建设项目首席顾问。由中国科学院院士褚君浩担纲本项目首席顾问，确保资源库建设内容既保持战略高度，又具备战术操作性，使资源库建设真正实现行业权威、适度前瞻。

第六条 成立以中国科学院院士褚君浩教授为组长的新能源类专业教学资源库建设项目指导小组，负责为项目建设提供宏观政策咨询，对项目建设全程跟踪指导，并对建设计划具体实施方案适时调整提出建议。

第七条 成立新能源类专业教学资源库建设项目开发团队。该开发团队由项目组各合作院校和各企业集团抽调最精干的人员组成，分工协作，对资源库的各个子项目进行建设，确保各子项目如期、保质保量地完成。

（一）由开发团队负责人全面负责建设项目的计划、组织和实施工作，深刻理解并执行相关政策，及时披露建设信息，与各方配合、协调、沟通。

（二）各子项目建设负责人负责本子项目建设的具体实施，按照建设方案要求加快建设，并不断完善项目建设方案。制定严格的责任追究制度，层层落实责任，确保各个子项目的建设严格按照建设方案的要求落实到位。

第八条 成立新能源类专业教学资源库建设项目质量监控小组。项目建设质量监控小组负责对项目建设进行监督检查，确保项目按照预定的质量标准进行建设，并保证资金、软件开发和采购按照国家法律法规进行管理。

第九条 职业教育新能源类专业教学资源库建设项目的日常管理机构为建

设项目管理办公室。其主要职责是：

（一）负责与上级主管部门联系，按上级要求报送相应材料。

（二）分解和下达建设任务，组织项目建设责任书的签订。

（三）督促、检查建设项目的实施进度。

（四）对建设项目进行中期检查和组织自评、验收工作。

（五）起草建设项目的有关规章制度，监督、检查有关政策及措施的落实情况。

（六）负责建设资源的整理、上传、开放和推广工作。

（七）处理其他日常工作。

第三章 建设方案管理

第十条 新能源类专业教学资源库建设项目一经国家教育部和财政部批准，必须严格执行。

第十一条 任何部门、任何人不得擅自修改经过国家教育部和财政部批准的建设项目和方案任务书，因特殊情况或不可抗拒因素，确实需要变更方案，由项目承办部门提出修改意见，经负责单位领导审批后，上报教育部和财政部。

第四章 资金管理

第十二条 新能源类专业教学资源库建设专项资金来源包括中央财政专项资金、地方财政配套专项资金、行业企业投入资金和合作院校自筹资金。

第十三条 中央财政投入的专项资金建设资金必须专款专用，主要用于素材制作、企业案例收集制作、课程开发、特殊工具软件制作、应用推广、调研论证、专家咨询等方面的开支，要根据国家有关规定，将调研论证和专家咨询费严格控制在10%以内。

第十四条 专项资金实行各项目承建单位统一管理、集中核算、专款专用、专账管理，任何部门和个人不得擅自截留、挤占和挪用专项资金。

第十五条 制订《新能源类专业教学资源库建设专项资金管理办法》，各承建单位必须严格执行国家财政、财经法规和《管理办法》的规定，切实加强项目资金预算、审批、使用和决算管理。

第十六条 新能源类专业教学资源库建设专项资金实行定期检查、审计制度，各有关承建单位、部门应自觉接受财政、审计等有关部门和项目管理委员会的监督和检查。

第五章 项目实施与管理

第十七条 建立以联合参与单位为主体的项目管理责任体系和以核心骨干院校及相关参与单位为主体的子项目承建责任体系。按照建设项目的内容，把每个项目落实到相关承建单位，落实到每位责任人。

第十八条 建立建设项目协调会议制度，特别是主持院校的定期沟通协调机制，推进资源库建设项目的落实，发挥监控和考核机制作用。

第十九条 项目建设过程实行项目负责人制，在项目负责人的领导下加强协调，层层落实责任。子项目实行任务分工责任制和绩效考核制，各子项目由相应子项目负责人负全责，各子项目组切实加强组织各子项目的实施工作和经费管理，保证各子项目建设进度与质量。

第二十条 项目过程管理的基本程序：

（一）按照《职业教育新能源类专业教学资源库项目建设方案》和《职业教育新能源类专业教学资源库建设项目建设任务书》的要求，分解建设任务和指标。

由建设项目管理办公室根据教育部、财政部批准的《职业教育新能源类专业教学资源库项目建设方案》和《职业教育新能源类专业教学资源库建设项目建设任务书》，确定建设项目责任人，分解建设任务，明确建设进度、技术标准和质量要求。

（二）签订《职业教育新能源类专业教学资源库建设项目目标责任书》。由项目建设领导组组长与分项目负责人签订《职业教育新能源类专业教学资源库建设项目目标责任书》，明确建设目标和任务，明确监测指标和要求。

（三）向联合支持院校下达《职业教育新能源类专业教学资源库建设项目总任务通知单》，并向参与院校和参与人下达《职业教育新能源类专业教学资源库建设项目分项建设任务通知单》。

（四）填写《职业教育新能源类专业教学资源库建设项目分项建设进度报告单》，分项目负责人要定期填写《新能源类专业教学资源库建设项目分项建设进度报告单》，报项目负责人和建设项目管理办公室，便于掌握建设进度，进行监测和检查。

（五）填写《职业教育新能源类专业教学资源库建设项目验收报告》。项目建设完成后，项目负责人提交竣工验收申请报告，全面阐述项目的落实情况和取得的成果，填写《职业教育新能源类专业教学资源库建设项目验收报告》。

第六章 监督与考核管理

第二十一条 由国家高等职业教育专业教学资源库项目质量监控小组负责信息收集、反馈，定期检查各子项目建设各项工作，对建设项目进行全程监控，及时更换项目任务进展缓慢、拖延、完成质量不达标的团队，统一组织安排启动备用开发团队。监督和考核管理的具体措施：

（一）组织验收和考核工作。由建设项目管理办公室组织有关人员，根据《职业教育新能源类专业教学资源库建设项目建设任务书》和《职业教育新能源类专业教学资源库建设项目目标责任书》对完成的资源进行验收和技术考核，并形成验收结论。

（二）项目分阶段验收考核主要从资源素材的数量、资源内容的质量、资源运用的技术和资源形式的创新等方面进行量化考核。其中资源素材的数量对照建设任务书进行考核，资源内容的质量从专业的准确性和通用性进行把握，资源运用的技术质量按照统一下达的技术标准和平台运行的快速高效性判断，资源形式的创新度结合资源运用的高科技技术含量和节约型社会、低碳经济等技术与理念相结合进行分析，分基本指标、重点指标和创新指标进行考核。指标完成情况考核结果为优秀、良好、合格、不合格四个等级。考核成绩 90 分以上为优秀，80 分以上为良好，60 分以上为合格，60 分以下为不合格。考核成绩与项目建设经费的拨付相挂钩。

（三）建设项目实行分期检查制度。建设项目管理办公室要定期对分项目的建设情况进行检查。对建设工作的每一步骤、每一环节、每一监测指标进行监控，确保建设项目的顺利完成。

2015 年 6 月末，完成平台建设以及 12 门核心课程的文档资料编写工作，完成特色资源库、企业案例等资源库的框架搭建工作。

2015 年 12 月末，完成核心课程教学全程录像、课程教学资源的制作和合成工作，基本完成核心课程资源的上传和组织工作，基本完成特色资源、企业案例等资源库的建设工作。

2016 年 6 月末，完成全部教学资源的技术测试和平台、系统检测，上传全部资源并开始试运行。

2016 年 12 月末，完成资源库运用技术培训和宣传工作，并收集用户意见，总结资源库建设的成果和需要改进的内容，为后续完善更新做好准备。

第二十二条　由国家高等职业教育专业教学资源库项目建设开发团队负责人和质量监控小组制定考核指标和奖惩办法，建立有效的奖惩机制，出台《国家高等职业教育专业教学资源库项目奖惩办法》，提高项目实施的水平。对开发团队建设项目的执行情况分季度进行检查和中期推动，实行绩效考核，确保资源库建设项目按期完成。

第七章　附　则

第二十三条　本办法未尽事宜，由高等职业教育新能源类专业教学资源库

建设项目领导组根据上级精神研究决定。

第二十四条　本办法从公布之日起执行。

第三节 职业教育新能源类专业教学资源库共建共享管理办法

第一章 总 则

第一条 为规范新能源类专业教学资源库建设、管理、使用行为，保障资源库在建成之后持续运行并更新，特制定本管理办法。

第二条 本办法适用于新能源与冷藏专业教学资源库建设的各项建设项目。

第三条 新能源类专业教学资源库建设项目的管理目标是规范、有序地实施每个项目的建设，高质量、高标准地实现各个建设项目的预期目标，建设代表国家水平、具有高等职业教育特色的标志性新能源类专业教学资源库。

第四条 新能源类专业教学资源库建设项目的管理内容包括项目的规划、实施、协调、统计、检查、评估、验收以及建设资金的管理等。

第二章 资源库的管理与共享

第五条 由资源库平台建设责任公司直接负责，由网络管理员对全体使用用户进行资源上传、下载的在线培训。各资源审核者负责将资源审核后进行上传。

第六条 平台建设方专人管理资源服务器，负责进行资源库框架的搭建，资源目录创建及用户权限设置、分类等。并及时整理各教研组上传资料，做好资源的分类组、管理及维护工作，为教育教学服务。

第七条 各资源审核者对用户提交的信息资料进行审核，确保信息资料的优秀、完整、真实、适用。

第八条 资源上传者通过上传资源获得相应积分从而获得去下载同等价值资源的权利，实现“以资源换资源”。

第三章 资源库建设的分类

第九条 素材资源是传播教学信息的基本材料单元，包括文本类素材、图形（图像）类素材、音频类素材、视频类素材、动画类素材五大类。

第十条 管理资源是各项设计管理职能资源的集合。

第十一条 教学资源是将学校所有学科资源的一个整合，包括：教学案、课件、题库、课堂实录等。

第四章 资源库建设的设计

第十二条 根据信息资源自身的性质，资源库不是资源的简单集合，应以一定的理论为指导，遵循国家颁布的标准化规范，经过周密的设计而开发出的复杂性系统，教学资源库应该具备以下功能：能够进行方便、快捷的信息检索；可以自行添加创建目录；资源种类齐全、科学；要有一定的权限设置；系统维护简单。

它主要包括资源管理模块、系统管理模块、用户管理模块。

第十三条 资源管理模块的操作对象是资源库中的各类资源，在进行操作时要保证内容的安全性和可靠性。这一模块具备的功能主要包括：

（一）资源上传：允许在线的教师和教育工作人员进行单个或多个资源的上传。

（二）资源下载：学校教师可以下载免费的资源。

（三）资源审核：审核管理员主要负责对教师下载的资源进行评审，以确定是否接收该资源。

（四）资源删除：资源审核员或系统管理员可以删除不符合标准和过期的资源。

（五）资源使用率的统计分析：对各种资源浏览和下载次数的统计，对此资源可进行评星，以提高权限。

第十四条 系统管理模块主要负责对这个系统的维护工作，以保证系统的稳定性和可扩展性及对并发访问的支持。应具备的功能有：

（一）资源库系统的初始化：属性、参数数据入库。

（二）访问控制：对访问本资源库系统的用户数量的控制，可采取限定IP或限定访问流量的方法。

（三）安全控制：使用防火墙等措施以保证系统不受病毒侵蚀和黑客的攻击。

（四）功能扩展接口：为实现系统的自身完善和功能升级，提供可扩展的接口。

第十五条 教育资源库有其特定的用户群，其中应为不同用户赋予各自的权限，从而确保系统的安全性和资源的质量。一般可以包括：系统管理员、教师、学生，如有特殊的需求，还可视具体情况而变动。

他们的权限应设置如下：

（一）系统管理员应对数据库系统有完整的控制权，允许他以浏览器方式通过 Internet 实施管理和维护，掌握所有用户的情况，并具有初始化资源库系统和审核注册用户的权限。

（二）教师：主要负责对某一特定学科的资源进行管理，包括浏览、查询、使用、上传、下载和审核该学科的资源。

（三）学生：可以浏览、查询、资源。

第五章 教学资源库建设的来源

第十六条 网上众多的教育网站是资源库重要的资源来源。这些网站对教学资源都进行了整理和分类，将这些资源导入资源库比较方便。可以将这些网站的有关资源下载，然后加入资源库中。

第十七条 各类教育光盘是由各出版社出版的正式电子出版物，品种较多，比如教育论文、多媒体课件等多有涉及，而且比较权威。可以选择一些适合学校实际情况的教育光盘，将其中的资源导入资源库。

第十八条 每所参与学校和企业都积累了大量的资料。平时，由于受学习场地和时间的限制，这些资料的利用率是比较低的，现在可以将这些音像资料转制成数字文件加入资源库中，使用者通过网络就可以随时地调用这些资料供教学使用。

第十九条 教学资源库的建设必须由全体使用者共同完成。

第六章 教学资源库建设的保证

第二十条 资源库的建设和管理必须有专门的管理班子。管理人员对资源库按一定规则进行分类管理，进行资料的电子化转换工作，定期地维护和更新。

第二十一条 建立起一个以网站搜索为主的参考资料收集、查询系统，提高信息的收集加工能力，有效地整合因特网资源，形成快速高效的专题资料库。

第二十二条 建立一个开发小组，其中应收集一线的各学科教学骨干、程序开发人员、美术设计人员等多方面的人才，共同研究、共同探讨。

第七章 附 则

第二十三条 本办法自公布之日起实行。

第四节 职业教育新能源类专业教学资源库建设项目专项资金使用和管理办法

第一章 总 则

第一条 为加强新能源类专业教学资源库建设项目专项资金的管理，提高资金使用效益，保证教学资源库项目建设的顺利实施，根据财政部《中央部门财政拨款结转和结余资金管理办法》(〔2010〕7号)、《高等学校财务制度》、《高等学校会计制度》要求和国家有关财经法规规定，结合项目建设实际，制定本办法。

第二条 本办法中的专项资金，是指由中央财政投入、参建院校地方财政配套、行业企业支持以及参建院校自筹的，专门用于新能源专业教学资源库项目建设的资金。

第二章 专项资金的管理原则和管理体制

第三条 新能源专业教学资源库项目专项资金遵循“整体规划，按年实施；统筹使用，保证重点；统一领导，分级管理；专账核算，专款专用；任务导向，绩效考核”的管理原则。

第四条 项目建设领导小组是主持院校协商产生的，专项资金管理的直接领导机构，负责审核专项资金总体预算及决算，对总体项目建设任务和预算执行的进度与质量负责。项目建设领导小组成员可由主持院校的院（校）长、主管教学的副院（校）长、教务处负责人、财务处负责人、设备处负责人、网络中心负责人及相关责任人组成。

第五条 参建院校对承诺的除中央财政投入以外的建设资金的到位情况、各自承担建设任务和预算完成进度及项目资金支出的合规性负责，并组织好对项目建设计划实施事前论证、事中监控、事后评价。

第六条 参建院校财务部门负责承担建设任务专项资金的财务核算与管理，在项目建设领导小组的统一指导和本院校具体领导下，组织分项专项资金预算、决算的起草、编制。严格按照教育部批复的专项资金预算进行分项目控制。

第七条 牵头院校负责项目资金收支的核算和统计，以及项目资金预算、决算的汇总上报。

第八条 专项资金要纳入参建院校财务机构统一管理，设置单独账簿进行核算，专款专用、专账管理。并对项目资金使用实施动态跟踪管理，充分发挥监督、审核作用，确保专项资金开支的合理、合法性，确保专项资金最大效益的发挥。

第三章 专项资金的预算管理

第九条 专项资金预算是指新能源专业教学资源库建设项目的资金收入和支出预算。

第十条 建设项目应统筹安排使用不同渠道投入或筹集的专项资金，本着支出相关、政策相符、经济合理的原则，科学、合理编制项目总预算及年度预算。参建院校分项目预算是本单位总预算的组成部分。

第十一条 除中央财政投入专项资金外，各参建院校要对各自承诺的地方财政配套、行业企业支持、院校自筹预算资金的实际到位负责。上述地方财政配套、行业企业支持和院校自筹资金是否到位以参建院校年度收支预算和决算为依据。

第十二条 中央财政专项资金要严格遵循本年预算、本年使用的原则，在预算年度内严格执行预算，无预算的不得安排支出。其他渠道筹集的专项资金也要按照教育部批复的预算进度，严格执行。

第十三条 原则上各参建院校按建设任务自行编制分项预算，合理使用资源库项目分配的中央财政专项资金和自筹资金。如遇单项大额采购项目，确需使用参建院校自筹资金的，经项目建设领导小组研究决定，可以将各院校部分自筹资金归集到某一参建院校统筹使用，实施采购。

第十四条 编制完成的项目预算须经教育部审定同意后方可执行。

第十五条 专项资金预算一经审定，一般不作调整，如因特殊情况确需调整，需经原审批程序审批。

第四章 专项资金的支出管理

第十六条 中央财政专项资金主要用于素材制作、企业案例收集制作、课程开发、特殊工具软件制作、应用推广、调研论证、专家咨询等方面的开支。中央专项资金用于调研论证和专家咨询费的开支严格控制在10%以内。

第十七条 其他渠道筹集的专项资金用于建设项目中央财政专项投入资金不足部分。

第十八条 各参建院校要建立健全内部控制制度，保证建设资金的安全有效使用。

第十九条 项目建设实行项目负责人制，参建院校在使用专项资金时，除按照本单位审批权限履行审批手续外，还需填写由分项目负责人签字的“新能源专业教学资源库建设专项资金用款单”。

第二十条 参建院校使用专项资金要按照本地财政部门的要求实行国库集中支付制度。

第二十一条 凡纳入政府集中采购目录或达到招标限额的采购项目，应按照《中华人民共和国政府采购费》和本地财政部门的规定办理政府采购和公开招标手续。

第二十二条 凡需签订合同的采购项目，要依法与供货商签订采购合同，采购合同除业务部门保管外，还要交学校财务部门留存，以监督合同履行，掌握付款进度。

第二十三条 专项资金的开支范围和开支标准必须严格遵守国家财经法规和任务书要求，不得违反党风廉政建设文件和中央八项规定；不得用于建设院校还贷、支付利息、捐赠和对外投资等与建设项目无关的其他支出；不得以任何名义截留、挪用和挤占专项资金；不得将项目建设资金与其他经费混用。

第二十四条 使用专项资金形成的资产，为国有资产，要按照国有资产管理办法的规定办理采购、验收、核算等相关业务，提高资产使用效益。各参建院校和参加建设的个人不得以任何形式利用资源库谋取经济利益。

第二十五条 为及时有效核算项目资金的使用和预算执行情况，各参建院校应使用统一格式的账簿核算项目资金。账簿格式由各参建院校商议确定。

第五章 专项资金的决算管理

第二十六条 年度和项目终了，参建院校要及时编制项目专项资金决算，报牵头院校汇总，经资源库建设领导小组审定后，上报教育部。

第二十七条 专项资金决算的主要内容包括：专项资金的预算执行情况、资金的使用效益、资金的管理情况、存在问题和对策建议等。

第二十八条 建设院校除单独编制项目资金决算外，还应将项目收支情况按预算科目纳入本单位年度决算汇总编报。

第六章 专项资金使用的监督检查与绩效评价

第二十九条 专项资金使用实行“季度预算执行报告书”制度，建设期间每季度结束的三天前，参建院校将子项目“季度预算执行报告书”报牵头院校，牵头院校汇总后，经项目建设领导小组审定后，于季度结束三日内报教育部。

在向牵头院校报送“季度预算执行报告书”的同时，各参建院校要将本季度各自项目每笔支出的报销凭证、原始凭证和“新能源类专业教学资源库建设专项资金用款单”整理成影像文档按顺序一同报送牵头院校，以备项目中期检查和验收审计使用。

第三十条 牵头院校将在每季度末公布各建设院校专项资金的使用情况，运用项目管理方式对专项资金进行实时动态跟踪管理。

第三十一条 建立专项资金使用的管理责任制，组织对专项资金使用的定期或不定期的检查，如发现参建院校有截留、挪用、挤占专项资金行为和预算执行缓慢等情形，影响项目整体建设进度和质量的，经建设项目领导小组集体研究决定，将上报教育部，建议取消该学校的参建资格，并收回拨付的配套资金。

第三十二条 参建院校有关领导、项目负责人和财会人员，要严格遵守国家财经法规和本校的财务制度，自觉接受项目主管部门和本校审计、监察等部门对项目的监督。

第七章 附 则

第三十三条 本办法自项目批准实施之日起执行。

第三十四条 本办法由新能源类专业教学资源库建设项目领导小组负责解释。

附：职业教育新能源类专业教学资源库专项资金用款单

全国职业教育新能源类专业教学资源库建设项目

天津轻工职业技术学院（代章）

职业教育新能源类专业教学资源库专项资金用款单

参建院校：　　　　　　　　　　　　　　　　　　　　　编号：

<table>
<tr><td>项目名称</td><td>项目编号</td><td colspan="2">经手人</td><td colspan="2">项目负责人</td></tr>
<tr><td></td><td></td><td colspan="2"></td><td colspan="2"></td></tr>
<tr><td rowspan="2">申请使用金额及来源</td><td>中央财政</td><td>地方财政</td><td>行业企业</td><td>学院自筹</td><td>合计</td></tr>
<tr><td colspan="5"></td></tr>
<tr><td>人民币大写</td><td colspan="5"></td></tr>
<tr><td>资金用途</td><td colspan="5"></td></tr>
<tr><td rowspan="2">财务记账</td><td>日期</td><td>凭证类型</td><td>凭证号</td><td colspan="2">记账人</td></tr>
<tr><td colspan="5"></td></tr>
</table>

备注：

第五节　职业教育新能源类专业教师信息化能力培养与考核制度

第一章　总则

第一条　随着信息技术教育的普及和推广，对教师专业化成长提出了新的挑战。而应用信息技术的能力和水平又是教师专业技能的重要方面。为加快教育信息化建设步伐，充分利用和发挥现代教育设备的优势，全面提高学校教育教学质量，特制定本制度。

第二条　考核原则全员参与，分层考核，分类检查，逐年提高。即全体在编教师的年度考核均必须有信息技术教育方面的内容；根据教师年龄的实际情况，从考核的日期开始计算，离退休不足五年的为老年教师，其余的为中青年教师，分类进行考核。考核的内容逐年调整，考核的要求逐年提高。

第二章　考核标准

第三条　积极参加信息技术培训。教师应积极参加各级各类信息技术培训，将自学与集体培训有机结合起来，认真完成各项培训作业，取得良好成绩。信息技术教师应认真参加教研活动和信息技术应用培训。通过培训，使教师了解信息技术所必需的教育理论和观念，逐步掌握信息技术知识与技能，以更好地为教育教学服务。学校将教师参与培训的情况和成绩作为年终考核的一个重要方面。

第四条　注重信息技术与学科整合。使信息技术作为教学工具和学习工具发挥应有的作用。教师应积极主动地运用多媒体组合辅助课堂教学，变抽象为具体、尽可能地为学生呈现生动有趣的教学情境，有效地突破重难点，提高课堂教学效率。每学期，每位教师能自觉地应用多媒体辅助教学不少于15节；青年教师具备运用网络环境教学的能力，每学期不少于2节。在学校的有效教学活动中，青年教师能把信息技术作为教学手段之一组织课堂教学。学期末每位教师按标准上交教学案例。

第五条　加强个人资源库建设。能自觉地充实和完善个人资源库。按照“教学设计”“教育教学论文”“教学反思”“测试题”“教学资料”“课件”等方面分门别类地加以搜集和整理。学期末及时上传到校园网络平台，充实专业教学资源库，便于教师互相学习和借鉴。

第六条　充分利用网络上传和下载教育教学资料，实施网上备课、提高工作效率、达到资源共享。

第七条　信息技术教师应加强硬件的维护和管理，保证网络安全，协助学校设计信息化建设方案，为师生提供良好的信息化教学环境，收集和整理已有的学习资源，严格按照课程计划上好信息技术课，定期对学生的学习效果进行考核。加强校园网的建设和开发，定期对校园网的内容进行更新，切实发挥校园网应有的作用。

第三章　教师考核办法

第八条　考核由学校组织进行，利用考核的导向作用做好信息技术教育的各项工作。考核工作要实事求是，要做到公平、公正、公开。

第四章　附　则

第九条　本办法自公布之日起实行。

第六节 职业教育新能源类专业教育资源库建设主持院校定期沟通协调制度

1. 目的

职业教育新能源类专业教学资源库为天津轻工职业技术学院、佛山职业技术学院和酒泉职业技术学院合作主持项目，为了协调主持院校关系，建立良性沟通渠道，保证资源库建设工作的有效进行，制定本制度。

2. 适用范围

本制度适用于天津轻工职业技术学院、佛山职业技术学院和酒泉职业技术学院合作资源库建设协调工作。

3. 组织领导

专门成立“新能源类专业教学资源库建设项目”领导小组，下设项目建设办公室，并设置专职工作人员集中办公，全面组织、协调该项目建设的规划指导、方案实施、绩效评估、验收等工作。佛山职业技术学院和酒泉职业技术学院各委派1~2名专职人员在天津轻工职业技术学院的项目建设办公室工作，负责联络和协调佛山职业技术学院和酒泉职业技术学院各自的建设和管理人员，以保证两校能步调一致地推进项目建设。

4. 主要内容

4.1 沟通形式：定期召开协调沟通会议，不定期开展人员互访。

4.2 会议召开日期：每季度召开，并逐步固定召开时间。遇有特殊事项，三方可相互提请临时增开。

4.3 会议议题：交流项目建设情况，协调项目进度，研究解决项目建设中的问题。

4.4 参加对象：主持院校项目负责人、联络员，与议题有关的责任部门负责人将根据情况列席。

4.5 会议的组织：

4.5.1 院校双方联络员负责定期沟通会议的组织策划工作，并确定下次会议主办院校。

4.5.2 由会议主办院校在沟通会议召开前一个星期发出会议通知，明确参会人员和重点讨论议题。

4.5.3 会议主办方负责会议记录、整理及汇总工作并及时上报领导及相关责任部门。若会议存在待办事项，由三方联合负责跟踪各自待办工作的落实情况，并由主办方及时汇总，将工作的进展情况以简报等形式汇报。

5. 附则

5.1 本制度由资源库领导小组办公室负责解释。

5.2 本制度从发布之日起执行。

第七节 职业教育新能源类专业校际学分互认管理办法

第一章 总则

第一条 为避免重复教育，增强学生自主学习能力，提高学习实效，提高学校间优质教学资源的使用效率，满足大众化学习的需要，本着学生自愿申请的原则，特针对新能源类专业教学资源库合作院校之间的学生，制定本办法。

第二条 符合本办法规定的专科学生，在弹性学制期限内学分互认课程总门数不得超过8门。

第三条 本办法只对同层次且名称相同或相似的课程进行学分互认。有具体成绩的，按百分制折合计分；只标明类似“通过”、“优秀”等相同或相似字样者，按百分制的60分计分。

第四条 学分互认课程实行免考，同时，学生须加强对学分互认课程的自主学习。

第五条 本办法适用于全体新能源资源建设联盟院校，并签订学分互认协议，主持院校教务处带领联盟院校教务处具体实施。

第二章 课程成绩

第六条 凡在新能源类专业教学资源库网上学习并取得相应的合格成绩的学生，可以在同层次中申请相应课程的学分互认。

第七条 学生参加全国性行业或系统培训、职业考试等相应课程成绩，可以在同层次中申请相应课程的学分互认。

第八条 学生通过国家网络教育部分公共基础课统考的成绩，可申请大学英语、大学语文、计算机应用基础相应课程的学分互认。

第三章 学分互认程序

第九条 每学期开学后两周内，符合学分互认条件的学生须到所在远程学习中心办理相关手续，逾期不予受理。具体操作程序如下：

1. 学生本人填写“资源库合作院校学分互认申请表”，连同拟学分互认课程的成绩单，一并交到被申请学校网络中心，同时须在学习平台中进行申请操作。

2. 被申请学校网络中心进行初审，同时将学生申请表及成绩单邮寄至学院。

3. 被申请学校最终审核，审核通过后，按照本办法有关规定将课程成绩及学分计入本人成绩档案。

第四章　附则

第十条　另有相关规定的，按相关规定执行。

第十一条　学分互认的认定权和解释权在各个被申请学校。

第十二条　国家相关法规、政策及学校规章发生调整时，以调整的为准。

第十三条　本暂行办法自公布之日起实行。

第八节 新能源类专业教学资源库课程学分互认管理办法

为积极响应教育部要求“主动实现与其他院校优秀资源共享，推进和完善学分互认制度”，减少学生重复性的学习活动，联盟经研究决定，新生在校期间如果已经参加过新能源类资源库建设联盟内院校的职业课程学习或考试，相关的专业课课程成绩合格，或获得某些职业资格考试、水平考试的证书，在校期间，由学生提出申请，新能源类专业资源库建设主持院校教务部门作为联盟学历教学审查的主体，审核合格生效后，批准该课程免考及学分互认。通过学分互认的课程仍需按照原课程学分交纳课程学费。本管理条例，自发布之日起生效。

一、学分互认条件

1. 申请学分互认的课程在课程主要内容和名称方面要与教学资源库建设院校的相关课程一致或近似，需经过教学资源库建设院校教务部门审查通过；

2. 申请学分互认的课程需成绩合格（三年内有效）；

3. 教学资源库建设院校教学计划中规定的职业资格证课程及毕业设计课程不在学分互认范围之内；

4. 教学资源库建设院校认可互认的某些国际、国内机构颁发的资格证书可以作为对应课程的学分互认条件。

5. 所有学分互认课程成绩统一记为70分。

二、学分互认申请时间

新生必须在每个学期开学日后21天内，书面申请全部课程的学分互认。逾期将不再受理。

三、学分互认申请材料

1. 学生在教学资源库网络学习平台“学籍管理”→“申请学分互认”栏目中下载并填写学分互认申请表，连同成绩证明、毕业证书等证明材料，以挂号信形式按指定地址寄往教学资源库建设院校。

2. 所提交材料的复印件须加盖有效公章（红色印章），否则，复印件无效。

3. 成绩证明上要有详细的专业名称、课程名称、成绩信息以及个人姓名等，缺任何一项均无效。

4. 对于学生提交的任何证明材料教学资源库建设院校不予退回，并承诺不移作他用。

四、学分互认费用

学生在交纳课程学费时，必须按照教学资源库网络学习平台选课表中所列课程交纳学费，然后提出学分互认申请，经教学资源库建设院校核准后生效，该课程可免考。

五、获取学分互认结果途经

教学资源库建设院校在对外公布的每学期学分互认截止日期之后 20 个工作日内完成审批，届时学生通过登录网络学习平台“学籍管理”→“申请学分互认”栏目查看结果。没有被批准通过的申请不上传平台。学生如有疑问，可通过教学资源库网站主页公布的联系方式要求核对。

六、其他注意事项

1. 如在提交申请过程中有弄虚作假行为，一经查实，教学资源库建设院校将不予审批通过，已经审批通过的取消通过资格。严重者将取消学生学籍，并保留追究相关人员法律责任的权利。

2. 学分互认审批结果公布前，该课程仍为在学课程，请学生自己安排学习。

3. 学籍从教学资源库建设院校入学之日开始计算，与网院当届次入学的学生学制相同。

七、本条例解释权属于教学资源库平台。任何关于课程学分互认事项的处理原则和办法均以本条例为准。

第九节 职业教育新能源类专业教学资源库课程资源库建设指南

一、指导性意见

（一）项目建设目的

（1）教学资源库建设的目的

在校学生专业学习的园地，在职员工技能培训的基地，学校教师专业教学的宝库，行业企业技术推广的平台。

（2）课程资源库建设的目的

满足全国高职院校新能源技术类专业辅教辅学的要求，提高专业教育教学水平和学生学习效果。

（二）教学资源库课程资源库建设的思路

（1）实现以学习者为中心的教学模式，鼓励并促使学习者变被动学习为探究式项目导向学习。资源库建成以学习者为中心的一站式学习平台。

（2）打造行业企业深度参与机制，促成跨院校、跨地域同专业教师群体的联动与共享，变单打独斗为协同共建，将产业最新动态与技术成果融到教学一线，大幅度提升教学者专业发展水平。

（三）课程资源库体系构建的基础

（1）满足全国高职院校新能源技术类专业教学及学生学习的需要，达到人才培养的目的。

（2）综合全国高职院校新能源技术类专业的人才培养目标，归纳为以下三个方面：

1）面向新能源光伏、风电设备制造企业，培养设备辅助设计、性能测试、产品检测、生产管理、技术开发、售后服务、专业销售等技术技能型人才；

2）面向新能源光伏工程安装公司，培养光伏工程、风电工程及光伏工程设计、预算、施工安装与管理、运行调试、工程业务等技术技能型人才；

3）面向新能源光伏、风电系统使用单位，培养运行管理、维护维修等技术技能型人才。

（四）基于人才培养目标的课程体系

（1）满足新能源行业人才需求的课程

“多晶硅生产技术”课程；“晶硅太阳电池生产工艺”课程；“应用光伏技术”课程；“光伏组件生产技术”课程；“光伏应用电子产品设计与制作”课程；“风力发电机组控制技术”课程；“光伏产品检测标准与认证”课程；“光伏单片机控制技术”课程；“电力电子技术”课程；“机械制图与CAD”课程。

（2）满足工程安装企业人才需求的课程

“风力发电机组安装与调试”课程；“电气控制与PLC”课程；“风电场建设基础”课程；“继电保护技术”课程。

（3）满足运行管理行业人才需求的课程

“光伏电站运行与维护”课程；“新能源利用与开发”课程；“光伏材料检测技术”课程；“风电场运行维护与检修技术”课程。

（五）课程内容

（1）“多晶硅生产技术”课程

（2）“晶硅太阳电池生产工艺”课程

（3）“应用光伏技术”课程

（4）“光伏组件生产技术”课程

（5）“光伏应用电子产品设计与制作”课程

（6）“风电场建设基础”课程

（7）“风电场运行维护与检修技术”课程

（8）“风力发电机组安装与调试”课程

（9）“风力发电机组控制技术”课程

（10）“光伏产品检测标准与认证”课程

（11）“光伏单片机控制技术”课程

（12）“电力电子技术”课程

（13）“电气控制与PLC”课程

（14）“继电保护技术”课程

（15）“机械制图与CAD”课程

（16）“新能源利用与开发”课程

（17）“光伏电站运行与维护”课程

（18）“光伏材料检测技术”课程

二、教学资源建设指南

（一）课程开发与课程资源建设程序

通过由校企双方合作组建课程开发团队，全面分析新能源类专业岗位职业工作内容，确定完成各工作岗位所需的知识点、技能点，确定教学内容，按“学习模块”形式开发网络课程。课程开发流程见图 2-1。

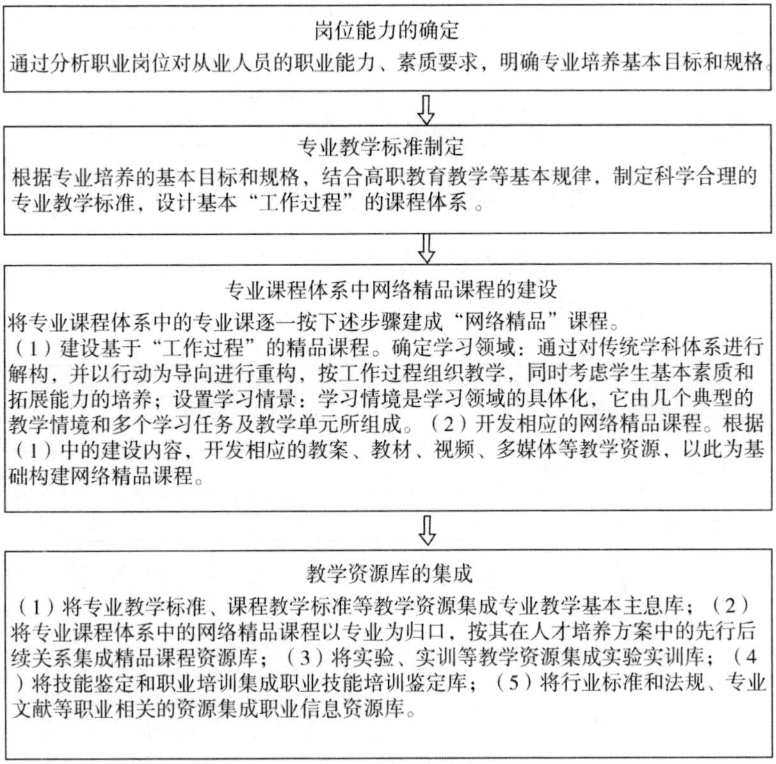

岗位能力的确定

通过分析职业岗位对从业人员的职业能力、素质要求，明确专业培养基本目标和规格。

专业教学标准制定

根据专业培养的基本目标和规格，结合高职教育教学等基本规律，制定科学合理的专业教学标准，设计基本“工作过程”的课程体系 。

专业课程体系中网络精品课程的建设

将专业课程体系中的专业课逐一按下述步骤建成“网络精品”课程。

（1）建设基于“工作过程”的精品课程。确定学习领域：通过对传统学科体系进行解构，并以行动为导向进行重构，按工作过程组织教学，同时考虑学生基本素质和拓展能力的培养；设置学习情景：学习情境是学习领域的具体化，它由几个典型的教学情境和多个学习任务及教学单元所组成。（2）开发相应的网络精品课程。根据（1）中的建设内容，开发相应的教案、教材、视频、多媒体等教学资源，以此为基础构建网络精品课程。

教学资源库的集成

（1）将专业教学标准、课程教学标准等教学资源集成专业教学基本主息库；（2）将专业课程体系中的网络精品课程以专业为归口，按其在人才培养方案中的先行后续关系集成精品课程资源库；（3）将实验、实训等教学资源集成实验实训库；（4）将技能鉴定和职业培训集成职业技能培训鉴定库；（5）将行业标准和法规、专业文献等职业相关的资源集成职业信息资源库。

图 2-1　课程资源建设开发流程

课程资源库建设由职业教育专家、岗位能手、骨干教师构成的开发团队按图 2-2 所示技术路线进行建设。

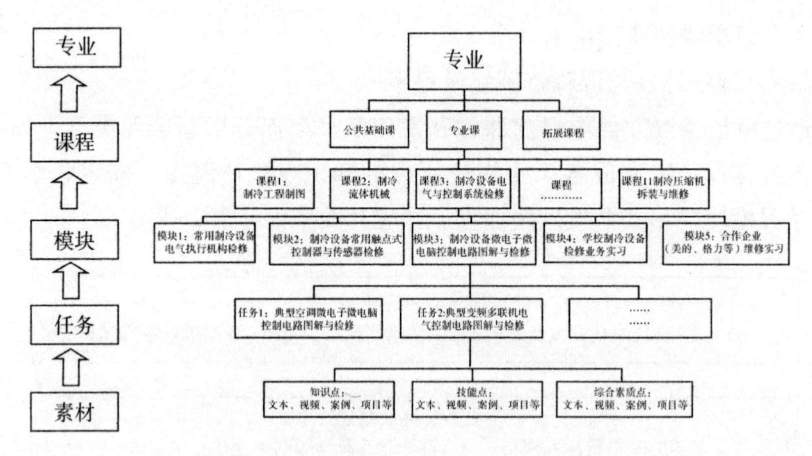

图 2-2　课程资源建设开发技术路线图

按照国家级专业教学资源库建设要求，完成“新能源流体机械”等 12 门网络课程建设，具体建设内容见表 2-1。

序号	建设内容	内容描述
1	课程相关技术领域国家标准、行业标准、企业标准	依据国家职业/行业标准和技术规范（时时更新）
2	网络课程开发指南、网络课程标准模板	课程简介、课程目标、课程内容及任务、学习模块教学方案设计、实施要求、课程管理、考核评价方式
3	网络课程	课程介绍、教学大纲、教学日历、教案、课件、重点难点指导、作业及答案、参考资料目录、教学录像、工程案例、专题讲座、素材资源库、试题库、网上测试及网上辅导、常用网站链接、实习实训指导资料等等
4	电子教材	按理实一体化课程编写
5	工程案	与课程相关的工程项目案例

1. 课程调研

由行业、企业和课程专家组成课程开发小组，根据课程体系中的课程描述，对课程所针对的专门技术领域职业岗位工作进行细致调研分析，同时对不同学习者的需求进行分析。调研内容包括：岗位工作过程（典型工作任务）、岗位工作职业综合能力调研分析、岗位技术现状及趋势、企业培训内容与需求、目前推广的新技术和创业与创新项目等。

2. 课程设计

根据针对不同学习者需求的课程调研分析结果，明确不同学习者课程教学目标，合理选取教学内容、教学策略、教学载体（典型工作任务）、学习途径和资源类型，综合考虑课程开设时间、教学内容内在逻辑、实践教学种类及时空布局，设计课程教学活动逻辑主线、组织结构，合理设置教学单元。

3. 教学单元教学设计

课程微观设计。根据设置的教学单元知识能力特点、教学目标和教学策略，选择合适的教学载体和教学方法手段，设计教学环节、教学活动过程组织和评价方法，以及教学组织实施的条件要求。

4. 教学单元教案编制

根据教学单元教学设计制定教学单元的教学方案（教学指导书、学习指导书）。

5. 根据教学方案需要设计教学资源建设方案

根据教学方案教学活动对教学资源的实际需要，设计教学资源建设方案。建设的教学资源不仅要满足不同学习需求，还应符合他们的学习特点、方式和习惯。教学资源根据大小可以分为不同的粒度，不同学习者对学习资源粒度和类型要求也不同，在针对不同学习者制定教学方案和教学资源建设时需充分考虑以上因素。

第十节 职业教育新能源类专业教学资源库建设技术标准

一、概述

为了更好地共享和利用优质教学资源，有效地汇集和整合各高职院校、各资源建设单位的数字教学资源，实现最大范围内的课程与资源共建共享，促进职业学校课程建设和教育质量的整体提高，保证教学资源在教育应用中的优良兼容性，特制定"全国高职院校新能源技术类专业教学资源库建设技术规范"，供联盟资源建设者遵循。本规范主要针对联盟内部教学资源开发、建设、采集、整合的技术层面，不涉及教学资源的实质内容及教学设计，以统一资源建设者的开发行为和建设资源的制作要求。

二、资源分类及技术要求

（1）媒体素材

媒体素材资源按照媒体类型可划分：文本类素材、图形/图像类素材、音频类素材、视频类素材、动画类素材、虚拟仿真类素材和其他类素材。根据教学需要，不同媒体素材可集成为混合媒体，如PPT演示文稿等。（下文必选项为必须达到的要求，可选项为推荐达到的要求）

（2）文本素材

以字符、符号、词、短语、段落、句子、表格或者其他字符排列形成的数据，用于表达意义，其解释基本取决于读者对某种自然语言或者人工语言的知识。

文件格式

要求	属性
采用常见存储格式，如TXT、DOC、DOCX、PDF、RTF、HTM、HTML、XML等。	必选项

技术要求

技术要求		属性
软件版本	文件制作版本不低于当前主流版本，要求上下兼容（文档编辑工具推荐使用中文OFFICE2003）。	必选项

续表

技术要求		属性
品质要求	文体正文应设定文章标题，文章标题放在正文内第一行居中的位置。	必选项
	各级标题应设置正确，文本结构清晰。	必选项
	文本超过 10 页应插入页码；超过 15 页应插入目录。	必选项
	表格不应走出页面，且要求使用软件的插入表格或绘制表格等功能生成表格，并使用相应功能加工处理，不要用在文本上描绘直线等绘图方式制作表格。	必选项
	正文中的图像、图形应清晰，图形要符合国家相关绘制标准。	必选项
	文中所用计量符号应符合国家相关标准。	必选项

提交要求

媒体类型	提交要求	说明
文本	文本内容应相对完整，不可加密	必选项

（3）图形和图像素材

文本格式

媒体类型	扩展名	说明
图形图像	采用常见存储格式，如 GIF、PNG、JPG 等。	必选项

技术要求

技术要求		属性
色彩	彩色图像颜色数不低于真彩（24 位色），灰度图像的灰度级不低于 256 级。	必选项
	图形可以为单色。	必选项
分辨率	屏幕分辨率不低于 1024×768 时，扫描图像的扫描分辨率不低于 72dpi。	必选项
清晰度	所有图像扫描后，需要使用 Photoshop 或其他图像处理软件进行裁剪，校色等处理。以清晰为原则，保证视觉效果。	必选项

提交要求

媒体类型	提交要求	说明
音频	图形图像需要提交原始文件。	必选项

（4）音频素材

文件格式

媒体类型	扩展名	说明
音频	采用常见存储格式，如 WMA、MP3、MP4 或其他流式音频格式，建议优先采用 MP3 格式。	必选项

技术要求

技术要求		属性
品质要求	音乐类音频的采样频率不低于 44. 1KHz，语音类音频的采样频率不低于 22. 05KHz。	必选项
	量化位数大于 8 位。码率不低于 128Kbps。	必选项
	声道数为双声道。	可选项
配音要求	语音采用标准的普通话（英语及民族语音版本除外）男声或女声配音。	必选项
	英语使用标准的美式或英式英语男声或女声配音。	必选项
质量要求	音频播放流畅。声音清晰，噪声低，回响小。	必选项

提交要求

媒体类型	提交要求	说明
音频	音频采用 MP3 格式为主，提交原始文件。	必选项

（5）视频素材

文件格式

媒体类型	扩展名	说明
视频	优先选用 MP4 格式。	必选项

技术要求

技术要求		属性
品质要求	原始视频文件码率为 1Mbps，大小为 720×576，提交时，要求提供原始视频文件。	必选项
字幕要求	字幕清晰美观，能正确有效地传达信息。字幕尽可能少，在节目中的停留时间以能看清楚为准。字幕的字体、大小、色彩搭配、摆放位置、停留时间、出入屏方式力求与节目中的其他要素（画面、解说词、音乐）配合得恰到好处，不能破坏原有画面。	必选项
画面要求	视频类素材每帧图像颜色数不低于 256 色或灰度级不低于 128 级。	必选项
	视频图像清晰，播放时没有明显的噪点，播放流畅。	必选项

提交要求

媒体类型	提交要求	说明
视频	提供原始视频文件，如 MPEG。	必选项

（6）动画素材

文件格式

媒体类型	扩展名	说明
动画	采用 GIF、SWF（不低于 Flash6.0）或 SVG 存储格式。	必选项

技术要求

提交要求		属性
品质要求	课件的开始要有醒目的标题，标题要能体现课件所表。	必选项
	文字要醒目，避免使用与背景色相近的颜色。	必选项
	动画色彩造型应和谐，画面简洁清晰，界面友好，交互设计合理，操作简单。	必选项
	动画连续，节奏合适，帧和帧之间的关联性要强。	必选项
	如果有解说，配音应标准，无噪声，声音悦耳，音量适当，快慢适度，并提供控制解说的开关。	必选项
	静止画面时间不超过 5 秒钟。动画演播过程要流畅。	可选项
	一般情况下，应设置暂停与播放控制按钮，当动画时间较长时应设置进度手动条。	必选项

提交要求

媒体类型	提交要求	说明
动画	保持每个动画素材的独立性，尽量不设置两个或多个动画文件之间的嵌套及链接关系。	必选项
	所有动画数据都需要制作成 swf 格式。	必选项
	要求提交动画源文件、执行文件，即 fla、swf 两种文件格式（至少提交打过 logo 可执行文件）。	必选项

（7）其他素材

1）Wrl、lcs、Wnf、Dwg、Chm 等格式的素材，限于使用环境，若确定作为一类素材入库的话，请在提交每个下载素材的同时再提交一个预览文件（文本 pdf 格式、图片 jpg 格式、动画或视频 flv 格式），下载用文件和预览文件都请打上 logo（防伪标记）。

2）非单个文件素材包 zip、rar 等资源文件，在提供下载文件的同时，还请制作提交能以单个文件呈现的预览文件（文本 pdf 格式、图片 jpg 格式、动画或视频 flv 格式），下载用文件和预览文件都请打上 logo（防伪标记）。

3）网页文件包为单独文件夹存放，包中所有文件及文件夹均需用非中文命名，网页包首页文件名为 index. html。

三、教学课件

（1）文件格式

教学课件是为执行一个或多个教学任务而按照一定教学策略设计的计算机应用程序，一般包含多种媒体素材。根据开发工具可以分为网页课件、Authorware课件、PPT 课件等。

技术要求

技术要求	属性
课件中所采用的媒体素材符合本标准中媒体素材资源的技术要求。	必选项
单机上运行的课件，必须能够运行于 Windows XP 或更高版本。	可选项
对于一些基于静态网页的课件，或是基于服务器解释交互式课件，必须能够通过标准的 Web 浏览器访问。	必选项

网页课件

技术要求	属性
网页目录层次清晰，命名简洁、准确、合理。	必选项
网页内的所有路径写法均使用相对路径，如“images/logo.jpg”。	必选项
请使用标准的网页编辑工具编辑网页，不要直接将 Microsoft Word 等文字格式文件粘入网页文件中，避免出现大量垃圾码。	必选项
对于背景、表格、字体、字号、字体颜色等统一使用样式（CSS）处理，除极个别情况，不要手动指定文字样式。	必选项
不同网页的样式风格尽量一致，在背景、色调、字体、字号上不要相关太多。	可选项
每个网页在 800 * 600 分辨下不出现横向滚动条。	必选项

Authorware 课件

技术要求	属性
课件的开始要有醒目的标题，标题要能够体现课件所表现的内容。	必选项
画面简洁、清晰，主要内容放在中心位置。界面友好，交互设计合理，操作简单。	必选项
如果有解说，配音应标准，无噪声，声音悦耳，音量适当，快慢适度，并提供控制解说的开关。	必选项
在课件中不同位置使用的导航按钮（如跳转、返回、播放控制等）保持风格一致。	必选项
全屏播放的课件，必须在明显位置有“退出”按钮。	必选项

PPT 演示文稿

技术要求		属性
软件	文件制作版本不低于 Microsoft Office 2003，要求上下兼容。	必选项
版式设计	文字要醒目，避免使用与背景色相近的颜色。	必选项
	字体字号：每页面的字数不宜太多。不要使用特殊字体，如有特殊需要，需提供字体文件。	必选项

续表

技术要求		属性
软件	文件制作版本不低于 Microsoft Office 2003，要求上下兼容。	必选项
版式设计	恰当使用组合：某些插图中位置相对固定的文本框、数学公式以及图片等应采用组合方式，避免插图中的文字和公式产生相对位移。	必选项
	动作：演示文稿不宜使用过于花哨的动作，不宜出现不必要的动画效果。	必选项
导航设计	PPT 内所含链接都是相对链接，并能够正常打开。	必选项
	文件中链接或插入的其他媒体满足本规范中关于媒体素材资源的技术要求。	必选项
宏	播放时不要出现宏病毒提示。	可选项

提交要求

媒体类型	提交要求	说明
网页或 Authorware 课件	提交的产品要完整，包括：可执行文件（可在 Windows 2000 及更高版本上运行或者可在解释环境下运行）、源文件（包括工程文件、素材、开发文档）。	必选项
	上传时，如有多个文件，请将相关文件压缩成 ZIP 或 RAR 格式。	必选项
PPT 演示文稿	PPT 的粒度大小要适应教学需要，一门课程的 PPT 不宜过多或过少。	必选项
	提交的文件后缀名为 PPT。	必选项
	提交的文件嵌套音频、视频或动画，在相应目录单独提供一份嵌入的文件。	必选项
	如果多个 PPT 之间有链接关系，请标明首页文件，如“index. pp”。	必选项
	上传时，如有多个文件，请将相关文件压缩成 ZIP 或 RAR 格式。	必选项

第二部分 02

建设篇

第三章　新能源类专业教学资源库项目建设方案（2015-2018）

前言

为贯彻落实《国务院关于大力发展职业教育的决定》（国发〔2014〕19号）及全国高等职业教育工作会议和国家大力发展新能源产业的战略方针，本方案依据教育部《关于推进高等职业教育改革创新引领职业教育科学发展的若干意见》（教职成〔2011〕12号）和教育部、财政部、国家发展改革委、工业和信息化部、中国人民银行《关于印发<构建利用信息化手段扩大优质教育资源覆盖面有效机制的实施方案>的通知》（教技〔2014〕6号）及教育部《关于开展职业教育专业教学资源库2015年度项目申请工作的通知》（教职成司函〔2015〕5号）的要求编制。方案分为建设背景与必要性、建设基础与成效、建设规划、建设目标与思路、建设内容、共享方案、建设步骤、预期成效、保障措施共九个部分。

新能源类专业教学资源库是由天津轻工职业技术学院、佛山职业技术学院和酒泉职业技术学院主持，由涵盖全国20个省市的26所职业院校和24个行业企业共同建设。其中有10所国家级示范校、5所国家级骨干校、8所省级示范校，有国际国内新能源行业龙头企业和国家、地方新能源主要管理、研究单位。

依托全国机械行业新能源类专业教学资源共建共享联盟，新能源类专业教学资源库面向新能源行业企业，中高职院校教师、学生，新能源从业人员和社会学习者等用户建设行业资源、专业资源，“多晶硅生产技术”“应用光伏技术”“风力发电机组安装与调试”“风力发电机组控制技术”等18门课程的课程资源，新技术与职业技能竞赛资源，师资团队与职业考证培训资源，企业案例资源，特色资源（新能源博物馆、虚拟实训、“互联网+资源库”应用、国际案例）和资源库的推广与应用共8个子项目。资源库建设密切校企合作，实时追踪新技术、新工艺、新产品，保证资源的技术水平先进性。

第一节 建设背景与必要性

一、建设背景

1. 新能源产业现状和发展趋势

新能源产业是指包括新能源技术和相关产品的科研、实验、推广、应用及其生产、经营活动，它是将太阳能、风能、潮汐能、地热能、生物质能等可再生能源实现产业化的一种高新技术产业，表 3-1 列出了新能源相关产业分类情况。随着传统能源日益紧缺，新能源的开发与利用得到世界各国的广泛关注，越来越多的国家采取鼓励新能源发展的政策和措施，新能源的生产规模和使用范围正在不断扩大。作为衡量一个国家和地区高新技术发展水平的重要依据，新能源产业也是新一轮国际竞争的战略制高点，世界发达国家和地区都把发展新能源作为顺应科技潮流、推进产业结构调整的重要举措。

表 3-1 新能源相关产业分类表

新能源产业	描述
太阳能光伏发电	根据光生伏特效应原理，利用太阳电池将太阳光能直接转化为电能。光伏发电系统分为独立太阳能光伏发电系统、并网太阳能光伏发电系统和分布式太阳能光伏发电系统。
风能发电	利用风力带动风轮叶片旋转，再通过增速齿轮将旋转的速度提升，带动发电机发电。
太阳能光热发电	利用大规模阵列抛物或碟形镜面收集太阳热能，通过换热装置提供蒸汽，结合传统汽轮发电机的工艺，从而达到发电的目的。
潮汐能发电	在涨潮时将海水储存在水库内，以势能的形式保存，然后，在落潮时放出海水，利用高、低潮位之间的落差，推动水轮机旋转，带动发电机发电。
地热能利用	地热资源的热利用：地热采暖、地源热泵空调系统、地热温室、地热养殖、温泉疗养； 地热发电：把地下热能转换为机械能，然后再把机械能转换为电能。
生物质能利用	包括直接燃烧、厌氧与沼气发酵、燃料乙醇、气化、直接液化、合成燃料、压缩成型燃料、生物质制氢、能源植物、植物油与生物柴油和城市垃圾能源利用。

2014 年全球新能源发电量整体延续了高速增长的趋势，同比增速达到 19%。在全球总发电量结构中，新能源发电占 6.2%，在总发电量中比重上升，与之对应的是化石燃料发电量比重下降。

2014 年全球光伏市场的新增装机容量再创新高，达到 44GW，较 2013 年的 37GW 增长约 19%。其中，中国新增装机容量 10.6GW，排全球第一，占全球新增装机总量的 24.1%。受光伏装机量稳定增长的影响，全球以光伏为主力的新能源市场继续保持了较好的增长态势。《国务院关于促进光伏产业健康发展的若干意见》及相关配套政策措施，大大推进了我国分布式光伏系统的并网进程（图 3-1）。

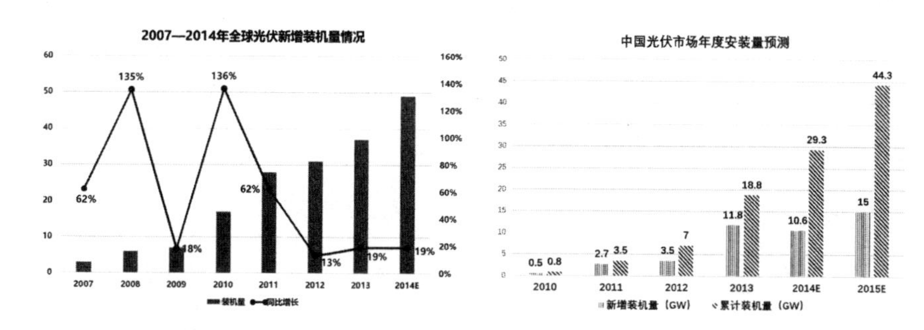

图 3-1 全球光伏新增装机容量、中国光伏年度安装量

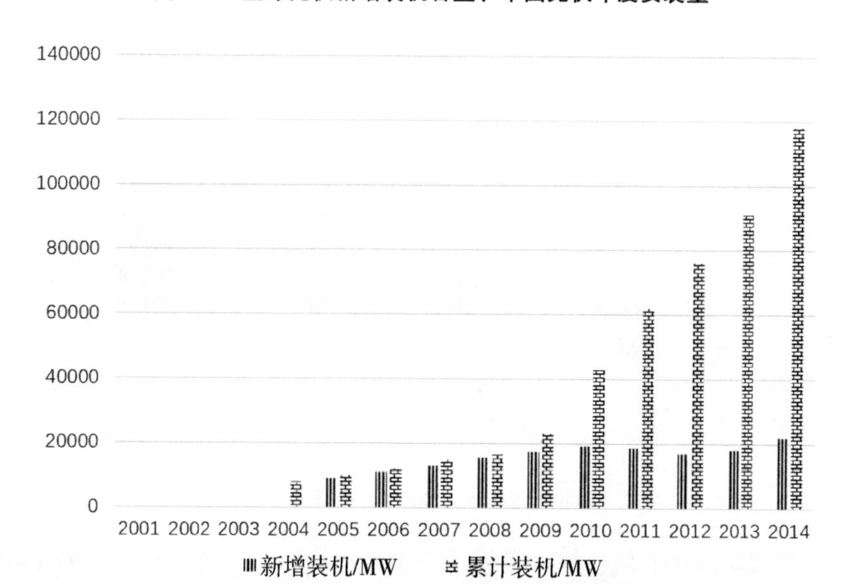

图 3-2 2001—2014 年中国风力发电装机容量

风能也是资源潜力大、技术基本成熟的可再生能源，在减排温室气体、应对气候变化的新形势下，越来越受到世界各国的重视，许多国家把大规模开发风电作为应对气候变化、改善能源结构的重要选择。风力发电的技术进步和规模化发展，推动了风力发电开发成本迅速下降，风力发电的经济性在很多地区已与常规能源发电基本相当。我国“十一五”、“十二五”规划和一系列鼓励支持政策，促进了风力发电产业的迅猛发展。截至目前，全国累计并网装机容量达到 11476 万千瓦，而且每年还在以相当数量增长（图 3-2）。

太阳能热利用是太阳能利用的重要形式，主要包括太阳能热水器、太阳能热发电、太阳能海水淡化、太阳房、太阳灶、太阳能温室、太阳能干燥系统、太阳能制冷空调等。就当前的技术而言，比较成熟的是光热发电及太阳能热水器利用，目前，全球光热发电累计装机 24. 5GW，五年持续增速 90%，到 2020 年光热发电在全球能源供应份额中将占 1%—1. 2%，到 2030 年将占 3%—3. 6%，到 2050 年将占 8. 5%—11. 8%，即到 2050 年光热发电装机容量将达到 830GW，每年新增 41GW（图 3-3）。

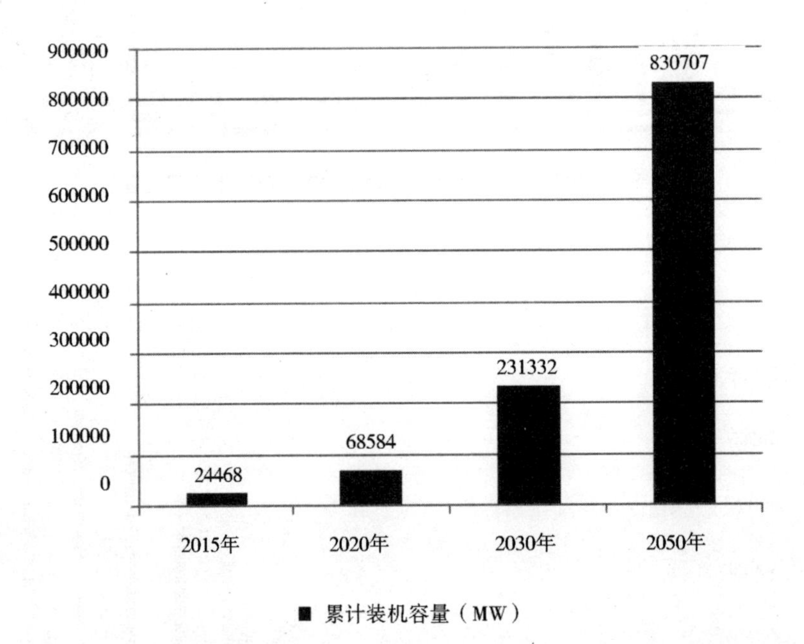

图 3-3　2015—2050 年全球光热发电装机容量预测（单位：MW）

潮汐能是海洋能的一种，清洁、能量来源广而且蕴含量巨大，各国政府都在采用鼓励政策开发。随着开发技术的日渐成熟，潮汐能将得到更大规模的利用，行业发展潜力巨大。

新能源产业在我国的发展十分迅速，特别在开发利用方面已经取得显著进展，技术水平已有很大提高，产业化已初具规模。据调查，“十一五”期间，我国新能源呈跳跃式发展，新能源年利用量总计3亿吨标准煤，占能源消费总量的9.6%。“十二五”期间，各种可再生资源开发利用规模明显增长，随着投资新能源产业的资金、企业不断增多，市场机制不断完善，我国新能源在能源结构中的比重还将显著上升，新能源将发挥调整能源结构、减排温室气体、推进战略性新兴产业发展的重要作用，产业发展前景十分乐观。

2. 新能源类专业教学资源库建设现状

新能源产业是国家大力发展的战略性新兴产业，发展速度非常快，对人才，尤其是技术技能人才的需求量很大。目前全国近200家高职院校设立了新能源类专业，各院校也通过专业建设积累了大量的优质教学资源，此次联合申报新能源类专业教学资源库的26所院校，开设了15个不同的新能源类专业，专业建设成果显著。然而，国家职业教育新能源类专业教学资源库建设目前仍是空白，对满足学习者自主学习和施教者教育教学，对提升服务新能源产业的能力、提高从业人员的素质，对推动新能源类专业教学资源成果共享很不利。表3-2列出了全国新能源类相关专业情况。

表3-2 全国新能源类相关专业一览表

序号	专业名称
1	风能与动力技术
2	新能源应用技术
3	光伏发电技术及应用
4	风力发电设备及电网自动化
5	光伏材料加工与应用技术
6	太阳能光电应用技术
7	风电系统运行维护与检修技术
8	硅材料技术
9	光伏产品检测技术
10	应用电子技术（光伏器件加工与应用方向、应用电子技术新能源方向、太阳能光电技术方向）
11	新能源电子技术
12	光伏应用技术
13	工业节能管理

续表

序号	专业名称
14	光电子技术
15	节能工程技术

二、建设必要性

1. 加快战略性新兴产业——新能源产业发展，提高从业人员素质

为了从根本上解决环境污染问题，"十二五"国家战略性新兴产业发展规划中明确指出，我国将努力建立有竞争力的可再生能源产业体系，加快发展技术成熟、市场竞争力强的风电、太阳能光伏和热利用、页岩气、生物质发电、地热和地温能、沼气等新能源，积极推进技术基本成熟、开发潜力大的新型太阳能光伏和风电、热发电、生物质气化、生物燃料、海洋能等可再生能源技术的产业化。

《新兴能源产业发展规划》提出，"到2020年非化石能源占一次能源消费量比重达到15%。其中风电装机规模2.5亿千瓦，太阳能发电装机容量2000万千瓦"。《中国制造2025》任务和重点中提出"大力促进新材料、新能源、高端装备、生物产业绿色低碳发展"。

我国的光伏产业链已经形成，产业规模和技术水平都有相应提高，规模企业已经有几百家。但是，同发达国家相比，仍存在很大差距，主要表现在：光伏产业研发力量弱、科研基础薄弱；缺乏自主创新能力，自主知识产权少；设备水平和制造能力落后，关键技术和设备依靠引进；企业技术人才明显短缺，从业人员整体素质不够。据调查，目前我国最大的光伏企业员工已经超过1万人以上，发展速度很快，急需大量专业人才。面对激烈的国际竞争，加快人才培养和技术研发、尽快提升我国自主创新能力和从业人员素质，既是当务之急，又是重要的战略任务。

面对巨大的风电制造和服务市场，风力发电人才供不应求。无论是本科还是中高职院校，最早的毕业生也是刚刚走上工作岗位。很多风力发电企业在招聘风力发电专业毕业生时，甚至连招聘人数都没有规定，只要符合最低的基本要求，有多少招多少，从数量上就远远不能满足产业发展的需要，更谈不上高质量人才的保障。人才的匮乏、企业从业人员的数量和素质现状，已经成为产业发展的巨大障碍。

继光伏发电、风力发电逐步成熟后，太阳能热利用和潮汐能技术等是新

能源产业未来发展的主要方向，在建设过程中，也需要大量基础知识牢固、专业技术全面的技术技能人才。

建设新能源类专业资源库对服务国家能源战略，加快战略性新兴产业——新能源产业发展，提高新能源产业从业人员的素质，具有重要的现实意义和紧迫性。

2. 紧扣新能源产业人才迫切需求，推广实现优质资源共享

新能源产业是我国快速发展的战略性新兴产业，尤其是太阳能、风能技术的发展相对成熟，产业呈跳跃式发展，对相应新能源技术技能人才的需求大量增加，而高素质技术技能人才和从业人员的短缺已经成为产业发展的瓶颈之一，新能源类专业已成为行业企业人才需求最为迫切的专业之一。

从2010年起，国家已经立项建设了50余个专业教学资源库，而新能源类专业教学资源库至今仍是空白。新能源类专业教学资源库的建设有利于通过汇集优质资源，采用先进网络技术，形成具有多项功能的开放式专业交流与服务平台，为学习者提供跨学校、跨地域的优质资源共享；有利于信息化手段在课程中的应用，提高相关专业对新能源产业发展的适应性；提高业已形成的优质专业教学资源的共享度，增强专业教学资源的普适性。

3. 促进专业教学改革，提高新能源类专业人才培养质量

全国各地的高职院校已纷纷开设光伏发电技术、风力发电技术等新能源相关专业，但是根据区域光伏、风电以及其他新能源产业链环节企业布局的不同，相应各高职院校的专业侧重点有所差异，专业建设难度加大，尤其是新开设新能源类专业的中高职院校急需大量专业教学资源，以确保人才培养质量。

新能源类专业教学资源库的建设，将带动新能源类专业的教育教学改革，提高相关专业的教学成效，实施“以学习者为中心”的教学模式的变革，营造时时、处处、人人的学习环境。

教学资源库在全国中高职院校中推广使用，将引领全国中高职院校新能源类专业教学模式和教学方法改革，推进新能源类专业教育教学信息化建设，促进不同地区和类型的中高职院校新能源类专业人才培养水平均衡发展，整体提高新能源类专业的职业教育水平，提高理论与实践教学水平，提升人才培养质量。

4. 整合校企优质资源，巩固专业建设成果，提升专业教学效果

通过中央财政支持重点专业建设、国家示范/骨干院校建设、省级示范校建设，各合作院校在工学结合人才培养模式改革方面做了大量的探索和实践，

取得一批教育教学改革成果，形成了一批适应新能源类专业技术技能人才培养需要的个性教学资源。在十多年的产业发展中，国内光伏、风电产业链发展完整，很多大型企业积累了大量的企业案例、典型项目、培训资料等，而与我们合作的企业均是国内甚至国际知名企业，不少企业都是行业内的领头羊，为专业教学资源库的建设以及今后的更新完善提供了有力的支撑。

通过新能源类专业教学资源库建设，并不断扩展到新能源类全部专业，将有利于推进专业教学资源的规范化建设，巩固与发展示范、骨干院校及示范性专业建设的成果，大大提升全国中高职院校新能源类专业的教学效果。

5. 促进在职人员继续教育，提供终身学习平台

目前国内开设新能源类专业的高职院校有近 200 所，全日制在校生约 10 万人，现有企业 5000 余家，从业人员超过 100 万。同时，新能源类专业具有专业性要求高、行业规范性强、岗位适应能力要求强等特点，迫切需要能适应新能源产业、学校、在职员工以及在校学生等各方面要求的大容量、开放式、交互性强、高水平的教学资源库。

新能源类专业教学资源库平台旨在为在校生、授课者、行业企业专家、在职（求职）者、社会访客等多元用户在学历教育、继续教育及终身学习过程中，依托网络媒介为实现互动式教与学提供支撑服务平台。平台结合产业、行业、企业和院校实际，依托先进的信息技术，建设和推广职业教育共享型专业教学资源库；促进校企合作育人、助力职业教育与行业企业之间有效沟通、技术同步；利用团队优势，整合社会各方资源；针对专业资源库建设面临的瓶颈问题提出多种对策，对“各自为政”的专业教学资源库进行开放式平台级重组；对传统教与学平台进行个性化改制，为缺乏人气的学习社区增加趣味性定制功能；构建一个全新的、以学习者为中心、实现专业资源共建共享、教学形态多种多样、学习方式自由灵活、交流渠道丰富通畅的综合网络载体（虚拟社会）。让学习者乐学、授课者善教、行业企业踊跃参与、社会访客畅游其中。

第二节　建设基础与成效

一、主持单位的基础与优势

1. 主持单位1：天津轻工职业技术学院

学院是2001年经天津市人民政府批准、教育部备案成立的公办全日制普通高等职业技术学院。学院坐落在天津海河教育园区，占地面积800亩，建筑面积16万平方米，建有校内实训基地5个、实训室110个，校外顶岗实习基地123个；拥有324名专任教师和一批国务院授衔的专家、大师及行业企业兼任教师的专业技术人员。学院下设机械工程、电子信息与自动化、经济管理、艺术工程4个二级学院，开设30个专业，在校生8328人。学院是天津市职业教育先进单位，天津市示范性职业院校，全国数控技术应用专业领域紧缺人才培养培训基地，全国机械职业教育教学指导委员会新能源装备技术类专业教学指导委员会主任委员单位，天津市新能源协会常务理事单位。学院连续七年承担了全国职业院校技能大赛模具、新能源等赛项，是全国新能源类骨干教师国家级培训基地，2014年学院以“优秀”成绩通过教育部、财政部国家百所示范性骨干高职院校建设项目验收。

学院开设光伏发电技术及应用、风力发电设备及电网自动化、节能工程技术等新能源类专业。其中，光伏发电技术及应用是国家、天津市重点建设专业，风力发电设备及电网自动化是全国100个国际化教学标准试点实施专业，节能工程技术是劳动和社会保障部小风电利用工培训包项目试点专业。新能源类专业的学生连续三年参加全国职业院校技能大赛新能源赛项均获得一等奖，大赛引领了专业建设和教学改革，赛项内容也被纳入教学并出版了完整的配套教材，其中两本被确定为“十二五”国家规划教材。学院建有20kW太阳能电站和光伏组件加工实训室、风光互补发电系统实训室、光伏发电系统实训室、大型风力发电模拟实训室、垂直轴风力发电站等特色校内实践基地，承担了10余项技术研发和技术服务项目。

2. 主持单位2：佛山职业技术学院

佛山职业技术学院是2000年6月经广东省人民政府批准，教育部备案，由佛山市人民政府举办的一所全日制公办普通高等职业技术院校。学校位于广东省光伏专业镇佛山三水区乐平镇，政府总投资11.8亿元，校园占地962

亩。学校目前有 30 个专业。在校学生近 9000 人，生均教学设备值超万元。目前学校是广东省示范性高职院校建设单位，佛山市职业教育基地总部单位，学校现有中央财政支持实训基地 2 个，广东省重点专业 6 个，学校承担了广东省现代职业教育体系建设试点工作，初步建立了中职、高职、本科贯通培养通道。近三年毕业生就业率保持在 99.7%以上。据麦可思公司调查结果显示，学生整体就业现状满意度高于全国平均数十个百分点。

光伏应用技术专业是中央财政支持重点建设专业，广东省示范性重点建设专业。光伏应用技术实训基地是广东省高职教育实训基地，也是广东省光伏专业师资培训基地，拥有光伏系统设计、光伏产品检测等 6 个实训室及教学型光伏电站，设备价值上千万。学院与广东省爱康太阳能科技有限公司建立了爱康光伏技术学院，开展校企合作和技术服务。学院为中国太阳能校企合作联盟广东省分会长单位，中国太阳能光伏产业校企合作职教联盟（集团）副理事长单位。光伏专业具有较强师资队伍（含多名博士），承担省市级教科研项目 9 项，省级精品课 1 门，编写校企合作教材 6 本，已出版 3 本。该专业被佛山市政府定为佛山市太阳能应用产品研发科研平台，开展新产品开发和技术应用工作。

3. 主持单位 3：酒泉职业技术学院

酒泉职业技术学院是 2001 年经甘肃省人民政府批准、教育部备案成立的公办全日制普通高等职业技术学院。学院坐落在国家级经济技术开发区——酒泉经济技术开发区。学院于 2008 年，被列为“国家示范性高等职业院校建设计划”重点扶持院校；2010 年，跻身该项目“骨干高职”首批立项建设单位；2011 年，被确定为国家教育体制改革甘肃省首批试点高校之一；2012 年，通过国家骨干高职院校项目省级验收；2013 年，挂牌成立“兰州理工大学新能源学院（酒泉）”，先期开办应用型本科专业 2 个，初步架构起了中职、高职、应用型本科相衔接的一体化办学格局。

学院设有高职专业 59 个，新能源类专业 3 个。结合酒泉市国家级千万千瓦级风电基地建设和百万千瓦级光电基地建设，学院大力发展以风能与动力技术专业为核心的新能源类专业群建设，不断改善新能源类专业办学条件，建成 10.1 兆瓦教研示范性光伏电站一个、新能源类专业实训室 12 个，自主研发新能源类专业实训设备 7 套，获发明专利 1 项、实用新型专利 8 项、酒泉市科技进步奖 2 项、甘肃省教学成果奖 3 项。获批建成了甘肃省太阳能发电系统工程重点实验室、甘肃省太阳能光电应用行业技术中心、甘肃省新能源科技创新服务平台。风能与动力技术专业获评“甘肃省高等学校特色专业”，光伏材料加工与应用技术专业获批实施“中央财政支持高等职业学校提升专业服务产业发展能力项目”。

二、建设团队的基础与优势

1. 联盟院校地域分布广，办学实力强

参与建设的26所联盟院校实现了对我国不同区域光伏、风电等产业基地的大部分地区覆盖，联盟院校分布在全国的10大地区、20个省市。联盟院校办学基础雄厚，教学成果丰硕，其中国家示范高职院校10所、国家骨干高职院校5所、国家示范中职学校2所；省级及以上教学团队47个；国家级教学成果奖22项，省级教学成果奖146项；国家级精品课程48门，省级精品课286门，其中新能源类专业省级精品课程22门；十一五、十二五规划教材130本，其中新能源类专业规划教材21本。表3-3列出了联盟院校部分成果情况汇总。

表 3–3 新能源类专业教学资源库联盟院校部分成果汇总表

序号	院校名称	省份	学校性质	课程情况	教学成果奖情况	新能源类专业情况
1	天津轻工职业技术学院	天津市	国家骨干校	3 门国家级精品课程 17 门省级精品课程	3 项国家级教学成果奖 8 项省级教学成果奖	国家级重点专业
2	佛山职业技术学院	广东省	省级示范校	9 门省级精品课程	1 项省级教学成果奖	国家级重点专业
3	酒泉职业技术学院	甘肃省	国家骨干校	1 门国家级精品课程 11 门省级精品课程	8 项省级教学成果奖	国家级重点专业
4	陕西工业职业技术学院	陕西省	国家示范校	2 门国家级精品课程 21 门省级精品课程	2 项国家级教学成果奖 8 项省级教学成果奖	校级重点专业
5	日照职业技术学院	山东省	国家示范校	6 门国家级精品课程 67 门省级精品课程	3 项国家级教学成果奖 17 项省级教学成果奖	校级重点专业
6	包头职业技术学院	内蒙古	国家示范校	21 门省级精品课程	5 项省级教学成果奖	国家级重点专业
7	安徽职业技术学院	安徽省	国家示范校	1 门国家级精品课程 14 门省级精品课程	27 项省级教学成果奖	省级重点专业
8	海南职业技术学院	海南省	国家示范校	1 门省级精品课程	1 项省级教学成果奖	省级重点专业
9	天津中德职业技术学院	天津市	国家示范校	15 门国家级精品课程 11 门省级精品课程	5 项国家级教学成果奖 5 项省级教学成果奖	国家级重点专业

续表

序号	院校名称	省份	学校性质	课程情况	教学成果奖情况	新能源类专业情况
10	九江职业技术学院	江西省	国家示范校	3门国家级精品课程 24门省级精品课程	1项国家级教学成果奖 6项省级教学成果奖	省级重点专业
11	南京工业职业技术学院	江苏省	国示范院校	6门国家级精品课程 10门省级精品课程	2项国家级教学成果奖 10项省级教学成果奖	国家级重点专业
12	哈尔滨职业技术学院	黑龙江省	国家骨干校	1门国家级精品课程 11门省级精品课程		省级重点专业
13	秦皇岛职业技术学院	河北省	国家骨干校	4门省级精品课程	5项省级教学成果奖	校级重点专业
14	武威职业学院	甘肃省	国家骨干校	1门省级精品课程	1项省级教学成果奖	省级重点专业
15	徐州工业职业技术学院	江苏省	省级示范校	4门国家级精品课程 5门省级精品课程	5项省级教学成果奖	省级重点专业
16	湖南电气职业技术学院	湖南省	省级示范校	3门省级精品课程 20门院级网络课程	1项国家级教学成果奖 3项省级教学成果奖	国家级重点专业
17	乐山职业技术学院	四川省	省级示范校	3门省级精品课程	1项省级教学成果奖	国家级重点专业
18	新疆职业大学	新疆	省级示范校	6门省级精品课程	1项国家级教学成果奖	校级重点专业
19	常州轻工职业技术学院	江苏省	省级示范校	3门国家级精品课程		校级重点专业
20	德州职业技术学院	山东省	省级示范校	27门省级精品课程	1项省级教学成果奖	国家级重点专业

续表

序号	院校名称	省份	学校性质	课程情况	教学成果奖情况	新能源类专业情况
21	兰州职业技术学院	甘肃省		1 门国家级精品课程 6 门省级精品课程	6 项省级教学成果奖	国家级重点专业
22	衢州职业技术学院	浙江省		2 门省级精品课程	2 项省级教学成果奖	省级重点专业
23	沈阳工程学院	辽宁省		2 门国家级精品课程 12 门省级精品课程	18 项省级教学成果奖	省级重点专业
24	天津市第一商业学校	天津市	国家示范校	2 门国家优质核心课程 3 门市级优质核心课程	1 项国家级教学成果奖 4 项省级教学成果奖	国家级重点专业
25	佛山市华材职业技术学校	广东省	国家示范校	1 门国家优质核心课程 2 门市级优质核心课程	2 项国家级教学成果奖 3 项省级教学成果奖	省级重点专业
26	佛山市三水区理工学校	广东省	省级示范校	3 门校级优质核心课程	1 项国家级教学成果奖 1 项省级教学成果奖	校级重点专业

2. 联盟企业影响大，校企合作契合度高

参与建设的14家联盟企业均为国内外大型光伏、风电企业等新能源企业，作为典型性企业群，代表了新能源行业企业对相关工程技术人才培养的要求。同时，每个联盟企业均与开办新能源类专业的各个联盟院校之间具有多年的校企深度合作经历，通过订单培养、校内外实训基地共建、技术人员培训、学院教师顶岗实践等建立了多方面的合作关系。联合出版社——化学工业出版社，实力雄厚，与合作院校联合出版了多种新能源类专业教材，还提供了优质的立体化教学资源。表3-4列出了联盟企业情况。

表3-4 联盟企业情况汇总表

序号	企业名称	合作事例	企业性质
1	湘电风能有限公司	顶岗实习和就业	国家兆瓦级风力发电机组定点制造单位、国家863计划及重大专项承担单位、国家兆瓦级风电重大科技支撑计划承担单位、国家海上风力发电技术与检测国家重点实验室、国家能源风力发电机研发（实验）中心
2	天津瑞能电气有限公司	订单培养方案实施/培训资源	第一家自主开发风力发电电控系统核心控制技术的企业
3	天津英利新能源有限公司	校企共建2kW光伏发电站	全球领先的光伏发电产品制造商、中国500强
4	武威荣宝照明科技有限公司	订单培养方案实施	太阳能光伏发电等方向产品的研发和推广
5	山东奥太电气有限公司	订单培养方案实施	国家级重点高新技术企业。提供光伏并网逆变器等设备及应用解决方案。拥有90余项专利技术，产品出口多个国家和地区。
6	四川永祥多晶硅有限公司	订单培养方案实施	大型冷氢化流化床技术、精馏耦合节能技术、树脂吸附除硼技术属于国内首创
7	歌美飒风电（天津）有限公司	完成国培教师培训任务	全球风能行业的技术领先者，世界风力发电机的累积装机总量排名第三
8	华锐风电科技（集团）股份有限公司	校企合作实训基地/校企合作开发教材	风力发电装机容量3510MW，保持行业排名中国第一、并进入全球第三

续表

序号	企业名称	合作事例	企业性质
9	皇明太阳能股份有限公司	订单培养方案实施	国家级重点高新技术企业。专业为客户提供逆变焊机、光伏并网逆变器等设备及应用解决方案。拥有90余项专利技术，产品出口多个国家和地区。
10	天津力神电池股份有限公司	合作3届学生订单培养方案实施	国内投资规模最大、技术水平最高的锂离子电池生产企业，市场份额稳居全球前五，成为中国锂电的代表性品牌。
11	江苏艾德太阳能科技有限公司	合作1.5MW的光伏电站	集制造、销售、服务于一体的太阳能光伏高新技术企业。
12	新疆金风科技股份有限公司	订单培养方案实施	中国成立最早、自主研发能力最强的风力发电设备研发及制造企业之一。目前正承担“十一五”国家科技支撑计划“大功率风力发电机组研制与示范”重大项目课题。
13	英特尔（中国）有限公司	共建课程资源库	英特尔公司在芯片创新、技术开发、产品与平台等领域奠定了全球领先的地位，并始终引领着相关行业的技术产品创新以及产业与市场的发展。
14	化学工业出版社	共建教材	全国百佳图书出版单位，在销大中专教材超过5000种，涉及各个专业大类，教材开发和出版能力在全国出版社中位居前列。

3. 联盟行业协会资历深厚，专业指导性强

10家联盟行业协会在新能源技术的前沿发展，专业人才规格培养以及促进学生就业上给予了高度关注和重要指导，行业组织的加入为新能源类专业教学资源库注入了新的活力。中国可再生能源行业协会、机械工业教育发展中心、天津新能源行业协会、德国国际合作机构GIZ中国风力发电项目通过与学校积极合作项目，并将项目引入教学，提高人才培养质量。中国化学与物理电源行业协会、中国科学院广州能源所、联合国工发组织国际太阳能技术促进转让中心（甘肃自然能源研究所）、中国太阳能光伏产业校企合作职教

联盟（集团）、顺德中山大学太阳能研究院、中山大学太阳能系统研究所，作为全国性光伏行业和可再生能源行业权威机构，在新能源类产业发展，前沿技术发展方向给予信息和资源方面的大力支持。

4. 建设团队实力雄厚，专业基础扎实

项目建设指导团队主要成员包含全国知名的专家、学者，聘请中国科学院褚君浩院士为首席顾问，指导资源库建设项目整体架构、规划、论证等工作。

项目建设团队来自名企、名校、行业和相关政府职能部门，是一支实力雄厚的双师型建设团队。团队成员中既有新能源类专业的专家，也有经验丰富的教学管理人员，还有技能水平较高的专业教师。项目团队共 65 人，来自企业 21 人，占 33%；来自院校 44 人，占 67%；团队成员中正高级 19 人，副高级 40 人，中级 6 人；博士 5 人，硕士 43 人，本科 17 人；年龄在 30—40 岁 17 人，40—50 岁 34 人，50—60 岁 14 人。因此，形成了一支职称布局合理，知识结构完善，年龄结构适当的专兼职双师型团队（图 3-4、图 3-5、图 3-6）。

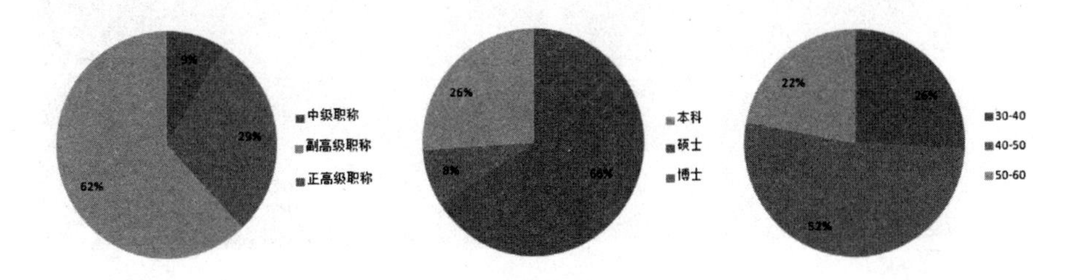

图 3-4 建设团队职称结构图 图 3-5 建设团队学历结构图 图 3-6 建设团队年龄结构图

三、建设取得阶段性成果

1. 加强资源建设指导，创建共建共享联盟

2014 年 6 月，在全国机械职业教育教学指导委员会新能源装备技术类专业教学指导委员会的主持下，成立了新能源类专业教学资源库共建共享联盟，选举产生了共建共享联盟领导集体，通过了共建共享联盟章程。共建共享联盟的建立为加强校企合作奠定了基础，把企业的实际案例应用到教学中，丰富了新能源类专业教学资源，学生学习到了行业的前沿技术，企业技术人员也得到了继续教育的机会。

2014 年 12 月 19 日至 21 日，在天津轻工职业技术学院召开了“共建共享联盟工作会议”（图 3-7），讨论资源库建设工作思路、建设内容以及职责分工等；2015年1月17日至19日，在天津轻工职业技术学院召开了“共建共享联盟培训会议”，邀请湖南铁道职业技术学院院长姚和芳、顺德职业技术学院副院长徐刚等资源库专家对已建资源库进行指导（图3-8）。

图3-7 资源库建设工作会议

图3-8 专家培训指导会议

2. 联盟院校之间实行学分互认，资源库建设实现中高职衔接

2014年6月，在新能源类专业教学资源库共建共享联盟会议中，制订了课程学分互认管理办法等相关规章制度；确定以天津轻工职业技术学院对接天津市第一商业学校、佛山职业技术学院对接佛山市华材职业技术学校和佛山市三水区理工学校，建立以光伏专业为主的中高职衔接，构建职业教育光伏专业新体系；中职院校、高职院校的有效衔接，扩大资源库的受益面和使用面。

3. 制定专业教学标准，凝聚新能源类专业向心力

联盟院校中，天津轻工职业技术学院为全国机械职业教育教学指导委员会新能源装备技术类专业教学指导委员会主任委员单位，借助专业教学指导委员会工作平台，多次召开新能源类专业发展研讨会（图3-9）。

图 3-9 新能源类专业教学指导委员工作会议

共建共享联盟牵头制定了国家高等职业学校专业教学标准——材料与能源大类《光伏发电技术及应用专业教学标准》（图 3-10），在全国 100 多所高等职业院校使用，对各校的专业建设和发展起到指导性作用。

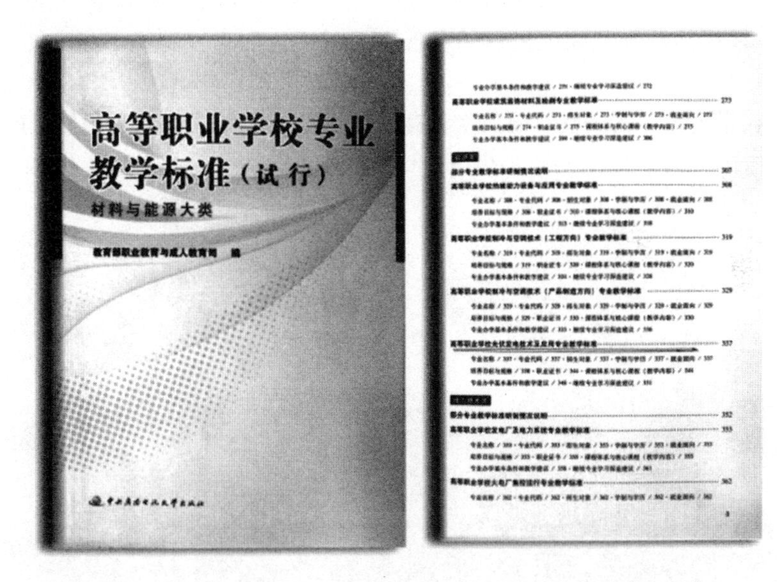

图 3-10 组织开发的《光伏发电技术及应用专业教学标准》

4. 借助国际化专业，实施中德风电项目，助推新能源产业升级

联盟院校中，天津轻工职业技术学院和酒泉职业技术学院在风力发电设备及电网自动化专业建设中，与德国国际合作机构、歌美飒风电（天津）有限公司等跨国企业进行国际化教学标准的开发和试点工作，打造具有国际水准的技术技能人才。

图 3-11　中德合作风电场运行和维护技术人才培训项目签订协议

2012 年，完成了与德国国际合作机构 GIZ“中国风力发电项目——应用研究与培训二期”项目（图 3-11），30 多所院校企业，近 100 名高职骨干教师、行业企业技术人员得到了境内外培训机会，并赴新加坡培训（图 3-12），提高了国内公共及私营机构发展风能和可再生能源并网方面的专业技术及管理能力，教育部领导亲临项目总结会现场，对项目的完成给予了高度评价。

德国技术合作公司中国职业技术教育开发项目- NYP办学理念与教学管理
（包含机电一体化系统技术概要）
30. 01-2012 - 10. 02. 2012

图 3-12　项目组织赴新加坡师资培训

5. 全面实施国培项目，整体提升全国新能源类专业师资水平

在联盟院校中，天津轻工职业技术学院和乐山职业技术学院作为第一批国家高等职业学校新能源类专业骨干教师培训基地，目前已经举办了 2 期国

培项目，来自全国各地 100 余名教师参加了为期一个月的新能源类专业课程培训（图 3-13）。通过实施“国培计划”项目，整合了校内外优秀教学资源，彰显了学校新能源类专业的优势与特色，扩大了学校的影响力，提升了学校的美誉度。

新能源类专业骨干教师国培项目与歌美飒风电有限公司实行联合培养，学员成绩合格后取得国际性 T1 技术资格证书，有效提升我国新能源类专业骨干教师的国际化水平。

图 3-13 新能源类专业骨干教师国家级培训

6. 建立校级资源库，积累了丰富的专业教学资源

三所主持院校和其他联盟院校建设基础雄厚，先后建成了大量的精品课程和校级教学资源库。新能源类专业教学资源库共建共享联盟的成立，将各院校的优质资源整合优化，运用先进的教育教学理念，初步建成了新能源类专业共建共享教学资源库（图 3-14）。

（1）天津轻工职业技术学院校级资源库网址：

http：//211. 81. 40. 101：18080/suite（外网）

http：//10. 100. 0. 100：18080/suite（内网）

（2）佛山职业技术学院校级资源库网址：

http：//wljxpt. fspt. net/skills/portal

（3）酒泉职业技术学院校级资源库网址：

http：//old. jqzy. com/jpk/index. php

（4）新能源共建共享联盟资源库网址：

http：//xny. qq-online. net/（专业教学资源库门户网站）

http：//211. 81. 40. 115/resource（专业教学资源管理系统平台）

http：//211. 81. 40. 115/learning（微知库——专业教学平台）

天津轻工职业技术学院
Tianjin LightIndustry Vocational Technical College
数字化学习门户
帮助
注册用户数: 15410
在线用户数: 1

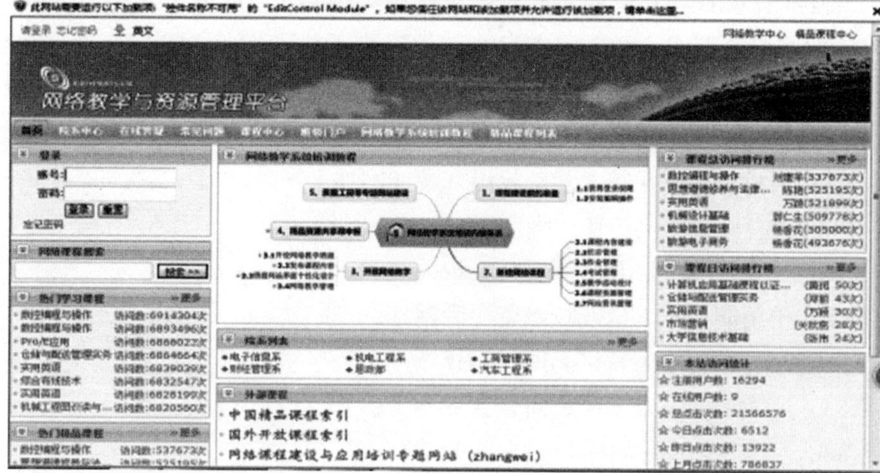
网络教学与资源管理平台
中国精品课程索引
国外开放课程索引
网络课程建设与应用培训专题网站 (zhangwei)

图 3-14 天津轻工职业技术学院、佛山职业技术学院、酒泉职业技术学院学习网站

联盟院校在建设新能源技术校级资源库、多门国家及省级精品课（精品资源共享课）的基础上，已建成 8 门专业核心课、部分专业主干课程及其他教学资源共计 6480 条，其中文本、图形类资源 2745 条，占资源总数的 42.4%；文本、图形以外的其他资源 3735 条，占资源总数的 57.6%。表 3-5、表 3-6 分别列出了目前已建成资源和 8 门核心课程分类资源。

表 3-5 已建成资源统计表

序号	模块名称	建设内容	已有数量（单位：条）
1	行业资源	行业介绍	76
		前沿技术	143
		政策法规	36
		标准规范	114
		企业风采	50
		小计	419
2	专业资源	专业介绍	5
		专业调研	5
		专业教学标准	2
		人才培养方案	3
		岗位能力标准	5
		实践教学条件	7
		小计	27

续表

序号	模块名称	建设内容	已有数量（单位：条）
3	课程资源	联盟课程标准	18
		课程资源开发指南、模板标准	9
		网络课程（含题库）	3215
		实习实训	1397
		电子教材	360
		工程案例	95
		微课	18
		小计	5112
4	职业培训资源	考证培训资源	502
		师资培训资源	100
		职业技能竞赛资源	92
		行业新技术培训资源	30
		小计	724
5	特色案例资源	新能源博物馆	52
		虚拟实训	20
		“互联网+资源库”应用模式资源	70
		国际案例	56
		小计	198
合计			6480

表 3-6　已建成 8 门核心课程资源统计表

课程	文本资源	图片资源	动画资源	视频资源	教学课件	题库资源
多晶硅生产技术	1. 联盟课程标准 2. 课程整体教学设计 3. 项目考核评价体系 4. 课程实践教学体系 5. 技术资料（17 个） 6. 数字化教材（1 套）	1. 企业设备（51 张）	1. 多晶硅生产动画（24 个）	1. 微课（1 个） 2. 课程教学（2 个） 3. 操作视频资源（35 个）	1. 课程整体设计（1 套） 2. 教学课件（7 套）	1. 试题（1 套） 2. 测试系统
晶硅太阳电池生产工艺	1. 联盟课程标准 2. 课程整体教学设计 3. 数字化教材（1 套） 4. 实验实训指导（1 套）	1. 企业设备（60 张）	1. 硅片生产（1 个） 2. 太阳电池性能检测（2 个） 3. 太阳能发电应用（1）	1. 微课（2 个） 2. 实践教学视频教学资料（47 个）	1. 模块一太阳电池原材料生产技术（10 个） 2. 模块二晶体硅太阳电池（12 个） 3. 模块三硅片清洗制绒（5 个） 4. 模块四硅片扩散制结（6 个） 5. 模块五硅片的后清洗与刻蚀生产工艺（7 个） 6. 模块六减反射膜的制备工艺流程（2 个） 7. 模块七丝网印刷电极制备（4 个） 8. 模块八晶体硅太阳电池检测与包装（3 个）	1. 理论和实践技能试题库（1 套） 2. 校外实习同步学习资源
应用光伏技术	1. 联盟课程标准 2. 课程整体教学设计 3. 数字化教材（1 套） 4. 实验实训指导（1 套）	1. 光伏组件生产工艺图片（20 张） 2. 光伏组件结构图片（100 张） 3. 学生作品图片（38 张）	1. 光伏生产工艺流程（24 个） 2. 光伏组件检测（10 个） 3. 光伏组件封装（14 个）	1. 微课（2 个） 2. 光伏组件生产视频（16 个） 3. 理论课程教学录像（12 个）	1. 光伏组件设计与生产课程简介（2 个） 2. 光伏组件封装材料及部件（7 个） 3. 光伏组件设计与生产（20 个） 4. 光伏组件生产工艺——滴胶工艺（2 个） 5. 光伏组件中太阳电池片的检测技术（16 个）	1. 理论和实践技能试题库（2 套） 2. 参考学习资料库（2 个）

续表

课程	文本资源	图片资源	动画资源	视频资源	教学课件	题库资源
光伏组件生产技术	1. 联盟课程标准 2. 课程整体教学设计 3. 数字化教材（1套） 4. 实验实训指导（1套）	1. 光伏组件生产工艺图片（20张） 2. 光伏组件结构图片（100张） 3. 学生作品图片（38张）	1. 光伏生产工艺流程（24个） 2. 光伏组件检测（10个） 3. 光伏组件封装（14个）	1. 微课（2个） 2. 光伏组件生产视频（16个） 3. 理论课程教学录像（12个）	1. 光伏组件设计与生产课程简介（2个） 2. 光伏组件封装材料及部件（7个） 3. 光伏组件设计与生产（20个） 4. 光伏组件生产工艺——滴胶工艺（2个） 5. 光伏组件中太阳电池片的检测技术（16个）	1. 理论和实践技能试题库（2套） 2. 参考学习资料库（2个）
光伏应用电子产品设计与制作	1. 联盟课程标准 2. 课程整体教学设计 3. 项目考核评价体系 4. 课程实践教学体系 5. 数字化教材（1套） 6. 实验实训指导（1套）	1. 产品案例（8个）	1. 仿真设计（29个） 2. 工作原理（5个）	1. 微课（2个） 2. 设计仿真视频（50个） 3. 理论课程教学录像（20个）	1. 说课（1个） 2. 常用电子元器件及测量工具使用（5个） 3. 市电直流稳压电源制作（2个） 4. 简易太阳能草坪灯电路分析与制作（2个） 5. 小信号放大电路（2个） 6. 太阳能充放电控制器电路分析与制作（2个） 7. 直流升降压电路分析与制作（2个） 8. 波形发生电路（2个） 9. 简易光伏逆变器电路分析与制作（1个）	1. 理论和实践技能试题库（8套） 2. 测试系统 3. 参考学习资料库（1个）

续表

课程	文本资源	图片资源	动画资源	视频资源	教学课件	题库资源
风电场建设基础	1. 联盟课程标准 2. 课程整体教学设计 3. 项目考核评价体系 4. 课程实践教学体系 5. 电子教案（11 个）	1. 风电场实物图片（15 个）	1. 风电场运行动画（35 个）	1. 微课（2 个） 2. 授课视频（61 个）	1. 风资源评估（2 套） 2. 风电场选址（2 套） 3. 风电机组选型（3 套） 4. 风电机组布置（2 套） 5. 风电机组吊装（4 套） 6. 风电机组运行（2 套）	1. 理论和实践技能试题库（1 套） 2. 测试系统
风电场运行维护与检修技术	1. 联盟课程标准 2. 课程整体教学设计 3. 教学任务单（10 个） 4. 知识讲解（45 个）	1. 企业案例（123 张） 2. 三维仿真图片（13 张）	1. 齿轮箱（10 个） 2. 发电机（3 个） 3. 轮毂（11 个） 4. 冷却系统（4 个） 5. 偏航系统（8 个） 6. 刹车系统（3 个） 7. 液压系统（5 个） 8. 主轴（3 个） 9. 其他（14 个）	1. 微课（2 个） 2. 维护与检修视频教学资料（35 个） 3. 理论课程教学录像（12 个）	1. 说课（1 个） 2. 结构与原理（7 个） 3. 维护与检修（14 个）	1. 理论和实践技能试题库（5 套）

续表

课程	文本资源	图片资源	动画资源	视频资源	教学课件	题库资源
风力发电机组安装与调试	1. 联盟课程标准 2. 课程整体教学设计 3. 数字化教材（1套） 4. 实验实训指导（1套）	1. 风机部件（4张）	1. 风机介绍（3个） 2. 风机偏航动作演示（1个） 3. 风机变桨动作演示（3个） 4. 风机翼型受力动作演示（1个） 5. 锋利发电机结构分析（5个）	1. 微课（2个） 2. 实践教学视频教学资料（128个）	1. 偏航轴承刹车盘制动器安装（2个） 2. 偏航减速器安装（3个） 3. 内平台及液压润滑安装（2个） 4. 下平台总成安装（2个） 5. 上平台总成安装（2个） 6. 机舱罩的组对及试装（3个） 7. 机组出厂自检（1个） 8. 变桨轴承安装（3个） 9. 驱动总成安装（2个） 10. 变桨柜组对及安装（2个） 11. 导流罩体安装（2个） 12. 叶轮出厂自检（2个） 13. 机舱接线及试验（2个） 14. 叶轮接线及试验（2个）	1. 理论和实践技能试题（141个）

目前平台在线注册人数 2727 人，活跃注册用户 1326 人。2014 年平台活跃用户 133 人，2015 年平台活跃用户 1193 人（图 3-15）。活跃用户分布涉及 26 个院校，15 个企业，4 个行业协会，包含在校学生 1254 人，教师 38 人，企业用户 27 人，社会学习者 7 人（图 3-16）。活跃用户中在校学生按专业分布情况统计（图 3-17）。

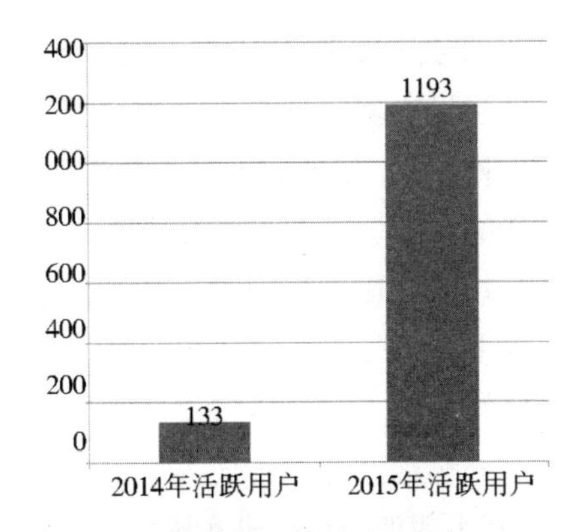

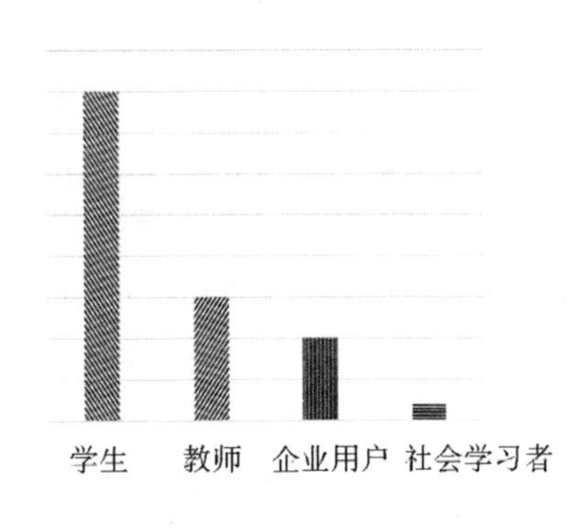

图 3-15 2014 年、2015 年平台活跃用户数量统计图 图 3-16 平台活跃用户角色分布图

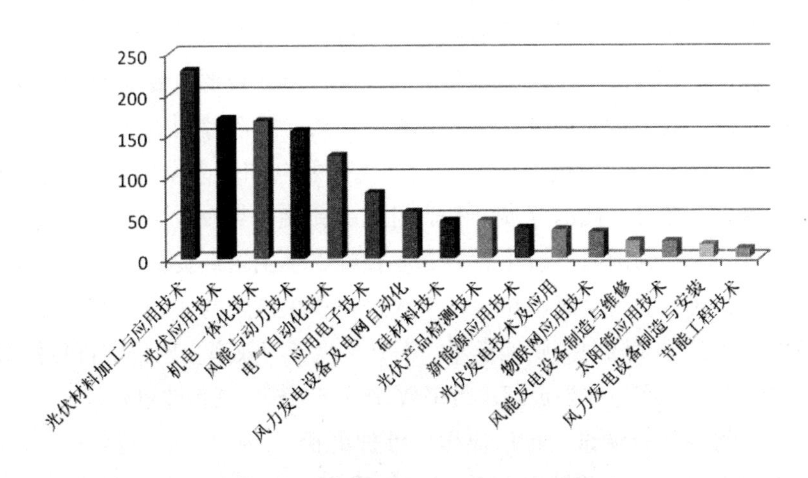

图 3-17 活跃在校学生专业分布统计图

第三节 建设规划

一、多方调研分析，进行资源库顶层框架设计

项目启动，完成新能源类专业教学资源共建共享联盟的组建，对学校、企业、社会学习者的需求调研分析。召开项目建设方案论证会，邀请联盟内高职院校、企业、行业的相关专家参与，就职业标准、技术标准、业务流程、作业规范、教学设计、实践操作以及企业生产的设备、工艺、产品等相关知识进行研讨，实现行业协会、企业、学校教师共同合作进行教学设计，形成资源库总体方案和各子项目建设方案。明确各项目责任人，建立项目负责人管理制度，确定子项目负责人，全面负责项目的实施工作。项目主持单位将建设任务按季度、年度分解到各子项目组，各子项目再将工作任务进一步落实到具体的工作人员，确保建设项目有计划、有步骤地稳步推进实施。

二、依据建设目标，进行资源库系统建设

根据建设目标，各项目建设小组进行资源库开发与建设，包括资源库功能设计和资源库内容设计。在此基础上，依次进行行业资源、专业资源、课程资源、素材资源、职业培训资源、特色资源的建设，按照计划进度稳步实施。依托新能源发电技术主线，重点建设太阳能光伏发电和风力发电两个专业领域，并逐步扩展到光热发电技术等多个专业组成的新能源类专业资源。通过国际化培训及取证项目，为国内外新能源类专业教师、学生培训提供优质国际化服务资源。另外，对专业教学模式与学习模式进行积极探索与实践，如开发配套的手机 APP，实现学生随时、随地学习，提升学生学习效率。项目实行目标管理，对方案执行情况和实施效果定期进行绩效评估与考核，提出改进建议。

三、资源库运行调试、推广应用、维护更新

按照共建共享、边建边用的原则，创建资源库平台运行管理和更新维护机制，确保教学资源持续更新，满足教学需求和技术发展的需要，每年更新比例不低于 10%。资源库初步建成后，进行资源库运行调试，分别对教师、学生、企业、社会其他人员应用资源库资源的情况进行在线测试，收集使用和评价意见。依托行业企业及合作学校在全国范围内进行新能源类专业教学资源库的成果推广，并争取各级教育行政部门、国内新能源行业协会、出版社等部门的大力支持，推广资源库的应用。

第四节 建设目标与思路

一、建设目标

紧紧围绕国家新能源产业发展，以培养新能源技术技能人才为宗旨，遵循系统设计、合作开发、开放共享、边建边用、持续更新的原则，以能学辅教为基本定位，联合资深行业协会、国内同专业领先的职业院校以及龙头企业，通过整合合作院校、行业协会、企业等资源，采用先进的网络信息和资源开发技术，构建一个代表国家水平、具有国际视野，以学习者为中心的交互式、共享型专业资源库，让学习者乐学、授课者善教、行业企业踊跃参与、社会访客畅游其中，填补新能源类专业教学资源库的空白。

资源库通过建设，成为一个集教学设计、教学实施、教学评价、虚拟实训、考证培训、职业技能竞赛培训、新技术培训及师资培训等于一体的资源中心和提供在线浏览、智能查询、资源推送、教学组课、在线组卷、网上学习、在线测试、在线交流、手机 APP 应用等服务的管理与学习平台，充分体现先进性、实用性、普适性、开放性，并最大限度地满足新能源类专业学生、教师、社会学习者和企业员工等不同层次学习者的需求。

创新项目建设的管理体制机制，建立健全合作单位的利益分享和责任分担机制，通过资源管理和应用管理两个系统建设，形成完善的资源开发、资源审核、资源发布、资源检索的资源管理与应用机制等，确保专业教学资源库的积累、共享、优化和持续更新。

通过资源库建设，以院校联盟为平台，加强项目团队建设，带动全国职业院校新能源类专业快速地壮大和发展，提升专业人才培养质量，增强社会服务能力，促进新能源产业的整体发展。

二、建设思路

1. 以广泛调研、科学论证为基础，搭建资源库整体框架

项目建设团队首先对国内外知名的新能源类行业企业进行广泛调研，明晰行业企业实际需求，并结合企业工作岗位确定典型工作任务内容及岗位能力标准；其次，与各院校教育专家进行科学论证，明确光伏、风电领域典型教育内涵，兼顾不同类型学习者学习要求，确定课程体系、专业标准、人才培养方案；最后，按照新能源产业链生产过程，依托碎片化资源、结构化课

程，系统化设计并构建“一个资源中心、一个管理与学习平台”的资源库整体框架。

2. 瞄准企业需求，剖析岗位能力，构建课程体系

对新能源行业产业链发展背景、企业人才需求状况等进行充分调研，新能源发电成为解决能源危机、降低空气污染的主要手段，当前主要通过分布式发电、智能微电网技术与传统火力发电技术相配合应用。新能源发电包括太阳能光伏发电、风力发电、光热发电等领域（图 3-18），目前技术成熟且产业化程度较高、大规模开发应用的主要为太阳能光伏发电和风力发电，发展速度居于新能源前列，其他技术大都处于示范或实验阶段。根据产业发展的成熟度及对企业员工培训开发针对性资源的需求，在新能源类专业资源库建设中，依托新能源发电技术主线，重点建设太阳能光伏发电、风力发电两个专业领域，并按照产业发展分三段（前端、中端、后端）。表 3-7 列出了新能源类专业资源的岗位知识体系。

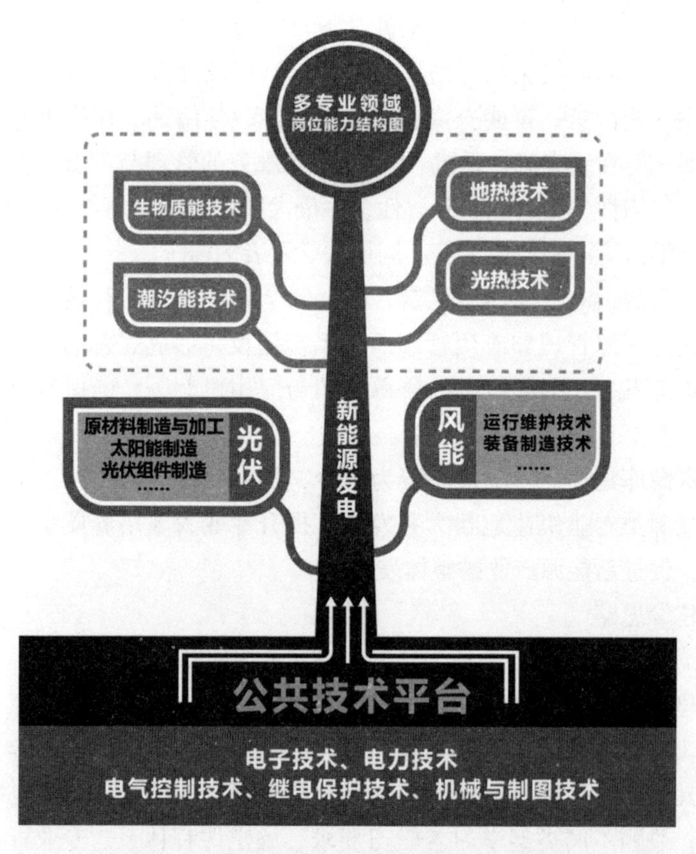

图 3-18　新能源类专业领域岗位能力结构图

表 3-7 岗位知识体系表

一个主线	两个领域	三段岗位能力要求
新能源发电技术	光伏发电技术	产业前端：包括材料、硅片制造等技术
		产业中端：包括光伏系统控制技术、系统集成等技术
		产业后端：包括光伏发电多领域应用、开发等技术
	风力发电技术	产业前端：包括风力发电机、风力发电机组制造安装等技术
		产业中端：包括风电场运行、保养等技术
		产业后端：包括现场管理、维护、输变电等技术

依据光伏发电技术、风力发电技术专业领域典型岗位，进行岗位能力分析，确定两个领域的公共主干课程和专业主干课程（图 3-19）。

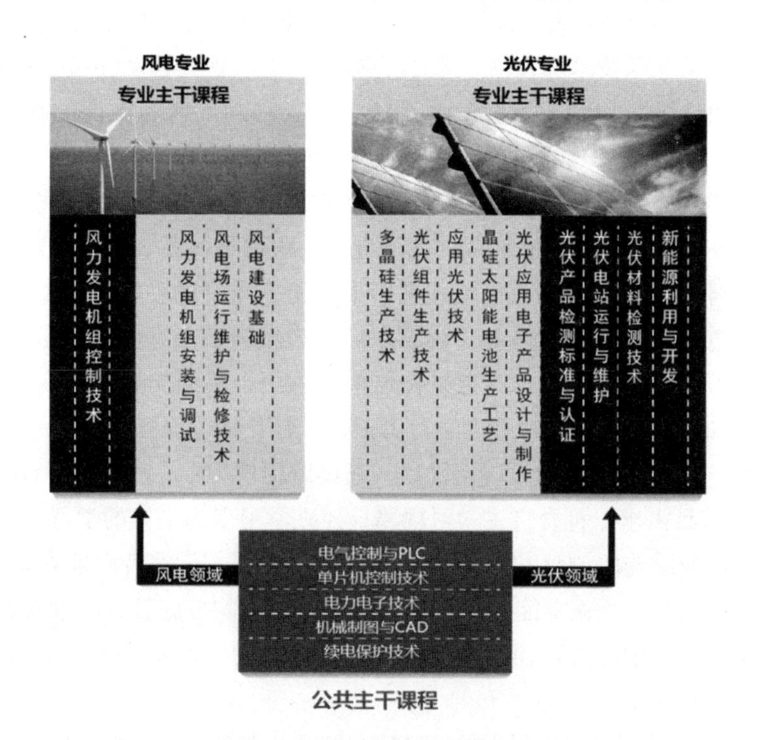

图 3-19 光伏、风电课程体系图

3. 以院校联盟为平台，统一联盟课程标准

按照 2014 年新能源类专业资源库共建共享联盟会议要求，通过行业企业

调研、专家论证，统一联盟课程标准，确定课程的基本要求和最低学时（学分），联盟院校可根据各自区域的新能源行业需求、实训条件，适当增加内容和学时（学分）。在8门专业核心课程已基本完成资源建设、构建结构化课程的基础上，将按照共建共享联盟管理规定，共商共建，边建边用，完善和更新上述8门专业核心课程资源，再建设10门专业主干课程资源、构建结构化课程。

4. 多方分工协作，创新分类集成优质资源

发挥项目建设团队各自优势，分工协作，集聚院校、行业协会、企业等多方优势资源，并集合行业标准、企业技术标准及岗位技能标准，确保资源建设的内容丰富、先进实用，保证资源充分、冗余的基础上，突出资源分类集成。借助“碎片化”的教学资源开发与建设，推行“互联网+资源库”应用模式，构建先进、开放的共享资源平台，确保资源的“有序标识”“海量存储”“检索引用”，确保资源科学性、先进性，能够跨平台多终端的高效使用。

5. 基于“互联网+资源库”应用模式，提供个性化便捷服务

随着移动互联技术的发展，基于手机、平板电脑等移动终端设备的教学与学习手段已被应用到实际教学活动中，基于移动互联和微课的在线学习、混合学习、碎片化学习等的泛在化学习，推进职业教育教学模式与学习模式的变革。建立以学习者为主体的学习平台，方便施教者个性化搭建课程和组织教学，在教学活动中控制课程的教学进度，跟踪学习者学习的行为轨迹。

“互联网+资源库”的应用模式利用了资源库丰富的各种类型资源，结合互联网和电脑、智能手机等现代数码产品的多渠道、全方位的展示形式，全面覆盖学习者各个学习环节，能够有效构筑适用于不同类型学习者学习新能源类专业知识的学习环境，并为学习者提供个性化便捷服务。

6. 完善系统功能，加大应用推广，建设以用户为中心的资源平台

（1）满足需求，符合自主学习规律，建立学习者为主体的学习平台

随着产业结构的调整和新技术、新工艺的发展，学习者对职业教育的需求不仅仅是知识，更偏重能力和素质，因此，职业院校施教者必须转换角色，掌握以学习者为中心的互动教学新模式，充分调动学习者个体及群组的学习主动性，引导学生探究式学习。

（2）以多维度参与机制为保障，建立校企行共建共享的管理平台

服务战略性新兴产业——新能源行业发展，适应新能源产业技术转型升级，按照“技术先进适用、内容持续更新、载体动态稳定、知识呈现形式多样、多方共建共享”的建设原则，确保教学资源持续更新，满足教学需求和

技术发展的需要。

采用项目式管理，建立资源库管理机制，通过专业教学资源库运行监测平台的信息技术手段，发挥项目联盟建设单位与资源使用用户潜能，使资源建设者、资源用户在建设、管理、运用、维护和二次开发等方面高度合作、深度参与。探索教学资源开放性建设机制，逐步实施学分互认，实现优质教师、优质资源共享，确保新能源类专业教学资源库建设内容动态更新、资源平台技术更新、资源库平稳长效运行。

第五节　建设内容

新能源类专业教学资源库主要建设一个资源中心，一个管理与学习平台。资源中心的建设主要包括行业资源、专业资源、课程资源、素材资源、职业培训资源、特色资源六部分。资源建设的路径关系为素材资源—课程资源—专业资源。管理与学习平台是资源库运行的关键要素，主要包括资源管理平台、学习管理平台和门户网站三个平台，具体建设内容（图 3-20）。

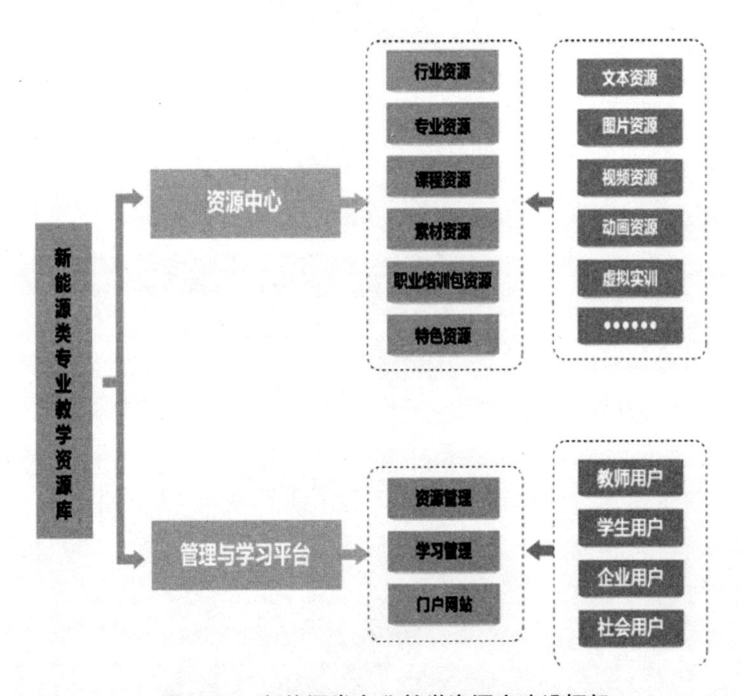

图 3-20　新能源类专业教学资源库建设框架

一、资源中心建设

1. 行业资源建设

行业信息是专业建设的起点，为专业建设者细化人才培养目标、准确定制人才培养规格提供依据；提供职业岗位描述等资源，使学生了解专业培养目标、就业岗位、职业发展等信息，以便对职业生涯进行规划，为学生和员工规划职业成长路径提供直接依据；通过资源平台的信息采集反馈机制，动态地采集行业职业信息，为用户了解行业发展状态、新技术应用状态、职业道德标准、企业用工需求、行业的政策法规、院校专业建设和学生就业等提供全面支持，表 3-8 列出了行业相关信息建设内容。

表 3-8 行业相关信息建设内容

序号	主要内容	内容描述
1	行业介绍	介绍光伏、风电行业发展现状和趋势，建立相关企业、行业协会等网站链接
2	前沿技术	介绍光伏、风电等新能源行业的前沿发展技术
3	政策法规	各类新能源技术政策法规
4	标准规范	各种类别岗位对应的国家职业标准、光伏标准规范、风力发电标准规范等
5	企业风采	典型新能源类企业介绍、风采展示和媒体报道等

2. 专业资源建设

专业资源对专业建设起到规范、指导和评价作用，是联盟院校开设光伏、风电领域专业设置课程、组织教学的依据，也可作为学生选择专业和用人单位招聘录用毕业生的依据。我们发挥联盟院校专业建设优势，面向全国职业院校专业建设需求，按照“行业企业调研→企业专家岗位能力分析→教育专家岗位知识能力分析→确定‘课程体系’‘专业教学标准’→制定人才培养方案”的专业建设路径（图 3-21），完成专业介绍、专业调研、专业教学标准、人才培养方案、岗位能力标准、专业办学条件的内容。适用于大多数高职院校的新能源类专业建设，中高职衔接“3+2”人才培养方案，为联盟内外中高职院校的联合办学提供了参考资源。表 3-9 列出了专业资源建设内容。

图 3-21 专业教学资源建设流程图

表 3-9 专业资源建设内容

序号	主要内容	内容描述
1	专业介绍	包括专业介绍、就业方向介绍、职业岗位能力分析、职业标准库等
2	专业调研	光伏专业调研报告、专业调研问卷；风电专业调研报告、专业调研问卷等
3	专业教学标准	光伏专业教学标准、风电专业教学标准等
4	人才培养方案	光伏专业人才培养方案、风电专业人才培养方案、中高职衔接人才培养方案等
5	岗位能力标准	光伏相关岗位能力标准、风电相关岗位能力标准等
6	实践教学条件	光伏专业办学条件、风电专业办学条件等

3. 课程资源建设

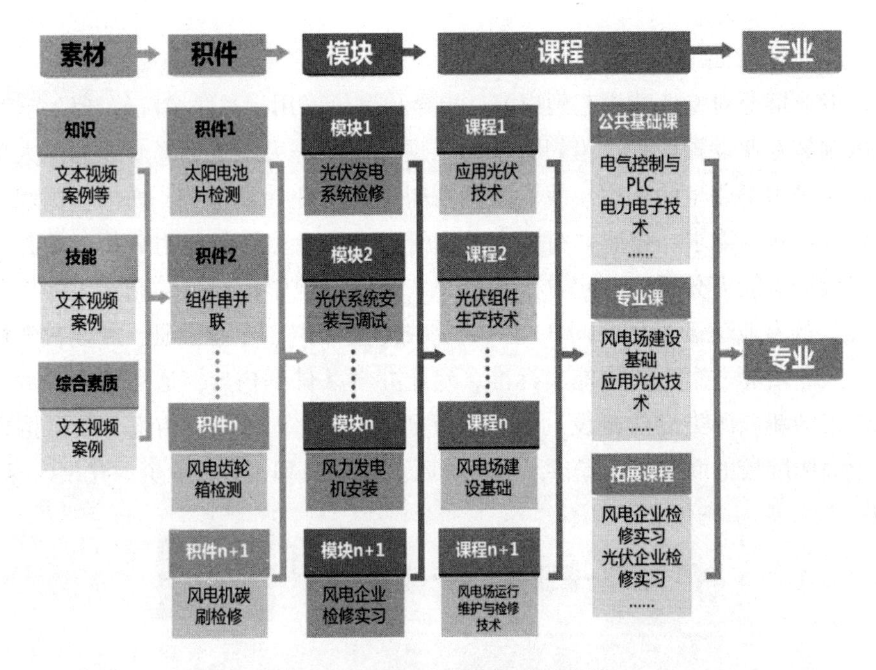

图 3-22 课程资源建设技术路线

由新能源共建共享联盟的职业教育专家、企业岗位能手、骨干教师构成的开发团队按技术路线进行建设（图 3-22），形成以知识、技能、素质为单位的教学积件，以学习单元、工作任务等项目为单位的课程模块，关注多个知识点、技能点结构化组合形成的资源。分层次实现教育资源共享，并伴随技术和教学理念的发展而发展，将资源库建设从关注学习对象向关注学习活动转变，资源共享的范围从学习对象向学习活动延伸，从学习资源向学习过程扩展，突出教育资源共享从技术向教育的回归。

课程资源建设是资源库建设的核心，资源库建设是以课程建设为骨架，并使课程建设结构化，使资源库中的“结构化课程”能够提供示范性，引领全国同类专业的课程建设，它是对课程资源的重新整合，是课程改革的真实体现。

课程资源建设体现以行业和岗位能力需求为导向，以岗位技能和职业素养为目标，精心选择课程内容，系统化设计，体现“行业—岗位—能力—课程—专业群建设”有机对接与深度融合，共建设 18 门课程，表 3-10 列出了课程资源建设内容。建设的课程中包含 54 个微课，解决理论学习比较抽象，动手操作无法直接接触知识技能难点问题，形成时时、处处、人人学习的新形态，为学习者提供“做中学”教学模式改革的实际案例及操作方法。

表 3-10 资源建设内容

序号	主要内容	内容描述
1	联盟课程标准	18 门课程的课程标准
2	课程资源开发指南、模板标准	课程简介、课程目标、课程内容及任务、学习模块教学方案设计、实施要求、课程管理、考核评价方式
3	网络课程（含题库）	完成“多晶硅生产技术”“晶硅太阳电池生产工艺”“应用光伏技术”“光伏组件生产技术”“光伏应用电子产品设计与制作”“风电场建设基础”“风电场运行维护与检修技术”“风力发电机组安装与调试”“风力发电机组控制技术”“光伏产品检测标准与认证”“光伏单片机控制技术”“电力电子技术”“电气控制与 PLC”“继电保护技术”“机械制图与 CAD”“新能源利用与开发”“光伏电站运行与维护”“光伏材料检测技术”18 门课程的所有网络资源内容
4	实习实训	实习（实训）任务书、实训教学录像、虚拟/仿真实验实训（实习）系统库、考核标准等
5	电子教材	校企合作共同完成 18 门课程的教材编写
6	企业案例	与课程相关的企业工程项目案例

续表

序号	主要内容	内容描述
7	微课	“怎样实现逐日系统的光源跟踪”“太阳电池分选机操作流程”“逆变器测量概述”“小型风力发电机组成结构”“太阳电池组件层压机操作流程”等54门微课

4. 素材资源建设

素材教学资源是专业资源和课程资源的素材提供地，主要内容包括文本、图片、试题、课件、教学音频、视频、动画、虚拟仿真等。表3-11列出了素材资源建设内容。

表3-11　素材资源建设内容

序号	主要内容	内容描述
1	文本类素材	18门课程的电子教材、电子教案、实训指导教材等
2	图形/图像类素材	各种光伏材料、太阳电池、风电系统等图片
3	视频类素材	教学组织过程指导录像、实训项目操作录像、产业链不同环节典型企业实际工作任务操作录像等教学资源
4	动画类素材	光伏、风电产品生产的工艺工作过程等内容的动画教学资源
5	虚拟仿真类素材	光伏、风电产品等生产与设备调试的虚拟实训项目
6	课件类素材	专业课程各教学单元辅助课件

5. 职业培训资源建设

按照不同能力等级和覆盖新能源类专业基本职业资格的原则来构建职业培训资源，开发职业资格认证培训、师资能力培训、职业技能竞赛、新技术培训等资源。通过自主学习和在线咨询、培训，满足不同用户的需求，为学生、教师、企业员工、社会学习者等自主学习提供服务，发挥资源库服务学习型社会建设作用。

(1) 职业资格认证培训：通过各地人力资源行政主管等部门收集岗位职业标准及职业岗位资格证书分类、考核标准等，建立国家级职业技能培训体系。根据用户需求不同，开发对应职业资格培训、专项培训2个系列，初级、中级、高级、技师、高级技师5个等级职业培训包，形成完整职业培训模块。针对岗位特点，建设小风电利用工、单晶硅制取工、多晶硅制取工维修电工等多个种类的培训包，为学习者了解职业资格类型、职业资格认证体系及相关职业技能要求提供培训，实现职业能力的逐级提升。

（2）依托天津轻工职业技术学院、乐山职业技术学院、兰州职业技术学院等新能源类师资培训基地，与企业合作开展短期、中期和长期国内外师资培训，掌握新能源最新技术发展、光伏发电系统、风光互补发电系统的安装、调试以及维护等前沿技术，提升师资职教能力和技能水平。

（3）职业技能竞赛：围绕全国职业院校技能大赛光伏发电系统安装与调试、风光互补发电系统安装与调试两个赛项（包括中、高职），收集大赛竞赛规程、赛项全过程竞赛录像、题库、历年竞赛情况等，开发赛项技术难点的剖析讲授，赛项系统安装调试过程视频讲解、技术演示等资源，为参赛院校提供训练资源。

（4）行业新技术培训：包括新技术的推广使用、新产品和新工艺的培训以及企业员工培训。企业员工培训是为刚刚步入社会的学生顺利完成角色转换，为企业员工进行继续教育，包括员工岗前培训、岗位能力提升培训等。

表 3-12 列出了职业培训资源建设内容。

表 3-12 职业培训资源建设内容

序号	主要内容	内容描述
1	考证培训资源	包括人力资源和社会保障局及新能源类专业证书的培训资源建设
2	师资培训资源	包括培训资讯、培训内容及培训考核资源及时展示等
3	职业技能竞赛资源	包括风光互补发电系统安装与调试赛项资料以及大赛资源转化资源
4	行业新技术培训资源	新技术的推广使用培训、新产品和新工艺的培训、企业员工培训等相关资源

6. 特色资源建设

特色资源包括新能源博物馆、虚拟实训、“互联网+资源库”应用、国际案例四部分，表 3-13 列出了特色案例模块职业培训资源建设内容。

表 3-13　特色资源建设内容

序号	主要内容	内容描述
1	新能源博物馆	与中国科学院广州能源研究所合作建设的网络化教育资源，新能源博物馆可以学习能源发展历史以及九种新能源的相关知识等
2	虚拟实训	虚拟软件、虚拟仿真包括：多晶硅生产虚拟仿真工厂、风电场虚拟仿真工厂、晶硅太阳电池虚拟仿真生产线、光伏组件虚拟仿真实训室、光伏电站虚拟仿真软件、风电机组虚拟仿真等
3	“互联网+资源库”应用	开发了配套的手机 APP，可以完成从课前、课中到课后的整个学习过程，形成时时、处处、人人学习的新形态
4	国际案例	与联合国及国内研究院所合作建设培训项目，建设培训资源，为阿拉伯、非洲等国家培养新能源类专业人才。联合歌美飒风电有限公司，建设风力发电相关专业 T 系列国际化证书资源，为国内风电类专业教师和学生培训提供优质国际化资源

图 3-23　新能源博物馆

新能源博物馆建设是与中国科学院广州能源研究所密切合作，针对社会和网络上对新能源技术认识的参差不齐的现状，对广大群众进行新能源技术的科普，通过三维仿真模型和虚拟动画等模式，主要介绍太阳能、风能、地热能、海洋能等新兴能源的现状、技术原理和发展前景等内容，进行全民普及型教育（图 3-23）。

学生或社会学习者通过虚拟实训，熟悉工作岗位，了解安全规范，掌握工艺流程，胜任工作任务，提高实训教学效果。四氯化硅氢化仿真模拟实训界面（图 3-24）。

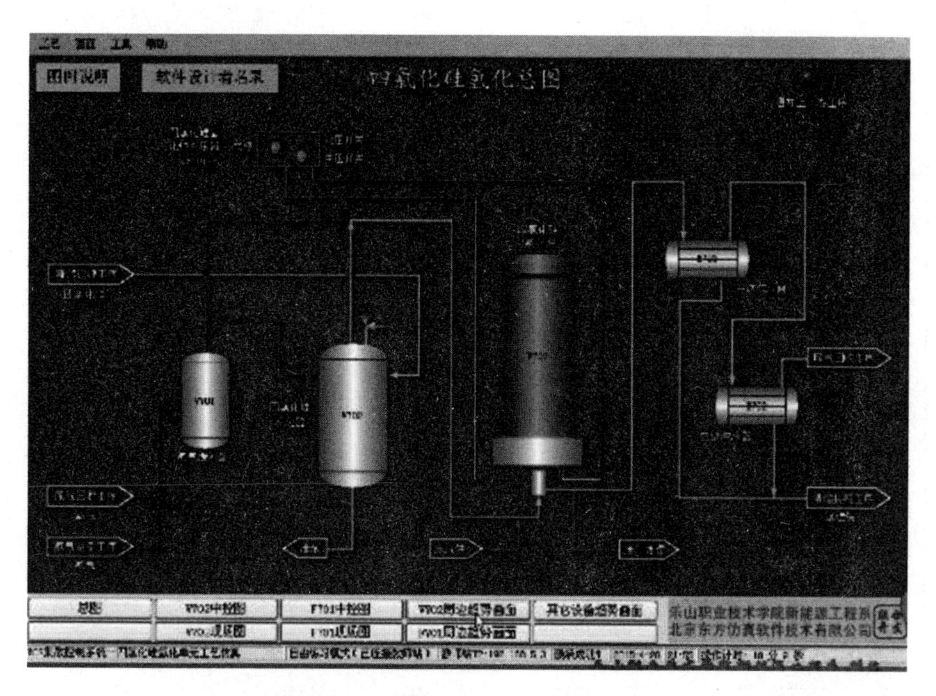

图 3-24 四氯化硅氢化仿真模拟实训

丰富信息化课堂教学，利用手机 APP 的教学手段，涵盖签到、在线学习、在线实训、互动交流、测试及任务提交、下载等功能，便于用户随时随地学习，提高学习效率。

建设阿拉伯、非洲等国家培养新能源类专业人才培训的资源，建设风力发电相关专业国际化证书培训资源，从而扩展资源应用范围。通过创新资源的国际化教育培训应用，促进资源库成为国际技术交流的平台。

7. 资源建设分类情况

经过两年建设，完成 18 门课程及其他资源建设不少于 20000 条，平台在线注册人数不少于 10000 人，活跃注册用户不少于 3000 人。表 3-14 列出了 2017 年按资源内容统计的预建成资源数，表 3-15 列出了 2017 年按资源类型统计的预建成资源数。

表 3-14 2017 年建设资源统计表（按资源内容）

序号	模块名称	建设内容	已有数量（单位：条）	建成数量（单位：条）	增量（单位：条）
1	行业资源	行业介绍	76	200	124
		前沿技术	143	240	97
		政策法规	36	100	64
		标准规范	114	200	86
		企业风采	50	300	250
		小计	419	1040	621
2	专业资源	专业介绍	5	10	5
		专业调研	5	10	5
		专业教学标准	2	6	4
		人才培养方案	3	6	3
		岗位能力标准	5	10	5
		实践教学条件	7	14	7
		小计	27	56	29
3	课程资源	联盟课程标准	18	36	18
		课程资源开发指南			
		模板标准	9	24	15
		网络课程（含题库）	3215	10100	6885
		实习实训	1397	4550	3153
		电子教材	360	1100	740
		企业案例	95	200	105
		微课	18	54	36
		小计	5112	16064	10952
4	职业培训资源	考证培训资源	502	1500	998
		师资培训资源	100	300	200
		职业技能竞赛资源	92	300	208
		行业新技术培训资源	30	120	90
		小计	724	2220	1496

续表

序号	模块名称	建设内容	已有数量（单位：条）	建成数量（单位：条）	增量（单位：条）
5	特色案例资源	新能源博物馆	52	70	18
		虚拟实训	20	40	20
		“互联网+资源库”应用	70	360	290
		国际案例	56	150	94
		小计	198	620	422
合计			6480	20000	13520

表 3-15　2017 年建成资源统计表（按资源类型）

序号	模块名称	建设内容	文本和图形资源数量（单位：条）			非文本和图形资源数量（单位：条）					合计
			文本类	图形/图像类	小计	课件类	视频类	动画类	模拟仿真类	小计	
1	行业资源	行业介绍	76	54	130	20	50			70	1040
		前沿技术	100	40	140	60	40			100	
		政策法规	36		36	64				64	
		标准规范	114		114	86				86	
		企业风采	50	50	100	100	100			200	
2	专业资源	专业介绍	5		5		5			5	56
		专业调研	5		5		5			5	
		专业教学标准	3		3	3				3	
		人才培养方案	3		3	3				3	
		岗位能力标准	5		5	5				5	
		实践教学条件	7		7		7			7	
3	课程资源	联盟课程标准	18		18	18				18	16064
		课程资源开发指南模板标准	12		12	12				12	
		网络课程（含题库）	1600	1600	3200	1500	2500	2860	40	6900	
		实习实训	650	700	1350	1300	1300	500	100	3200	
		电子教材	200	300	500		300	300		600	

续表

序号	模块名称	建设内容	文本和图形资源数量（单位：条）			非文本和图形资源数量（单位：条）					合计
			文本类	图形/图像类	小计	课件类	视频类	动画类	模拟仿真类	小计	
3	课程资源	企业案例	50	50	100	50	50			100	
		微课					54			54	
4	职业培训资源	考证培训资源	400	300	700	400	300	100		800	2220
		师资培训资源	50	50	100	100	50	50		200	
		职业技能竞赛资源	50	100	150	50	100			150	
		行业新技术培训资源	20	20	40	40	40			80	
5	特色案例资源	新能源博物馆	20	20	40	10	20			30	620
		虚拟实训							40	40	
		“互联网+资源库”应用	50	50	100	50	160	50		260	
		国际案例	10	10	20	50	80			130	
合计			6878			13122					20000

二、管理与学习平台建设

新能源类专业教学资源库主要面向的用户包括：教师、学生、企业和社会学习者。专业教学资源库整体架构主要包括：资源创建、资源管理、课程设计、教与学过程、人员管理、学习分析、互动交流等功能（图 3-25）。

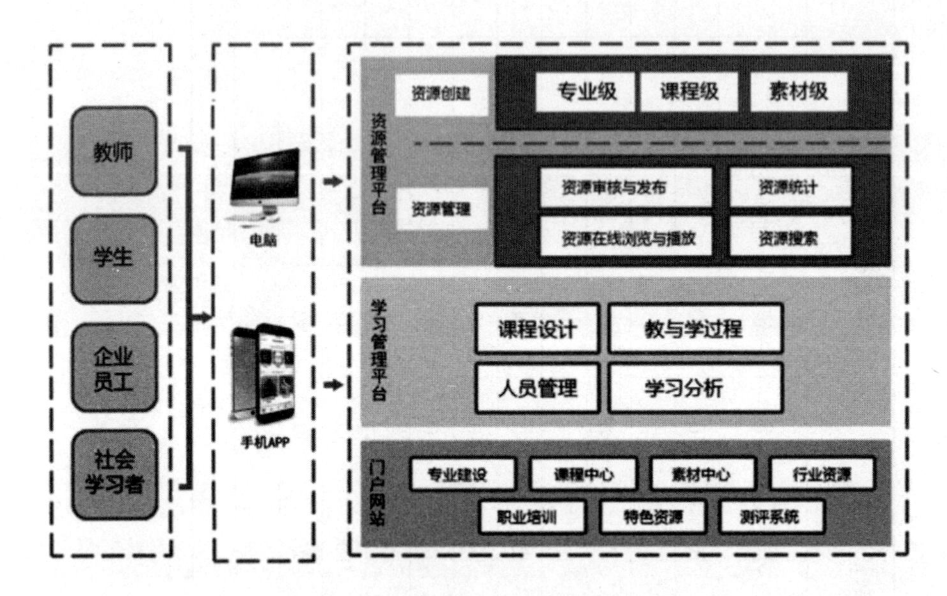

图 3-25　专业教学资源库整体架构图

（一）资源管理平台

支持用户有组织地创建、审核、发布各种类型的教学资源。表 3-16 列出了资源管理系统的各项功能。

表 3-16　资源管理系统功能列表

资源创建与更新	按照教学资源体系架构，教师可以创建和更新各种类型的教学资源
资源审核与发布	对创建完成的资源进行审核；审核通过后进行发布
素材与习题的统计与检索	按各种方式对素材和习题进行统计和检索
用户与角色管理	对教学资源建设的用户及其角色进行管理

（二）学习管理平台

建设“互联网+资源库”的新型应用模式，借助大数据、物联网、移动互联等技术手段，采用便携式电脑和智能手机等数字化设备，从课堂教学、实训教学、课本学习以及课余学习四个主要职教教学场景中提高资源库的应用效力。激活师生用户有效互动、即时反馈通道，使资源库“活”起来，实现“能学”“辅教”。学习平台应用设计思路（图 3-26）。

图 3-26 资源库学习平台应用设计思路

“互联网+资源库”应用模式借助信息化手段，将资源库应用与日常教学有机结合，构建符合职业教育特色的沉浸式教学模式。老师可将专业课程内容设计融入智慧化“触发型”教学应用场景，将一个个碎片化教学资源打造为可感知学生行为的“学习触点”，学生“畅游”在信息化的学习情境中，根据自己的学习兴趣及知识掌握情况，自主、自助定义学习路径，顺利学习，渐进实操，轻松掌握学习内容。“互联网+资源库”新模式的应用设计功能主要涵盖签到、在线学习、在线实训、互动交流、测试及任务提交、下载等功能（图 3-27）。

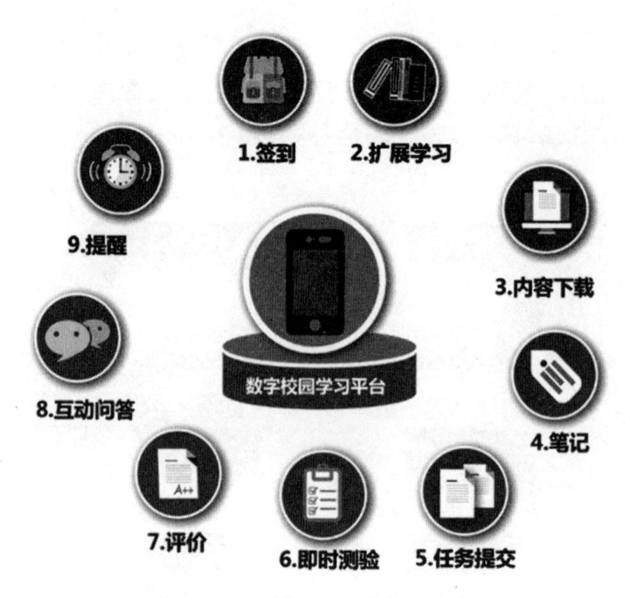

图 3-27 手机 APP 功能示意图

实训中的二维码分为四类（图 3-28）：

图 3-28 实训环境二维码分类

1. 资源库应用于课堂教学

“互联网+资源库”应用于日常课堂教学，采用便携式电脑、智能手机等数字化设备，为目前 1∶50 的超载职教课堂设计全息化的教与学场景，老师可根据专业课程内容设计全息化的教学应用场景，将一个个教学载体打造为可感知学生行为的“学习触点”（具体学习内容），学生根据自己的学习兴趣及知识掌握情况，自助学习，以提升课堂学习效果与教学管理精度。在这里不仅有教师授课的资源，也有供学生下载的讲义及扩展资源，同时还为学生提供签到、笔记标注、随堂测验、互动问答以及课堂评价等应用。并通过与资源库联动追踪学习行为，使教师随堂即时掌握学生个体学习的进程、效果与反馈。表3-17列出了“互联网+资源库”应用于课堂教学的主要内容和步骤。

表3-17 资源库应用于课堂教学

应用	教学环节	“互联网+资源库”教学情况	传统教学情况
1.签到考勤	老师PC端：发布二维码；学生端：扫描二维码签到   老师PC端：查看学生签到情况；学生端：签到成功 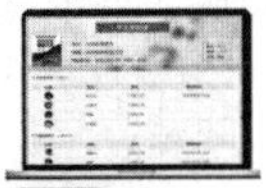 	1. 老师在开课前利用资源库平台生成课程考勤签到二维码； 2. 在上课时（课前或课中）适时发布二维码，学生通过扫描老师发布的二维码进行课程签到； 3. 学生课程考勤情况会自动推送到现场，老师可即时掌握学生的考勤情况，节约了老师授课时间，提升了考勤效率效果。	1. 老师现场点名耽误上课时间； 2. 迟到、早退、代签等情况的出现令考勤管理的客观有效性受到影响，考勤管理效率低，问题频发。
2.即时测验	学生测验；老师查看测验结果  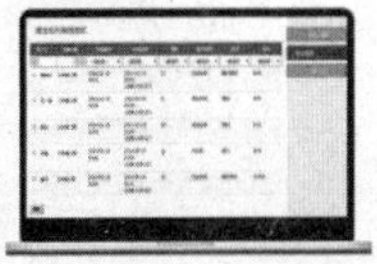	1. 结合资源库中的测验试题，老师可以根据需要，即时推送测试给学生； 2. 学生可以通过资源库手机APP在线完成老师布置的资源库中预设的测试题或者老师现场利用资源库的测试模块自组测试题； 3. 老师通过测试结果可实时了解学生对该课程（知识点）的掌握情况；学生也可以实时了解自己是否掌握了该模块的内容。	课堂上学生多，老师难以进行现场的测验，无法即时了解每个学生的学习进程。

续表

应用	教学环节	“互联网+资源库”教学情况	传统教学情况
3. 扩展学习	学生扫描二维码学习；学生手机端显示学习内容	学生可以利用便携式电脑或手机在课堂上登录资源库进行学习，以解决自己在学习上很可能遇到的难题，充实了课堂学习的方式，也拓宽了学生学习知识的渠道，弥补了传统课堂教学模式中师生交互性差的问题。	因为课堂的严肃性而又无法随时请教老师难以理解的问题，师生交互性较差。

2. 资源库应用于实训教学

表 3-18　资源库应用于实训教学

应用	教学环节	“互联网+资源库”教学情况	传统教学情况
1. 扩展学习	学生扫描设备二维码；学生手机端显示学习内容	1. 根据自己的特点及知识掌握情况自主、自助学习学习任务，有针对性地学习知识点实践解析、技能点操作特写等，为学生进行个性化呈现、点播与反复播放； 2. 教师还可以通过与资源库联动追踪各个小组的学生的个体行为，使教师掌握学生实训进程、效果与反馈。	1. 存在教师讲解学生没听清楚、实训操作步骤记不准问题； 2. 教师难于全面追踪学生实训进程、效果与反馈。
2. 任务	学生完成任务；学生手机提交任务	1. 通过扫描实训设备上的二维码领取小组实训任务； 2. 在任务完成过程中，学生通过扫描现场的二维码掌握任务知识点解析知识，并在完成实训项目的操作后，通过手机完成实训任务的提交； 3. 教师则可知道学生已经完成了实训任务并可选择进行综合的讨论或评分	1. 学生课上或口头领取任务，自主性差； 2. 教师等任务收齐后批改评分。

在“互联网+资源库”的应用模式中，老师可根据专业课程内容设计全息化的教学应用场景，将一个个教学载体打造为可感知学生行为的“学习触点”（具体学习内容），将课程内容与教学场地（设备）有机融合，例如“光伏组件生产技术”课程关键知识点作为“学习触点”（学习内容）部署在教学场地（设备）上，并将教学任务进行分解、安排，确定课前学生学习安排、课中教学组织实施及课后学习落实内容。学生根据实训中的情况，自己的学习兴趣及知识掌握情况，在老师指导别的小组的同时，自助下载设备操作视频、安全操作规范、技术规程等，并根据任务完成的进度情况，自助提交任务成果，提升课堂学习效果与教学管理精度。在这里不仅有教师授课的资源，也有供学生下载的讲义及扩展资源，同时还为学生提供签到、笔记标注、随堂测验、互动问答以及课堂评价等应用。并通过与资源库联动追踪学习行为，使教师即时掌握学生个体学习进程、效果与反馈。表 3-18 列出了资源库应用于实训教学的主要内容和步骤。

3. 资源库应用于课本学习

表 3-19　资源库应用于课本学习

应用	教学环节	“互联网+资源库”教学情况	传统教学情况
1. 应用于课本学习	学生手机端：扫描教材二维码学习 	1. 在课本相应章节中关键的重点和难点内容上，印上链接到资源库相应部分的视频演示二维码； 2. 学生可以用手机通过扫描二维码观看视频来学习重点难点的演示，以达到帮助掌握重点难点的目的。	老师无法知晓学生学习进度、学习情况，课本内容晦涩难懂学生掌握困难，学生间课余课本内容互动无法实现，“书是书、网是网”，课本与资源库毫无关联等情况

续表

应用	教学环节	“互联网+资源库”教学情况	传统教学情况
2. 即时测验	学生手机扫描二维码测验	1. 在课本相应的每一个章节的习题部分，可以印上链接到资源库测验模块的二维码，学生通过用手机扫描测验二维码，可链接到资源库中进行测验，并可实时知道测验成绩； 2. 教师通过查看学生的测验成绩了解课后的学习情况。	传统的作业模式中教师批改周期较长而造成的知识遗忘的问题

针对学生目前在课本学习方面，老师无法知晓学生学习进度、学习情况，课本内容晦涩难懂学生掌握困难，学生间课余课本内容互动无法实现，“书是书、网是网”，课本与资源库毫无关联等情况，“互联网+资源库”应用于职教日常课本学习给出的解决方案是：借助大数据等方式为教材设计（配置）相应的动态资源，为学生课本学习中抽象的理论图文提供形象的动态呈现与学习互动。弥补纸质教材图文资源呈现方式的不足，提供动态的资源呈现（音视频及动漫虚拟化资源），并通过与资源库联动，进行测验、互动等个性化学习，从而提高学习兴趣，并通过与资源库联动追踪学习行为，使教师掌握学生学习进程、效果与反馈。表 3-19 列出了资源库应用于课本学习的主要内容和步骤。

4. 资源库应用于课余学习

迫于时间压力，老师对线上组课、课程共享缺乏积极性，更谈不上多位老师在线协作课程设计。老师仅布置课后作业让学生在线完成，学生迫于老师课业的压力上线学习，在线学习缺乏积极性。“互联网+资源库”模式促进了学生随时随地学习的可能性，有利于提高学习兴趣。表 3-20 列出了资源库应用于课余学习的主要内容和步骤。

表 3-20 资源库应用于课余学习

应用	教学环节	“互联网+资源库”教学情况	传统教学情况
1. 互动讨论	学生手机端：互动讨论学习主题 	1. 学习者可以与其他学习者就所学课程内容进行在线互动、讨论； 2. 学习者可以就某个实训主题分享自己的学习感受，也可以发起讨论主题，与其他学习者深入研讨，便于提升学生的学习效率及学习的积极性与主动性。	学会课后学习兴趣较小，需要激发学习的积极性
2. 自助学习	学生随时随地手机扫描教材二维码学习 	在“互联网+资源库”的应用模式，由于学习渠道和学习方式变得更加广阔而灵活，学生的自学也不再那么枯燥而是变得有趣起来，同学之间的交互性也变得很强了，电脑和手机也能够从影响学习的对象变成促进学习的工具。	学生在课余时间的学习是一个可控性很差的环节，由于学习素材形式的单调，同学之间的学习交互性也较差，学生的学习积极性不高。

综上所述，“互联网+资源库”的应用模式利用了资源库丰富的资源，结合互联网、PC、智能手机等现代数码产品的多渠道、全方位的展示形式，在覆盖学生学习四个环节的课堂教学、实训教学、课本学习以及课余学习四个主要场景中，均能构筑起十分有利于学生学习新能源类专业知识的学习环境和学习动力。通过实践论证：该模式成本低廉，易于普及，效果显著，切实提升教师授课质量、学生学习效果，对学生学好新能源类专业课程会起到极大的帮助作用（图 3-29）。

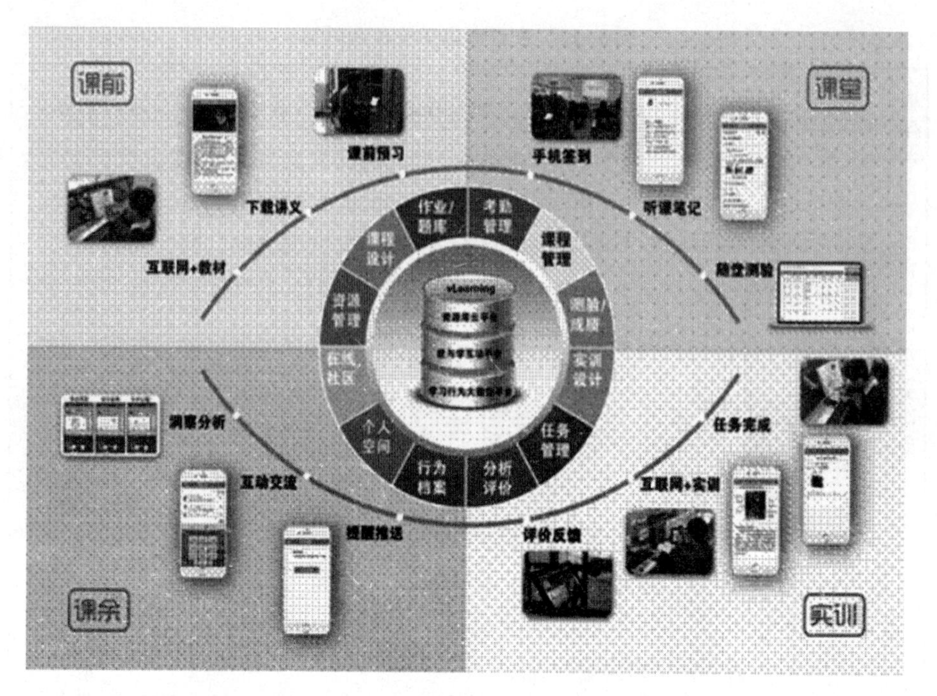

图 3-29 “互联网+资源库”的应用模式功能简析

（三）门户网站

门户网站建设分为专业建设、课程中心、素材中心、行业资源、职业培训、特色资源、测评系统七个模块。

通过对学生进行测评，然后根据学生测评结果分级推荐不同的课程或知识模块，达到分级教学、提高学生学习兴趣的目的。

三、资源推广应用

（一）推广资源应用领域

资源共享联盟按照系统化建设思路集成各类教学资源，提高资源库运行效果，完善优化各项功能，边用边建，不断吸纳建议，随时更新完善，并逐步扩展相关新能源领域，建设光热发电技术专业领域的课程体系资源。

向全国各职业院校和典型行业企业推广应用，进行专业示范教学，推进教学模式和教学方法改革。收集分析资源库应用过程中存在的问题，紧跟网络信息技术的更新，不断改进资源库的软硬件支撑平台技术。

（二）推广应用制度建设

为保障专业教学资源库的可持续发展，按照共建共享、边建边用的原则，创建资源库平台运行管理和更新维护机制，确保教学资源持续更新满足教学需求和技术发展的需要，通过建立《新能源类专业校际学分互认管理办法》、

《新能源类专业教育资源库建设支持院校定期沟通协调制度》、《新能源类专业教学资源库共建共享联盟校企合作新技术应用推广管理办法》等制度，保证每年更新比例不低于10%。

第六节　共享方案

一、成立共建共享联盟

由分布在我国华北、华南、西北地区的天津轻工职业技术学院、佛山职业技术学院和酒泉职业技术学院主持，形成铁三角关系，组织全国开设新能源类专业的10所国家级示范校、5所国家级骨干校、8所省级示范校、2所国家级中职示范校，涵盖20个省市的26所职业院校，国际国内新能源行业龙头企业和国家、地方新能源主要管理、研究单位在内的24个行业企业，成立共建共享联盟，并制定《章程》及相关制度，明确成员单位的权利、责任和义务。充分利用联盟成员单位的优质资源，共同开发、上传、使用资源，形成具有多项功能的开放式专业交流与服务平台，为学生和社会学习者提供跨学校、跨地域的优质资源共享，增强专业教学资源的普适性，实现资源的共享、更新和持续发展，提高相关专业的教学成效，适应新能源产业的发展，提高人才培养质量和社会服务能力。

联盟成员单位可发挥自身优势，在教学标准、教学内容和评价标准基本一致的条件下，开展教师教学研究及课程建设的积分制，同时配套积分制的激励制度；共同建设探索基于联盟共享的学分互认、在职培训，为资源库的共享和持续运行提供内在动力。

二、创建联盟共享机制

为保障新能源类专业教学资源库建设项目的规范、有序进行，联盟成员定期召开共享联盟会议，广泛征求各建设组成员的意见，并参考借鉴前几批国家级教学资源库建设经验，建立了一系列联盟共享机制，重点建设了学分互认共享机制、定期交流沟通机制、新技术推广应用机制、教师信息化能力培养与考核机制等。

1. 学分互认共享机制

为扩大新能源类专业教学资源库的使用面与受益面，各联盟成员单位积极探索基于共享联盟的校际间学分互认，针对新能源类专业教学资源库联盟院校之间的学生，制定了《新能源类专业校际学分互认管理办法》，增强学生自主学习能力，实现新能源类专业校际教学协同管理。

2. 定期交流沟通机制

新能源类专业教学资源库共建共享联盟成员涵盖全国20个省市，为了联盟成员内统一思想，主持院校之间有效协同合作，制定《新能源类专业教育资源库建设主持院校定期沟通协调制度》，建立良性沟通渠道，定期交流协商，保证资源库建设工作的有效进行。

3. 新技术推广应用机制

按照共建共享、边建边用的原则，创建资源库新技术推广应用机制，确保教学资源持续更新，满足教学需求和技术发展的需要。制定了《新能源类专业教学资源库共建共享联盟校企合作新技术应用推广管理办法》，积极推广应用新能源产业新技术，促进资源库建设的可持续发展，提高资源库的经济效益、社会效益。

4. 教师信息化能力培养与考核机制

本项目制定了《新能源类专业群教师信息化能力培养与考核制度》，旨在通过微课等信息化教学方式和手段，加快职业教育信息化建设步伐，提高中高职院校教师信息化技术的运用水平和能力，全面提高中高职院校教育教学质量。同时，联盟成员单位教学督导委员会进行定期交流，组织各院校间互督、互查，建立新能源类专业群教学质量评估机制。

三、落实共建共享保障

为了更好地落实联盟共建共享，在创建一系列共享机制的基础上，还从以下几方面给予保障：

1. 资源标准保障

为了便于资源建设的高效、资源的交流、普通用户资源的引用，因此必须制定统一的资源建设标准，包括各类资源的建设规范、建设要求和样例，数据采集、处理、上传和应用过程中的标准。

2. 建设经费保障

为保证资源的更新、维护和正常运行，在国家投入经费的基础上，通过共建院校自筹资金和行业企业经费，用于资源库的后续完善、资源共享、推广应用。

第七节　建设步骤

新能源类专业教学资源库项目建设分为：项目筹备、系统建设、运行调试、推广应用与全面验收、维护更新五个阶段，表 3-21 列出了新能源类专业教学资源库项目建设步骤。

表 3-21　新能源类专业教学资源库项目建设步骤

阶段	时间范围	建设内容	
项目筹备	2014.06 | 2014.10	项目启动	优势互补，成立资源共建共享联盟。
		需求分析	对学校需求（专业建设、课堂教学、学生自主学习、职业技能培训）、企业需求（岗位需求、在岗人员继续教育、技能培训考证、新员工培训）、社会学习者需求进行全方位分析，形成长效动态调研机制。
		专家咨询	与专家研讨新能源类专业的教学基本要求、课程体系设置、资源库建设方案和实施推广资源库等。
		标准模板设计	广泛吸收联盟内院校、企业、行业建议，共同修订、完善专业建设标准，素材采集、分类、制作等技术标准和模板设计。
系统建设	2014.10 | 2015.01	资源库功能设计	在项目筹备阶段的基础上，设计资源库的各项功能。资源库要面向学校、企业和社会学习者提供本领域内丰富生动全面的教学资源（课程资源、行业规范标准、技术资料等），能提供在线学习、网上虚拟实训，在线学习测试，交流互动等，并能提供各类资源的检索和下载服务。
		资源库内容设计	全面设计资源库包含的各项教学内容：集聚整合各联盟院校优质教学资源、企业教学资源、技术规范、职业培训资源等具体建设内容与要求。

续表

阶段	时间范围	建设内容	
系统建设	2015. 01—2016. 12	行业资源	包括行业概况、前沿技术、政策法规、企业案例、企业风采等，建成后的相关资源不少于 1000 条。
		专业资源	包括专业介绍、专业调研报告、岗位能力标准、专业教学标准、人才培养方案、中高职衔接人才培养方案资源等，建成后相关资源不少于 50 条。
	2015. 01—2016. 12	课程资源	按照课程资源开发标准，完成“光伏系统设计与施工”等 18 门课程资源，建成后相关资源不少于 16000 条。
	2015. 01—2016. 12	素材资源	包括 18 门专业课程的教材素材，图片素材建成后高清图片达 2600 幅以上，视频素材达 4000 个以上，动画素材达 3600 个以上，另外还包括企业案例素材、课件素材、习题素材、微课、虚拟仿真等。
	2015. 01—2016. 12	职业培训资源	开发新技术培训、职业考证培训、技能大赛培训、师资培训等资源并实施相关培训，建成后相关资源不少于 2000 条。
	2015. 01—2016. 12	特色资源	包括新能源博物馆、“互联网+资源库”应用模式资源、国际案例、虚拟实训等，建成后相关资源不少于 600 条。
	2016. 5	资源库平台建设	包含建设资源管理平台、学习管理平台、门户网站三部分，提供教学指导和技术咨询，开发教学资源检索和下载服务，培训资源上传服务，收集资源库使用评价和意见。
		中期检查	依据资源库任务书和子项目任务书，检查各个项目建设情况、建设质量等。
	2016. 12	资源审核	依据项目任务书，检查各项目建设情况和质量，审核经费使用情况。
运行调试	2017. 01—2017. 05	集成各类教学资源，资源库投入试运行，完善优化各项功能，边用边建，不断吸纳建议，随时更新完善，并逐步扩展完善光热发电技术等多个专业组成的新能源类专业课程资源体系。	

续表

阶段	时间范围	建设内容
推广应用与全面验收	2017.05 | 2017.07	向全国各职业院校和典型行业企业推广应用，进行专业示范教学，推进教学模式和教学方法改革。收集分析资源库应用过程中存在的问题，紧跟网络信息技术的更新，不断改进资源库的软硬件支撑平台技术。全面完成验收任务，资源总量达到20000条。
维护更新	2017.07 |	验收通过的资源库仍须保持更新，鼓励探索以用促建、共建共享、开放建设、动态更新的有效机制，保证资源库每年资源更新比例不低于总量的10%。

第八节 预期成效

建成的新能源类专业教学资源库将面向全国各职业院校和典型行业企业推广应用，实现平台在线注册人数1万人以上。通过资源库建设，带动全国职业院校新能源类专业快速壮大和发展，提升专业人才培养质量，增强社会服务能力，促进新能源产业的整体发展。

一、建设预期成果

1. 打造“产业级”教学资源库，实现资源全方位服务课程

建成一个内容丰富、结构优化、开放互动的“产业级”专业教学资源库，解决资源不足以支撑教学的问题。

该资源库以职业素质公共课程与专业大类基础课程为“普适性”公共平台，以新能源类专业的技术技能课程为模块，“知识、技能、素质”呈递进阶梯配置、开放互动的规范化课程库。以职业教育专业教学资源库相关规范为准绳，以“能学”、“辅教”为目的建立保证教育性、科学性、技术性、艺术性的评价标准，规格标准统一、属性标准完备，兼顾中高职衔接，保证共享、组合使用。

2. 联盟共建共享网络平台，体验立体化多维度学习环境

建设一个全面反映新能源类专业领域教育教学改革成果的共建共享网络平台，解决平台不足以满足应用需求的问题。

学习管理平台提出了建设“互联网+资源库”的新型应用模式，借助大数据、物联网、移动互联等技术手段，采用便携式电脑和智能手机等数字化设备，从课堂教学、实训教学、课本学习以及课余学习四个主要职教教学场景中提高资源库的应用效力。通过在线编课、学生摸底、课前准备、理解程度、学生疑点、实训进度、任务质量、学生反馈、互动讨论等各个环节，激活师生用户有效互动、即时反馈通道，使资源库“活”起来，实现“能学”、“辅教”。该应用模式以互联网+概念结合高科技，为资源库建设提供了跨越式发展的理论基础，通过PC+APP的有机结合、复合联动、优势互补，突破了资源库使用的时空限制，实现了资源库使用范围与频度的10倍提升。

3. 培养课程资源开发团队，保障优质资源持续更新

通过项目建设培养一支熟悉课程开发规范与流程、网络课程建设，掌握

“虚拟实训”技术，具有课程维护与咨询能力的课程开发团队。

（1）采用预留资金，保证持续更新动力。建立两年一次的共建共享联盟资源类教学成果奖，实现激励机制，使教师增加更新动力，建立了以资源换资源模式，保持资源持续更新。

（2）加强联盟内部教师之间的交流，组织教师参加全国职业院校信息化教学大赛、全国职业院校教师微课大赛培训，通过教学资源库建设，提升教师网络课程与虚拟教学资源开发能力。

（3）充分体现教师应用网络教学和考核的能力，采用线上考核结果成为学生学习成绩依据的考核形式，线上与线下成绩互认，将线上学习成果转换为实际学分，完成线上学习与线下学习有机结合的学习机制。

4. 构建完整项目管理体系，联盟推进长效激励机制

项目组进行了科学合理的组织设计与分工协作，成立了联盟管理委员会、联盟专家指导委员会领导小组，负责项目建设方向，在项目建设初期负责建设方案等文案以及课程和相关规章制度的制定。资源库建设期间实施项目负责制，各负责单位负责项目的顺利实施以及技术推广，建设后期负责项目资源的持续更新、网站资源维护等工作。

建立了一系列的管理办法，不断完善这些系列制度文件，促进日常管理的规范化、制度化，健全和完善资源库项目建设的制度保障体系。严格资金预算与建设任务挂钩机制，使资金预算执行能够反映任务执行进展，建立了任务检查合格发放资金的预算与管理制度。

二、建设预期效益

转变传统课堂教学模式，从“以教育者为中心”过渡为“以学习者为中心”。推动新能源类专业教育变革和创新，构建网络化、数字化、个性化、终身化的教育体系，建设“人人皆学、处处能学、时时可学”的个性化教学资源库。真正实现让学习者乐学、授课者善教、行业企业踊跃参与、社会访客畅游其中。

1. 基于“互联网+资源库”应用模式，构建师生教学服务平台

建成“互联网+资源库”的新型应用模式，借助大数据、物联网、移动互联等技术手段，采用便携式电脑和智能手机等数字化设备，从课堂教学、实训教学、课本学习以及课余学习四个主要职教教学场景中提高资源库的应用效力。激活师生用户有效互动、即时反馈通道，使资源库“活”起来，实现“能学”、“辅教”。

2. 丰富专业教学资源，构建专业学习资源平台

建成后的新能源类专业教学资源库包括一个资源中心，一个管理与学习平台。资源中心的建设主要包括行业资源、专业资源、课程资源、素材资源、职业培训资源、特色资源六部分。管理与学习平台是资源库运行的关键要素，主要包括资源管理、学习管理和门户网站三个平台。资源中心中的特色资源包括新能源博物馆、虚拟实训、“互联网+资源库”应用模式资源、国际案例四部分。为学生制定适应自身特点的职业发展规划、学业规划，实施即时即地的自主学习提供专业性指导与服务。

3. 营造全面学习环境，构建继续教育培训基地

阶梯配置、内容丰富、结构优化、开放互动、及时更新的规范化专业教学资源库将为同类专业的中职生提供“线上”与“线下”相结合的继续教育基地；为企业一线人员适应岗位要求变化的模块化知识与技能培训提供网络化学习环境，使专业教学资源库成为企业人员培训基地。

4. 加强技术交流创新，构建技术创新与推广中心

“职业培训资源”提供了职业资格培训与认证、职业技能考评的标准与流程；及时更新的“新技术培训资源”与“职业技能竞赛资源”为高职院校专兼职教师、在校生与在职生提供了新技术推广平台与技术创新的交流平台，成为校企共建共享的技术创新与推广平台。

第九节 保障措施

一、组织保障

为保障项目的顺利进行，项目组进行了科学合理的组织设计与分工协作，成立了联盟管理委员会、联盟专家指导委员会领导小组，负责项目建设方向，在项目建设初期负责建设方案等文案以及课程和相关规章制度的制定。资源库建设期间实施项目负责制，表3-22列出了子项目设置一览表，各负责单位负责项目的顺利实施以及技术推广，建设后期负责项目资源的持续更新，网站资源维护等工作。

表3-22 子项目设置一览表

序号	子项目名称	主持单位	参与院校	合作企业
1	行业资源建设	天津轻工职业技术学院 佛山职业技术学院 酒泉职业技术学院	其他联盟院校	全部联合行业企业
2	专业资源建设	天津轻工职业技术学院 佛山职业技术学院 酒泉职业技术学院	其他联盟院校	全部联合行业企业
3	课程资源建设	天津轻工职业技术学院 佛山职业技术学院 酒泉职业技术学院	其他联盟院校	全部联合行业企业
3-01	“多晶硅生产技术”课程	乐山职业技术学院	佛山市华材职业技术学校	四川永祥多晶硅有限公司
3-02	“晶硅太阳电池生产工艺”课程	佛山职业技术学院	乐山职业技术学院	中山大学太阳能系统研究所
3-03	“应用光伏技术”课程	天津轻工职业技术学院	徐州工业职业技术学院、 佛山职业技术学院、 天津第一商业学校、 酒泉职业技术学院	天津英利新能源有限公司、 中国化学与物理电源行业协会、 中国可再生能源行业协会

续表

序号	子项目名称	主持单位	参与院校	合作企业
3-04	“光伏组件生产技术”课程	佛山职业技术学院	乐山职业技术学院、酒泉职业技术学院、天津中德职业技术学院	顺德中山大学太阳能研究院
3-05	“光伏应用电子产品设计与制作”课程	衢州职业技术学院	天津轻工职业技术学院、武威职业技术学院	江苏艾德太阳能科技有限公司
3-06	“风电场建设基础”课程	酒泉职业技术学院	天津轻工职业技术学院	新疆金风科技股份有限公司
3-07	“风电场运行维护与检修技术”课程	湖南电气职业技术学院	酒泉职业技术学院、包头职业技术学院、天津轻工职业技术学院	湘电风能有限公司
3-08	“风力发电机组安装与调试”课程	酒泉职业技术学院	沈阳工程学院	新疆金风科技股份有限公司
3-09	“风力发电机组控制技术”课程	天津轻工职业技术学院 南京工业职业技术学院	新疆职业大学、天津中德职业技术学院	歌美飒风电（天津）有限公司、天津瑞能电气有限公司
3-10	“光伏产品检测标准与认证”课程	佛山职业技术学院	日照职业技术学院	中山大学太阳能系统研究所
3-11	“光伏单片机控制技术”课程	天津轻工职业技术学院	秦皇岛职业技术学院	天津力神电池股份有限公司、化学工业出版社
3-12	“电力电子技术”课程	哈尔滨职业技术学院	安徽职业技术学院、酒泉职业技术学院、天津轻工职业技术学院	天津英利新能源有限公司
3-13	“电气控制与PLC”课程	秦皇岛职业技术学院	陕西工业职业技术学院、安徽职业技术学院、酒泉职业技术学院	天津瑞能电气有限公司

续表

序号	子项目名称	主持单位	参与院校	合作企业
3-14	“继电保护技术”课程	包头职业技术学院	天津轻工职业技术学院	华锐风电科技股份有限公司
3-15	“机械制图与CAD”课程	兰州职业技术学院	酒泉职业技术学院	武威荣宝照明科技有限公司
3-16	“新能源利用与开发”课程	佛山职业技术学院	武威职业学院	顺德中山大学太阳能研究院、武威荣宝照明科技有限公司
3-17	“光伏电站运行与维护”课程	常州轻工职业技术学院	海南职业技术学院、兰州职业技术学院、徐州工业职业技术学院	皇明太阳能股份有限公司
3-18	“光伏材料检测技术”课程	乐山职业技术学院	佛山市三水区理工学校	四川永祥多晶硅有限公司
4	师资团队与考证培训资源	天津轻工职业技术学院	佛山职业技术学院、乐山职业技术学院、德州职业技术学院	天津英利新能源有限公司、歌美飒风电（天津）有限公司
4-1	师资团队资源	天津轻工职业技术学院	乐山职业技术学院	天津英利新能源有限公司
4-2	考证培训资源	天津轻工职业技术学院	佛山职业技术学院、乐山职业技术学院、德州职业技术学院	歌美飒风电（天津）有限公司
5	新技术与职业技能竞赛资源	天津轻工职业技术学院、佛山职业技术学院	乐山职业技术学院、南京工业职业技术学院	中国太阳能光伏产业校企合作职教联盟（集团）天津英利新能源有限公司

续表

序号	子项目名称	主持单位	参与院校	合作企业
5-1	新技术培训资源	佛山职业技术学院	其他联盟院校	中国太阳能光伏产业校企合作职教联盟(集团)
5-2	职业技能竞赛资源	天津轻工职业技术学院	天津第一商业学校	天津英利新能源有限公司
6	社会服务典型案例资源	天津轻工职业技术学院、佛山职业技术学院、酒泉职业技术学院	其他联盟院校	全部联合行业企业
7	特色资源建设(新能源博物馆、国际案例、虚拟实训、互联网+)	天津轻工职业技术学院、佛山职业技术学院、酒泉职业技术学院	湖南电气职业技术学院、乐山职业技术学院、兰州职业技术学院	中国科学院广州能源所、联合国工发组织国际太阳能技术促进转让中心(甘肃自然能源研究所)、歌美飒风电(天津)有限公司
7-1	新能源博物馆	佛山职业技术学院		中国科学院广州能源所
7-2	国际案例	天津中德职业技术学院、天津轻工职业技术学院	兰州职业技术学院	联合国工发组织国际太阳能技术促进转让中心(甘肃自然能源研究所)、歌美飒风电(天津)有限公司
7-3	虚拟实训	天津轻工职业技术学院、佛山职业技术学院、酒泉职业技术学院、乐山职业技术学院	湖南电气职业技术学院、兰州职业技术学院	顺德中山大学太阳能研究院

续表

序号	子项目名称	主持单位	参与院校	合作企业
7-4	互联网+	天津轻工职业技术学院、佛山职业技术学院、酒泉职业技术学院	其他联盟院校	英特尔（中国）有限公司
8	资源库的推广与应用	天津轻工职业技术学院、佛山职业技术学院、酒泉职业技术学院	其他联盟院校	全部联合行业企业

二、制度保障

为保障项目建设的规范、有序进行，通过借鉴前几批国家级教学资源库建设经验，在广泛征求各建设组成员的意见基础上，建立了一系列的管理办法，重点建设了包含《新能源类专业教学资源库项目管理办法》、《职业教育新能源类专业教学资源库建设项目专项资金管理办法》等，同时根据资源库建设的需要，不断充实、修订和完善这些系列制度文件，促进日常管理的规范化、制度化，健全和完善资源库项目建设的制度保障体系。表 3-23 列出了制度建设一览表。

表 3-23　制度建设一览表

序号	文件名称	关键词	修订/制订
1	全国机械行业新能源类专业教学资源共建共享联盟章程	范围；名单；组织结构；功能；管理体制；工作任务	修订
2	新能源类专业教学资源库项目管理办法	项目实施；管理；监督；考核	修订
3	职业教育新能源类专业教学资源库建设项目专项资金管理办法	经费管理；开支范围	修订
4	新能源类专业校际学分互认管理办法	课程成绩；互认程序	修订
5	新能源类专业教育资源库建设支持院校定期沟通协调制度	沟通；协调；会议	修订

续表

序号	文件名称	关键词	修订/制订
6	新能源类专业教学资源库共建共享联盟校企合作新技术应用推广管理办法	运行机制；成果推广	修订
7	新能源类专业教师信息化能力培养与考核制度	考核标准；办法	制订
8	新能源类专业教学资源库建设技术标准	资源分类；技术要求	修订

三、技术保障

在技术上采用面向服务的方式进行架构，使系统具有较强的可扩展性和通用性。由英特尔（中国）有限公司技术工程师做技术指导，对资源库建设的核心技术问题提供支持；联盟院校网络技术中心全力参与资源库建设；部分资源通过公开招标方式委托社会具有相当实力的软件开发公司进行制作。

四、知识产权保护

建立知识产权保障制度，保障知识产权管理。加强项目建设过程的知识产权教育与管理。在项目建设的全过程持续进行国家知识产权法律法规宣传，不断提高知识产权意识；明确项目建设成果归国家所有，确保使用国拨资金形成的成果无偿开放共享，参与单位与参与人享有署名权，项目验收后的持续更新部分的知识产权归参与单位的参与人所有；在资源制作阶段，强调资源的原创性，明确资源著作人与资源使用用户的权利与义务；在资源上传与运用环节严格过程审核，设定使用权限，避免产权纠纷；在资源下载与应用环节，严格分配与管理用户权限，防止资源的非法下载或传播。

通过严格的成果评审、知识产权登记、资源制作与使用的“实名制”、科学的分级授权等措施，加强项目知识产权的管理。

第三部分 03

总结篇

第四章　新能源类专业教学资源库项目建设总结（2018）

前　言

职业教育新能源类专业教学资源库（以下简称“资源库”）建设项目于2015年6月由教育部批准立项（立项编号为2015-1），天津轻工职业技术学院、佛山职业技术学院和酒泉职业技术学院主持，全国20个省市的30所职业院校和24个行业企业共同建设。

项目依据《教育部关于确定职业教育专业教学资源库2015年度立项建设项目及奖励项目的通知》（教职成函〔2015〕10号）文件的要求，紧紧围绕国家新能源产业发展，以用户需求为中心，以培养高素质新能源技术技能人才为宗旨，以能学辅教为基本定位，遵循系统设计、合作开发、开放共享、边建边用、持续更新的原则，联合资深行业协会和国内外龙头企业、国内同专业领先的职业院校，经历了调研分析、顶层设计、资源建设、运行调试、推广应用等过程，整合、优化了新能源类专业领域全国优质专业和课程建设成果及行业优质资源。

资源库项目建设团队通过创建、集成、整合、优化的方式，建设行业资源、专业资源、课程资源、素材资源、职业培训资源、特色资源和管理与学习平台、资源库推广与应用等子项目。涵盖“光伏发电技术与应用”（原光伏发电技术及应用）、“风力发电工程技术”（原风力发电设备及电网自动化）两个专业，并辐射“新能源装备技术”、“光伏工程技术”、“光伏材料制备技术”、“风电系统运行与维护”、“硅材料制备技术”等5个专业，建设了标准化课程18门，个性化课程21门。

资源库平台资源总量达到24000余条，包括开发微课120余个，互动学习系统18个，交互式电子教材18本，虚拟仿真200余个，AR/VR新技术资源30余个。资源库平台注册人数达到27000余人，来自全国281个院校、186家企业。其中，学生用户21700余人，教师用户770余人，企业用户3100余人，社会用户 1700 余人。

通过本项目的实施，新能源类专业教学资源库集教学设计、教学实施、教学评价、虚拟实训、考证培训、职业技能竞赛培训、新技术培训及师资培训等于一体的资源中心和提供在线浏览、智能查询、资源推送、教学组课、在线组卷、网上学习、在线测试、在线交流、手机 APP 应用等服务的管理与学习平台，最大限度地满足新能源类及相近专业学生、教师、社会学习者和企业员工四类学习者的需求。

根据《教育部办公厅关于做好职业教育专业教学资源库 2017 年度相关工作的通知》（教职成厅函〔2017〕23 号）文件的要求，项目建设团队从项目建设基本情况，项目建设目标的完成情况，项目应用与推广成效，项目建设对新能源类专业和产业发展的贡献，项目典型学习方案，项目资金使用与管理情况，项目共享机制设计与实践，项目特色与创新，项目存在的问题，项目后续推进计划等 10 个方面进行全面总结。

第一节 项目建设基本情况

新能源类专业教学资源库项目从申报、开发、建设到推广应用，历经3年时间，建设过程分为以下几个阶段（如图4-1所示）。

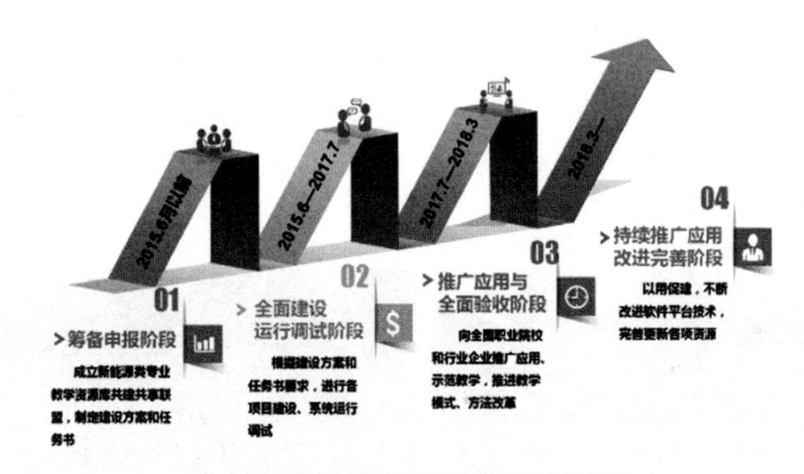

图4-1 新能源类专业教学资源库建设历程

一、项目筹备申报阶段（2015年6月之前）

强强联合，建立联盟，调研论证，系统设计，积极筹备申报教学资源库立项。

1. 汇集优质教学资源，成立新能源类教学资源库共建共享联盟

在国家骨干院校建设期间，天津轻工职业技术学院、佛山职业技术学院、酒泉职业技术学院均建立了新能源相关专业的校级专业教学资源库，2014年先后建成并通过验收。2014年6月，在全国机械职业教育教学指导委员会新能源装备技术类专业教学指导委员会的主持下，成立了新能源类教学资源库共建共享联盟（以下简称“共建共享联盟”），选举产生了共建共享联盟领导集体，通过了共建共享联盟章程。

借助共建共享联盟，项目主持单位分别对全国100多家开设新能源类相关专业的院校、百余家企业利用网络、电话、走访和聘请专家座谈等方式进行了调研，对全国新能源相关专业的区域分布、开设情况、人才需求情况、就业岗位群、典型工作任务和职业岗位能力、职业资格证书、教学内容等进

行深入分析。

2. 高端设计，优化方案，完成资源库申报立项工作

2014 年 12 月和 2015 年 1 月，在天津轻工职业技术学院分别召开了“共建共享联盟工作会议”和“共建共享联盟培训会议”，邀请湖南铁道职业技术学院院长姚和芳、顺德职业技术学院副院长徐刚等专家对资源库建设进行指导，确定以专业群组的方式进行申报和建设（如图 4-2 所示）。创造性地提出了“1+2+n”的新能源类专业教学资源库建设模式，即 1 个资源库、2 个主干专业（光伏、风电）、辐射带动其他相关专业。设计了“5+6+4+3+n”的课程结构，即 5 门公共平台课程、6 门光伏领域课程、4 门风电领域课程、3 门新材料新技术课程和其他培训类、大赛类、行业企业新技术等课程，满足不同专业和人员的学习需求。确立了“一个资源中心、一个管理与学习平台”5 个子项目的资源库整体架构方案。

图 4-2　资源库建设工作会议

2015 年，天津轻工职业技术学院、佛山职业技术学院、酒泉职业技术学院联合 23 所院校和 24 家新能源领域知名企业启动教育部的专业教学资源库项目申报工作。经过专家网评与现场答辩，项目于 2015 年 6 月被批准立项建设。

二、全面建设、运行调试阶段（2015 年 6 月—2017 年 7 月）

成立团队，建章立制，过程监控，全面建设教学资源库。

1. 成立高规格高水平的建设、管理、运营团队

2015 年 6 月至 2017 年 7 月，是资源库全面建设、运行调试阶段。资源库项目建设采取校校联合、校企（行）合作、边建边用的方式，聘请中国科学院院士为顾问，成立了由行业协会、企业和学校骨干组成的资源库建设团队，汇集新能源行业企业和院校（本科、高职、中职）的优质教学资源、技术力量、人力资源和社会资源，构建了资源库共建共享的机制体制，为资源库的高效建设

和应用推广做好了准备。

项目建设团队形成“指导层、决策层、实施层”三级联动机制：聘请中国科学院院士褚君浩教授为首席顾问，成立了由姜大源、董刚等专家领衔的项目建设指导小组，负责为项目建设提供政策咨询和总体方向把控，对项目建设全程跟踪指导，对建设过程中的关键技术和难点问题提出解决方案。决策层由项目主持单位和子项目牵头单位组成，负责项目的顶层设计和分级管理，对整体建设进行统筹规划，对建设过程进行进度把控和组织协调，同时负责公共平台的搭建。实施层由子项目参与学校、子项目参与行业协会和企业组成，负责项目建设的具体建设、应用推广和资源更新，对建设和运行中出现的问题及时反馈。

为了推进资源库建设，在三级联动机制下，成立新能源类专业教学资源库建设项目开发团队。开发团队由联盟院校和联盟行业企业最精干的人员组成，分工协作，对资源库的各子项目进行建设，确保各子项目按期、保质保量地完成，具体工作内容中，由开发团队负责人全面负责建设项目的计划、组织和实施工作，深刻理解并执行相关政策，及时反馈建设信息，与各方配合、协调、沟通。各子项目建设负责人负责本子项目建设的具体实施，按照建设方案要求加快建设，并不断完善项目建设方案。制定严格的责任追究制度，层层落实责任，确保各个子项目的建设严格按照建设方案的要求落实到位。

2. 建立了较为完善的教学资源库开发、应用、推广制度

制定了联盟章程，建立了联盟成员的增补和淘汰机制。制定了《新能源类专业教学资源库项目管理办法》《新能源专业资源库专项资金管理实施细则法》《新能源类专业教学资源库参建院校校际学分互认管理办法》和《新能源类专业教育资源库建设主持院校定期沟通协调制度》等10项管理制度。制定和发布了《专业术语标准》《课程整体设计标准》《演示文稿技术标准》等21个标准文件。

3. 建立了全过程、全系统的资源建设质量保证体系

为保证资源库建设质量，成立新能源类专业教学资源库建设项目质量监控小组。项目建设质量监控小组负责对项目建设进行监督检查，确保项目按照预定的质量标准进行建设，并保证资金、软件开发和采购按照国家法律法规进行管理。

为推进资源库建设项目的正常进行，设立了项目管理办公室，负责与上级主管部门联系，按上级要求报送相应材料；分解和下达建设任务，组织项目建设责任书的签订；督促、检查建设项目的实施进度；对建设项目进行中

期检查和组织自评、验收工作；起草建设项目的有关规章制度，监督、检查有关政策及措施的落实情况；负责建设资源的整理、上传、开放和推广工作；处理其他日常工作。

为了更好地监控项目进程，资源库建设领导小组和管理办公室坚持在校内每周召开一次研讨会，定期召开资源库联盟会议，分阶段对建设内容进行检查验收。聘请第三方专家和企业技术人员，从建设标准、建设内容、完成质量等多方面对资源库建设情况进行检查评定，对于建设成果好的院校和教师进行表彰（如图 4-3 所示），对建设效果差或未完成的教师责令限期整改。从项目启动建设至今，先后召开了 12 次联盟会议，推进资源库建设和应用推广工作（如图 4-4 所示）。

图 4-3　联盟会议对优秀教师进行表彰

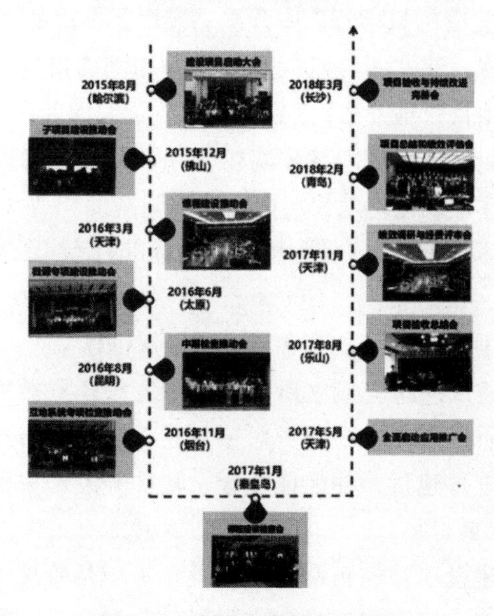

图 4-4　资源库联盟会议历程

三、推广应用与全面验收阶段（2017 年 7 月—2018 年 3 月）

五措并举、普职融合、过程控制、层层推动，建用推改。全面建设和推广应用教学资源库。

1. 加强参建单位管理，强化内部推广应用

在参建单位内部开展资源库推广应用工作，通过制定《新能源类专业教学资源库共建共享联盟章程》及相关制度，明确成员单位的责、权、利，充分利用联盟成员单位的优质资源，实现资源的共享、更新和持续建设，推动资源库在参建单位内部的使用。提高相关专业的教学成效，适应新能源产业的发展，提高专业人才培养质量和社会服务能力。

2. 发挥全国新能源专指委、新能源协会等机构作用，加快企业推广应用

2015 年 12 月 6 日，在全国机械职业教育教学指导委员会新能源装备技术类专业指导委员会议上，明确指出依托全国新能源类专业教学资源库建设联盟，持续推进新能源专业教育教学资源建设，形成资源中心。最终通过全国新能源专指委，加快职业院校应用推广的速度，在组织上建立了资源库建设领导小组，对于工作内容进行了具体的布置。

3. 开展公益活动，将资源库普及到义务教育并向社会终身教育推广

开展“普职融通”活动，将资源库带进中小学，通过资源库教学平台展示新能源知识；利用各种公益活动，如青年文明号等开展新能源专业宣传，利用平板电脑、手机等移动端设备展示新能源知识，将资源库推广到社会。通过以上活动，吸引了上万名学习者，有效地推动全员终身学习。（如图 4-5）。

图 4-5 服务校园、社会应用推广

4. 建立 QQ 工作群和微信平台公众号，及时发布信息

为了及时传递项目建设动态和政策文件、发布信息及通知、分享经验、

交流讨论，项目工作组建立了 QQ 群交流平台（QQ 号：272192797）、联盟院校教务处长 QQ 群（QQ 号：389511664）、新能源应用推广互动平台（微信公众号：gh_ d49e34d92dd5）对全面完成建设任务和推广应用起到了有力的推动作用。

5. 创建推广应用绩效奖励制度和约谈制度

定期在联盟院校中开展资源库推广应用情况阶段考核工作，奖励先进学校、约谈进度和质量未达到要求的项目负责学校。根据资源库平台统计数据，对推广应用成效显著的教师给予奖励，颁发证书，并将数据提供给联盟院校，作为对教师考核的依据。

2017 年 8 月，项目组在乐山召开了各子项目验收和总结大会，对各项目建设成果和资金使用情况进行了检查，并随机抽取了 3 名教师进行预答辩考查教师对资源库平台的使用情况（如图 4-6 所示）。

图 4-6　资源库乐山中期总结会议

2018 年 2 月，项目组在青岛召开了资源库建设总结工作会议，会议全面检查各项目建设情况，出具项目验收报告，资源库建设项目任务全部完成（如图 4-7 所示）。会议要求进一步加大资源库的推广应用工作，增加相关的 AR/VR（虚拟/增强现实）资源。

图 4-7　资源库青岛验收会议

四、持续推广应用、改进完善阶段（2018年3月—）

建立长效机制，持续推广，改进完善。通过制定《新能源类专业教学资源库参建院校校际学分互认管理办法》《关于专业教学资源库学院推广应用评定及奖励办法》《关于专业教学资源库单位推广应用评定及奖励办法》等相关文件，建立资源库推广应用的长效机制，为资源库的持续推广应用和改进完善形成了制度上的保障。

2018年3月在长沙召开了新能源类专业教学资源库验收准备会，布置了后期验收工作，对总结报告的总体框架和内容进行了检查，提出了项目后期持续改进完善工作和资金使用的具体方案。

第二节 项目建设目标完成情况

一、总体完成情况

1. 建设目标

紧紧围绕国家新能源产业发展，以用户需求为中心，以培养高素质新能源技术技能人才为宗旨，以能学辅教为基本定位，遵循系统设计、合作开发、开放共享、边建边用、持续更新的原则，联合资深行业协会和国内外龙头企业，国内同专业领先的职业院校，通过整合院校、行业协会、企业等资源，采用先进的网络信息和资源开发技术，构建一个具备国家水平、具有国际视野，以学习者为中心的交互式、共享型专业资源库，让学习者乐学、授课者善教、行业企业踊跃参与、社会访客畅游其中，填补新能源类专业教学资源库的空白。

资源库成为一个集教学设计、教学实施、教学评价、虚拟实训、考证培训、职业技能竞赛培训、新技术培训及师资培训等于一体的资源中心和提供在线浏览、智能查询、资源推送、教学组课、在线组卷、网上学习、在线测试、在线交流、手机 APP 应用等服务的管理与学习平台。创新项目建设的管理体制机制，建立健全合作单位的利益分享和责任分担机制，通过资源管理和应用管理两个系统建设，形成完善的资源开发、资源审核、资源发布、资源检索的资源管理与应用机制等，确保专业教学资源库的积累、共享、优化和持续更新。

通过资源库建设，以院校联盟为平台，加强项目团队建设，带动全国职业院校新能源类专业快速壮大和发展，提升专业人才培养质量，增强社会服务能力，促进新能源产业整体发展。

2. 目标达成情况自评

在《职业教育专业教学资源库建设指南》指导下，经过 3 年的建设，职业教育新能源类专业教学资源库项目组以高度的责任感和强烈的使命感超质超额完成了建设方案、任务书中的全部内容，全面完成了项目建设目标，对照《关于做好职业教育专业教学资源库 2017 年度相关工作的通知》（教职成司函〔2017〕31 号）的职业教育专业教学资源库项目验收评议重点和指标进行自评全部完成，资源库绩效目标完成情况统计表如表 4-1 所示。

表 4-1 资源库绩效目标完成情况统计表

一级指标	二级指标	三级指标	指标值	
			总体目标	完成情况
产出指标	数量指标	* 用户数（人）	>10000	27026
		* 颗粒化资源量（个）	>10100	20000
		调研资料（份）	≥1040	1100
		专业信息（套）	≥12	14
		新技术与职业技能竞赛资源（个）	≥120	300
		师资团队与职业考证培训资源（个）	≥7	8
		企业案例（个）	≥200	201
		新能源博物馆（个）	1	1
		虚拟软件、虚拟仿真系统（个）	≥40	200
		“互联网+资源库”应用（个）	≥360	4000
		国际案例（个）	≥150	175
	质量指标	* 活跃资源占比（%）	≈70	81
		* 活跃用户占比（%）	≈30	72
	时效指标	* 建设任务完成及时率（%）	100	100
		* 建设任务实际完成率（%）	100	100
	成本指标	* 项目总投入（万元）	≈1550	1，595.49
		* 咨询及调研论证费用（万元）	≤110	≤110
效益指标	经济效益指标	——	——	——
	社会效益指标	* 社会学习用户数（人）	>1000	1749
	生态效益指标	——	——	——
	可持续影响	* 可持续影响时间（年）	>10	>10
		验收后每年资源更新率（%）	≥10	≥10
满意度指标	服务对象满意度指标	* 在校生使用满意度（%）	>85%	95
		* 社会学习者使用满意度（%）	>85%	92
		* 教师使用满意度（%）	>85%	93

二、项目总体建设成果

新能源类专业教学资源库共建共享联盟通过六个方面的建设，全面超额完成了项目方案的任务，资源库项目建设成果总结如下。

1. 优化顶层设计，整体结构系统完整

2014 年，全国机械行业新能源类专业教学资源共建共享联盟即启动了资源库建设的需求调研，并在首席顾问、中国可再生能源行业协会、机械工业教育发展中心、天津新能源行业协会、中国化学与物理电源行业协会、中国科学院广州能源所、联合国工发组织国际太阳能技术促进转让中心（甘肃自然能源研究所）、中国太阳能光伏产业校企合作职教联盟（集团）、中山大学太阳能系统研究所以及全国各优秀院校和龙头企业的支持下完成了专业教学资源库的顶层设计，包括行业资源、专业资源、课程资源、素材资源、职业培训资源、特色资源六部分；资源面向新能源类专业学生、教师、社会学习者和企业员工等不同层次学习者；素材资源涵盖新能源产业主要的知识点、技能点，在形式上包含文本、图形/图像、试题、课件、视频、动画、虚拟仿真等不同类型，且非文本资源占 50%以上；素材要满足不同教育层次的需求，包括中职、高职和技术应用型本科；资源素材通过开放式专业门户网站，为不同类型、不同层次的用户提供自主、高效的学习空间（如图 4-8 所示）。资源库资源管理中心和管理与学习平台地址为：http：//180. 212. 82. 145，门户网站地址为：http：//xny. tjlivtc. edu. cn/。

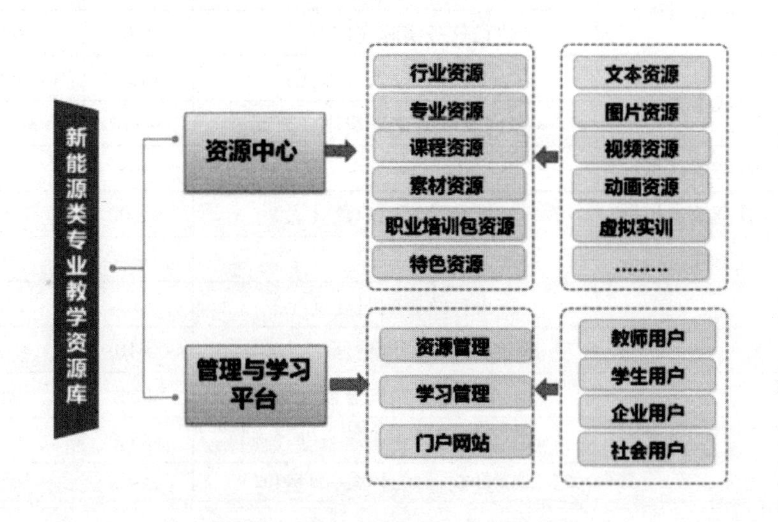

图 4-8　资源库整体系统设计结构图

经过 3 年建设，资源库从宏观层面全面达到了建设预期效果：

分类用户全覆盖：资源库面向的用户包括教师、学生、企业人员、社会学习者，资源库在建设初期，对不同用户需求进行了调研，在资源收集和提供服务方面也充分考虑了不同用户的需求，比如，对于教师和学生用户更多提供教与学的支持，对企业用户主要提供培训、技术和人才交流支持，对行业提供科普、活动、政策推广等支持。

办学地域全覆盖：资源库在成立建设团队之初就考虑了对全国不同地域资源收集和应用推广，因此，所收集的资源集合了本专业东北、华东、华中、华南、华北、西北等地域特点和技术特色的优质资源，覆盖全国20个省市的2所本科、25个高职院校、5个中职学校。

教育层次全覆盖：资源库建设和应用团队集合了本科、高职和中职多个教育层次的院校，建设内容也体现了他们不同的需求。

学习领域全覆盖：资源库基本资源覆盖了新能源类专业光伏和风电领域的上中下游等核心岗位所需的所有知识点和基本技能点，拓展资源体现了目前新能源行业发展的前沿技术和最新成果。

2. 提升质量标准，建设管理规范有序

为了保障项目建设的规范、有序进行，更好地协调联盟院校间合作并高质量完成建设任务，资源库项目组先后完成了10项管理制度建设的制定和修订（如表4-2所示），对后续资源库的协调管理、素材制作和应用推广都起到了很好的指导、规范和约束作用。

表4-2 资源库项目组制度建设一览表

序号	文件名称	制定/修订	颁布时间
1	新能源类专业教学资源库共建共享联盟章程	修订	2015年7月
2	新能源类专业教学资源库项目管理办法	制定	2015年7月
3	新能源专业资源库专项资金管理实施细则	修订	2016年10月
4	新能源类专业教学资源库参建院校校际学分互认管理办法	制定	2016年10月
5	新能源类专业教育资源库建设主持院校定期沟通协调制度	制定	2015年11月
6	新能源类专业教学资源库共建共享联盟校企合作应用推广管理办法	制定	2016年10月
7	新能源类专业教学资源库参建院校教师信息化能力培养与考核制度	制定	2015年12月
8	新能源类专业教学资源库建设技术标准	制定	2015年7月

续表

序号	文件名称	制定/修订	颁布时间
9	新能源类专业教学资源库课程资源建设标准	制定	2015 年 7 月
10	新能源类专业教学资源库资源质量评价标准	制定	2017 年 11 月

3. 创新模块教学，课程体系设计完美

截至 2018 年 3 月，资源库已构建了由行业资源、专业资源、课程资源、素材资源、职业培训资源、特色资源六部分组成的资源。其中在资源库平台内资源有视频类、动画类、图形/图像类、仿真类等拥有知识产权的素材数量 24000 余个，试题 10990 余条，总体容量达到 356. 18G（如图 4-9、4-10 所示），相比 2015 年资源总数增加了 26000 余条，增加分类及数据（如表 4-3 所示）。共搭建了 39 门学习课程，其中包含 18 门标准化课程，21 门个性化课程，实现了资源冗余。目前，资源库注册人数达到 27000 余人，来自全国 281 个院校、186 家企业。学生用户 21700 余人，教师用户 770 余人，企业用户 3100 余人，社会用户 1700 余人。活跃用户 19700 余人，占比 80%以上（如图 4-11 所示）。

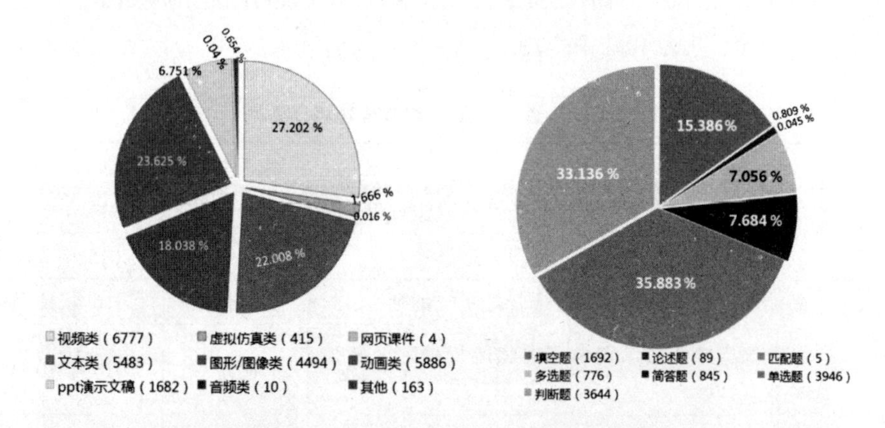

图 4-9　资源库素材资源类型比例统计 图 4-10　资源库习题资源类型比例统计

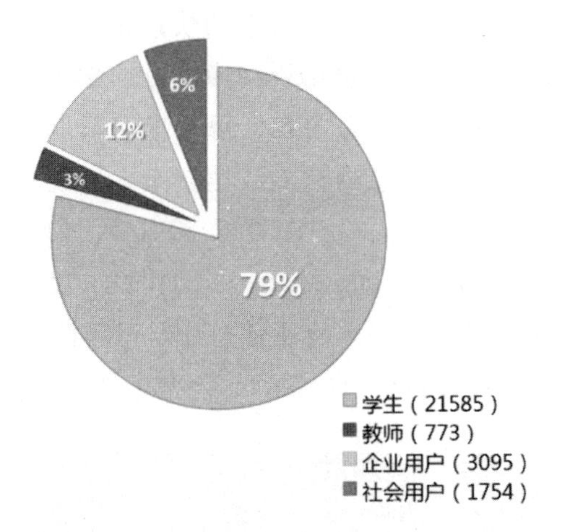

图 4-11　资源库用户使用类型比例统计

表 4-3　2015 年和 2018 年资源数据对比统计

资源类型	2015 年资源数（条）	2018 年资源数（条）	增长量	增长率%
动画	1781	5886	4105	230. 5
视频	1254	6777	5523	440. 4
文本	1595	5483	3888	243. 8
图形/图像	1142	4494	3352	293. 5
虚拟仿真类	22	415	393	1786. 4
演示文稿	586	1682	1096	187. 0
其他	100	163	63	63. 0
素材总计	6480	24900	18420	284. 2
习题总计	3215	10997	7782	242. 1

4. 落实共建共享，学习多维环境立体

资源库构建了符合职业教育特色的沉浸式教学模式，主要包括：资源创建、资源管理、课程设计、教与学过程、人员管理、学习分析、互动交流等功能。通过丰富的课程资源，清晰的知识脉络，真正达到了“学者乐学，授课者善教，行业企业乐于参与，社会访客畅游其中”的目的。同时在一体化设计、结构化课程、颗粒化资源的基础上，改版了新能源类专业教学资源库的门户网站，为教师、学生、企业人员、社会用户定制了个性化学习内容，满足了四类用户的多样化自主学习、便捷访问的需求。借助多媒体技术，以微信为平台，实现最新的行业动态和信息的快速推送。此外，在微信公众号开辟新能源应用推广互动平台，包括资源库网站、学习平台、资源平台的网站信息，信息资讯以及行业资讯等内容，每天推送新能源行业最新的新闻资讯、行业发展信息等，单日信息浏览人数达百余人。通过新能源类专业教学资源库学习平台（网址为：http：//180.212.82.145，如图 4-12 所示）、门户网站（网址为：http：//xny.tjlivtc.edu.cn/，如图 4-13 所示）、微信公众号（如图 4-14 所示）立体化建成了多维度信息化学习环境，实现了手机 APP 应用资源全覆盖的模式，方便各类用户快速、随时随地学习和利用资源。

图 4-12　新能源类专业教学资源库学习平台

图 4-13　新能源类专业教学资源库门户网站

图 4-14 微信公众号新能源应用推广微信互动平台

5. 坚持以人为本，学习资源丰富冗余

在全国范围内开展调研，确定在新能源类专业资源库建设中，依托新能源发电技术主线，重点建设太阳能光伏发电、风力发电两个专业领域（如图 4-15 所示）。按照“行业企业调研—企业专家岗位能力分析—教育专家岗位知识能力—课程”的开发方法，依据光伏发电技术、风力发电技术专业领域典型岗位，进行岗位能力分析，确定了专业基础、光伏领域、风力领域、新材料新技术四类课程。

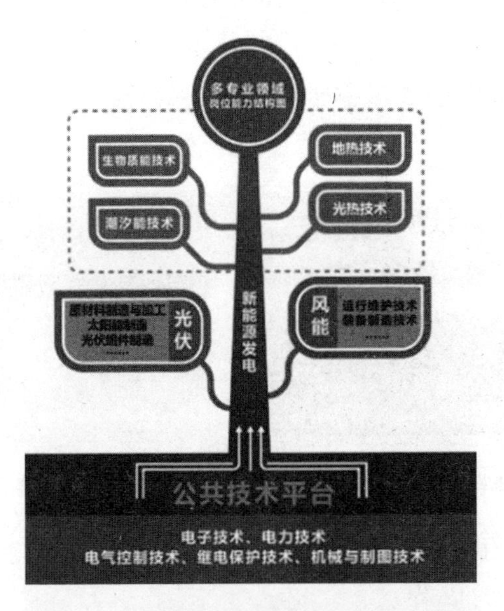

图 4-15 资源库专业领域岗位能力结构图

资源库项目开发团队坚持以工作过程系统化的方式来构建课程体系和课程内容，按照技术路线进行建设，形成以知识、技能、素质为单位的教学积件，以学习单元、工作任务等项目为单位的课程模块，关注多个知识点、技能点结构化组合形成的资源，在网络平台对资源按照素材、积件、模块和课程等层次进行了呈现（如图 4-16 所示）。

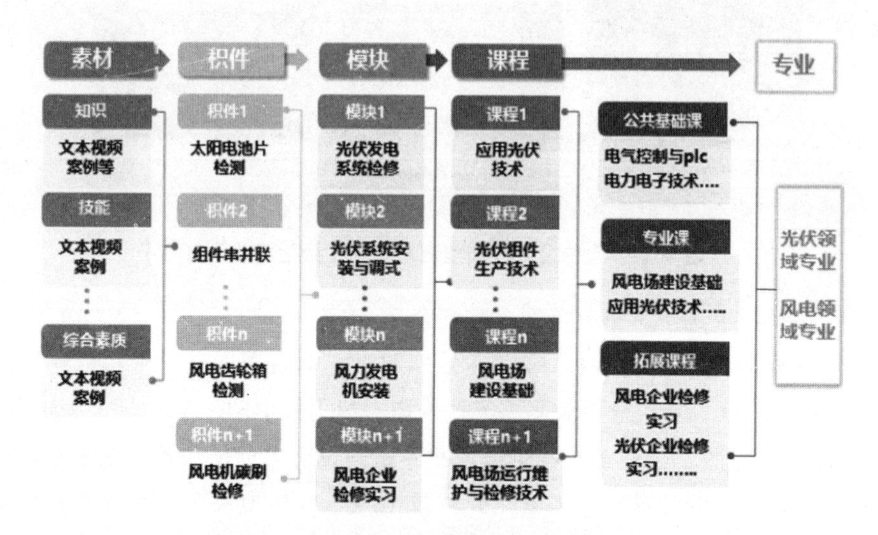

图 4-16　资源库课程体系构建流程

课程由多个学习情境构成，每一个学习情境下分若干个独立的工作任务，每个工作任务分为课前预习、课堂教学和课后拓展内容。以“光伏应用电子产品设计与制作”课程为例，课程结构由八大情境组成（如图 4-17 所示），每个情境中包含若干任务（如图 4-18 所示）。

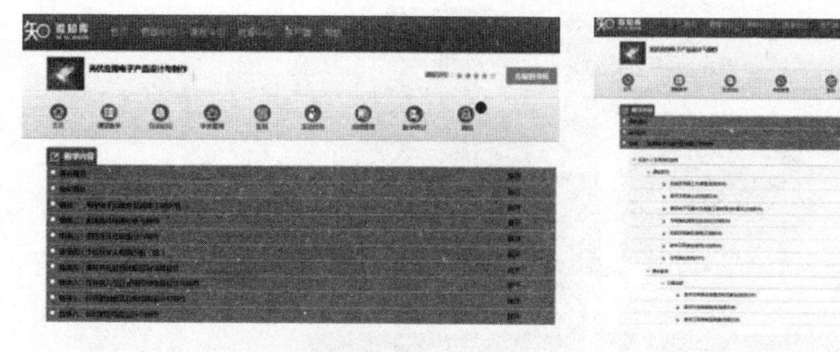

图 4-17　学习平台课程结构列表

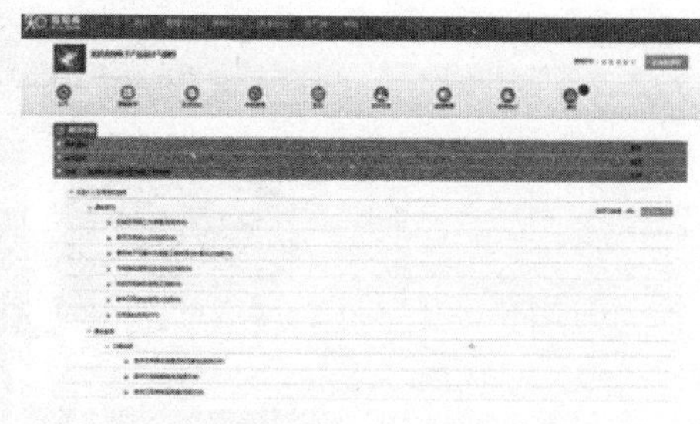

图 4-18　学习平台学习情境列表

三、各子项目建设成果

1. 行业资源建设成果

通过调研，资源库项目开发团队与新能源行业相关企业合作完成了行业介绍、前沿技术、就业指导、政策法规、标准规范、企业风采等内容的建设工作，并在新能源类专业教学资源库门户网站进行展示，通过展示汇总了新能源产业的相关网站（如图 4-19 所示），介绍了新能源的前沿技术，展示了我国当前新能源类专业相关的政策及新能源类产品的国际标准、区域标准、国家标准、地方标准、企业标准等内容。通过这些资讯，扩展了新能源相关专业学习者的知识视野，提高学习水平，提高了教学资源库对实际工程的指导作用（如表 4-4 所示）。

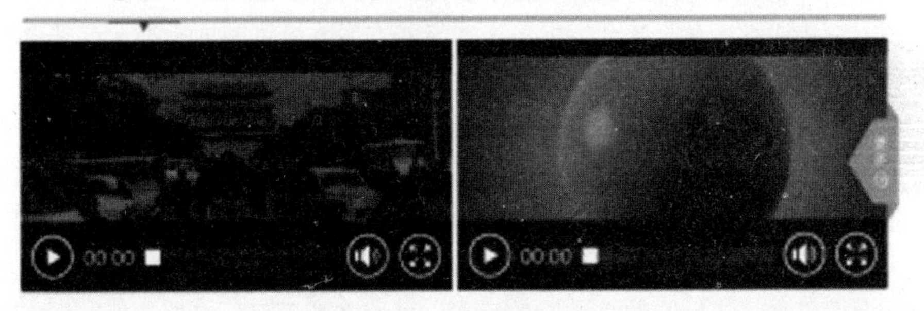

图 4-19 行业资讯网站主页

表 4-4 行业资源建设完成情况

序号	建设内容	内容描述	监测指标（条）	完成量（条）	完成率
1	行业介绍	介绍光伏、风电行业发展现状和趋势，建立相关企业、行业协会等网站链接	200	205	103%

续表

序号	建设内容	内容描述	监测指标（条）	完成量（条）	完成率
2	前沿技术	介绍光伏、风电等新能源行业的前沿发展技术	240	241	100%
3	政策法规	各类新能源技术政策法规	100	105	105%
4	标准规范	各种类别岗位对应的国家职业标准、光伏标准规范、风力发电标准规范等	200	206	103%
5	企业风采	典型新能源类企业介绍、风采展示和媒体报道等	300	310	103%
小计			1040	1067	103%

2. 专业资源建设成果

发挥联盟院校专业建设优势，面向全国职业院校专业建设需求，按照“行业企业调研→企业专家岗位能力分析→教育专家岗位知识能力分析→确定课程体系和专业教学标准→制定人才培养方案”的专业建设路径，完成专业介绍、专业调研、专业教学标准、人才培养方案、岗位能力标准、专业办学条件的内容。

项目组成员面向24家企业、30家院校、3家研究机构、672名毕业生进行了深入的调研。主要针对目前新能源行业的人才结构现状、技术技能人才需求状况，企业职业岗位设置情况和有关典型工作任务，企业对人才在知识、能力、素质等方面的要求，相关院校新能源类专业教学情况、学生就业现状和毕业后跟踪反映出的教学方面的问题，采取文献调研、实地访谈、专家访谈、第三方在线问卷调研、线下问卷调查、招聘网站大数据分析等方式，召开了10次研讨会，参与人员400余人次，对调研内容和结果进行了分析研究。最终形成了光伏和风电领域的专业调研报告、岗位能力标准和实践教学条件，形成了风力发电工程技术、风电系统运行与维护、光伏材料制备技术、光伏发电技术与应用、硅材料制备技术、新能源装备技术及光伏工程技术7个专业的专业介绍（如表4-5所示）。

表 4-5 专业资源建设完成情况

序号	建设内容	内容描述	监测指标	完成量	完成率
1	专业介绍	包括专业介绍、就业方向介绍、职业岗位能力分析、职业标准库等	2套	7套	350%
2	专业调研	光伏专业调研报告、专业调研问卷；风电专业调研报告、专业调研问卷等	2套	2套	100%
3	专业教学标准	光伏专业、风电专业的教学标准等	2套	7套	350%
4	人才培养方案	光伏专业人才培养方案、风电专业人才培养方案、中高职衔接人才培养方案资源等	2套	8套	350%
5	岗位能力标准	光伏相关岗位能力标准、风电相关岗位能力标准等	2套	2套	100%
6	实践教学条件	光伏专业、风电专业的办学条件等	2套	2套	100%
小计			12套	28套	233%

3. 课程资源建设成果

课程资源建设体现以行业和岗位能力需求为导向，以岗位技能和职业素养为目标，精心选择课程内容，系统化设计，体现“行业—岗位—能力—课程—专业群建设”有机对接与深度融合，共建设了18门标准化课程（如图4-20所示），21门个性化课程。课程资源建设成果统计如表4-6所示。

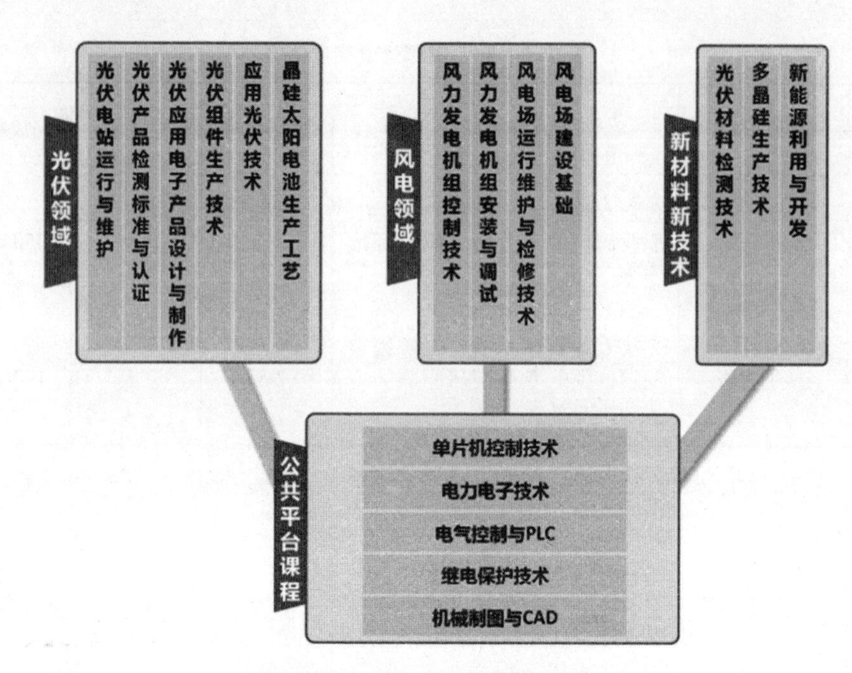

图 4-20 18 门标准化课程体系图

表 4-6 课程资源建设完成情况

序号	建设内容	内容描述	监测指标	完成量	完成率
1	联盟课程标准	18 门课程的课程标准	18 门	18 门	100%
2	课程资源开发指南模板标准	课程简介、课程目标、课程内容及任务、学习模块教学方案设计、实施要求、课程管理、考核评价方式	18 套	39 套	216%
3	网络课程（含题库）	完成“多晶硅生产技术”“晶硅太阳电池生产工艺”“应用光伏技术”“风电场建设基础”“风电场运行维护与检修技术”18 门课程的所有网络资源内容	10100 条	10997 条	109%
4	实习实训	实习实训任务书、教学录像、虚拟/仿真实习实训系统、考核标准等	4550 条	4610 条	101%

续表

序号	建设内容	内容描述	监测指标	完成量	完成率
5	电子教材	校企合作共同完成 18 门课程的教材编写	18 本	18 本	100%
6	企业案例	与课程相关的企业工程项目案例	200 个	201 个	102%
7	微课	“控制器中电子器件的妙用”“太阳能电池组件层压机操作流程”等	54 个	120 个	222%

（1）标准化课程

资源库项目开发团队根据联盟要求，遵循边建边用原则，统一了标准化课程模板并进行了课程任务分工（如表 4-7 所示）。学习平台标准化课程展示如图 4-21 所示。

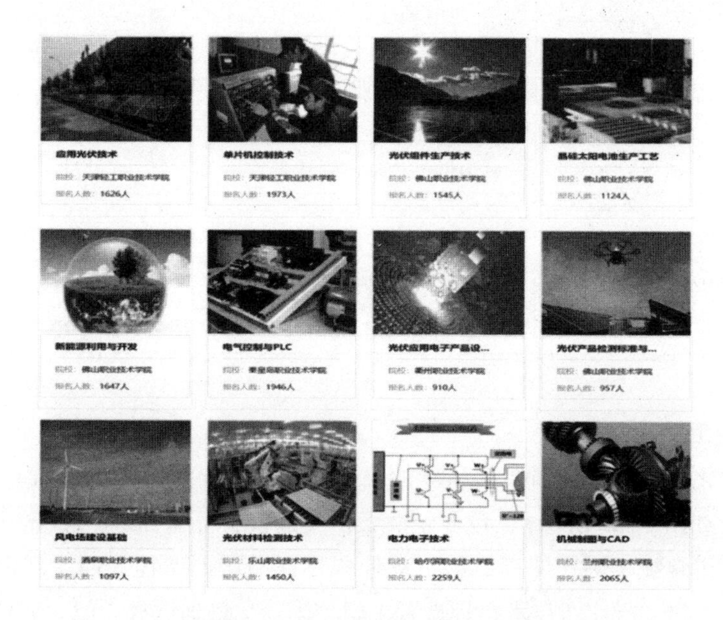

图 4-21 学习平台部分标准化课程

表 4-7 标准化课程任务分工表

序号	类别	标准化课程	负责院校
1	公共平台课程	单片机控制技术	天津轻工职业技术学院
2		电力电子技术	哈尔滨职业技术学院
3		电气控制与 PLC	秦皇岛职业技术学院
4		继电保护技术	包头职业技术学院
5		机械制图与 CAD	兰州职业技术学院
6	光伏领域课程	晶硅太阳电池生产工艺	佛山职业技术学院
7		应用光伏技术	天津轻工职业技术学院
8		光伏组件生产技术	佛山职业技术学院
9		光伏应用电子产品设计与制作	衢州职业技术学院
10		光伏产品检测标准与认证	佛山职业技术学院
11		光伏电站运行与维护	常州轻工职业技术学院
12	风电领域课程	风电场建设基础	酒泉职业技术学院
13		风电场运行维护与检修技术	湖南电气职业技术学院
14		风力发电机组安装与调试	酒泉职业技术学院
15		风力发电机组控制技术	天津轻工职业技术学院 南京工业职业技术学院
16	新材料新技术课程	光伏材料检测技术	乐山职业技术学院
17		多晶硅生产技术	乐山职业技术学院
18		新能源利用与开发	佛山职业技术学院

（2）个性化课程

个性化课程包括培训课程和教师根据个性化需要组建的新课程，共计 21 门课程（如图 4-22 所示），包含企业案例（新能源企业工艺与技术、大型风力发电机组装配实例）课程 2 门，职业资格证书培训课程 5 门，新能源师资培训课程 1 门，行业新技术培训课程 1 门，国际化培训课程 1 门、职业技能大赛培训 3 项等（如表 4-8 所示）。

图 4-22　学习平台部分个性化课程

表 4-8　个性化课程任务分工表

序号	类别	课程名称	负责单位
1	培训课程	维修电工培训	佛山职业技术学院
2		小风电利用工培训	天津轻工职业技术学院
3		多晶硅制取培训	乐山职业技术学院
4		单晶硅制取培训	乐山职业技术学院
5		Gamesa 风场技术资质 T1 培训	天津轻工职业技术学院
6		职业技能大赛培训	天津轻工职业技术学院
7		新能源师资培训	天津轻工职业技术学院
8		国际化培训	天津轻工职业技术学院
9		新能源企业工艺与技术	天津市新能源协会
10		行业新技术培训	佛山职业技术学院
11		大型风力发电机组装配实例	酒泉职业技术学院

续表

序号	类别	课程名称	负责单位
12	组建课程	并网光伏发电系统设计与施工	佛山职业技术学院
13		离网光伏发电系统设计与施工	佛山职业技术学院
14		PLC 技术与应用	酒泉职业技术学院
15		光伏应用产品设计与实践	佛山职业技术学院
16		电力电子技术	酒泉职业技术学院
17		电力系统继电保护	酒泉职业技术学院
18		光伏电站建设与规划	酒泉职业技术学院
19		太阳能光伏发电技术及应用	酒泉职业技术学院
20		光伏建筑一体化工程	佛山职业技术学院
21		风力发电机组安装与调试	天津轻工职业技术学院

（3）电子教材

项目团队与化学工业出版社合作对接 18 门课程的各类资源，系统化设计并开发了对应的 18 本互动式、立体化电子教材（如图 4-23 所示）。每套电子教材都包含了文本、视频、动画等类型资源，通过鼠标点击直接观看有关资源，同时能够根据关键词搜索所需内容，直观、快捷地学习，提升视觉效果和学习效果。此外，还开发了与标准化课程对应的 18 本纸质教材（如图 4-24 所示），通过扫描二维码直接进入学习平台，学习相关的内容，实现了书网连通融合。

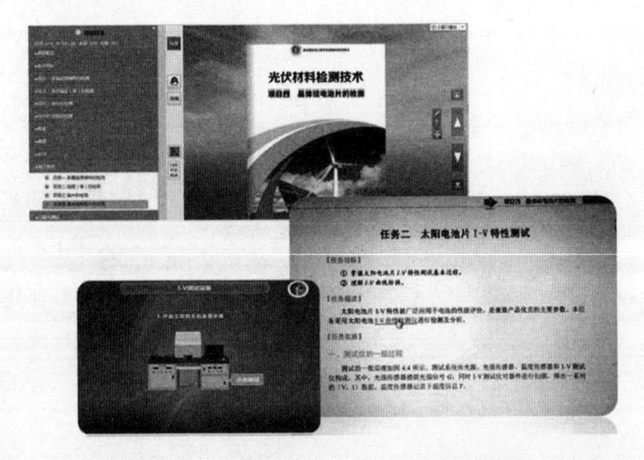

图 4-23　互动式、立体化电子教材展示

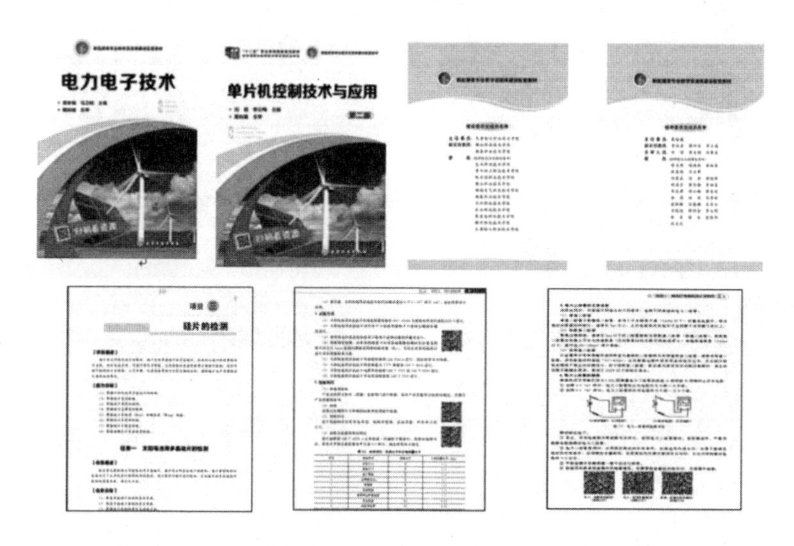

图 4-24 二维码教材内容

①“新能源利用与开发”课程教材按照能源大类分为太阳能开发与利用技术、生物质能开发与利用技术、风能开发与利用技术、氢能开发与利用技术等 8 部分，每部分均给出了实验项目，根据实际情况选取适当的项目练习，为培养具有一定创新和工艺技术改进能力的技术技能人才奠定基础。

举例：项目六燃料电池开发与利用技术

http://e.100xuexi.com/workshop/ShowNew.aspx?id=221310

②“光伏材料检测技术”课程教材采用项目任务模式编写，主要内容包括多晶硅原辅料的检测、硅锭（棒）的检测、硅片的检测、晶体硅电池片的检测、光伏组件的检测、光伏系统的检测。

举例：项目二硅锭（棒）的检测

http://e.100xuexi.com/workshop/ShowNew.aspx?id=322974

（4）互动系统

资源库项目组根据每个课的特点和技术要求，开发完成了 18 套完整的涵盖所有情境及任务的互动系统。课程互动系统在集成了视频、动画、文本等基本教学内容的基础上，遵循“寓教于乐、互动教学”的宗旨，将游戏式、引导式学习路径加入其中，通过闯关、答题等形式，让学习者从易到难逐级递进式学习。互动系统为资源库教学提供了丰富的互动体验环节，提升学习者的学习兴趣，同时也实现了对学习者的学习效果实时检测（如图 4-25 所示）。

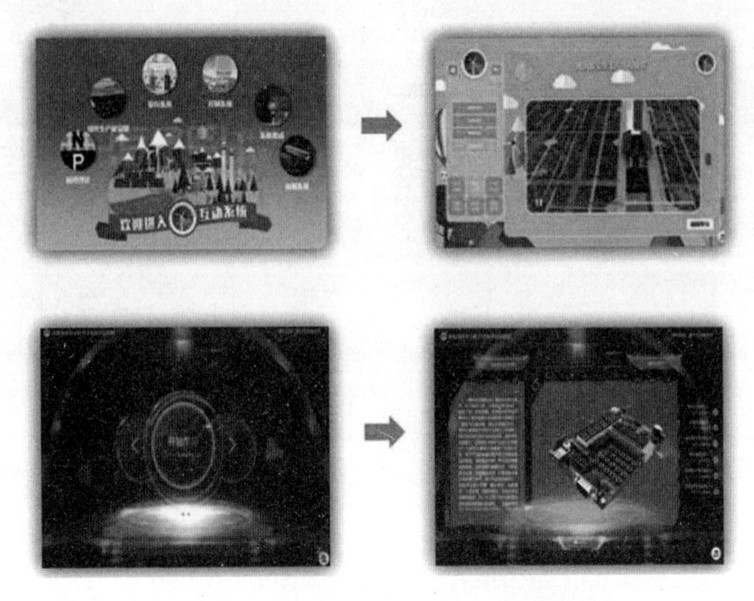

图 4-25　典型互动系统主界面与学习界面展示

①太阳能光伏发电系统在课程分类上基本涵盖了该课程的所有内容，首先从基础初级、标准中级、高级进阶三个方向中细分出光伏发电的方式及基本应用和必要条件、各项模拟实验以及离网、并网光伏系统的基础知识。

②风力发电机组的安装与调试互动系统分为风力发电机组机舱的安装与调试、风力发电机组叶轮的安装与调试、风力发电机组电器部件的安装与实验三部分内容。

③应用光伏技术互动系统在课程分类上将原理知识及安装、集成、应用融为一体，共分为原理理论、组件生产及安装、储存系统、控制系统、系统集成、系统应用 6 部分。

（5）微课

课程团队选取课程重点、难点内容，制作开发了 120 余个微课（如表 4-9 所示）。每个微课都是一个典型的工作过程，通过工作过程学习核心知识技能完成设定的教学目标，有效解决实际教学问题，促进了学习者知识运用及专业能力提高。微课可通过扫描二维码进行学习，在课堂上进行应用或在课下反复播放观看（如图 4-26 所示）。

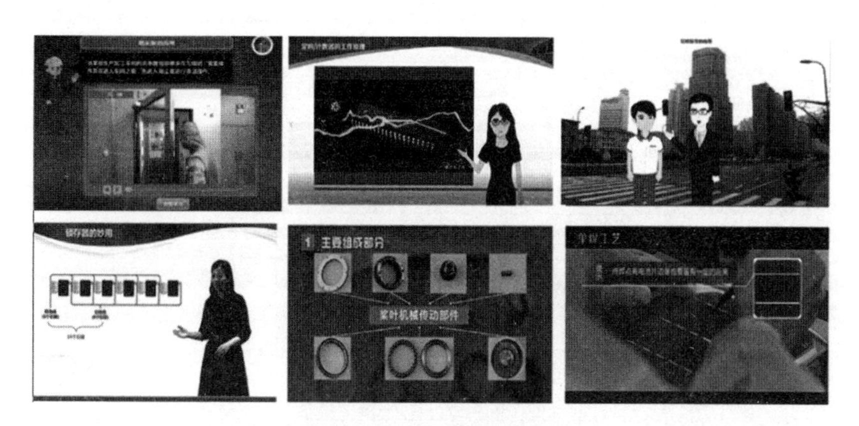

图 4-26 部分微课界面展示

表 4-9 部分微课列表

课程名称	微课名称	负责院校
多晶硅生产技术	精馏塔的结构类型及工作原理 还原炉的结构及生产原理	乐山职业技术学院
	$SiHCl_3$ 合成炉的结构及原理	
晶硅太阳电池生产工艺	扩散的工艺流程 清洗制绒工艺流程 太阳电池分选机操作流程	佛山职业技术学院
应用光伏技术	光伏电源的应用 控制器中电子器件的妙用 认识光伏发电系统	天津轻工职业技术学院
光伏组件生产技术	太阳电池片单焊、串焊的操作	佛山职业技术学院
	激光划片机的操作	
	太阳能电池组件层压机操作流程	
光伏应用电子产品设计与制作	太阳能警示器电路分析 迟滞比较器蓄电池充电 控制电路中的应用 BOOST 升压电路	衢州职业技术学院
风电场建设基础	风力发电机组对中仪的使用	酒泉职业技术学院
	风电场宏观选址条件	
	大型直驱式风力发电机组 发电机的现场吊装	

续表

课程名称	微课名称	负责院校
风电场运行维护与检修技术	变桨驱动装置的维护与检修	湖南电气职业技术学院
	风电机组液压系统检查及维护	
	风电机组偏航制动器常见故障及处理	
风力发电机组安装与调试	1.5MW 永磁直驱风力发电机组偏航制动器安装工艺	酒泉职业技术学院
	大风起兮来变桨—变桨常用驱动方式对比分析	
	揭秘风机偏航	
风力发电机组控制技术	风电机组的防雷保护系统	天津轻工职业技术学院
	风电机组偏航控制	
	走进大型风力发电机组	
光伏产品检测标准与认证	并网逆变器最大功率点跟踪效率	佛山职业技术学院
	光伏控制器静态电流测试	
	光伏逆变器孤岛防护性能测试	
单片机控制技术	锁存器的妙用 定时/计数器的工作原理	天津轻工职业技术学院
	点亮你的心灯—基于单片机的LED 电子显示屏设计	
电力电子技术	单结晶体管同步触发电路	哈尔滨职业技术学院
	晶闸管是怎样工作的	
	巧用三相电源驱动电动机运行	
电气控制与 PLC	PLC 控制系统中停止按钮如何用?	秦皇岛职业技术学院
	定时器典型应用之指示灯闪烁控制	
	绘制直线流程的顺序功能图	
继电保护技术	单母线分段带旁路接线运行与操作	包头职业技术学院
	继电保护基本认识	
	无时限电流速断保护的实现	
机械制图与 CAD	属性块的创建与应用	兰州职业技术学院
	点的直角坐标与极坐标的输入方法	
	组合体及相贯的投影	

续表

课程名称	微课名称	负责院校
新能源利用与开发	真空管式太阳能集热器的结构	佛山职业技术学院
	压水堆核电厂的发电原理	
	太阳辐照度的测量与评估	
光伏电站运行与维护	光伏控制器	常州轻工职业技术学院
	蓄电池容量设计	
	光伏逆变器的认识	
光伏材料检测技术	单晶硅棒电阻率的检测	乐山职业技术学院
	X 射线单晶定向仪使用流程	
	少子寿命检测	

①“大风起兮来变桨—变桨常用驱动方式对比分析”微课

http：//180. 212. 82. 145/zyk/？ q=resourse/view/47287

该微课选自“风力发电机组安装与调试”课程，微课开始通过展示三个变桨视频提出启发性问题，激发学生思考，恰当地引入主题。然后采用形象生动的三维动画和图片资料介绍三个变桨的特征；通过二维动画表现师生互动方式，巧妙引出知技点。运用三维动画将变桨的内部结构清晰展现，加深了学习者的理解，解决教学难点。课程最后留下问题，为后续内容引出做好准备（如图 4-27 所示）。

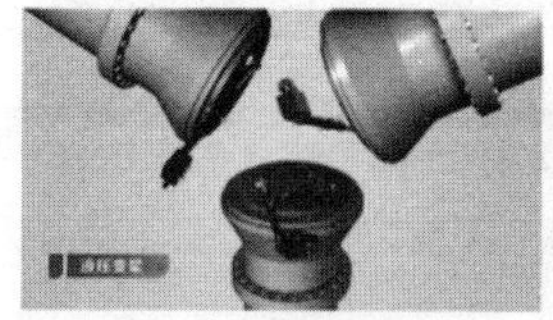

图 4-27 链接“大风起兮来变桨—变桨常用驱动方式对比分析”典型画面

②锁存器的妙用

http：//180. 212. 82. 145/zyk/？ q=resourse/view/70012

该微课选自“单片机控制技术”课程。教学重点为锁存控制程序执行过程。微课制作风格简洁明了，内容上逻辑明晰、主次分明。采用了教师抠像、二维动画、仿真模拟等信息技术手段，通过举例子、说现象、提问题等方式将教学内容形象直观地展示给学习者，实现学习者爱看易学的目的，教学效果良好（如图 4-28 所示）。

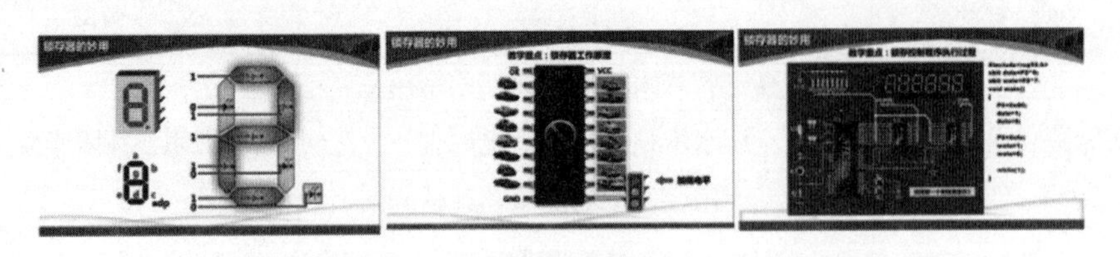

图 4-28 “锁存器的妙用”微课展示

（6）企业案例

通过与天津市新能源协会等行业协会合作，对企业的实际工作过程和技术工艺过程资源收集、整理、制作，系统性建设了“新能源企业工艺与技术”“大型风力发电机组装配实例”等培训课程，主要收集新能源工艺、维修、工程设计、安装施工、运行管理方面的工程案例，共计 201 个资源（如图 4-29 所示），方便教师、学生、企业技术人员等学习者快速获取行业典型案例。

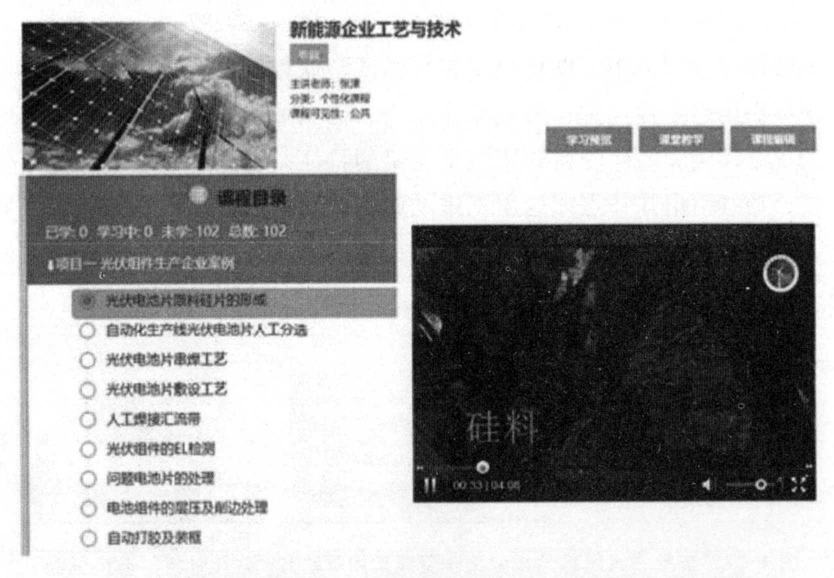

图 4-29 个性化课程——《新能源企业工艺与技术》工程案例

4. 职业培训资源建设成果

职业培训资源包含考证培训资源、师资培训资源、职业技能竞赛培训资源、行业新技术培训资源四部分，具体资源建设成果如表 4-10 所示。

表 4-10 职业培训资源建设完成情况

序号	建设内容	内容描述	监测指标	完成量	完成率
1	考证培训资源	包括人力资源和社会保障局及新能源类专业证书的培训资源建设	5 个	5 个	100%
2	师资培训资源	包括培训资讯、培训内容及培训考核资源及展示等	2 项	3 项	150%
3	职业技能竞赛资源	包括风光互补发电系统安装与调试高职赛项资料以及大赛资源转化资源、光伏发电系统安装与调试中职赛项资料以及大赛资源转化资源	2 项	3 项	150%
4	行业新技术培训资源	新技术的推广使用培训、新产品和新工艺的培训、企业员工培训等相关资源	120 条	130 条	108%

（1）考证培训资源

针对企业用户、社会用户以及在校学生取证的需要，设计了相关的考证培训课程。资源集合了企业、行业职业标准指导下的课件、视频、微课、动画等资源对学习者提供了指导和取证学习的空间。先后完成了维修电工培训、小风电利用工培训、单晶硅制取培训、多晶硅制取培训、Gamesa 风场技术资质 T1 培训等 5 个培训课程（如图 4-30 所示）。

图 4-30 个性化课程——考证培训课程

（2）师资培训资源

师资培训资源包含国家级骨干教师培训项目、教师专业能力提升培训和高端论坛三部分。天津轻工职业技术学院作为新能源类专业国家级师资培训基地，先后完成了 3 期共计 100 余名教师的培训，培训期间充分利用了教学资源库学习相关的课程，同时将培训的内容收集整理为资源库里的培训课程资源，扩大了新能源类专业教学资源库的影响。专业能力提升和高端论坛主要围绕资源库建设过程中的历次会议、专家报告、企业案例、教师课程分享以及成果汇报等方面形成的典型资源（如图 4-31 所示）。

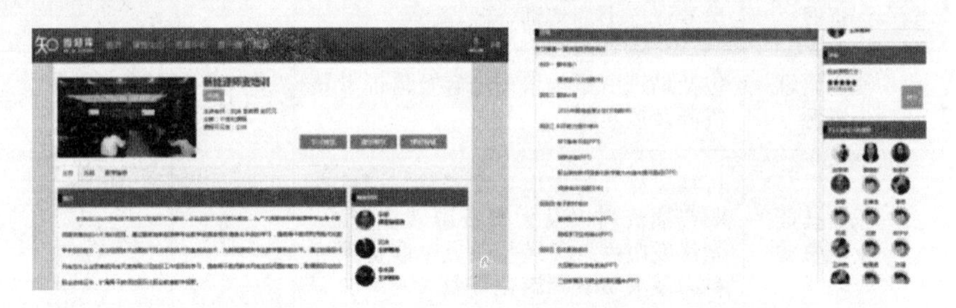

图 4-31　个性化课程——新能源师资培训课程

（3）职业技能竞赛资源

职业技能竞赛包括 3 个赛项模块和 3 个拓展模块。其中赛项模块包括风光互补发电系统安调技能大赛培训资源（高职组）、光伏发电系统安调技能大赛培训资源（中职组）、“华纳杯”全国风力发电安装与调试技能竞赛培训资源（高职组），对技能大赛的知识点、技能点进行汇总展示；拓展模块包括新能源大赛赛事说明、技能大赛教学成果展示、赛事及赛事宣传活动，对技能大赛历年赛题、赛场环节、成果进行全面立体的展示（如图 4-32 所示）。

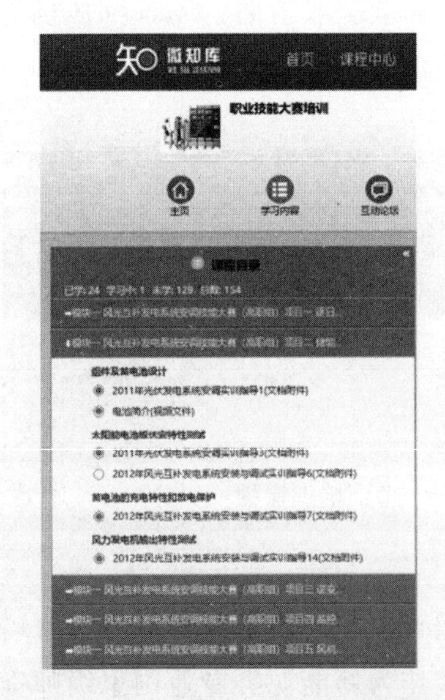

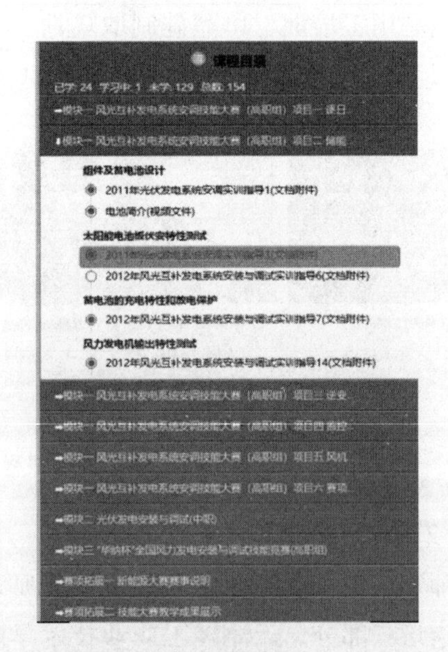

图 4-32　个性化课程——职业技能大赛培训课程

职业技能大赛培训广泛收集新能源类技能大赛相关理论素材、大赛题库、大赛技术文件，已经形成一门完整的个性化课程，为中高职教师培养技术精湛、应用型高技能人才，为学生开拓视野、展示才能、提高专业技艺提供一个高效优质资源平台。

（4）行业新技术培训资源

与广东爱康太阳能公司等合作建设了行业新技术培训资源，包括太阳电池新技术培训资源、分布式发电技术培训资源和智能微电网技术培训资源三个部分，共130余条资源。培训资源助力在校学生、企业员工和社会人员对新技术的了解和掌握，为快速适应飞速发展的新能源行业，提升自身的就业竞争力提供帮助（如图4-33所示）。

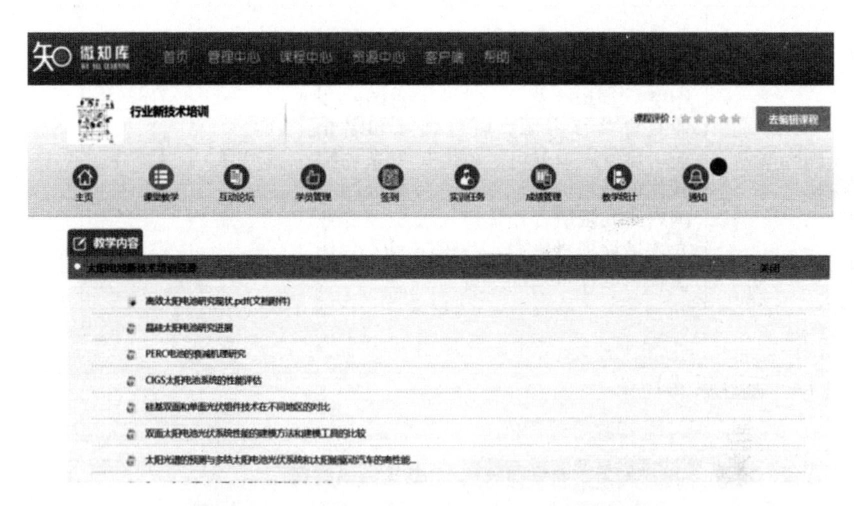

图4-33 个性化课程——行业新技术培训课程

5. 特色资源建设成果

特色资源包括新能源博物馆、虚拟实训、“互联网+资源库”应用、国际案例四部分，特色资源建设成果如表4-11所示。

表4-11 特色资源建设完成情况

序号	建设内容	内容描述	监测指标	完成量	完成率
1	新能源博物馆	与中国科学院广州能源研究所合作建设，包含能源发展历史及九种新能源的相关知识等。	1个	1个	100%

续表

序号	建设内容	内容描述	监测指标	完成量	完成率
2	虚拟实训	虚拟软件、虚拟仿真包括：多晶硅生产虚拟仿真工厂、风电场虚拟仿真工厂、晶硅太阳电池虚拟仿真生产线、光伏组件虚拟仿真实训室、光伏电站虚拟仿真软件、风电机组虚拟仿真等。	40条	278条	695%
3	“互联网+资源库”应用	开发了配套的手机APP，实现从课前、课中到课后的整个学习过程，形成时时、处处、人人学习的新形态。	360条	4304条	1195%
4	国际案例	通过行业和专业调研，制定新能源国际化专业教学标准并实施；合作成立印度“鲁班工坊”，建设优质国际职业教育共享资源；联合国际知名企业，建设风力发电运行维护T系列国际化证书培训取证资源；与联合国及国内研究院所合作建设新能源类专业人才培训项目资源；与德国GIZ合作建设风电师资培训资源。	150条	175条	117%

（1）新能源博物馆

图4-34　新能源博物馆主页

与中科院广州能源所等单位共同设计开发了新能源博物馆，包括科普介绍、科普动态、科普文章、科普影院、能源概述、科普图片、互动乐园和新能源网站链接等内容（如图 4-34、4-35 所示），方便学习者快速了解新能源行业的相关知识和技术发展。

图 4-35 新能源博物馆互动乐园界面

2. 虚拟实训

与顺德中山大学太阳能研究所等单位合作开发了虚拟软件、虚拟仿真资源，包括多晶硅生产虚拟仿真工厂、风电场虚拟仿真工厂、晶硅太阳电池虚拟仿真生产线、智能微网虚拟仿真实训室、光伏电站虚拟仿真软件、风电机组虚拟仿真等（如图 4-36 所示），方便学习者开展相关行业关键岗位的虚拟实训，为更快适应实际岗位的工作提供演练的平台。

（a）多晶硅生产虚拟仿真工厂　（b）光伏电站虚拟仿真软件

图 4-36 虚拟仿真系统示例

(3)“互联网+资源库”应用

建成“互联网+资源库”的新型应用模式，借助大数据、物联网、移动互联等技术手段，采用便携式电脑和智能手机等数字化设备，从课堂教学、实训教学、课本学习以及课余学习四个主要职教教育场景中提高资源库的应用效力。激活师生用户有效互动、及时反馈通道，使资源库“活”起来，实现“能学辅教”(如图 4-37 所示)。

图 4-37　手机 APP 端功能示意图

(4) 国际案例

图 4-38　个性化课程——国际化培训课程

国际案例包括教学标准、鲁班工坊、国际化专业、职业培训、国际合作等。通过行业和专业调研，制定新能源国际化专业教学标准并实施；服务国家“一带一路”倡议，携手国内新能源龙头企业与印度合作建设“鲁班工坊”，建设优质国际职业教育共享资源；联合歌美飒风电（天津）有限公司，建设风力发电运行维护 T 系列国际化证书培训取证资源；与联合国及国内研究院所合作建设培训项目资源，为阿拉伯、非洲等国家培养新能源类专业人才；与德国 GIZ 培训机构合作“中德风电项目—应用研究与培训”，建设风电师资培训资源（如图 4-38 所示）。

6. 素材资源建设成果

为了方便用户的自由调用，分别提供知识点/技能点级别、模块（单元）级别、课程级别素材，对各类素材按照媒体类型和功能属性细分，建成素材资源分类与索引库，实现素材分类检索功能，便于用户的独立创新、集成创新、直接使用和消化吸收，满足不同用户的基本需求和个性需求。目前，素材资源总量达 24000 余条，其中非文本资源比例达到 52.9%（如表 4-12 所示）。素材资源主要包括文本、图片、试题、课件、视频、动画、虚拟仿真等。

表 4-12 素材资源建设完成情况

序号	建设内容	内容描述	监测指标	完成量	占比
1	文本类素材	18 门课程的电子教材、电子教案、实训指导教材等	3534 条	5483 条	47.1%
2	图形/图像类素材	各种光伏材、太阳电池、风电系统等图片	3344 条	4494 条	
3	课件类素材	专业课程各教学单元辅助课件	3921 条	1682 条	
4	视频类素材	教学组织过程指导录像、产业链不同环节典型企业实际工作任务操作录像等教学资源	5161 条	6777 条	52.9%
5	动画类素材	光伏、风电产品生产的工艺工作过程等内容的动画教学资源	3860 条	5886 条	
6	虚拟仿真类素材	光伏、风电产品等生产与设备调试的虚拟实训项目	180 条	415 条	

第三节 项目应用与推广成效

一、注重过程管理，项目多途径推广应用

1. 建立项目推广应用管理制度，保障资源库推广进程顺利完成

天津轻工职业技术学院、佛山职业技术学院和酒泉职业技术学院联合24家国内外新能源行业龙头企业和全国20个省市的30所院校（包括2所本科院校、25所高职院、3所中职院校）组成新能源类专业教学资源库共建共享联盟，制定《新能源类专业教学资源库共建共享联盟章程》及相关制度，明确联盟成员的责、权、利。充分利用联盟成员的优质资源，共同开发、共同使用、共同维护，形成具有多项功能的开放式专业交流与服务平台，为学生和社会学习者提供跨学校、跨地域的优质共享资源，增强专业教学资源的普适性，实现资源的共享、更新和持续建设，提高相关专业的教学成效，适应新能源产业的发展，提高人才培养质量和社会服务能力。

联盟单位发挥自身优势，在教学标准、教学内容和评价标准基本一致的基础上，制定并修订10项资源库共建共享文件，开展教师教学研究及课程建设的积分制，配套建立积分制的激励制度；共同建设探索基于联盟共享的学分互认、在职培训，为资源库的共享和持续运行提供内生动力（如图4-39所示）。

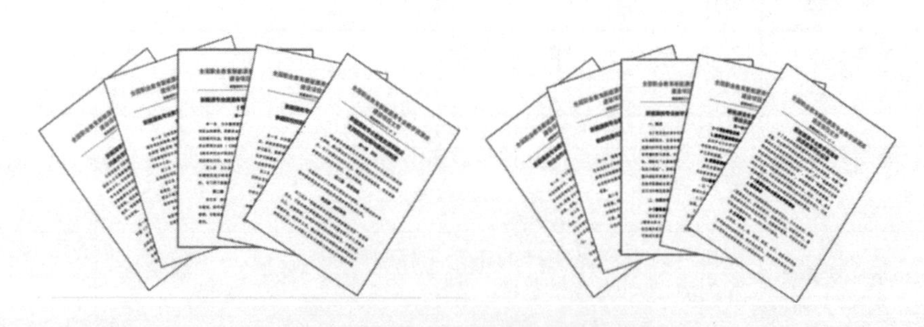

图4-39 资源库共建共享管理制度

2. 多途径推广资源库，实现四类用户建、推、用

充分发挥“校行企社研”五方共建共享优势，通过开展基于资源库参建院校学分互认、举办资源建设培训等多方式、多途径推广资源库。

（1）资源库联盟院校全程推广

自 2015 年起，资源库联盟院校边建边用边推广，截至目前，项目主持学校相应专业教师使用资源库进行专业教学的学时数占专业课总学时的比例达 70%，项目联合建设学校该比例均达到 45%，标准化课程和个性化课程使用率均达 100%。

资源库联盟面向全国 20 省、自治区、直辖市的新能源行业协会、企业进行推广，实现人员培训、技术交流、培训取证等技术能力提升分享；面向联盟内外中高职院校、西部院校、部分中小学，共计 100 余所学校，进行课程建设思路、信息化教学设计、资源库建设交流、新能源知识宣传等多个主题推广；面向联盟院校所在地区的新能源产业，完成社会调研、社会人员培训、技术转化等推广工作（如图 4-40 所示）。

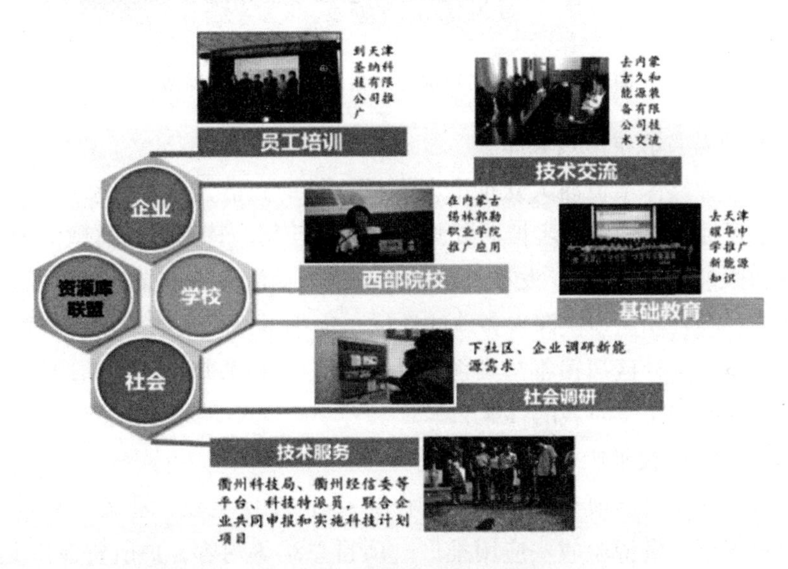

图 4-40 联盟院校推广途径

（2）资源库联盟行业企业协助推广

天津市新能源协会、甘肃省新能源职教集团等所属企业建立企业工程案例资源 200 余个，并组织企业 1000 余名员工进行注册学习，提升技能并取得相应证书（如图 4-41 所示）。

图 4-41　天津市新能源协会协助推广应用网站

（3）公益宣教推广资源库

通过多种媒体渠道向大众推广资源库，借助微信公众号、移动终端访问资源库的便捷条件，进一步推动资源库的推广使用。特别是通过微信公众号、朋友圈、微信群、QQ 群，发布了图文并茂、生动活泼的推文，吸引了大量的网络用户。项目团队多次深入各地的社区、中小学进行新能源科普教育活动，针对中小学生、社区居民推广资源库中的新能源相关知识，生动的视频、形象的动画，受到了学习者的青睐。

（4）专题会议推广

从资源库项目立项至今，联盟院校共召开 12 次会议，涵盖了启动会议、资源建设推动、资源验收、应用推广、项目总结等内容，护航资源库建设全过程，保证了项目建设的进度及质量，并在联盟内形成相互学习、相互交流、相互推广的良好态势（如图 4-42 所示）。

图 4-42 项目团队专题发言

在联盟会议之外，各院校发挥各自优势，通过承办会议或专题组织会议进行资源库应用推广宣传，进一步扩大了资源库全国影响范围。如主持院校天津轻工职业技术学院 2015—2017 连续三年在“全国机械职业教育教学指导委员会新能源装备技术类专业教学指导委员会”上做关于资源库建设和成效的专题报告，并听取大家对学习平台的意见和建议，以便更好地改进；2015 年、2017 年天津轻工职业技术学院戴裕崴院长、李云梅副院长分别在全国职业教育专业教学资源库建设工作研讨会上做了资源库专题的发言，受到与会领导和院校的高度评价；在全国其他资源库建设单位的邀请下，项目团队先后 20 余次到相关院校指导资源库建设并进行经验分享，发挥新能源类专业教学资源库在全国的示范和引领作用。

二、多方并举提升资源库应用推广成效

依托资源库共建共享联盟、企业行业协会，遵循共建共享、边建边用的原则，通过以下四种方式，在全国范围内进行新能源类专业教学资源库的成果应用推广。在项目组 30 所联盟院校的协作努力下，新能源类专业教学资源库的应用推广取得了显著的成效，受到国内职业教育领域和行业企业的广泛好评。

1. 用户积极使用，资源库示范辐射效应明显

在资源库联盟院校和联盟行业企业的共同努力下，资源库呈现良好的应用态势。根据统计数据，资源库中用户应用量较高的模块是课程学习、课程管理以及首页模块，显示资源库在教学应用和新能源知识普及方面发挥了较为明显的作用。从如图 4-43 可以看出 2015 至 2016 年度资源库课程处于建设和试用阶段，用户使用量增长不明显。2017 年随着资源库课程建设任务基本完成并进入整理提高阶段，用户使用量呈现大幅度上升，体现了共建共享、边建边用的建设理念（如图 4-44 所示）。

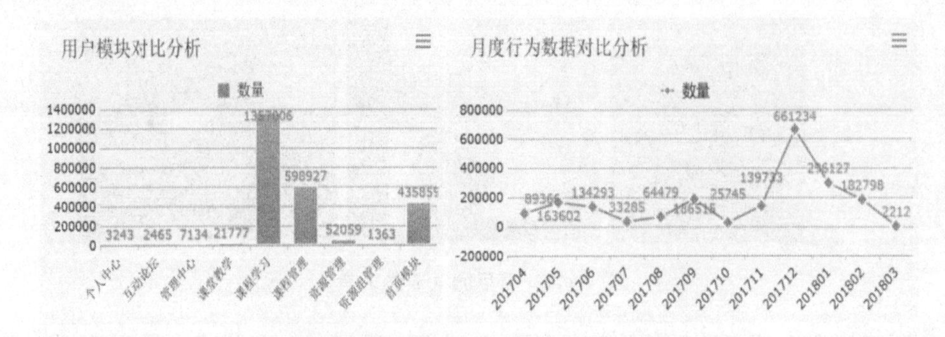

（a）模块使用量对比分析　（b）用户登录量月度分析

图 4-43　2017 年 4 月至今资源库用户月度行为日志

建立“互联网+四大学习人群”应用模式，实现学习人群应用、学习场景应用以及互动交流学习应用等功能，满足普通学习与个性学习的多种需求，2015 年用户总数 2727 人，其中学生用户 1800 人、教师用户 120 人、企业用户 453 人、社会用户 354 人。2018 年用户总数达到 27000 人，学生用户 21700 人，教师用户 770 人，企业用户 3100 人，社会用户 1700 人。资源库学习平台在 3 年建设过程中用户量增长 10 倍（如图 4-44 所示）。

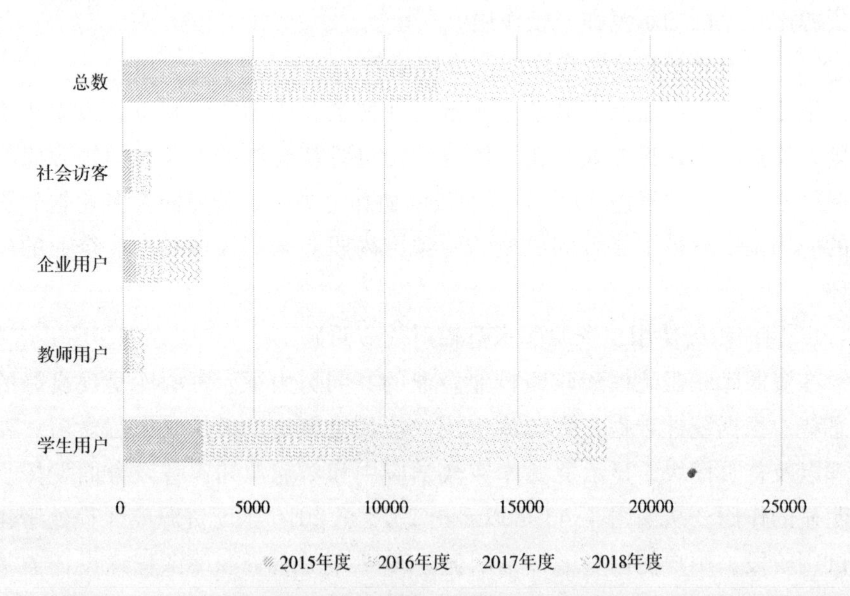

图 4-44　2015 年到 2018 年用户增量

2. 平台功能完善，为应用推广提供有力支持

平台基于“互联网+资源库”应用模式，兼顾不同类型学习者的需求，利

用电脑、手机、平板电脑等移动互联手段，实现在线学习、混合学习、颗粒化学习等的泛在化学习，为学习者提供了开放、个性化的学习平台，实现了如下功能：

①学习平台实现资源存放和调用分离，有利于资源智能化管理，同时防止了资源堆砌现象的产生；

②学习平台支持个人自学、学历教育、职业培训与认证多样的学习需求；

③学习平台支持教师灵活组课、相互借鉴学习；

④学习平台支持电脑、手机、平板电脑等多种终端，为用户提供在线学习、评价、交流和检测；

⑤学习平台框架设计科学、合理，导航清晰，界面规范、美观，交互性友好，设计了满足不同用户使用需求的交互界面；

⑥资源库素材质量高、覆盖面全，以知识点、技能点系统化设计的方式呈现，所有资源均围绕知识点创建。

3. 校企深度合作，资源库助力行业快速发展

资源库依托行业进行顶层设计，在实施过程中始终服务区域产业发展，体现行业企业最先进的技术，为“中、高、本”学校的教师学生用户、社会学习者、企业用户和行业协会学会提供资源、先进的技术和优质的服务。

联盟院校先后到广东爱康太阳能公司、明阳新能源投资控股集团有限公司、天津蓝天太阳科技有限公司、歌美飒风电（天津）有限公司等百余家企业进行技术服务，技术培训，累计培训达 140 余次（如图 4-45 所示），截至目前，企业员工注册人数达 3000 余人，员工使用平台学习频度高、累计学习时间长，实现了资源库助力企业员工技术提升的功能。

图 4-45 企业宣传推广资源库场景

项目团队先后走访了66家协会和企业，通过问卷和座谈的方式了解企业的需求和对资源库建设的意见。调研结果显示，行业企业员工通过资源库培训课程的学习，对网上学习由生疏到熟悉，对职业院校由陌生到了解，专业知识得到了系统性提升，学员的总体满意度达92%（如图4-46所示）。

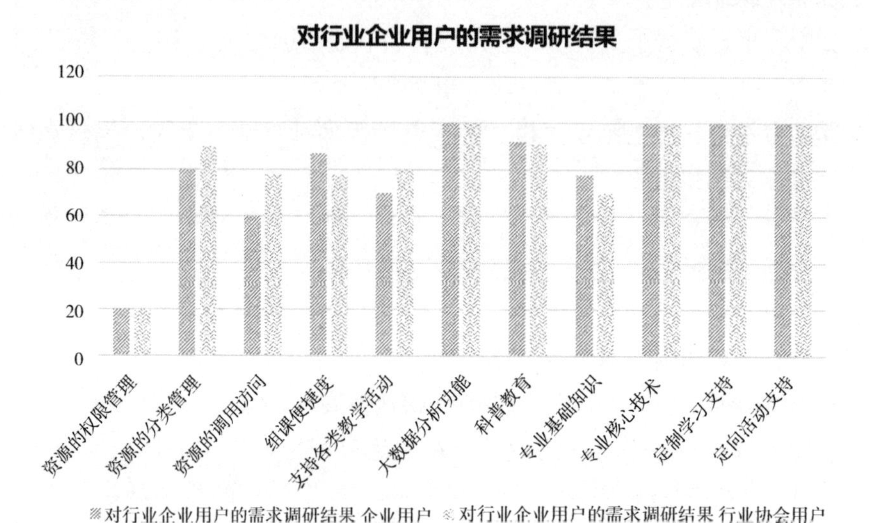

图4-46 行业企业用户需求调研结果

4. 积极服务社会，资源库获各方称赞

图4-47 资源库推广应用到社会

资源库建设3年以来，采取了丰富多彩的活动进行推广应用，扩大了社会受益面，尤其是新能源博物馆的上线，受到专业领域人员的关注，通过寓教于乐的形式让学习者对产业、行业、企业有了进一步深刻的理解。目前资源库在风电、太阳能发电等新能源行业以及全国职业院校中都获得了很好的声誉和影响力，社会学习者在平台注册达到1700余人。

利用资源库对中小学生进行新能源知识科普教育，先后培训中小学生1900余人。深入内蒙古锡林郭勒职业技术学院、内蒙古机电职业技术学院等西部高职院校，进行新能源专业建设指导、教师信息化能力培训等，先后培训教师500余人。服务“一带一路”倡议，为印度金奈理工学院、俄罗斯哈巴罗夫斯克职业技术学院等培训教师和学生累计达200余人次（如图4-47所示）。

5. 重视用户意见反馈，资源库建设满意度高

为了深度了解资源库用户的使用体验，特设计了关于调查资源库资源建设质量高低、课程知识点是否完备、内容是否满足职业岗位能力需求以及线上线下学习指导等方面的调查问卷。项目团队于2018年2月对教师、在校学生、社会学习者和企业用户通过发放问卷和网上问卷的方式进行满意度调研，先后发放调查问卷1300份，回收有效问卷1260份，网上提交问卷达2000余份。通过对数据的统计分析，四类用户对资源库的满意度均达到90%以上，其中教师、在校学生、社会学习者和企业用户对资源库的满意度分别为：93%、95%、92%、92%（如图4-48所示），从调查结果可以看出资源库的建设工作得到了用户的肯定。

图4-48 用户满意度调查表

第四节　项目建设对新能源类专业和产业发展的贡献

一、积聚优势资源，引领新能源类国家级高水平专业建设

1. 编制新能源类国家标准，建立新能源类专业链标准体系

资源库建设伊始，就坚持质量保证先行，建立了完善的标准体系，形成了以新能源类专业国家标准为引领，涵盖国家标准、行业标准、企业标准全链接，修订、完善专业建设标准，素材采集、分类、制作等技术标准和模板设计标准，实现专业、课程、课堂、实训、教师、学生、资源建设标准全系列，制定新能源类专业国际化专业标准 2 个、国家标准 3 个、行业技术标准 8 个、光伏行业职业技能等级标准 5 个，有效保证了资源库建设的高标准，推动新能源类专业建设标准化体系建设向国家高水平专业建设并轨。

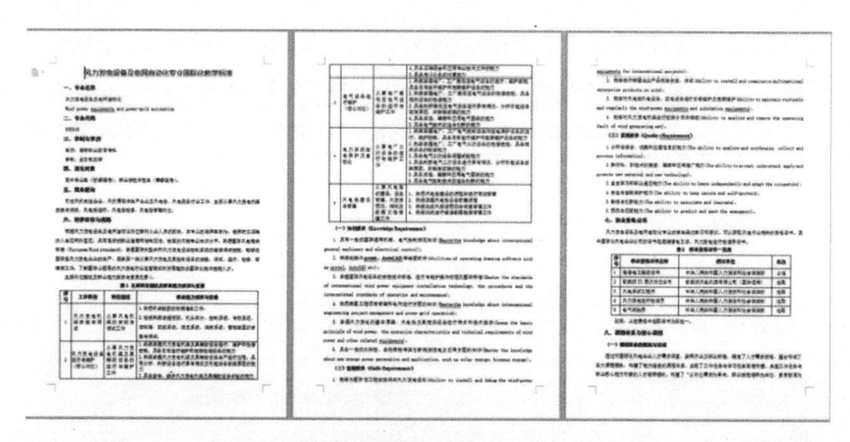

图 4-49　国际化专业标准

图 4-50　风力发电工程技术专业学生国际化实践课程

天津轻工职业技术学院承担了天津市教委风力发电工程技术国际化专业教学标准建设项目，借鉴与德国国际合作机构 GIZ 合作项目的成果，完成了国际化专业标准建设项目任务（如图 4-49、4-50 所示）。

借鉴“鲁班工坊”课程内容，联盟院校建设了适合印度新能源专业课程体系的《光伏发电技术与应用专业国际化教学标准》，丰富了相关专业资源（如图 4-51 所示）。

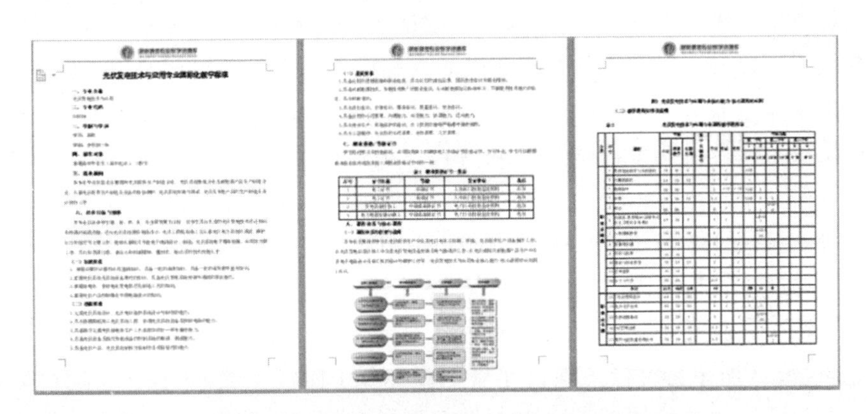

图 4-51 光伏发电技术与应用专业国际化教学标准

酒泉职业技术学院组织联盟内院校包头职业技术学院、湖南电气职业技术学院及天津轻工职业技术学院共同制定了风电系统运行与维护专业的教育部高等职业学校专业教学标准；乐山职业技术学院牵头制定了光伏材料制备技术与硅材料制备技术 2 个专业的教育部高等职业学校专业教学标准。参与标准制定人员均为新能源类专业教学资源库联盟内成员（如图 4-52 所示）

图 4-52 联盟成员牵头制定高等职业学校新能源类专业教学标准

2. 高起点、高水平、高质量建设资源库，促进新能源类专业“双高”建设

《国务院关于加快发展现代职业教育的决定》提出，“构建利用信息化手

段扩大优质教育资源覆盖面的有效机制，推进职业教育资源跨区域、跨行业共建共享，逐步实现所有专业的优质数字教育资源全覆盖”。资源库项目团队从顶层设计上确立了以天津轻工职业技术学院、佛山职业技术学院和酒泉职业技术学院3所院校共同主持，9所国家级示范院校、5所国家级骨干高职院校参与，24联盟行业企业中有14家为国内外大型光伏、风电企业等新能源企业，上市公司和工业企业500强公司，中科院院士领衔，300多名院校专业带头人、骨干教师、行业企业专家、企业能工巧匠积极参与资源开发、建设，规格高，阵容强，保证了资源库建设的高起点、高规格，代表国家水平。

资源库覆盖7个新能源类专业，并实行分组管理的新模式、新机制。3所主持院校根据各自的专业优势共同合作，扩大了资源库的专业覆盖面，促进了资源库在全国范围内的应用与推广。3所主持院校先行先试，制作推广材料，分区域联合各自负责的参建院校、合作企业、行业协会，派专人进行应用推广培训，收集反馈意见，使得资源使用推广基本覆盖全国。

资源库联盟成员单位分工明确，有效分解资源库建设任务，提高了资源建设质量。3所主持院校在项目建设工作中分工协作，把30所联盟院校分为公共平台课程、光伏领域、风电领域、新材料新技术四个工作小组，各自发挥专业优势。建设初期，3所主持院校统一进行项目分解分工，制定资源标准，建设过程中，主持院校分别对各自所负责工作组的资源进行审核和指导，完成了项目实施过程中的实时控制。验收期间，分组进行资源复查和建设成果收集，有效地保证了资源质量（如图4-53所示）。

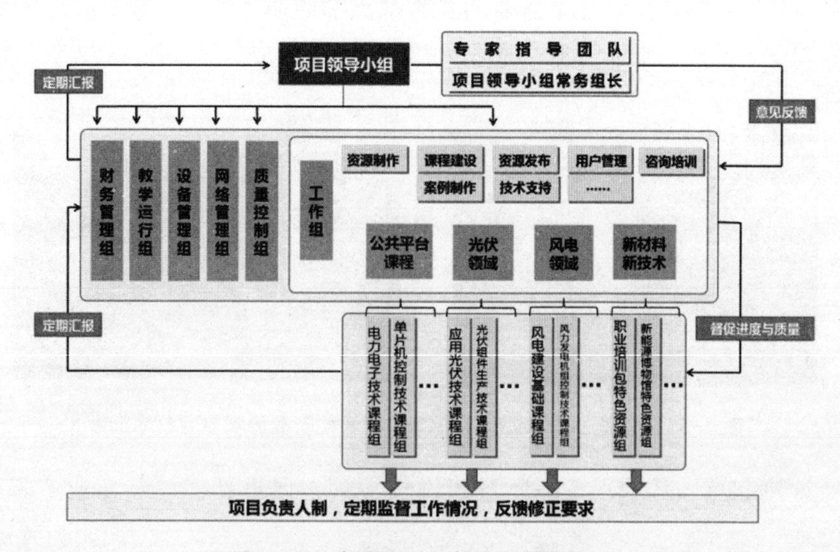

图4-53 资源库三级管理组织机构

资源库的建成为新能源类专业建设提供整体解决方案，先进、实用、通用、开放的教学资源库为职业院校新能源类专业的人才培养、专业建设、课程建设、教改科研提供了人才培养方案、课程建设方案、课程实施方案、典型教学录像等可供借鉴的指导性资源，降低职业院校调研、考察的资金投入，规范性的专业建设与课程教学内容，缩小了不同职业院校人才培养水平差距，提高了全国新能源类专业的职业教育整体水平，推动现代职业教育体系建设。联盟院校共计建设省级特色专业 17 个，获得省市级以上教学成果奖 27 项，完成省市级以上教改课题 17 项，开发编写十二五、十三五规划教材及相关教材 54 部，发表论文 223 篇。

二、深化产教融合，驱动新能源行业产业企业快速发展

1. 产学研协同创新，增强新能源产业核心竞争力

资源库建设坚持“以学习者为中心”的导向，重视聘请研究机构、行业专家、教育专家、企业专家、网络技术专家参加项目建设团队，多方分工协作，协同创新、分类集成优质资源。发挥团队优势，集合行业、企业及岗位标准，保证资源充分、冗余的基础上，突出资源分类集成。在具体的资源建设中瞄准企业需求，剖析岗位能力，兼顾不同类型学习者的需求，确定课程体系、专业标准、人才培养方案；遵循“一体化设计、结构化课程、颗粒化资源”的逻辑构建全新课程体系。依托新能源发电技术主线，建设光伏发电技术与应用和风力发电工程技术两个专业领域，并按照产业发展分为前端、中端、后端。通过产学研合作，校企协同创新，促进了产业、行业、企业技术技能积累，开发出丰富的教学培训资源为行业、企业技术研发、自主创新提供资源和技术支撑，增强了新能源产业的核心竞争力。

资源库与所属的新能源企业，如天津英利新能源有限公司、天津明阳风电设备有限公司等多家行业内骨干企业合作，深入企业生产车间，在满足企业生产流程和技术保密要求的基础上，录制实际操作工艺，组织编撰和制作成企业生产工艺案例，在资源库平台设计并发布了一门“新能源企业工艺与技术”实训课程。该课程集合了 100 余个视频，300 余道闯关题，课程内容包含风力发电、光伏发电产品生产、制造，风力发电机组及光伏电站安装、运行，风光储互补系统实际应用等视频资源，完整地再现了现代新能源企业的最新技术。

资源库的建设与行业对接，与企业共建，以企业技术应用为重点，建成了相关资讯网站。利用平台的多元互动，搭建时时、处处、人人的无界化互动平台。资源库及时更新行业概况、前沿技术、标准规范信息，企业和学校

可以在平台上迅速获取最新的行业信息，查找相关的行业规定和标准。

资源库不仅汇聚了一流的资源和一流的技术服务，也为校企合作和技术交流提供了平台。网站发布国家、省市、企业的科研计划，院校教师和企业技术人员可跨区域组成服务团队，参与申请，线上、线下结合进行项目建设与服务。例如天津轻工职业技术学院与天津蓝天太阳科技有限公司共同合作，承接了“航天技术地面应用”科研项目，项目经费50万元；酒泉职业技术学院承担甘肃省高等学校科研项目——“荒漠气候下不同光伏发电系统发电性能的对比研究”项目，项目经费13万元。2018年海南省高校科研项目“基于运动传感器实现风扇智能化的研究”，项目经费8万元。联盟院校三年来共计完成省市级以上科研项目52项，服务产业能力提升显著。

2. 培养培训全方位，支撑新能源产业发展新动能

资源库建设以学习者的技术技能培养为宗旨，资源建设设计中重点突出了教育教学和职业培训资源，实行学生教育培养和企业培训相结合，打造产业级的教学资源库。在建设、推广与应用方面，借助行业、企业引领新技术的优势，2015年主持院校与天津市新能源协会达成共识，将企业最新工艺、最新技术、典型岗位流程形成可观的视频资源，归纳整理出一套完整的工作或训练过程，并序化成一门典型的培训课程，为学生的职业认知、新入职员工培训、社会人员技能提升提供了技术支撑。

行业协会对资源库平台已建成的18门标准化课程和21门个性化课程进行分析和筛选，将适合新能源企业员工学习的优先推荐给企业，鼓励企业将这些课程的学习纳入员工继续教育选修课程并计入学时，不断提升员工理论知识的系统性和技术技能的实践性。协会多次在大型会议上进行推广宣传，并将资源库平台链接至协会网页，方便员工找到学习通道。目前，已组织20余家协会会员企业进行相关的课程培训，企业员工学习积极性较高，资源库平台的企业员工注册人数已达到3000余人。

同时行业协会和企业合作，根据企业年度员工内部培训计划的需求，适度安排资源库学习频度和学习时间，企业员工可利用APP客户端，在上下班的途中学习讨论，实时观看工程视频并与教师在线上即时互动，及时解决工程中遇到的问题，从而达到培训的预期效果。

职业培训资源包含考证培训资源、师资培训资源、职业技能竞赛培训资源、行业新技术培训资源四部分，联盟院校先后到广东爱康太阳能公司、明阳新能源投资控股集团有限公司、天津蓝天太阳科技有限公司、歌美飒风电（天津）有限公司等百余家企业进行技术服务，技术培训，累计培训达140余

次，截至目前，企业员工注册人数达 3000 余人，员工使用平台学习频度高、累计学习时间长，实现了资源库助力企业员工技术提升的功能。

3. 资源库生态建设，创造新能源产业建设新环境

党的十九大报告提出，加快推进绿色发展，建立健全绿色低碳循环发展的经济体系，构建清洁低碳的能源体系，倡导绿色低碳的生活方式。“新能源”已成为生态建设的关键词，也成为社会大众关注的一个绿色环保关键词。普及新能源知识，增强节能减排意识是一个重要的社会课题。

根据教育生态学的原理，我们在设计资源库时，按照相关技术标准和规范来整合文本、图形图像、视音频、课件、试题等各种资源，最终形成一个具有学习、管理、交流以及共享的数据资源库，各种资源互相影响、互相依赖、相互作用，真正做到资源的动态循环。

首先，制定了《新能源类专业教学资源库建设技术标准》，对文本、图形/图像、音频、视频、动画、微课、虚拟仿真、PPT 等素材的开发标准进行了规范，有利于学习者交流和学习，实现资源的共享和资源库维护管理。其次是实现了资源的开放共享，方便使用者很快找到所需要的资源，提高教学资源库资源的使用率，使教育者、学习者、使用者处于不断互动的生态环境中，资源库置身于一个开放的系统环境当中才能体现生态化的特点。然后是建立了资源的持续改进系统，资源库的可持续发展是生态化的最重要特点。最后是教学资源库网站设计界面清晰友好，搜索界面简单便捷，目录索引操作简易，有利于资源访问，也有利于资源的查询，体现了生态化设计和建设理念。

资源库特别设计了“新能源博物馆”、“企业案例”等互动性强、接近民生的特色资源，为社会各类人员提供了一个自主学习和信息交流的服务平台，实现时时、处处、人人，满足个人终身学习的需要，体现“人人为我，我为人人”的奉献精神，发挥资源库有效服务社会的功能。

三、聚焦职教特色，促进新能源教育教学提档升级

1. 高素质双师建设，打造资源开发“国家队”

在资源库建设过程中，主持院校组织联盟内教学团队、专业带头人、骨干教师、行业专家、企业技术人员一起完成了专业调研报告、专业教学标准、人才培养方案、课程标准的制定工作，共同确定教学内容，制作授课课件、教案、文本素材、图形/图像素材、动画素材、视频素材、虚拟素材等，参与团队遍布全国 20 多个省市。

资源库经过三年建设，项目团队在不断探索、相互交流中快速成长，教师在技能大赛指导以及各类评奖活动中，获得省级以上教学名师、五一劳动

奖章、黄炎培优秀教师共计 54 人次。部分教师承担了教育部“专业标准”的制定，做着在线开放课程负责人、全国职业院校技能大赛裁判员、监督员等的重要工作。通过资源库建设，形成了一支跨校跨区的新能源类专业及课程建设的“国家队”，加快了师生角色转换，促进了教学和学习模式变革（如图 4-54 所示）。

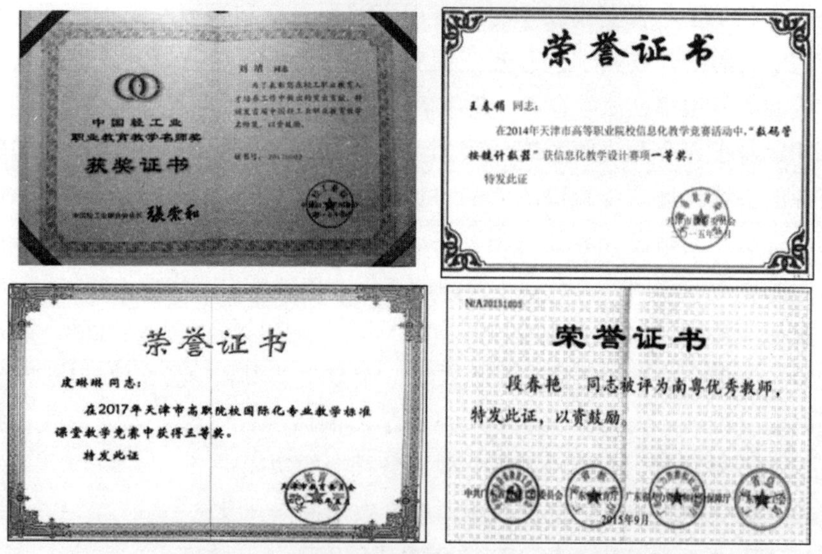

图 4-54 资源库子项目负责人部分获奖证书

2. 传承“工匠精神”，孕育“能工巧匠”

资源库建设团队在建设过程中始终弘扬“工匠精神”，坚持吃苦耐劳，追求卓越，不断提升。共建共享联盟首先制定资源审查办法，形成劣质资源淘汰机制；其次建立完善的参与院校进入和退出机制，确保资源制作人员水平，定期召开资源建设进度会议，表彰先进督促落后。教师在资源建设上以用户体验为终极目标，重视用户反馈。在资源的生产端保障了“产品质量”，充分体现了高职教育领域的“工匠精神”。教师先后在全国职业院校信息化大赛获得一、二等奖 4 人次，全国职业院校微课大赛获奖达 20 余人次（如图 4-55 所示）。

图 4-55 联盟院校教师各类竞赛部分获奖证书

与此同时，在教师“工匠精神”的感召和专业指导下，联盟内多所院校指导学生参加全国、省、市职业技能大赛并取得了优异的成绩，获奖学生达 300 人次，并向社会输送了近千名“能工巧匠”（如图 4-56 所示）。

图 4-56 联盟内院校学生部分获奖证书

3. 创建“个性化课程”，提升“创新创业”能力

资源库中不仅有面向全日制在校学生的 18 门标准化课程，还有 21 门对接生产技能培训和个人技能提升的个性化课程。为提升在校学生和社会人员的创业创新技能提供了大量优质的免费资源（如图 4-57 所示）。

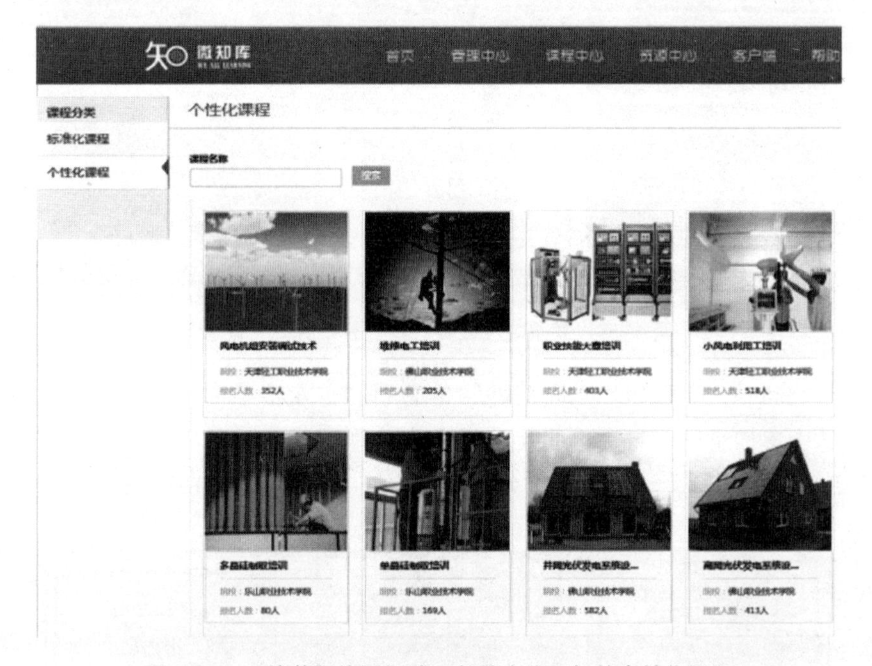

图 4-57 以培养新能源领域双创能力为目标的个性化课程

如“离网光伏发电系统设计与施工”个性化课程即是为太阳能应用领域的中小微企业创业人员量身打造。该课程强化知识性和实践性的统一，做到教、学、做结合，相关从业者学后可从事初级光伏发电系统的设计、安装施工与维护等工作（如图 4-58 所示）。

图 4-58 “离网光伏发电系统设计与施工”个性化课程

四、服务国家攻坚战略，助力新能源经济振兴计划

1. 服务国家精准扶贫战略，助力“三农”和西部地区可持续发展

2015 年《中共中央国务院关于打赢脱贫攻坚战的决定》公布了我国关于脱贫攻坚的“顶层设计”。资源库项目组重视服务“三农”、服务西部地区经济发展，资源库建设牵头单位之一酒泉职业技术学院本身就是一所西部高等职业院校，联盟内有中西部、西部院校 6 所，这些联盟院校自身承担有扶贫攻坚任务，长期致力于服务“三农”建设，利用教学资源库的线上线下资源，开放共享式服务，精准式导向服务，实现教学资源扶贫，大大地延伸了教育扶贫的范围。

图 4-59 甘肃对口扶贫光伏电站

作为主持院校的酒泉职业技术学院主动担当，探索“资源库+精准扶贫”的建设模式，创建了资源库应用精准扶贫的案例，取得了积极的成果。2016 年，酒泉职业技术学院利用新能源专业资源库资源，开展对口扶贫地区甘肃省玉门市独山子乡源泉村农民培训，通过光伏电站建设、运行与维护技术的培训，使当地农民掌握了光伏电站运行和管理技能，并建成了玉门市首个 100 千瓦村级光伏电站，于 2017 年 1 月 13 日正式并网发电，累计发电 14 万千瓦

时，每年预计收入 9 万元，8 年可收回建设成本。在不破坏自然生态的前提下，实现贫困群众“阳光增收”，为到 2020 年实现农村贫困人口脱贫，全面建成小康社会的战略做出了贡献。

2. 服务“一带一路”倡议，助力新能源产业国际化发展

新能源类专业根据“走出去”企业的人才需求，探索了“校、政、社、行、企”服务国际产能合作的新载体--“鲁班工坊”，建设过程中以教学资源库为重要支撑，培养具有国际视野、通晓国际规则的新能源类专业技术技能人才和中国企业海外生产经营需要的本土人才。

2017 年，天津轻工职业技术学院携手中国优秀企业在印度金奈理工学院建立了“鲁班工坊”并揭牌启运。通过“共研、共建、共用、共享、共赢”的五共机制平台，与印方合作打造适合印度职业教育的教学标准，系统地支持印度职业教育建设。在充分调研印度本土对专业人才培养需求的基础上，分析专业所需能力，提炼知识点、技能点，整合课程体系，制定了适合印度光伏发电技术与应用专业的国际化专业教学标准，开发了“风光互补发电技术”双语课程标准、双语课程资源并出版了双语教材。同时还将新能源相关的中国技术标准输出到印度，通过资源库典型国际案例模块，采用线上线下混合式教学，高效地为印度培养教师、培训学生。先后携手多家中国优秀企业在当地落户，并与 5 家在印大型中资企业签订订单培养协议，加速培养当地熟悉中国设备和技术标准的技术技能人才，肩负起职业教育服务“一带一路”倡议的历史使命（如图 4-60 所示）。

图 4-60　印度“鲁班工坊”建设成果

第五节 项目典型学习方案

一、学生线上线下学习案例

1. 学生“互联网+课堂”学习模式

“互联网+课堂”应用模式借助信息化手段，将“互联网+”平台与日常教学有机结合，构建符合职业教育特色的沉浸式教学模式。教师可将专业课程内容设计融入智能化“触发型”教学应用场景中，将一个个教学资源打造为可感知学生行为的“学习触点”（具体学习内容），学生“畅游”在信息化的学习情境中，根据自己的学习兴趣及知识掌握情况，自主、自助规划学习路径，顺利学习，渐进实操，轻松掌握学习内容。

（1）应用于课堂学习

“互联网+课堂”应用于日常课堂教学，采用便携式电脑、智能手机等数字化设备，教师可根据课程内容设计全息化的教学应用场景，将一个个教学载体打造为可感知学生行为的“学习触点”，学生根据自己的学习兴趣及知识掌握情况自助学习，以提升课堂学习效果与教学管理精度（如图4-61所示）。

图4-61 “互联网+课堂”模式应用于课堂教学场景

（2）应用于实训学习

在“互联网+课堂”教学模式中，教师将课程内容与教学场地（设备）有机融合，将课程关键知识点作为“学习触点”部署在教学场地（设备）上，并将教学任务进行分解、安排，确定课前学生学习安排、课中教学组织实施及课后学习落实内容。学生根据实训中的情况，自己的学习兴趣及知识掌握情况，在教师指导别的小组的同时自助下载设备操作视频、安全操作规范、技术规程等学习。学生完成实训任务流程为：①通过扫描实训设备上的二维码领取小组实训任务；②在任务完成过程中，学生通过扫描现场的二维码掌握任务知识点解析知识，并在完成实训项目的操作后，通过手机完成实训任务的提交；③教师可知道学生已经完成了实训任务并可选择进行综合的讨论或评分（如图 4-62 所示）。

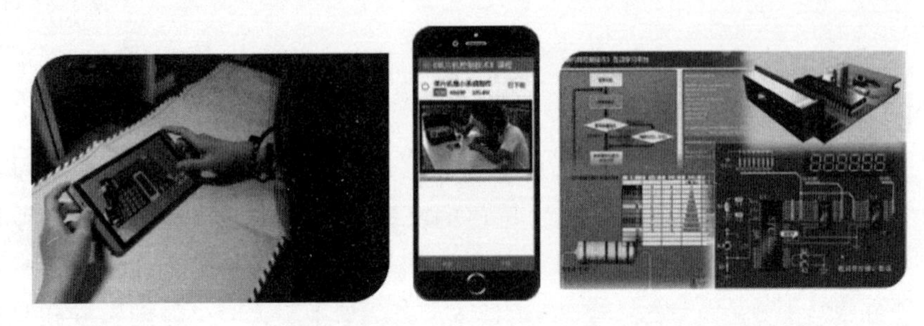

图 4-62 “互联网+课堂”模式应用于真实/虚拟实训教学场景

（3）应用于课本学习

针对学生目前在课本学习方面，教师无法知晓学生学习进度、学习情况，课本内容晦涩难懂学生掌握困难，课本内容互动无法实现，“书是书、网是网”，课本与课程资源毫无关联等问题，“互联网+课堂”模式应用于课本学习给出的解决方案是：借助大数据等方式为教材设计（配置）相应的动态资源，为学生课本学习中抽象的理论图文提供形象的动态呈现与学习互动，以弥补纸质教材图文资源呈现方式的不足，提供动态的资源呈现（音视频及动漫虚拟化资源），并通过与课程平台联动，进行测验、互动等个性化学习，从而提高了学生的学习兴趣（如图 4-63 所示）。

图 4-63 交互式电子教材与扫码学习场景

（4）应用于课余学习

基于传统教学理念因素的影响，教师对线上组课、课程共享缺乏积极性，更谈不上多位教师在线协作课程设计。教师仅布置课后作业让学生在线完成，学生迫于教师课业的压力上线学习，在线学习缺乏积极性。“互联网+课堂”模式提供了学生随时随地学习的可能性，有利于提高学习兴趣（如图 4-64

所示）。

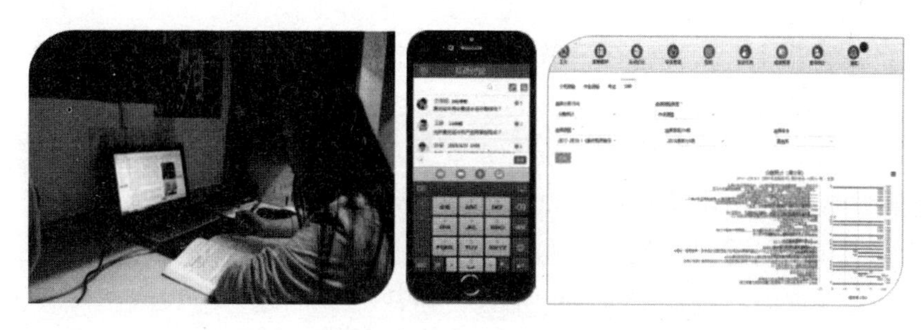

图 4-64 “互联网+课堂”模式应用于课余教学场景

2. 学生线上线下“能学”设计

践行“互联网+课堂”教学模式有效解决了纯在线模式在教学支持和教学效果方面的问题，其教学质量和教学效果大大超越传统教学。从“互联网+”角度来看，是符合将传统教育产业的价值通过互联网进行传播从而产生新的价值的一种教学模式。“互联网+课堂”教学模式立足个性化和协作化相结合，既尊重个体的学习习惯、学习兴趣，又能根据不同的认知能力构成协作小组，教师全程引导，既能让学习者根据自身能力进行分层递进式学习，又能让学生在合作中取长补短，促进学生间情感交流，将学习动力进行内化，实现主动学习，获得适合自己需求的教学体验和知识能力（如图 4-65 所示）。

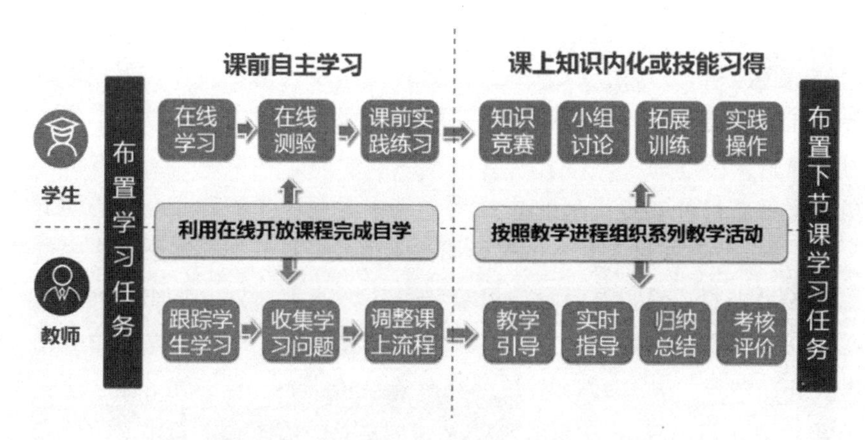

图 4-65 基于课程平台的“互联网+课堂”学习模式

3. 学生线上线下“能学”实施方案

（1）教学准备

在本环节，教师组建课程教学团队，对团队成员进行合理分工，完成课程的教学设计、内容准备、资源整合和优化、构建教学场景和任务、确定各个学习任务的评价方式和内容。教学准备主要体现在如下几个方面：一是在教学设计上，有明确的教学目标并体现个性化教学要求，考虑学习者差异；二是教学内容具有足够的广度、深度，保障内容的先进性和时效性；三是教学准备过程中区分线上线下教学资源的区别，线上教学视频具有正确的时长和清晰度；四是线下教学秉承翻转课堂的特征，以讨论、实践、应用和探究为主，关注参与线下学习的学生个体，注重面对面交流；五是设置合理的答疑环节，及时反馈并解决学生问题，组织线上线下的交流和互动；六是教师为学习者开发多样化的考核评价手段，符合课程同行和第三方评审要求。

（2）课前自学

学生在平台接收课前任务公告，学生可以通过扫描公告内二维码观看课程平台的视频和多媒体资源，明确了解课程的教学目标、教学任务和教学内容组织过程。在数字化教室中，利用教师事先录制的视频学习理论知识，进行练习和自测，并以自组织的形式参与到网络讨论中，总结出有探究意义的问题，初步完成对线下知识应用和创新阶段的准备，教师同步做好线下或者线上虚拟课堂，为协作式和探究式个性化教学的组织做准备。在整个实施过程中，采用合作学习来获得知识和自主学习体验、建构属于学生自己的知识体系（如图 4-66 所示）。

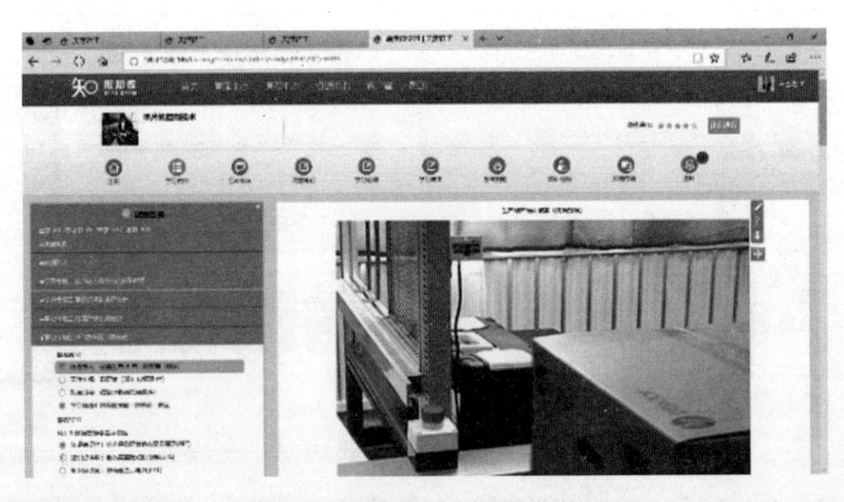

图 4-66　课前自学—仿真教学视频

（3）课堂学习

在课堂学习环节，教师首先构建完整明确的学习场景，抛出多个教学相关的学习任务或讨论主题。在确立场景和主题过程中充分使用师生协商机制，即学生选择教师提供的多个主题之一，也可以自主确定相关主题。首先，学生根据自己的学习能力或者教师建议选择独立探究学习或者协作学习，在这个过程中教师进行个性化的指导，聆听并记录学生学习的难点，观察学生的总体表现，判断教学目标是否实现教学重点；其次，学生展示学习成果，进行学生间、组间交流，也可以在平台上提交学习疑问进行网上交流；再次，教师对成果进行评价，对重难点进行讲解和答疑解惑；最后，教师直接根据学生表现评定学生成绩，也可通过布置习题或者测试来评测学生知识技能掌握程度（如图 4-67 所示）。

图 4-67　应用资源库平台辅助课堂教学

（4）协作学习

协作学习的主要元素由协作小组、成员、辅导教师和协作学习环境组成。协作小组是协作学习模式的基本活动单元，一般协作小组的人数不能太多，通常以 3 至 5 人比较合适。成员是指学习者，成员的分派依据学习成绩、认知能力、认知方式、性格差异等因素实施。辅导教师是协作学习质量的保障，教师也要转变角色，从知识的灌输者变为协作学习的组织者与帮助者，变学生的被动接受为主动求知，给学习者更大的自主空间（如图 4-68 所示）。

图 4-68 线上线下协作学习

（5）个性化学习

“互联网+课堂”的信息化教学以为学习者个性化学习提供教学产品、模式和平台为目标。在进入学习前，学习者进行自我评估，在学习过程中，学习者和教师通过平台大数据，分析判断学习程度、学习效果，进行补充式的自我学习，即通过特定知识点间的有效链接，获得完成当下任务或者学习当前知识点所需要的前续知识，知其然并知其所以然（如图 4-69 所示）。

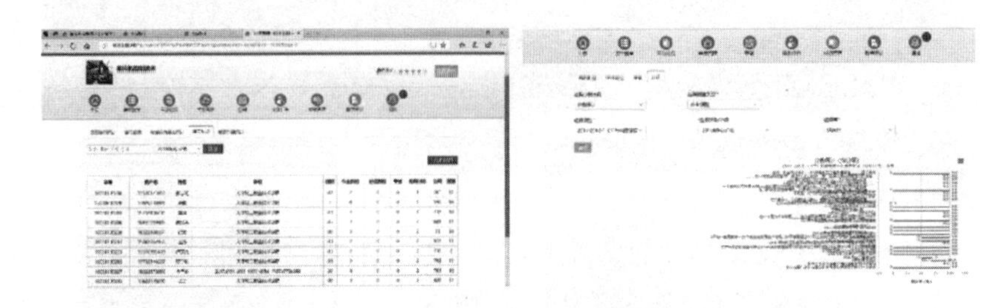

图 4-69 学习行为跟踪，数据统计分析

（6）课后提升

课后教师需要布置任务以拓展学生知识面、提升学习能力。任务的形式可以是对知识技能的综合应用，完成大型的项目，也可以选择合适主题进行探究学习。课后学习活动需要依托系统化学习平台来获得拓展任务，上传过程性资料，进行网上讨论及训练成果的评价。组织实施形式应该多样化、个性化，教师定时进行课后学习的监控和答疑，鼓励创新和探索，激发学习兴趣，激励学生独立完成相关任务（如图 4-70 所示）。

图 4-70 课后多维度立体化互动交流

（7）反馈评价

互联网环境下的教学评价根据学习者的不同特质进行制定，强调学生的差异性、测试场景的复杂性和有效性，形式多样，注重学习过程的阶段性考评，累积学习者个体学习状态和结果数据，通过大数据进行个体学习分析，不断制定和调整学习计划和习惯，促进个人学习经验的积累，最终提升自主学习和协作学习的能力，从而完善整个“互联网+课堂”教学模式，提升教学能力，推动教育改革（如图 4-71 所示）。

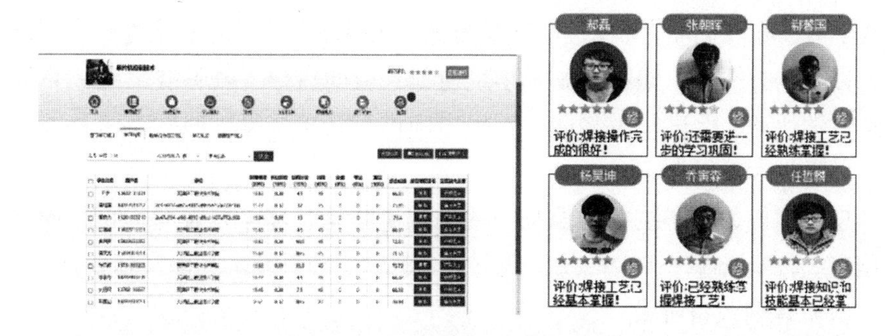

图 4-71 及时反馈课后测试结论

二、教师线上线下教学案例

1. 教师线上线下混合式翻转课堂设计

教学中根据实际需要将传统课堂面授与网络在线学习相结合，在学习资源的设计与应用上，将在线课程资源与传统教育资源结合应用，在教学互动上实现传统课堂互动与网络教学互动的有效组合。有效解决教学过程中因实训设备不够、师生互动不多、评价体系不足等问题，对教师的教学困扰、学生的学习效果以及课程目标达成存在的影响。在该模式的教学应用中，教学活动主要分为在线模式的课前预备、线上线下混合的课中教学和在线模式的课后提升三个阶段（如图 4-72 所示）。

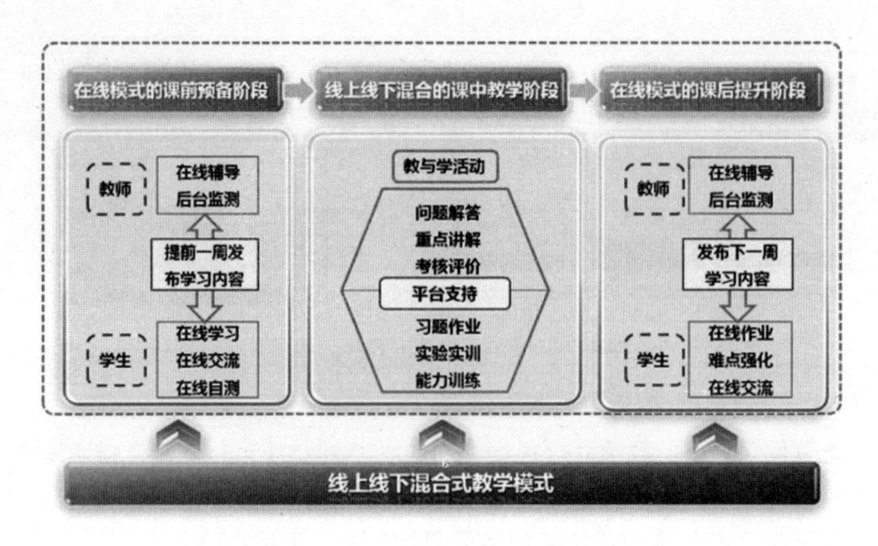

图 4-72　线上线下混合式教学模式

2. 教师线上线下混合式翻转课堂实施方案

教学设计重在实现学生知识获取与应用能力的协同发展，通过在线课程的支持以及教学中的任务、项目组织来提升学生自主探究与协作能力。通过在线学习、在线交流（发帖）、在线测试、在线培训、互动系统等平台辅助功能，以课程为中心，辅以答疑、小组内部及组间讨论、教师线上线下指导等互动教学活动，促进师生之间、学生之间进行资源共享、问题交流和协作学习，增强教学吸引力。

现以“电力电子技术”课程中的单相半波调光灯电路授课为例，阐述基于国家级教学资源库平台的线上线下混合教学实施过程。具体实施如下：

（1）课前预备阶段

课前预备阶段主要采用在线模式，学生可应用资源库平台在线学习。通过新能源专业教学资源库的建设，资源库已按颗粒化的形成贮存了大量的资源，包括了各知识点、技能点的文本、图形/图像、动画、音视频。教师可利用资源库附带的网页编辑器输入文本，个性化地调入资源库中的各种资源，组合形成具有个人特色的备课教案、授课演示文档。资源库设计了课程开课信息的发布，包含 PC 端的信息发布、手机端的信息推送、班级学生名单的生成、学习小组的分组等在线操作功能。资源库还拥有强大的题库功能，教师在课前事先布置好课堂作业题或工作任务，以便在课堂上或课后予以发布，当然也可制作预习资料（如观看一段视频，阅读一些概念，观看一些案例等）以供学生在课前学习。

本次课教师将授课过程中用到的关于示波器的使用、单结晶体管的调试等文本、视频教学资源在课前组织到资源库平台，并提前一周时间发布学习内容。学生课前在资源库平台查看该任务书，结合“互联网+教材”，查看相关课程讲义、教学视频进行课前预习，通过仿真教学视频初步学习单相半波整流电路的工作原理，通过现场操作教学视频初步学习调光灯电路的调试（如图 4-73 所示）。

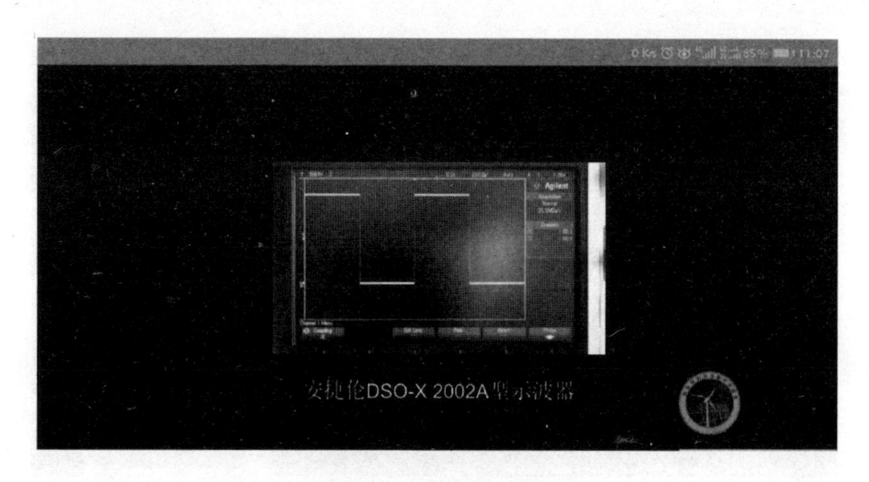

图 4-73 课前预习视频

教师通过在线辅导、后台监测学生在线学习情况，了解学生对课程的认知程度（如图 4-74 所示）。

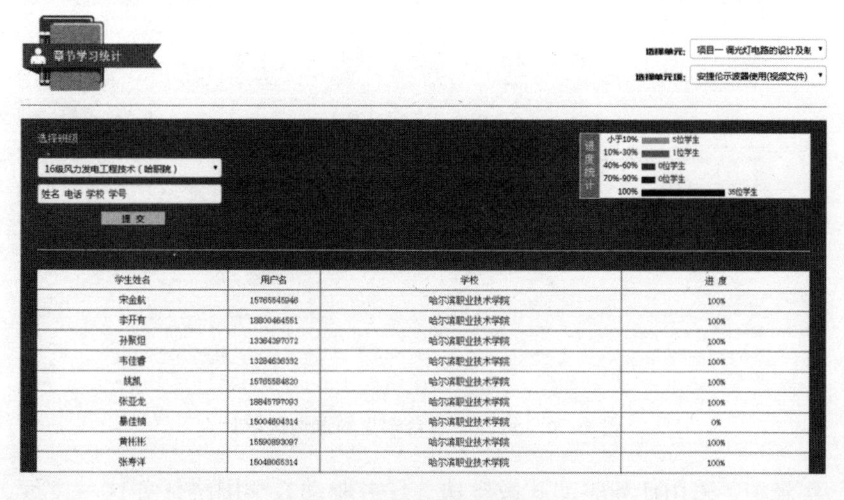

学生姓名	用户名	学校	进度
宋金航	15765545946	哈尔滨职业技术学院	100%
李开有	18800464551	哈尔滨职业技术学院	100%
孙振组	13364397072	哈尔滨职业技术学院	100%
韦佳睿	13284636332	哈尔滨职业技术学院	100%
姚凯	15765584820	哈尔滨职业技术学院	100%
张亚龙	18845797093	哈尔滨职业技术学院	100%
暴佳楠	15004604314	哈尔滨职业技术学院	0%
黄彬彬	15590893097	哈尔滨职业技术学院	100%
张寿洋	15048065314	哈尔滨职业技术学院	100%

图 4-74 学生学习情况统计

（2）课中教学阶段

课中教学阶段是整个教学模式的中心环节，主要开展师生面对面的教学活动，采用线上线下混合式教学模式。教师在课中教学阶段要做的工作包括学生点名、授课、课堂讨论、问答、作业等。资源库为此设计了课堂二维码完成扫码签到（如图 4-75 所示），资源库后台实时统计学生出勤情况，并自动形成报表（如图 4-76 所示）。

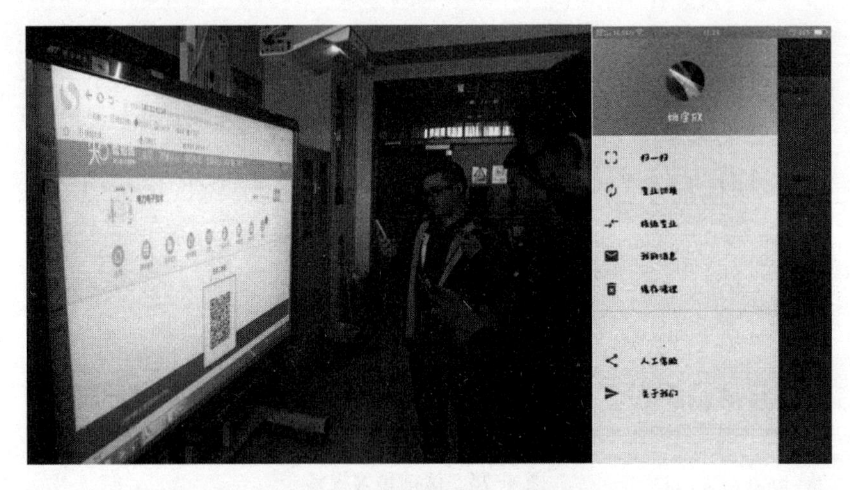

图 4-75 学生上课前扫码签到

微知库 首页 课程中心 资源中心 客户端 帮助

电力电子技术 课程评价：

主页 课堂教学 互动论坛 学员管理 签到 实训任务 成绩管理 教学统计 通知

签到人员列表

所有人员 16级风力发电工程技术（哈职院）

全部41人，已签到36人

用户名	真实姓名（升序 降序）	签到时间
18845590702	黄猛	2018-03-23 07:56
15590893097	黄彬彬	2018-03-23 07:55
15590896529	黄天祥	2018-03-23 07:56
15645145613	马小雪	2018-03-23 07:56
17745689196	马天浩	2018-03-23 07:56
15985127238	钱洪友	2018-03-23 07:56
18845787149	金霏	2018-03-23 07:56

图 4-76 资源库后台学生到课情况统计

实施中，采用任务驱动式教学法。任务驱动教学围绕任务这一主线，实施“任务的导入—任务分析与案例演示—任务实施与协助指导—任务完成与总结”等几个主要的教学活动和教学环节。具体如下：

1）任务导入

通过资源库平台，针对单结晶体管的调试开展抢答活动导入课程，巩固预习知识的同时也激发学生的学习热情。教师通过平台统计迅速了解学生预习的情况，相较传统教学，能更好地做到个性化辅导。通过播放案例视频，仿真视频，学生能清晰地认识调光灯电路的工作原理、电路设计与调试，以及本次课的任务（如图 4-77 所示）。

图 4-77 课堂教学——任务导入

教师通过展示相关案例给学生，分析其中的技术要点和功能，明确课堂活动的目标。在任务导入时，教师既要考虑学生的实际水平和课前学习程度，也要考虑任务所包含的知识的串连性和难度。

2）任务的分析与案例演示

设定了课程任务目标后，后续的活动就是如何解决问题，完成任务。由于学生在课前需要开展基于资源的课前预习，因此课堂中教师将聚焦具体任务，通过案例演示让学生理解知识及其应用情境。当然，为弥补学生课前学习的不足，教师仍需在教学中对基础知识进行讲解，只不过在这种方法中教师是将基础知识讲解融到具体的任务分析中，重点是告知学生知识该如何应用，避免干涩地讲授理论知识（如图 4-78 所示）。

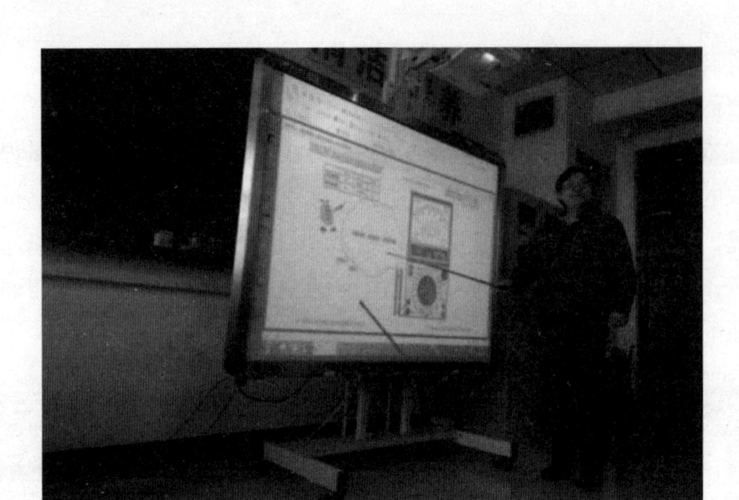

图 4-78 课堂教学—任务分析与案例演示

3）任务实施与协助指导

①Matlab 虚拟仿真

学生根据教师对任务的讲解和案例演示，自主或协作完成任务要求。分组协作完成（组员不超过 4 人），时间也相对宽松，在课后通过进一步深入学习和协商讨论完成。在任务实施过程中，教师可以“解放出来”，进行协助指导，特别对有问题或困难的学生进行针对性指导。学生使用 Matlab 仿真软件对单相半波阻感性负载电路进行仿真来学习单相半波整流电路的工作过程（如图 4-79 所示）。

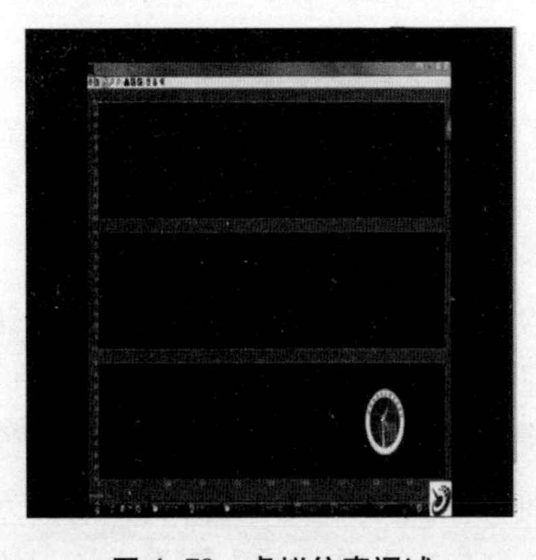

图 4-79 虚拟仿真调试

图 4-80 师生互动

仿真调试过程中，每个学生都可以使用自己的手机，把发现的问题以及调试的心得以文字的形式记录在平台（如图 4-80 所示），师生共同总结出单相半波整流电路的工作特点。虚拟仿真软件的使用弥补了硬件资源不足的问题，使每个学生都能得到技能的训练。

②单相半波调光灯电路的实验

该任务分为互动系统演示、电路调试 2 个环节。

环节一：操作演示，作为本次课程的重点，教师利用资源库中的互动系统向学生演示单相半波整流电路调试的过程，调试的过程中可以与学生进行现场交流，相比传统的教学更具备实时性和灵活性。

环节二：电路调试，在学生实战进行电路调试时，以四人为一小组，进行分组调试（如图 4-81 所示），同时要求学生记录调试流程。

图 4-81 课堂教学——学生电路调试操作

视频成果上传到网络平台上，这个过程中，学生掌握单相半波整流电路的调试，团队协作精神得到加强，解决了本次课程的重点。课后，学生在平台上完成相关作业。

结束后，平台将学生的过程成绩进行汇总，并给予每位同学个体评价。相较传统教学，评价更加方便、客观、透明。

4）任务完成与总结

任务完成后，教师对课堂活动中任务的实施情况进行反馈，提出任务实施中的关键问题和总结任务知识点，并对教学活动进行总结。资源库中还嵌入了强大的论坛功能，教师在课堂上随时发布讨论、提问、投票活动，可以全体发布，也可小组发布，还可以针对个人推送。

（3）课后提升阶段

针对课堂活动中任务完成情况的不同，学生在课后通过课程中心平台基于相应的资源进行学习提升。根据学生任务的完成情况，在课后可以通过拓展性资源进行深入学习（如图 4-82 所示），或利用教师制作的教学微视频以及课堂教学录像进行巩固学习。

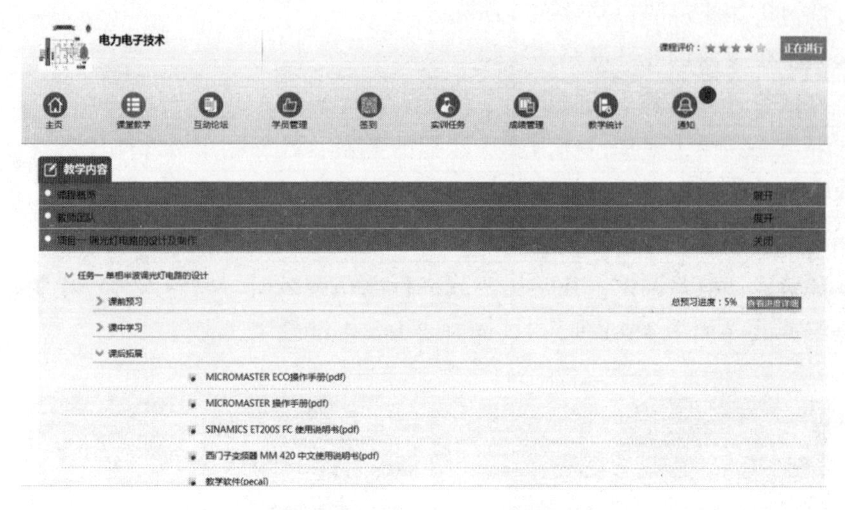

图 4-82 课后——拓展资源

同时，通过互动论坛进行课后的交流与讨论也是学习提升的一个策略。教师在课后除了与学生进行交流讨论外，还可以对课堂教学进行反思以及对学生进行评价，收集学生的相关作品，并择优上传至课程中心，以供学生参考和交流。

3. 形成以学习者为中心的在线课程资源更新迭代机制

第一阶段：线上学前准备

①教师确定初始教学目标。教师在教学规划时预先确定教学目标，也就是预先规定学生在学习后应该获得的知识与技能等，因为表现性目标不可能与教学性目标完全对应，因此教师在确定初始教学目标时需要具有一定的开放性，使教师在后期关注课程目标需求时，能够及时地调整自己的教学计划。

②学生熟悉资源并初步预习。在教师分析了教学内容的基础上，将现有的学习资源与学习内容相结合，发布适量的课前任务。每个学生带着任务去认真研读学习资料，展开思考，对自己思考获得的内容进行记录，获得初步的生成内容，这里的生成内容既可以是自己对于学习内容的想法，也可以是在课前自主学习过程中产生的疑问，将生产内容记录在平台的“学习心得”中。

第二阶段：线下课堂学习

①教师知识讲授，学生建构生成学习体系。线下的课堂学习，教师有针对性地对重难点进行讲解，运用多媒体资源开展教学活动，并且对课前任务

中收集到的问题进行重点解释。学生通过课前和课中的学习建立起新旧知识之间的联系，重新构建相关知识的体系。教师还可以提出一些问题，让学生围绕问题展开思考，产生自己的想法，并通过交流协作沟通彼此的想法，完善学生的认知，将想法记录在“课题笔记”中。

②发布课后任务。当学生将一节课的重难点知识掌握后，就需要学生对已学知识进行应用。教师向学生阐明具体的任务要求，学生进行分组，并且以小组形式认领任务。教师设计的话题要能够激发学生参与互动的兴趣；并且话题要能够留给学生一些“空白”，让他们有思考和分享自己想法的空间。

第三阶段：线上协作任务

①协作生成，求同存异。课后时间的安排问题导致学生很难经常在特定的时间地点安排小组任务，因此采用线上协作的形式完成课后任务。前两阶段学生已进行独立思考，并生成自己个人的想法，在小组成员的在线交流过程中，大家各抒己见，并从同伴的想法中获得灵感，补充自身想法的不足之处，将其记录在平台“学习成果”中。

②监督引导，评价反馈。在学生进行协作学习的时候，教师要进行及时的监督引导，若发现学生思考的方向产生偏离，要及时提出并进行适当引导。对学生的生成提供反馈和评价，让学生能够在成果汇报之前对自己已生成的内容进行完善。

第四阶段：线下成果汇报

①分享成果，获得评价。教师安排学生进行成果汇报，学生分享各自的研究成果，提出没有解决的遗留问题，将互动的范围扩大到组间，其余的同伴可以对分享的内容进行提问、质疑。教师针对学生的成果汇报进行评价，并提出改进方案，帮助学生完善认知，更新“学习成果”。

②促进内化，引发反思。教师对每一份成果汇报全面细致地反馈和评价，能够促进学生对知识的内化。

第五阶段：线上学后评价

①教师对学生的评价。教师使用平台各环节的“点评”功能，从多个维度对学生进行综合客观的评价，促进学生不断成长，使课程获得动态的发展。

②学生互评与自我评价。学生从交流协作的学习活动中认识并了解彼此的学习状况，能够从旁观者和协作伙伴的角度对同伴进行“点评”，并自行给自己评价。

三、行业企业人员“建、推、用”资源案例

资源库在建设、推广与应用方面，借助行业、企业引领新技术的优势，2015年主持院校与天津市新能源协会达成共识，将企业最新工艺、最新技术、典型岗位流程形成可观的视频资源，归纳整理出一套完整的工作或训练过程，并序化成一门典型的培训课程，为学生的职业认知、新入职员工培训、社会人员技能提升提供了技术支撑。

1. 建设企业案例课程

行业协会组织专业力量，与所属的新能源企业，如天津英利新能源有限公司、天津明阳风电设备有限公司、天津瑞能电气有限公司、天津蓝天太阳科技有限公司、天津中环半导体股份有限公司、天津东汽风电叶片工程有限公司等多家行业内骨干企业合作，深入企业生产车间，在满足企业生产流程和技术保密要求的基础上，录制实际操作工艺，组织编撰和制作成企业生产工艺案例，在资源库平台设计并发布了一门“新能源企业工艺与技术”实训课程。该课程集合了100余个视频，300余道闯关题，课程内容包含风力发电、光伏发电产品生产、制造，风力发电机组及光伏电站安装、运行，风光储互补系统实际应用等视频资源，完整地再现了现代新能源企业的最新技术。

“新能源企业工艺与技术”课程学习实施方法：

①进入资源库学习平台 http：//180. 212. 82. 145/learning/，在课程中心下拉菜单中选中“全部课程”进入个性化课程，在课程中找到“新能源企业工艺与技术”课程，进入课程学习。

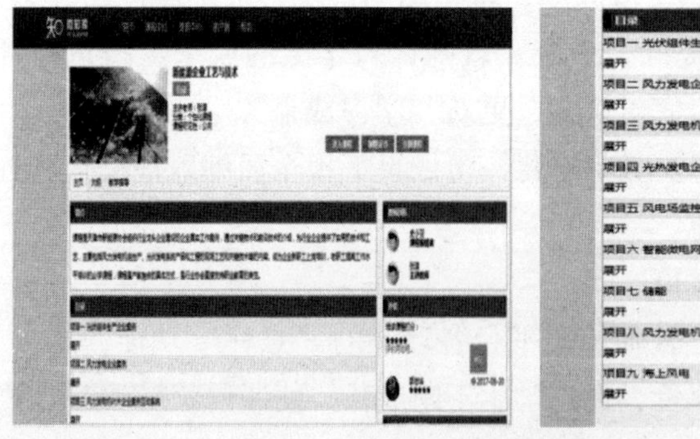

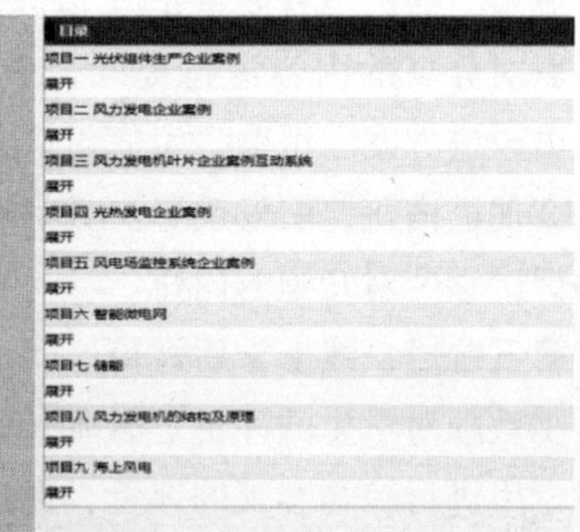

图4-83 课程学习资源

②从课程资源列表中选择九个项目，分别为光伏组织生产企业案例、风力发电企业案例、风力发电机叶片企业案例互动系统、光热发电企业案例、风电场监控系统企业案例、智能微电网、储能、风力发电机的结构及原理、

海上风电。可以根据自己的专业领域、岗位要求选择不同的模块系统学习(如图 4-83 所示)。

③在课程学习过程中随时会有闯关题目，考察学习者对内容的掌握，答对者继续观看，答错者进行巩固，巩固后直到题目答对方能继续学习（如图 4-84 所示)。

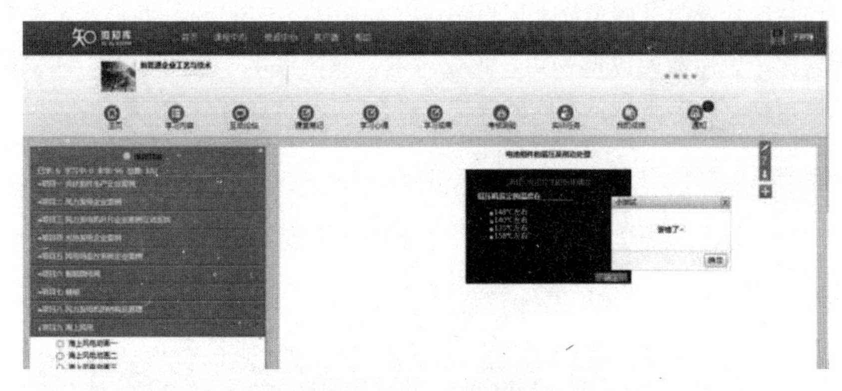

图 4-84 闯关答题界面

行业协会组织建设的课程资源，来自企业一线，同时又为企业一线服务，企业员工通过学习课程，提高了自身的技术技能，并获得了良好效果。

2. 推广应用资源库课程

行业协会对资源库平台已建成的 18 门标准化课程和 21 门个性化课程进行分析和筛选，将适合新能源企业员工学习的优先推荐给企业，鼓励企业将这些课程的学习纳入员工继续教育选修课程并计入学时，不断提升员工理论知识的系统性和技术技能的实践性。协会多次在大型会议上进行推广宣传，并将资源库平台链接至协会网页，方便员工找到学习通道。目前，已组织 20 余家协会会员企业进行相关的课程培训，企业员工学习积极性较高，资源库平台的企业员工注册人数已达到 3000 余人。

同时行业协会和企业合作，根据企业年度员工内部培训计划的需求，适度安排资源库学习频度和学习时间，企业员工可利用 APP 客户端，在上下班的途中学习讨论，实时观看工程视频并与教师在线上即时互动，及时解决工程中遇到的问题，从而达到培训的预期效果。

四、社会用户典型学习案例

资源库门户网站为社会用户开放了完备的课程资源和优质的学习资源，社会学习者可以在任何时间、任何地点使用资源库自主学习。为方便社会学习者有效使用资源库，解决学习困难，在总结国外学习咨询的先进经验基础上，充分利用资源库优质的教学资源和专家、教师等人力资源，提出基于资源库的社会学习者学习咨询解决方案，通过提供科学的学习咨询、专业的学习指导，帮助学习者定制学习方案，优化学习策略，提高学习技能，完成个性化学习。

1. 社会用户学习系统框架

门户网站专门开辟了社会用户端口（如图 4-85 所示），并设计了典型的学习模块，包括新能源博物馆、企业风采、最新资讯、微服务等。社会用户登录后根据不同需求浏览不同的模块，进而制定个性化学习方案。

图 4-85　社会用户端口学习界面

2. 社会用户学习实施方案

社会用户为了解新能源行业基本资源和新能源科普知识，无须注册登录，可以直接点击进入新能源博物馆和行业资源模块浏览。新能源博物馆提供了能源概述，方便社会学习者了解新能源的基本知识；互动乐园则方便学习者检验基本学习成果，增加了学习的趣味性；科普影院则提供了新能源相关的基础科普动画和科普视频，方便学习者快速了解并掌握知识（如图 4-86、4-87 所示）。

图 4-86 新能源博物馆-互动乐园模块

图 4-87 新能源博物馆-科普影院模块

若社会用户需要进一步深入了解新能源行业知识，则进入行业资源模块。了解新能源相关的行业动态、企业现状和各类新能源相关的网站链接，快速获取新能源方面的行业信息和资源。

若社会用户根据自身进修学习情况需要考取职业资格证书，可根据个人需要选取相应的职业培训模块自主学习。目前能够满足新能源相关的取证工种，分为维修电工、单晶硅制取工、多晶硅制取工、小风电利用工培训、Gamesa 风场技术资质 T1 培训等。社会用户进入资源库平台需要实名注册（如图 4-88 所示），注册后即可报名学习相应的职业培训模块。

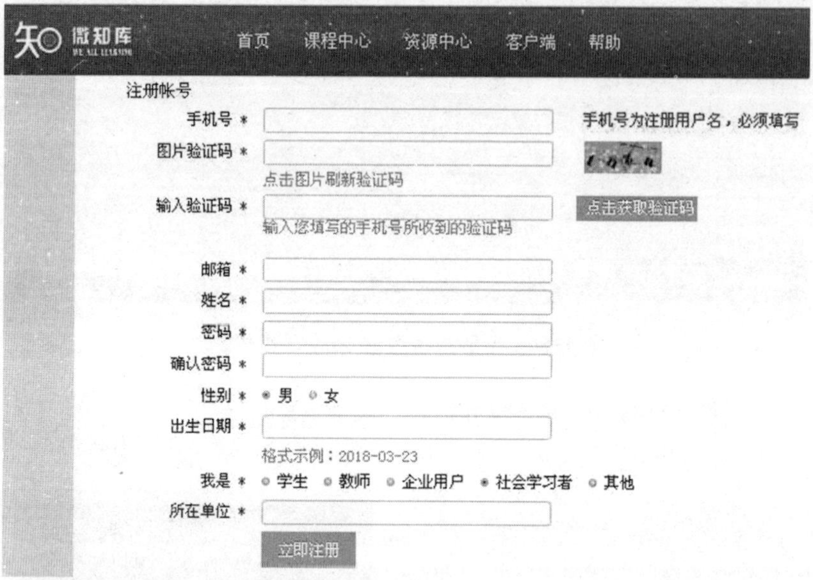

图 4-88 社会用户注册学习平台界面

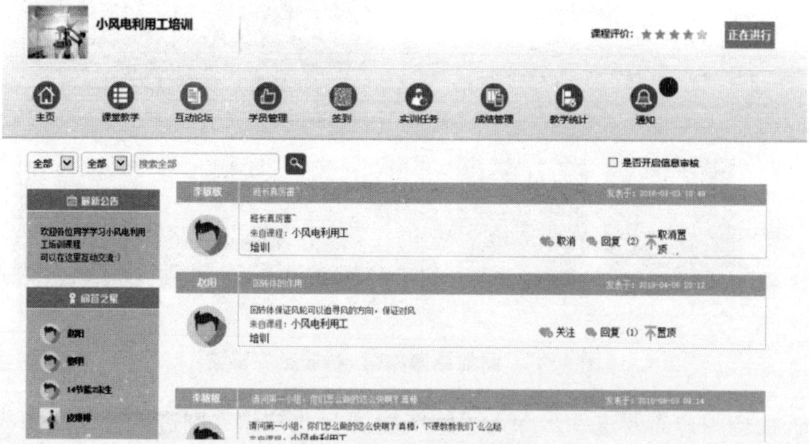

图 4-89 互动论坛等在线交流区域

培训课程包含大量的动画、视频、微课等资源，且资源全部开放给学习者。学习期间用户可通过互动论坛与其他学习者或者导师进行在线交流，或进行咨询、提问。此外，若参加该课程的在线测试，还能对学习效果进行测评，根据结果优化调整下一步的学习方案。学习者按照学习方案完成所有学习任务后，根据指导完成作业测验和考试，申请相应课程的学习证书（如图 4-89 所示）。教师检查学习情况和作业测验以及考试结果，确定是否能够发放结业证书（如图 4-90 所示），并给出进一步的学习建议。

图 4-90 培训结业证书

社会用户端口也提供了微服务，社会用户通过扫描二维码关注新能源应用推广互动平台，便能随时随地通过微信公众号了解新能源行业的最新信息，极大地促进了社会用户对新能源行业的了解，提高了参与度，普及了新能源的知识与技能。

第六节 项目共享机制设计与实践

一、成立新能源类专业教学资源库共建共享联盟

为保障项目顺利实施，2015 年由项目主持单位发起组建了新能源类专业教学资源库共建共享联盟。组织涵盖分布在全国 20 个省市的 30 所职业院校，其中 10 所国家级示范校、6 所国家级骨干校、9 所省级示范校、2 所国家级中职示范校，以及国际国内新能源行业龙头企业，国家、地方新能源主要管理、研究单位在内的 24 个行业企业，成立共建共享联盟，并制定了相关制度文件。在文件中明确了成员单位的权利、责任和义务。充分利用联盟成员单位的优质资源，共同开发、上传、使用、推广资源，最终形成功能完备的开放式专业交流与服务平台，为学生和社会学习者提供跨学校、跨地域的优质共享资源，增强专业教学资源的普适性，实现资源的共享、更新和持续发展，提高相关专业的教学成效，适应新能源产业的发展，提高人才培养质量和社会服务能力。

二、创建共享机制，完善联盟制度

为保障资源库建设项目规范、有序地进行，联盟成员定期召开共享联盟会议，广泛征求各建设组成员的意见，并参考借鉴之前国家级教学资源库建设经验，建立了一系列共享联盟机制，重点建设了校际学分互认管理办法、定期沟通协调制度、校企合作应用推广管理办法、教师信息化能力培养与考核制度等。

联盟形成《新能源类专业教学资源库共建共享联盟章程》：新能源联盟坚持以建设“国家急需，全国一流”新能源类专业资源库对接新能源装备制造产业、服务高职学生、国内外新能源行业学习者终生学习为宗旨，以校际合作为基础，以校企合作为依托，以三层次资源建设为纽带，以“能学、辅教”为定位，以提高人才培养质量为核心。联盟充分发挥行业协会、职业院校、企事业单位各自的优势，促进职教资源优化配置，通过优质教学资源共建共享，推动职业教育专业教学改革，扩展教与学的手段与范围，带动教育理念、教学方法和学习方式变革，形成灵活开放的终身教育体系。

充分发挥共建共享联盟的自身优势，为资源库的建设和应用推广做出以下重要贡献：

1. 提高了联盟成员单位对新能源教学资源必要性、重要性的认识，扩大了资源库的影响；

2. 为资源库在全国院校尤其是行业企业乃至“一带一路”推广应用奠定了组织基础；

3. 形成了资源库建设、推广、应用的基本队伍和中坚力量。

三、依托共建共享联盟，推动资源库应用推广

自资源库建设以来，所有参建院校在各区域的职教联盟、行业协会的推动下，就资源库的推广应用等开展了一系列的工作，主要包括：

1. 召开专项会议，布置全国职业院校积极参与资源库建设和应用推广工作；

2. 积极向相关行职委推荐资源库建设成果，多个学校基于资源库获得不同级别的教学成果奖；

3. 积极推动资源库项目在全国职业院校的宣讲，利用天津轻工职业技术学院承办全国职业技能大赛的机会，对全国各地的参赛职业院校进行资源库的应用推广；项目团队先后到 100 多所院校进行宣讲，有效推动资源库的应用，促进教学模式的改革；

4. 依托资源库建设的资源，积极组织教师和学生参加各级比赛，推进教学资源的更新与应用。

四、建立评定及奖励办法，保障资源库持续建设

制定新能源类专业教学资源库课程资源建设标准和质量评价标准，结合专业特点及资源库建设实际，持续提升文本、图形/图像、视频、动画等资源制作质量。为扩大新能源类专业教学资源库的使用面与受益面，各联盟成员单位积极探索共享联盟的校际学分互认，针对新能源类专业教学资源库联盟院校之间的学生，制定了《新能源类专业教学资源库参建院校校际学分互认管理办法》。主持院校分别出台了《关于专业资源库学院推广应用评定及奖励办法》以及《关于专业教学资源库单位推广应用评定及奖励办法》，从制度上保障了教学资源库的推广应用。与此同时制定《新能源类专业教学资源库项目管理办法》，从制度上保障资源库资源持续更新。

五、建立联盟院校学分互认机制，合力促进优质教学资源共享

联盟院校制定的《新能源类专业教学资源库参建院校校际学分互认管理办法》提供了能公平、公正的体现学习者真实学习情况和专业水平的评价机制。学分互认机制的实现流程为：校际共同制定联盟专业教学标准、制定学分互认课程标准、制定学分互认考核机制、组织学生完成在线课程学习、学

生通过考核获得证书、本校承认学分（如图 4-91 所示）。以“单片机控制技术”课程为例，该课程被开设此课程的联盟院校天津轻工职业技术学院、佛山职业技术学院、酒泉职业技术学院、秦皇岛职业技术学院、衢州职业技术学院、哈尔滨职业技术学院共 6 所院校选用作为授课平台。学分互认机制提高了资源库应用实效，增加资源利用率，增强学生自主学习能力，提高校际优质教学资源的使用效率，满足大众化学习的需要。

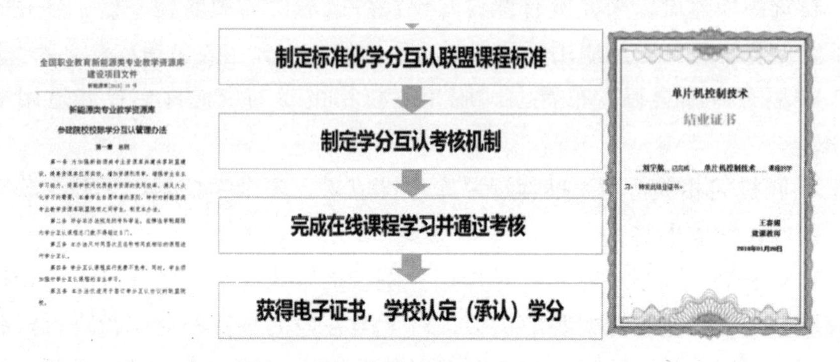

图 4-91　联盟院校学分互认机制实现流程

第七节 项目特色与创新

一、创新开发建设方法，为国家教学资源库建设提供新能源范例

资源库建设中项目团队注重自主创新、集成创新、组合创新、差异化创新，开成了独具特色的资源库“建、用、推、改、优”的建设管理、应用推广、改进优化模式，为国家教学资源建设开创了一个新能源特色的建设道路和建设模式。主要创新点表现在以下几点。

1. 项目建设团队形成“指导层、决策层、实施层”三级联动机制。在资源建设管理层面实行三级流程化管理。第一级是指导层，就关键技术和总体结构进行指导；第二级是决策层，由资源库主持院校和子项目牵头单位进行统筹规划和顶层设计；第三级是实施层，由子项目参与单位具体实现，进行资源的建设应用推广和更新。资源建设技术层面，在子项目负责人制的基础上实行三级审核制，具体资源制作人要接受子项目负责人、专门工作小组和资源库项目领导小组的逐级审核和指导。各层级、各项目分工负责，又层级融通、相互协调，形成团队一张网、联盟一盘棋，为资源库建设提供坚实的组织保证。

2. 创造性地提出了“1+2+n”的新能源类专业教学资源库建设模式，即1个资源库、2个主干专业（光伏、风电）、辐射带动其他相关专业。设计了“5+6+4+3+n”的课程结构，即5门公共平台课程、6门光伏领域课程、4门风电领域课程、3门新材料新技术课程和其他培训类、大赛类、行业企业新技术等课程，满足不同专业和人员的学习需求。创立了“一个资源中心、一个管理与学习平台”5个子项目的资源库整体架构方案。

3. 成立了新能源类专业资源库建设联盟，联盟共建单位规格高、数量多、分布广、代表性强，制定了联盟章程，建立了联盟成员的增补和淘汰机制、奖励和约谈机制，通过制定联盟管理制度，建立工作机制，发布资源标准，实现校际学分互认，实现共建共享共用，推动新能源类专业教学改革。

4. 建立了较为完善的教学资源库开发、应用、推广制度。制定了《新能源类专业教学资源库项目管理办法》《新能源专业资源库专项资金管理实施细则法》《新能源类专业教学资源库参建院校校际学分互认管理办法》和《新能源类专业教育资源库建设主持院校定期沟通协调制度》等10项管理制度。

制定和发布了《专业术语标准》《课程整体设计标准》《演示文稿技术标准》等21个标准文件。

5. 五措并举、普职融合、过程控制、层层推动的资源推广模式。实行联盟成员推广、关联单位推广、行业协会推广、普职融合推广、公益推广、社交推广、媒体新媒体推广等多种推广形式，多种形式综合利用、交互利用，开成集束轰炸式推广，建立资源库推广应用的长效机制，取得了很好的推广应用效果。

6. 资源库建设与应用全过程管理。从顶层设计到中间链条到底端触角，从碎片资源到学习情景到交互系统，实行全过程管理、全方位监控，实现“五化四覆”，即教学决策数据化、学习行为智能化、学习过程自主化、互动交流立体化、评价反馈即时化，分类用户全覆盖、办学地域全覆盖、教育层次全覆盖、学习领域全覆盖。

7. 组群建库覆盖新能源类七个专业，提升资源库服务社会附加值。“新能源类”专业是资源库的主题。在资源库总体设计阶段，立足专业群，进行顶层设计，注重服务于专业群，注重专业平台资源的规划和建设。建设的18门专业标准课程和21门个性化课程，其中包括公共平台课程、光伏领域、风电领域、新材料新技术4类课程，资源覆盖新能源类的7个专业，辐射国内相关专业，并随着新能源技术进步和教育教学改革的深化而持续更新，增强了资源库服务专业的能力，促进服务社会附加值不断提升。

8. 个性化特色化资源建设。资源库建设内容上进行了自选创新，设计了个性化课程和特色化资源，是资源库建设的一个亮点，也是资源库建设差异化创新的一个尝试。个性化课程包括培训课程和教师根据个性化需要组建的新课程，共计21门课程，包含企业案例（新能源企业工艺与技术、大型风力发电机组装配实例）课程2门，职业资格证书培训课程5门，新能源师资培训课程1门，行业新技术培训课程1门，国际化培训课程1门，职业技能大赛培训3项等。特色资源包括新能源博物馆、虚拟实训、“互联网+资源库”应用、国际案例四部分。

二、建用结合、推改结合，形成动态调整和自助平衡的开发和改进机制

资源库建设具有复杂程度高、影响因素多和建设周期长等特点，项目组预先已经考虑了技术储备和准备条件等因素，但在项目前期准备和实施过程中，受一些不可预见因素或发展形势需求变化的影响，出现了部分建设条件无法得到落实、技术路线需要进行微观调整等系列问题，基于这方面的考虑，资源库项目组在保持项目建设总量不变、项目建设进度不减、项目建设质量

不降的前提下，采取“滚动实施、动态调整”的机制，根据“边建边用、边建边推、建用结合、推改结合”的原则，在建设实施中分阶段分步骤对资源建设项目进行评估，以快速即时反馈机制为依托，依靠严密的组织系统、规范的工作机制、科学的标准设计、强大的内生动力，实行内部调整和市场调整查结合，达到资源动态调整和自助平衡，有效保证了资源高效建设。

项目建设整个过程中不断强化调研论证，根据资源建设建设要素，研究制定科学合理的计划，实行监控预警机制对建设中出现的各种复杂情况及时预判、及时反馈、及时评估、及时调整。三年来共召开联盟会议12次，项目督查督办反馈网络视频会议达150余次，调整了互动系统建设方案，VR、AR建设周期等等，利用项目团队和项目小组的自我造血功能、自我修复功能高效稳健地完成项目建设任务。

三、开发基于“互联网+”的电子教材，实现资源呈现和应用新形态

资源库较早地设计并开发了“互联网+”的电子教材，完成了18门标准化课程资源配套的新型教材，包括学习平台上呈现的交互电子教材和二维码嵌入的纸质教材。

交互电子教材以正式出版的纸质版教材为基础，对教材内容及知识点进行深度挖掘和加工，以科学直观的视、音、图、文等方式实现了教材内容的数字化、交互功能的智能化，多角度、多维度地呈现教材内容，方便学生理解和掌握教材知识，为传统教材模式向网络化教材转变提供了良好范式。强大的交互功能可以有效提高学生的学习兴趣，增加学生学习的自主性和积极性；问题提示、图文介绍、动画演示、真人实景示范可以帮助学生更好地理解问题和强化记忆，从而轻松地攻破知识难点，提高学习效率。

交互电子教材提供了一种符合目前信息化时代学习者的新阅读习惯，书网连通，实时交互，实现了独具特色的教学资源呈现新形式。

四、依托“鲁班工坊”共享专业标准和资源，服务国际产能合作

为响应国家“一带一路”倡议，作为第一主持院校天津轻工职业技术学院以印度“鲁班工坊”为载体，不断提升专业教学资源库的国际影响力，将优质教学资源共享，实现印度对我国新能源技术技能、企业标准的认知、理解与接纳，提升中国企业国际竞争力。

国际案例包括教学标准、鲁班工坊、国际化专业、职业培训、国际合作等。通过行业和专业调研，制定新能源国际化专业教学标准并实施；服务国家“一带一路”倡议，携手国内新能源龙头企业与印度合作建设“鲁班工坊”，建设优质国际职业教育共享资源；联合歌美飒风电（天津）有限公司，

建设风力发电运行维护T系列国际化证书培训取证资源；与联合国及国内研究院所合作建设培训项目资源，为阿拉伯、非洲等国家培养新能源类专业人才；与德国GIZ培训机构合作“中德风电项目——应用研究与培训”，建设风电师资培训资源（如图4-92所示）。

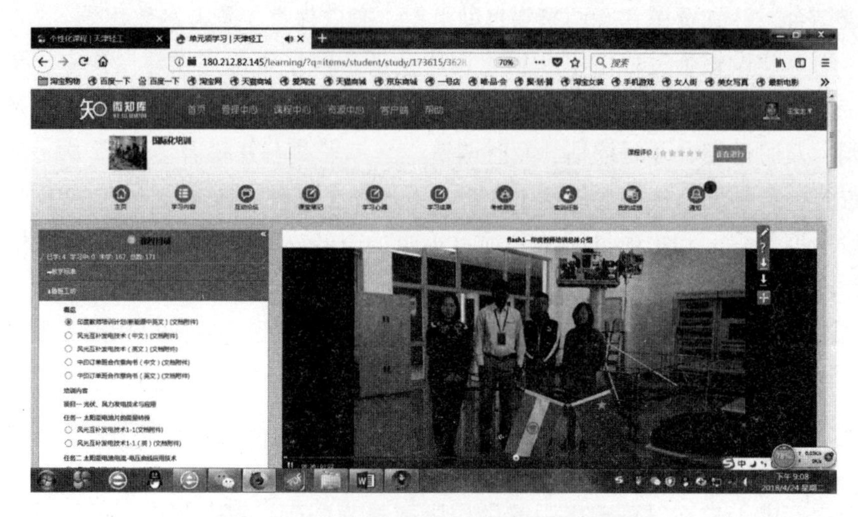

图4-92　个性化课程——国际化培训课程

中方与印度教师共研共建光伏专业的国际化标准和核心课程标准，共建共用专业教学资源，共享共学双语教材。天津轻工职业技术学院携手优秀中国企业在印度“鲁班工坊”建设了200m2新能源实训基地，利用资源库平台可以无障碍地学习英文的风光互补发电设备技术；通过与企业共建的国际化培训课程，印度教师的教学与学生的培训学习可以相得益彰；印度鲁班工坊与在印中资大型企业签约合作，借助资源库培训取证平台助力企业员工培训，与当地企业成长同步，实现专业优质资源密切整合。

第八节　项目存在的问题

一、资源库服务区域分布不均衡，推广成效存在差异性

新能源类教学资源库分布在全国20个省市的30所职业院校，资源库建设本着“共建共用”的原则期望优质资源同步服务联盟院校，但部分院校存在软硬件配套条件薄弱致使资源利用效率不高的问题。

项目组在推广应用中，发现有些院校网络基础设施比较薄弱，很难满足数字化互动教学。部分资源库成员单位对资源库应用的重要性认识不统一，需要提高对新技术、新方式的认识，完善资源库推广使用的奖励机制，实现优质资源全面均衡地覆盖。

二、资源形态、平台功能有待进一步改进

信息化教学多屏终端教学形式，对教学资源的形态表现越来越丰富多样，给资源库的资源形式提出了更高的要求。目前资源库资源中系统化VR虚拟教学环境不多且使用还不顺畅，AR增强现实教学资源数量还有待提升，资源可观性有待改善，还需有效吸引学生参与学习。

目前平台对于初学者而言使用较复杂，智能查询还不够完善；大数据用户分析功能如何在教学实施中发挥作用有待进一步提高；平台对于多终端访问的支持还存在一定不足，平台功能有待进一步改进。

三、资源库面向企业的技术服务能力有待加强

目前新能源专业教学资源库的用户以教师、学生为主。新能源是新型战略产业，庞大的风电及光伏行业技术人员急需专业新知识、新技术的培训，而企业用户在用户总数中的占比较小，说明资源库面向企业服务能力需要继续加强。

通过对企业用户的进一步调研和论证，更能满足企业用户需求的资源框架有待进一步提升；规范灵活的资源建设与管理系统有待进一步完善，企业用户的意见和建议需要进一步整合到资源库的建设中，建成“行业企业乐于参与”的行业资讯、技术资源的信息服务平台。

第九节 项目后续推进计划

一、推进计划

1. 与时俱进，获得院校、企业团队持续支持

完善教学资源库建设、应用与运行管理的激励机制，实现资源库建设和使用院校的稳定和增长，教师团队人数逐年递增，资源库用户持续增加。提高行业企业应用资源库的比例，在行业和企业的持续支持下，增加为企业员工培训取证的数量。

2. 保证资源内容持续更新，强化持续推广应用

项目已初步构建了一个课程数量多、素材类型丰富的新能源类专业资源体系。但是相对于已具一定规模的建设数据，学生用户总量、平台访问量、资源下载和使用效率等数据显示资源库在应用推广方面尚有巨大潜力。在持续建设中将加强机制改革，进一步拓展院校教师、学生、企业员工和社会学习者使用范围，并在使用中促进各类资源持续建设、完善、更新，形成“边建边用”、“以用促建”的良好生态。

持续紧跟新能源前沿技术发展脉络，通过引进行业企业新技术项目，形成资源转化成为个性化的课程，完成课程资源的持续更新。依托行业龙头企业、高端技术企业的资源支持，拟建新能源科研技术合作项目，保持库内资源的技术水平与产业高端技术升级同步提高，利用已有的 VR、AR 资源，通过新技术转换更新，持续提高资源库新建资源数量。

持续加强国际化水平项目建设，突出为“一带一路”国家的师生服务，为“一带一路”国家的中资企业服务，引进国际知名高级行业标准和证书，加强师资双语能力培养，增加双语资源数量，并持续保持更新。

3. 推广实施“标准化”机制，持续建设和完善平台

健全资源建设的标准，推广和实施资源建设“标准化”工作，资源库的设计和运作的全过程遵循通用的网络教育技术标准，以此在技术上保证教学资源无障碍共享。

进一步完善专业教学资源库平台，使手机、Ipad、电脑等多种终端设备能够更全面、流畅地访问。开展专业教学资源库平台技能训练、案例、虚拟和职业能力测试等定制功能的开发，使教学资源更加完善。

4. 资源库标准课程中融入思政元素，培养德技并举人才

在资源库完善过程中，结合党的十九大报告精神，在3门标准课程中设计融入生态文明、环保理念等课程思政元素，建设微课、动画、视频等课程资源，有利于学生了解当前国家新能源产业的相关政策，树立环保意识，培养学生创新创业能力。通过资源库建设和应用，使专业课堂教学与思想政治理论课同向同行，形成协同效应，实现立德树人的教育宗旨。

二、更新实效

按照“职业教育专业教学资源库建设工作手册”要求，继续完善激励机制，实现资源库用户数量逐年递增，每年实现10%的增长。

教学资源库将在原有成果的基础上，系统地分析资源库运行与素材内容的问题与不足，紧跟行业科研技术进步，不断更新资源，提高资源质量；继续扩展资源库的国际化影响和使用，服务“一带一路”中资企业技术人才的培养，完善更新1—2本双语教材；打造3门生态文明的专业课程，实现思政元素进课程、进课堂、进教材。

分析资源类型与资源属性，建设课程、技能双线并行的资源体系，实现“经费投入制度化，新技术引领尖端化，专业建设国际化”的总体思路，达到资源内容年更新比例不低于存储总量的10%。

第四部分 04

升级篇

第五章 新能源类专业教学资源库升级改进项目建设方案（2019-2022）

第一节 建设背景

一、政策背景和行业需求

党的十九大报告指出，当前我国正处于从教育大国向教育强国迈进的关键阶段，虽然教育发展水平较之前有了明显提升，但依然面临着促进教育公平、提升创新能力、完善终身教育体系等一系列挑战。教育部研究制定了《教育信息化 2.0 行动计划》，积极推进“互联网+教育”发展，加快教育现代化和教育强国建设。

2016 年 6 月，教育部发布《教育信息化“十三五”规划》，对“十三五”期间的教育信息化发展提出明确要求。2019 年国务院印发了《国家职业教育改革实施方案》，方案指出健全专业教学资源库，建立共建共享平台的资源认证标准和交易机制，进一步扩大优质资源覆盖面。

在国务院办公厅印发《能源发展战略行动计划（2014-2020 年）》中提到，大幅增加风电、太阳能、地热能等可再生能源和核电消费比重，形成与我国国情相适应、科学合理的能源消费结构，大幅减少能源消费排放，促进生态文明建设。在我国电力系统中，光伏发电和风力发电是目前我国发电装机容量中占比较高、增长最快的两种新能源发电形式，见图 5-1。

从世界范围看，截止到 2018 年底全球风电累计装机总容量达 600GW，其中中国装机容量 221GW、美国装机容量 96.4GW、德国装机容量 59.3GW；在光伏发电方面，2018 年，全球光伏新增装机量达到 103GW，全球前五大市场装机量分别是中国 44.41GW、美国 10.6GW、印度 9.3GW、日本 6.2GW、大洋洲 4.13GW。由图 5-1 所示，我国风力发电和光伏发电虽然起步较晚，但增长速度很快，2018 年并网风电装机容量 18426 万千瓦占全国发电装机容量的 10%，并网太阳能发电（光伏）装机容量 17463 万千瓦占全国发电装机容量的 9%，同比增长速度分别为 12.4%、33.9%，我国风电、光伏装机总量已超过水电的35226万千瓦装机总量，新能源发电已成为我国第二大电源。根据2019年4月11日，国家电网发布的《国家电网有限公司服务新能源发展报告（2019）》显示，分布式光伏发电累计接入并网容量4701万千瓦，同比增长速度更是达到了惊人的67%。

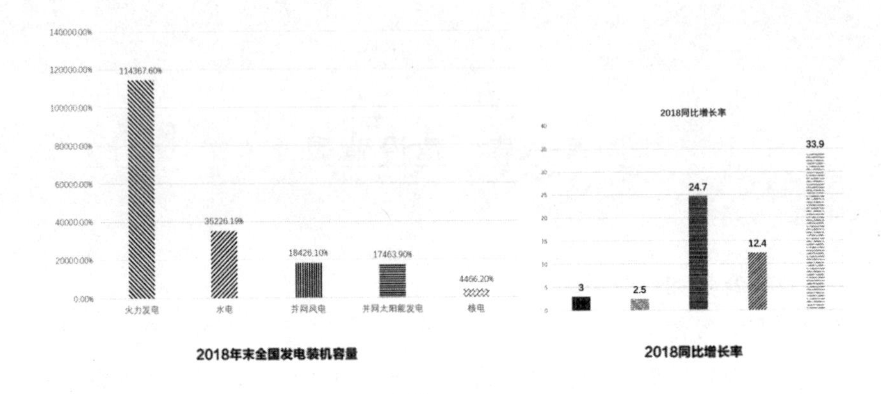

图5-1　2018年全国发电装机容量及增长率示意图

行业的迅速发展，急需大量高素质的技术技能人才，职业教育新能源类专业教学资源库正是适应时代发展的要求，顺应“互联网+”发展趋势，推动信息技术在新能源教学改革与教学实施领域综合应用的重要手段。资源库使教育信息化，扩大优质教育资源覆盖面，改造传统课堂，对提高教育质量、改善教育供给、培养创新人才具有明显的促进作用。通过优质教学资源共建共享，推动职业教育专业教学改革，提升教学信息化水平，带动教育理念、教学方法和学习方式变革，提高人才培养质量；探索基于资源库应用的学习成果认证、积累和转换机制；为社会学习者提供资源和服务，增强职业教育社会服务能力，为形成灵活开放的终身教育体系、促进学习型社会建设提供条件和保障。

二、升级改进必要性

根据国家新能源产业十三五发展规划和行动计划，对接新能源产业结构升级需求，服务“一带一路”倡议和新能源国际产能合作等要求，培养新能源领域“德技并修+工匠精神”高素质复合型技术技能人才。新能源类专业教学资源库经过几年的建设和发展，起到了很好的示范引领作用，为全国高职院校提供了一个经验交流和资源共享的平台，实现了教学资源的有效整合，避免了重复建设，有效地推进全国高职院校相关专业的建设和发展，带动全国高职院校专业教学模式和教学方法改革，整体提升高等职业教育人才培养质量和社会服务能力。

在建设期间，由于资源库服务区域分布不均衡，推广成效存在差异性，资源数量、质量不平衡，平台功能有待进一步完善，资源库面向企业的技术服务能力有待进一步加强。

鉴于此，为了提高新能源类专业教育教学质量、改善教育供给、培养创新人才，资源库必须进行升级改进。改造建设过程中，依托新能源行业协会、世界知名企业和行业龙头企业，契合国家绿色经济发展以及新旧能源转换对高端技术技能人才的需求，使教育教学改革成果和综合服务能力符合职业教育的类型特征，显著增强服务国家战略、高端产业和产业高端的能力。

三、升级改进基础

新能源类专业教学资源库建设项目于 2015 年 6 月由教育部批准立项（立项编号 2015-1），天津轻工职业技术学院、佛山职业技术学院和酒泉职业技术学院主持，全国 20 个省市的 30 所职业院校和 24 个行业企业共同建设，其中 14 家为国内外大型光伏、风电等新能源企业，并于 2018 年 5 月通过验收。资源库紧紧围绕国家新能源产业发展，以用户需求为中心，以培养高素质新能源技术技能人才为宗旨，以能学辅教为基本定位，遵循系统设计、合作开发、开放共享、边建边用、持续更新的原则，联合资深行业协会和国内外龙头企业、国内同专业领先的职业院校，经历了调研分析、顶层设计、资源建设、运行调试、推广应用等过程，整合、优化了新能源类专业领域全国优质专业和课程建设成果及行业优质资源。采用先进的网络信息和资源开发技术，构建了具备国家水平、具有国际视野，以学习者为中心的交互式、共享型专业资源库，推动专业教学改革，提升职业教育社会服务能力。

1. 资源建设情况

资源库项目建设团队通过创建、集成、整合、优化的方式，建设行业资源、专业资源、课程资源、素材资源、职业培训资源、特色资源和管理与学习平台、资源库推广与应用等子项目。涵盖了“光伏发电技术与应用”（原光伏发电技术及应用）、“风力发电工程技术”（原风力发电设备及电网自动化）两个专业，并辐射“新能源装备技术”“光伏工程技术”“光伏材料制备技术”“风电系统运行与维护”“硅材料制备技术”5 个专业，建设了标准化课程 18 门，个性化课程 21 门。2018 年资源库验收指标情况如表 5-1 所示。

表 5-1　2018 年资源库验收绩效目标完成情况统计表

一级指标	二级指标	三级指标	指标值	
			总体目标	完成情况
产出指标	数量指标	*用户数（人）	>10000	27026
		*颗粒化资源量（个）	>10100	20000
		调研资料（份）	≥1040	1100
		专业信息（套）	≥12	14
		新技术与职业技能竞赛资源（个）	≥120	300
		师资团队与职业考证培训资源（个）	≥7	8
		企业案例（个）	≥200	201
		新能源博物馆（个）	1	1
		虚拟软件、虚拟仿真系统（个）	≥40	200
		“互联网+资源库”应用（个）	≥360	4000
		国际案例（个）	≥150	175
	质量指标	*活跃资源占比（%）	≈70	81
		*活跃用户占比（%）	≈30	72
	时效指标	*建设任务完成及时率（%）	100	100
		*建设任务实际完成率（%）	100	100
	成本指标	*项目总投入（万元）	≈1550	1，595.49
		*咨询及调研论证费用（万元）	≤110	≤110
效益指标	经济效益指标	——	——	——
	社会效益指标	*社会学习用户数（人）	>1000	1749
	生态效益指标	——	——	——
	可持续影响	*可持续影响时间（年）	>10	>10
		验收后每年资源更新率（%）	≥10	≥10
满意度指标	服务对象满意度指标	*在校生使用满意度（%）	>85%	95
		*社会学习者使用满意度（%）	>85%	92
		*教师使用满意度（%）	>85%	93

验收通过后，继续对资源库进行建设，截至 2019 年 12 月，资源库平台

资源总量达到26090个，习题12198条。其中微课120个、视频7046个、动画虚拟仿真（含VR/AR）6545个、互动系统18套、电子教材18套，容量达389.53GB。对比统计如表5-2所示。

表5-2　2018年和2019年资源数据对比统计

资源类型	2018年资源数（条）	2019年资源数（条）	增长量
动画	5886	6070	184
视频	6777	7046	269
文本	5483	5852	369
图形/图像	4494	4416	-78
虚拟仿真类	415	475	60
演示文稿	1682	1871	189
其他	163	344	181
素材总计	24900	26090	1190
习题总计	10997	12198	1201

2. 架构体系建设情况

建成了“一中心、四平台”的资源库应用体系架构，“一中心”即集教学实训、考证、职业技能竞赛、新技术及师资培训等于一体的资源中心；“四平台”即门户网站平台、课程管理与学习平台、手机APP移动端平台和微信公众号平台。实现行业和专业资讯查询、信息在线浏览、教学组课、线上学习、在线组卷、在线测试、在线交流、资源智能查询、信息推送、移动服务等。“一中心、四平台”架构如图5-2所示。

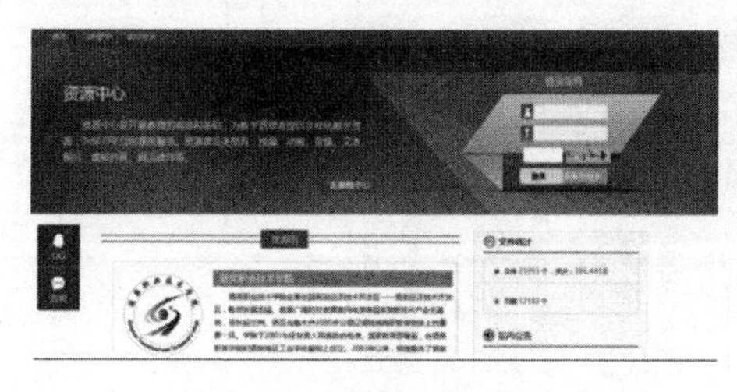

（a）资源中心

（b）课程管理与学习平台

（c）门户网站平台　　　　（d）微信公众号平台

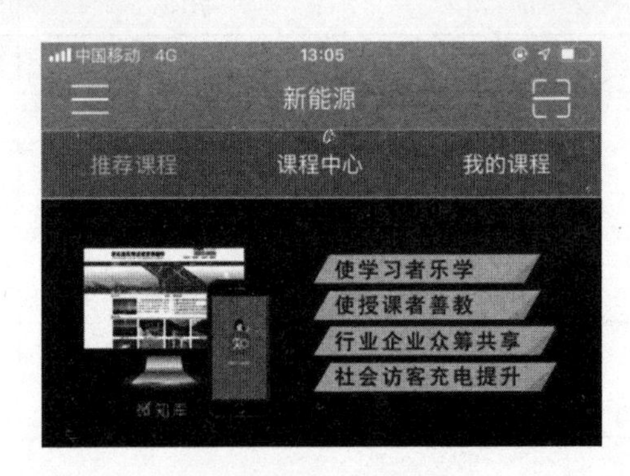

（e）移动 APP 学习平台

图 5-2　“一中心、四平台”资源库应用体系架构

3. 管理机制体制建设

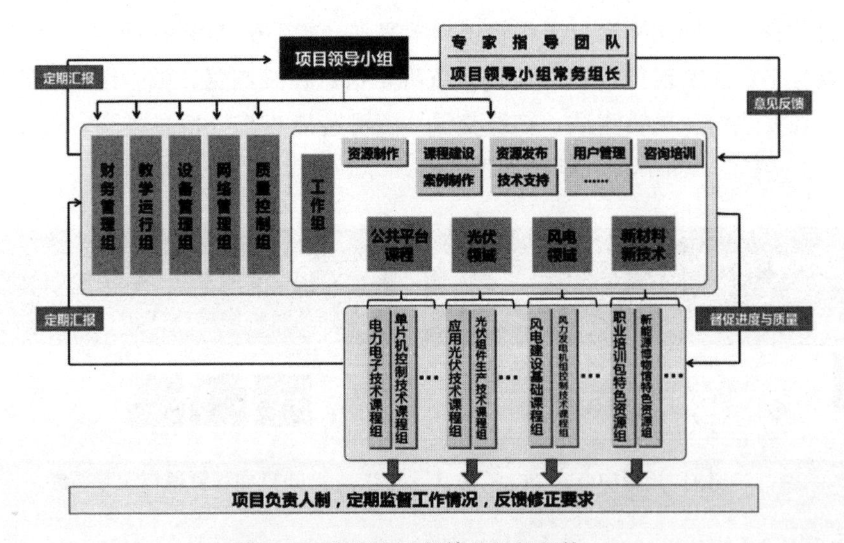

图 5-3　资源库三级管理组织机构

创新了项目建设管理体制机制，建立健全了合作单位的利益分享和责任

分担机制，通过资源管理和应用管理两个系统建设，形成完善的资源开发、资源审核、资源发布、资源检索的资源管理与应用机制等，实现了专业教学资源库的积累、共享、优化和持续更新。

4. 应用推广成效

资源库联盟院校为百余家企业进行技术服务，技术培训，累计培训达 140 余次；通过对 66 家协会和企业进行调研，总体满意度达 92%，支撑了新能源产业发展；目前资源库在风电、太阳能发电等新能源行业以及全国职业院校中都获得了很好的声誉和影响力；对中小学生进行新能源知识科普教育，先后培训中小学生 1900 余人；服务国家精准扶贫战略，深入内蒙古锡林郭勒职业技术学院、内蒙古机电职业技术学院等西部高职院校，进行新能源专业建设指导、教师信息化能力培训等，先后培训教师 500 余人；探索“资源库+精准扶贫”的建设模式，对口扶贫建立村级光伏电站，助力新能源经济振兴计划；服务“一带一路”倡议，为印度金奈理工学院、埃及开罗高级维修技术学校、埃及艾因夏姆斯大学、俄罗斯哈巴罗夫斯克职业技术学院等培训教师和学生累计达 210 余人次，在鲁班工坊的建设与实施过程中，充分利用新能源资源库中优质教学资源开展教学活动，将国内成熟的职业教育专业教学标准、课程标准、教学仪器装备标准等辐射出去，提升服务海外中资企业能力，助力“走出去”企业海外发展。

截至 2019 年 12 月，资源库平台注册人数达到 45937 人，其中，学生用户 38822 人，教师用户 1164 人，企业用户 3598 人，社会用户 2353 人。联盟院校本专业全部使用资源库进行教学。

表 5-3　2018 年和 2019 年资源库平台注册用户对比统计

用户类型	2018 年注册数	2019 年注册数	增长量
学生用户	21700	38822	17122
教师用户	770	1164	394
企业用户	3100	3598	498
社会用户	1700	2353	653
合计	27270	45937	18667

第二节　升级改进思路与规划

一、升级改进思路

根据教育部《职业教育专业教学资源库建设工作指南（2019）》要求，新能源类专业教学资源库升级改进支持项目以原有资源库建设为基础，以“能学、辅教”为功能定位，按照“一体化设计、结构化课程、颗粒化资源”的建构逻辑，完善“一中心四平台”的系统架构，依托新能源类专业教学资源共建共享联盟，紧贴新能源产业发展，深化专业内涵建设，优化专业课程体系，持续更新和修订已有课程，开发新课程。发挥思想政治理论课和专业课协同“筑渠、种田”功能，课程思政与思想政治教育同向同行，融入社会公德、职业道德、时事政治、劳模精神、工匠精神等元素，加强劳动教育，发挥劳动教育在立德树人中的重要作用。

深化校企合作，推进“三教”改革。融合创新创业与企业案例，开发优质企业资源。引入“新技术、新工艺、新规范”，建设虚拟仿真，实施“1+X”证书，开发校企“双元”合作活页式教材，开展高端技能培训。坚持工学结合、知行合一，建设国家职业教育教师教学创新团队，实施“互联网+职业教育”人才培养，提升教学应用平台功能，建设智慧教室，实现教学过程信息化和智能化，打造智慧课堂。开发国际化双语资源，支持鲁班工坊建设，培养具有国际化视野的高素质复合型技术技能人才。

推动资源认证标准建设，完善共建共享长效运行机制。加大资源库应用推广，扩大服务面向，完善学分互认机制，满足百万扩招等不同人群的学习需求。

二、建设规划

1. 优化课程体系，加强资源建设

顺应新能源产业高端、智能的发展趋势，满足新能源企业岗位需求，优化专业群课程体系，持续更新和修订现有 18 门标准化课程和 21 门个性化课程，新增 2 门标准化课程和 4 门个性化课程，实现跨岗位素质能力融合提升。加强资源建设，发挥思想政治理论课和专业课协同“筑渠、种田”功能，融入社会公德、职业道德、时事政治、劳模精神、工匠精神等元素，实施“课程思政”。加强劳动教育，以劳树德、以劳增智、以劳强体、以劳育美。充分发挥课程育人、实践育人的功能，强化学生在岗位体验中的匠心培育，增进学生对“敬业、精益、专注、创新”的工匠精神的理解和认同。

2. 深化校企合作，推进“三教”改革

坚持工学结合、知行合一。对接职业标准、技术标准和专业教学标准，建立健全资源认证标准，制定高于国家基础标准的资源库相关规范和制度。紧跟行业企业发展需求，引入现代新能源企业新技术、新工艺、新规范的优质资源和实践案例，开发优质企业资源，建设虚拟仿真系统。开发校企“双元”合作活页式教材，开展高端技能培训。建设国家职业教育教师教学创新团队，建设智慧教室，实施“互联网+职业教育”人才培养模式，实现教学过程信息化和智能化，提升教学应用平台功能，打造智慧课堂。

3. 探索“1+X”，扩大服务面向

探索“1+X”证书制度试点，遴选国际一流企业职业技能等级证书，将证书培训内容有机融入专业人才培养。强化培训等社会服务功能，增加适应企业培训要求的资源和课程，遵循育训结合、长短结合、内外结合的要求，面向社会学习者和企业员工广泛开展技术技能培训，服务国家“百万扩招”和“千亿培训”，支持个性化学习需求，提升新能源类教学资源库持续发展能力。

4. 助力“一带一路”，服务鲁班工坊

依托鲁班工坊，开发国际化专业教学资源，助力“走出去”企业海外发展，提升服务海外中资企业能力，实现中国与合作国的职业教育合作共赢、共同进步。

第三节　升级改进目标与任务

一、升级改进目标

紧紧围绕新能源产业发展，校企深度融合，共同制定专业人才培养方案，优化课程体系，融入思政、创新创业、劳动教育、工匠精神等内容重组开发课程。提高资源质量，完善、更新、补充各类资源，实现资源库更新率超过10%。开发国际化教学资源、高端培训、虚拟仿真、“1+X”证书、企业案例等特色资源，加大推广学习成果认证与学分互认，满足不同人群学习需求。

实施“互联网+教育”模式，优化资源库平台教学应用能力，完善“一中心、四平台”新能源类专业教学资源库架构，升级平台服务功能，提升四类用户使用体验，实现注册用户年新增10%以上，并满足“MOOC”等现代教育教学需求。

切实推进资源库的应用与推广，形成以用促建、共建共享、开放建设、动态更新的有效机制；使新能源类专业教学资源库成为具备国家水平、具有国际视野，以学习者为中心的交互式、共享型专业资源库，推动专业教学改革，提升职业教育社会服务能力。

二、主要任务

1. 体制机制建设任务

制定资源建设标准和管理办法，建立资源库长效运行机制，深入实施校企、校际教师分工协作，创新联盟成员协同教学、应用研发机制，形成联盟命运共同体，促进团队建设的整体水平不断提升。

2. 课程资源升级改进任务

紧跟新能源产业发展，深入调研企业需求，更新专业群人才培养方案，面向光伏发电、风力发电等专业岗位能力和职业资格标准，确定课程教学内容，制定课程标准。引入行业、企业的新技术、新工艺、新标准，优化提升原有18门标准化课程，21门个性化课程资源。融入课程思政、1+X证书培训资源、创新创业内容，新增2门标准化课程，4门个性化课程。开发虚拟仿真、企业案例、高端培训和光伏电子工程的设计与实施大赛培训包等资源，推广学习成果认证与学分互认，满足不同人群的学习需求。

3. 平台升级改进任务

完善“一中心、四平台”新能源类专业教学资源库架构。将资源库平台升级为云服务平台，推进人工智能、大数据、虚拟现实等新技术在新能源类资源库平台中的应用，高效开展教学过程监测、学情分析、学业水平诊断功能。

4. 加强国际化服务能力

开发国际化资源课程，新增双语教材等国际化资源，依托鲁班工坊，充分发挥资源库平台优势，完成与海外中资企业订单培养，助力“走出去”企业海外发展，实现中国与合作国的职业教育合作共赢。

5. 资源库应用推广任务

通过各种会议平台、媒体渠道宣传，走进企业、农村、社区、中小学进行推广，开展各类新能源技术技能培训，对口支援贫困地区职业院校，凝练建设成果，广泛参与各种国家级信息化大赛、微课大赛等，发挥资源库建设在提升信息化教学水平方面的引领作用。

表 5-4 升级改进任务及承担情况

序号	升级改进任务名称	子任务名称	主持单位	主持人
1	行业资源	行业调研	天津轻工职业技术学院	沈 洁
			佛山职业技术学院	段春艳
			酒泉职业技术学院	程明杰
2	专业资源	专业建设	天津轻工职业技术学院	沈 洁
			佛山职业技术学院	段春艳
			酒泉职业技术学院	程明杰
3	标准化课程升级改进（18门）	“多晶硅生产技术”	乐山职业技术学院	刘秀琼
4		“晶硅太阳电池生产工艺”	佛山职业技术学院	冯 源
5		“应用光伏技术”	天津轻工职业技术学院	孙 艳
6		“光伏组件生产技术”	佛山职业技术学院	林 涛
7		“光伏应用电子产品设计与制作”	衢州职业技术学院	廖东进
8		“风电场建设基础”	酒泉职业技术学院	张振伟
9		“风电场运行维护与检修技术”	湖南电气职业技术学院	刘宗瑶
10		“风力发电机组安装与调试”	酒泉职业技术学院	方占萍
11		“风力发电机组控制技术”	天津轻工职业技术学院	李良君

续表

序号	升级改进任务名称	子任务名称	主持单位	主持人
12	标准化课程升级改进（18门）	“光伏产品检测标准与认证”	佛山职业技术学院	胡昌吉
13		“单片机控制技术”	天津轻工职业技术学院	王春媚
14		“电力电子技术”	哈尔滨职业技术学院	黄冬梅
15		“电气控制与 PLC”	秦皇岛职业技术学院	王冬云
16		“继电保护技术”	包头职业技术学院	韩俊峰
17		“机械制图与 CAD”	兰州职业技术学院	王技德
18		“新能源利用与开发”	佛山职业技术学院	段春艳
19		“光伏电站运行与维护”	常州工业职业技术学院	陈晓林
20		“光伏材料检测技术”	乐山职业技术学院	张　东
21	新建标准化课程（2门）	“现代能源管理技术及应用”	天津轻工职业技术学院	皮琳琳
22		“智能光伏产品设计与实践”	佛山职业技术学院	冯泽君
23	个性化课程升级改进（21门）	原有21门个性化课程升级改进	各参建院校	各课程负责人
24	新建个性化化课程（4门）	“太阳能热利用技术”	酒泉职业技术学院	张云鹏
25		“新能源创新创业教育”	佛山职业技术学院	段春艳
26		“光伏电子工程的设计与实施竞赛资源”	天津轻工职业技术学院	沈　洁
27		“太阳能光热利用技术”	武威职业学院 德州职业技术学院	张　昊 施秉旭
28	完善新能源博物馆	完善新能源博物馆	佛山职业技术学院	段春艳
29	新增虚拟仿真（4个）	光伏发电技术与应用虚拟仿真系统	天津轻工职业技术学院	皮琳琳
30		风力发电机组装配与调试虚拟仿真系统	天津轻工职业技术学院	王　欣
31		光伏系统多节点虚拟仿真教学考练平台	佛山职业技术学院	段春艳
32		风电控制与运维虚拟仿真系统	酒泉职业技术学院	程明杰

续表

序号	升级改进任务名称	子任务名称	主持单位	主持人
33	1+X 职业技能等级证书资源包开发	1+X 职业技能等级证书资源包开发	天津轻工职业技术学院	沈 洁
34	社会服务典型案例资源	社会服务典型案例资源	天津轻工职业技术学院	王 欣
35	资源库平台升级改进	资源库平台升级改进	天津轻工职业技术学院	王宝龙
36	加强国际化服务能力	国际化案例	天津轻工职业技术学院	李 娜
37		国际化教学标准	天津轻工职业技术学院	皮琳琳
38		国际化教材	天津轻工职业技术学院	姚 嵩
39	资源库应用推广	资源库应用推广	天津轻工职业技术学院	姚 嵩
			佛山职业技术学院	唐建生
			酒泉职业技术学院	冯黎成

第四节 建设内容

新能源类教学资源库建设始终遵循“一体化设计、结构化课程、颗粒化资源”的建构逻辑，围绕优质资源建设，确定资源库“一中心、四平台”的总体建设框架（见图5-4），“一中心”即集教学实训、考证、职业技能竞赛、新技术及师资培训等于一体的资源中心；“四平台”即门户网站平台、课程管理与学习平台、手机APP移动端平台和微信公众号平台。实现行业和专业资讯查询、信息在线浏览、教学组课、线上学习、在线组卷、在线测试、在线交流、资源智能查询、信息推送、移动服务等。促进教学模式转变，提高教学效果，提升人才培养质量，具体建设内容如下。

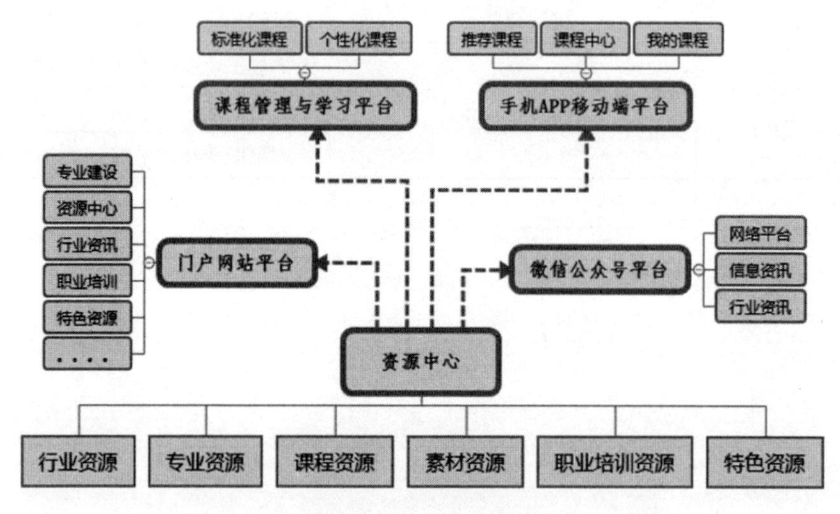

图5-4 新能源类教学资源库的总体建设框架

一、加强资源标准建设，推进共建共享学分互认

1. 建立库内资源标准，完善资源更新机制

建立库内资源建设标准，实施资源建设“标准化”工作。库内资源设计、制作、运作等全过程严格遵从此项标准和规范（见表5-5），保障库内资源较高质量、无障碍共享。制定或更新资源管理办法，建立资源更新长效机制。

表 5-5 资源标准建设内容及监测指标

序号	资源标准	文件技术要求	功能要求	监测指标
1	行业资源标准	对各类资源的格式、媒体参数、品质等方面定量做出要求	对包括行业概况、行业产品、行业岗位、技术前沿、政策法规、标准规范、企业风采、领军人物、人才供求、行业新闻等做出具体要求。	1套
2	专业资源标准		对专业人才培养目标定位、主要就业岗位、课程体系、课程设置、专业就业岗位、职业岗位能力分析、人才培养方案库、人才培养规格、课程体系、人才培养模式、实验实训基地建设等做出具体要求。	1套
3	课程资源标准及规范		对课程标准、学习指南、整体设计、单元设计（教案）、教学视频、考核方案、案例库、电子教材、电子课件、习题试题库等内容和功能做出具体要求。	1套
4	特色资源标准		对国际化教学标准、教材、案例、虚拟仿真系统、光伏电子工程的设计与实施竞赛资源、1+X 职业技能等级证书资源包等提出具体要求	1套
5	培训资源标准		对培训指南、培训内容、培训资源、培训证书、合作单位信息等方面做出具体要求	1套

2. 实施教师协同创新

依托国家职业教育教师教学创新团队建设项目，在资源库共建共享联盟中实施教师协同创新，促进团队建设的整体水平不断提升。联盟院校定期开展专业建设、教学改革、职业技能培训等研究合作，增强校际人员交流与资源共享。

3. 推广联盟院校学分互认

在联盟院校内扩大“学分互认”课程范围，由“单片机控制技术”1门课程扩展至3门标准化课程，修订完善《新能源类专业教学资源库参建院校校际学分互认管理办法》，实现学习成果认证与学分互认。不断扩大服务面向，拓展企业培训课程，满足社会学习者差异化学习需求，服务国家“百万扩招”和“千亿培训”。

二、强化产教深度融合，完善资源健全制度标准

1. 完善行业资源

紧跟新能源产业发展，广泛调研新能源产品市场，深入调研新能源企业需求，动态采集产业发展信息，建立行业发展信息库（见表5-6），紧跟行业建设专业。

表5-6 行业相关信息建设内容及监测指标

序号	主要内容	内容描述	监测指标
1	行业介绍	介绍光伏、风电行业发展现状和趋势，建立相关企业、行业协会等网站链接。	250条
2	前沿技术	介绍光伏、风电等新能源行业前沿发展技术。	295条
3	政策法规	各类新能源技术政策法规。	130条
4	标准规范	各种类别岗位对应的国家职业标准、光伏标准规范、风力发电标准规范等。	250条
5	企业风采	典型新能源类企业介绍、风采展示和媒体报道等。	380条

2. 完善专业资源

按照“专业设置与产业需求对接”、“课程内容与职业标准对接”、“教学过程与生产过程对接”的要求，持续更新新能源类专业标准，将思政元素、工匠精神、美育和劳动教育、企业最新技术、工艺及规范纳入专业标准体系。通过遴选国际一流企业职业技能等级证书，深入研究职业技能等级标准与专业教学工作标准，将“1+X”证书培训内容有机融入专业人才培养方案。更新完善资源库内光伏发电技术与应用等7个专业的教学标准、顶岗实习标准、实训条件建设标准等（见表5-7）。

表 5-7 专业资源建设内容

序号	主要内容	内容描述	监测指标
1	专业介绍	包括专业介绍、就业方向介绍、职业岗位能力分析、职业标准库介绍等	7套
2	专业调研	光伏、风电等专业调研报告	7个
3	专业教学标准	光伏、风电等专业的教学标准等	7套
4	人才培养方案	各专业人才培养方案	7套
5	岗位能力标准	光伏、风电类企业相关岗位能力标准等	7套
6	实训条件建设标准	光伏、风电等专业的办学条件等	7套

3. 完善课程资源

（1）融入思政、美育、劳动等元素，培育工匠精神

梳理库内专业人才培养方案，在所有课程资源升级改进过程中融入思政、美育、劳动等元素，细化教学目标和策略，在兼顾课程专业技能培养的同时，着力强化思想政治教育的内涵和导向，培育工匠精神。

（2）升级改进课程资源

紧跟行业发展，优化提升库内原有 18 门标准化课程和 21 门个性化课程资源，逐步实施 MOOC 化改造。新增“现代能源管理技术及应用”“智能光伏产品设计与实践”2 门标准化课程；新增创新教育专项课程“新能源创新创业教育”、全国职业技能大赛的培训课程“光伏电子工程的设计与实施”等 4 门个性化课程（见表 5-8）。

（3）融入创新创业理念

新增创新创业教育专项课程“新能源创新创业教育”个性化课程，在标准化课程中融入行业企业新技术、新工艺、新规范，融入创新创业理念，增加创新创业案例模块。

表 5-8 课程资源建设内容

序号	主要内容	内容描述	监测指标
1	联盟课程标准	提升完善原有 18 门标准课程的课程标准； 制定“能源管理技术与应用”和“智能光伏产品设计与实践”2 门新增标准课程的课程标准。	20 门

续表

序号	主要内容	内容描述	监测指标
2	课程资源开发指南、模板标准	课程简介、课程目标、课程内容及任务、学习模块教学方案设计、实施要求、课程管理、考核评价方式。	20套
3	网络课程（含题库）	提升、新建20门课程的所有网络资源内容。	13310条
4	实习实训	提升、新建实习实训任务书、教学录像、虚拟/仿真实习实训系统、考核标准等。	5580条
5	电子教材	建设新增2门标准化课程教材。	新增2本
6	企业案例	提升、新建与课程相关的企业工程项目案例，将行业企业新技术、新工艺、新规范等引入课程，更新资源。	245个
7	微课	新建微课。	新建100个

4. 完善职业培训资源

发挥资源库服务学习型社会建设作用，满足不同用户的需求，开发职业培训等资源（见表5–9）。

表5–9　职业培训资源建设内容

序号	主要内容	内容描述	监测指标
1	考证培训资源	电工培训（中、高级）、多晶硅制取培训、单晶硅制取培训、Gamesa风场技术资质T1培训	5个
2	师资培训资源	包括培训资讯、培训内容、培训考核资源及展示资源建设。	4项
3	职业技能竞赛资源	包括风光互补发电系统安装与调试高职赛项资料以及大赛资源转化资源、光伏电子工程的设计与实施赛项资源以及大赛资源转化资源。	4项
4	行业新技术培训资源	新技术的推广使用培训、新产品和新工艺的培训、企业员工培训等相关资源。	160条

5. 完善特色资源

完善新能源博物馆、虚拟仿真、“1+X”职业技能等级证书资源包、国际案例等特色资源。重点针对教学中“看不见、进不去、动不得、难再现”的教学任务开发4套虚拟仿真教学实训系统（见表5-10）。

表5-10 特色资源建设内容

序号	主要内容	内容描述	监测指标
1	新能源博物馆	完善新能源博物馆。	1个
2	虚拟仿真	新建CIGS薄膜电池生产虚拟仿真系统、风力发电机组装配与调试虚拟仿真系统、光伏系统多节点虚拟仿真教学考练平台、风电控制与运维虚拟仿真系统。	340条
3	1+X职业技能等级证书资源包开发	开发1+X职业技能等级证书资源，包括培训标准、培训资源等。	100条
4	国际案例	提升、新建国际化教学标准、国际教学案例、国际合作成果展示。	100条

6. 完善素材资源

建设包括课件、视频、动画、虚拟仿真、微课等形式多样的颗粒化素材，保证文本类资源不超过50%（见表5-11）。

表5-11 素材资源建设内容

序号	主要内容	内容描述	监测指标
1	文本类素材	提升、新建电子教材、电子教案、实训指导教材等。	6635条
2	图形/图像类素材	提升、新建光伏材料、太阳能电池、风电系统等图片素材。	5440条
3	视频类素材	教学组织过程指导录像、产业链不同环节典型企业实际工作任务操作录像等教学资源	8100条
4	动画类素材	太阳能、风能产品生产工艺、工作过程等内容的二维、三维动画类素材资源。	8350条
5	虚拟仿真类素材	太阳能、风能产品生产与设备调试等内容的虚拟仿真类素材资源。	1000条

续表

序号	主要内容	内容描述	监测指标
6	课件类素材	教学单元辅助课件类素材资源。	2040 条

三、升级改进资源平台，拓展功能支撑发展要求

改进平台体验，针对原有平台不稳定和操作复杂等突出问题，采用基于云计算的平台系统架构，相对于原平台获得了更加安全、更加高效的提升。借助大数据、物联网、移动互联等技术手段，采用便携式电脑和智能手机等数字化设备，从课堂教学、实训教学、课本学习以及课余学习四个主要职教教学场景中提高资源库的应用效力。激活师生用户间的教学互动，打通了即时反馈通道，使资源库“活”起来，实现“能学”、“辅教”。进一步完善资源库平台的应用设计，提高资源库使用的便捷性、应用的有效性。

四、提升国际交流能力，助力中资企业“走出去”

深化印度鲁班工坊建设与运行，牵头筹建埃及鲁班工坊，依托资源库平台优势，因地制宜按照印度、埃及等合作国家社会经济发展需要，制定国际化专业标准 2 个，出版双语教材 3 本，开发制作国际化专业教学资源，每年更新不低于 10%，培养提升当地青年的技术技能水平和就业质量，提升服务海外中资企业能力，完成与海外中资企业订单培养，助力“走出去”企业海外发展，实现中国与合作国的职业教育合作共赢、共同进步。

五、扩大应用推广范围，拓展优质资源服务面向

借助资源库开展校内常规教学、企业培训、科普宣传、对口支援中西部职业院校、出版专著、发表文章、申报成果奖励等多种形式的应用与推广，达到以下成效：2 年内学生用户数量不少于 37400 个，建设单位在校学生活跃用户数量不少于 16000 个；教师用户数量不少于 1100 个，建设单位教师活跃用户数量不少于 560 个；社会学习者用户数量不少于 3000 个，使用资源库培训社会人员的单位数量不少于 105 个。

1. 常规教学

在新能源资源库校企合作联盟院校内以及国内新能源相关专业的中高职院校推广应用资源库资源，扩大资源库的应用范围。全面推行“互联网+资源库”线上线下混合模式，充分利用资源库开展常规教学和课外拓展资源学习。

2. 企业培训

加大向国内新能源企业宣传、推广新能源资源库的力度，推进学校、行

业、企业充分使用资源库开展各类技术培训。

3. 科普宣传

利用资源库开展新能源科普教育活动，面向中小学、社会人员等开展新能源科普活动。国家级新能源类专业资源库网站、新能源博物馆、行业资源、网络课程、微信公众号免费向全社会开放。

4. 对口支援

利用资源库开展面向中西部以及国内新建相关新能源专业的学校开展支援和推广，提升其新能源专业的建设水平，缩短专业资源建设和提升的周期。

第五节 建设进度

新能源类专业教学资源库升级改进项目建设分为项目启动、系统建设、推广应用与全面验收、持续建设四个阶段，表 5-12 列出了新能源类专业教学资源库项目建设步骤。

表 5-12 升级改进项目建设进度

阶段	时间范围	建设内容	预期目标
升级改进项目启动	2019.4—2019.8	1. 优化原资源库建设团队，成立升级改进项目专家组和工作组，明确新建设目标、建设任务和建设要求； 2. 确定升级改进项目建设内容和技术标准； 3. 与所有联建单位签订项目建设合同； 4. 制定项目管理办法和资金管理办法等制度文件，加强项目规范。	1. 成绩项目建设专家组和工作组； 2. 完成项目申报书、建设方案、任务书等的撰写； 3. 确定项目联建单位，确定建设合同； 4. 制定完成相关制度文件。
系统建设阶段	2019.9—2020.12	1. 完成行业资源建设，建设行业信息，提供职业岗位描述等资源，动态采集行业职业信息，包括行业介绍、前沿技术等； 2. 完成专业资源建设，按照专业建设路径，完成专业介绍、专业调研、专业教学标准、人才培养方案等； 3. 完成原 18 门标准化课程的资源升级改造，增加课程思政内容，完成新增 2 门标准化课程的建设，形成教学积件、课程模块，关注结构化组合形成的资源； 4. 完成所有课程素材资源的建设和审定，符合资源库建设要求；	1. 形成新能源产业发展信息和行业咨询报告，依据产业链对技术技能人才的需求，形成岗位描述； 2. 对人才培养方案进行规划调整，制定专业教学标准； 3. 完成原有 18 门标准化课程和 21 门个性化课程的资源提升改造，新建 2 门标准化课程和 4 门个性化课程，建设 1 门双语资源课程；

续表

阶段	时间范围	建设内容	预期目标
系统建设阶段	2019. 9—2020. 12	5. 完成职业培训资源建设，开发新技术、职业考证、技能大赛、师资等培训资源； 6. 完成特色资源建设，完善新能源博物馆、国际案例、虚拟仿真、“1+X”证书等资源； 7. 提升资源库平台功能：资源管理平台、学习管理平台、门户网站和微信公众号； 8. 完成中期检查，依据项目任务书，检查各项目建设情况和质量等。	4. 新增企业案例、虚拟仿真、“1+X”证书等资源； 5. 新增“光伏发电技术与应用”国际化专业标准和双语教材； 6. 提升平台功能，进行MOOC化升级改进； 7. 完善共建共享联盟机制，实行“学分互认”成果认证。
推广应用与全面验收	2019. 9—（持续应用推广）	1. 定期召开资源库建设和应用推广会议； 2. 利用各种交流研讨会议或平台对资源库进行宣传推广； 3. 利用微信公众号、门户网站定期发布新闻、资讯等内容，向社会各界进行宣传； 4. 开展微课、教学能力等比赛。	全面完成验收任务，资源总量达29600条。
	2020. 12—2021. 5（全面验收）	1. 对平台使用情况进行检查，各类用户数、资源数达到要求； 2. 依据项目建设方案和申报书，检查各子项目完成情况和质量，聘请专家对项目进行评审、鉴定，对经费进行审计。	按规定完成各项建设任务，经费使用符合相关规定。
持续建设	2021. 5—	形成资源的评价淘汰机制和资源库的长效使用机制，对资源进行更新维护、持续建设、持续应用、持续推广。	年资源更新比例不低于总量的10%

第六节 项目建设团队

本项目建设团队基本沿用了新能源类专业教学资源库首次建设的主要成员，经过三年的磨合和锻炼，团队成员整体教学水平高，建设理念先进，信息化教学改革能力强，积极性和主动性突出，整个团队配合默契。

项目建设团队由指导层、核心层、紧密层三层结构组成，指导层由首席顾问、项目建设指导小组组成，具体负责指导项目建设工作；核心层由项目主持单位、各子项目牵头单位组成。项目主持单位负责顶层设计、项目组织管理协调等，并对项目整体建设进度与质量负责；子项目牵头单位分别负责课程、子项目资源、培训资源等的统筹规划、组织协调，并对子项目建设进度和质量负责；紧密层由子项目参与学校、参与企业、参与行业组成，负责参与子项目的建设工作，按质按量完成承担建设任务的同时，各子项目根据需要，可广泛吸纳其他单位和个人参与项目建设。

一、项目建设指导小组

聘请新能源行业领域有影响力的教授、专家、企业骨干技术人员组成资源库项目建设指导小组。

1. 首席顾问

项目首席顾问沈辉博士任中山大学太阳能系统研究所所长，光伏科学与技术国家重点实验室（常州天合光能有限公司）学术委员会主任；国家光伏装备工程技术研究中心（长沙 48 所）技术委员会主任；华为技术有限公司光伏技术首席顾问；甘肃省自然能源研究所学术委员会主任；湖北省光伏工程技术研究中心工程技术委员会主任委员（2017. 7—2020. 7）；中国智能光伏产业技术创新战略联盟专家顾问（2015 起）；SEMI 中国光伏顾问委员会委员；中国可再生能源学会常务理事；中国光伏行业协会咨询委员会委员；顺德中山大学太阳能研究院院长。

沈博士在 1991 年在中国科学院固体物理研究所工作期间获得中国科学院首届留学基金奖学金，留学专题“纳米材料合成与物性研究”。1992 年到德国夫朗霍费应用材料研究所从事纳米贵重金属合金性能研究。1996 年获得德国德累斯顿工业大学材料科学博士学位，在攻读博士期间曾经受邀到德国夫朗霍费太阳能系统研究所作学术报告从此将学术研究重点转向太阳能技术。

1998 年获得中国科学院“百人计划”项目资助，研究专题为“太阳能功能材料与光电转换”。1999 年在中国科学院广州能源研究所建立光伏技术研究团队。2004 年在中山大学创建太阳能系统研究所。

2. 指导小组

成立资源库建设指导小组（见表 5-13），由“行、企、研、校”有影响力的企业专家和各参建院校教育教学专家组成。他们既掌握产业发展趋势与行业发展动态，能准确把握产业发展、技术发展方向和专业建设方向，又深刻认知高等教育与人才培养成长规律，能准确把握专业建设与教学改革方向，对项目总体规划、组织协调、框架结构设计、课程体系设计、平台结构与资源分类等重大关键问题予以专业化指导。

表 5-13　资源库升级改进指导小组成员

来源	姓　名	单　位
首席顾问	沈辉	中山大学太阳能系统研究所、光伏科学与技术国家重点实验室（常州天合光能有限公司）学术委员会主任等
行业协会	师新利	天津市新能源协会
	秦祖泽	新能源装备技术类专业教学指导委员会
教育教学专家	姜大源	教育部职业技术教育中心研究所高等教育研究中心
	董　刚	全国高职高专校长联席会议主席
	魏　民	教育部职业院校信息化教学指导委员会
	张晓东	甘肃省教育厅高等教育处
企业	张运峰	天津英利新能源有限公司
	郭增良	津能电池科技有限公司
	李光华	苏州爱康金属科技有限公司
学校	戴　勇	原无锡职业技术学院
	徐　刚	广东碧桂园职业学院
	张彦文	天津医学高等专科学校
	成　军	金华职业技术学院
	闫智勇	天津中德应用技术大学
	王艳云	内蒙古商贸职业学院

3. 项目开发团队

（1）项目主持人

褚建伟副研究员现任天津轻工职业技术学院院长，长期从事职业教育，连续多年就任中职学校、高职院校校（院）长职务，有较为丰富的职业教育教学与管理经验。主持完成过天津市中职示范校、高职“十三五提升办学能力”项目和高职国家生物技术及应用教学资源库的升级改造项目。主持完成首批现代学徒制试点项目国家级验收工作并作为典型案例推广。亲自组织推动并牵头组建中国轻工行业钟表与精密制造职教集团，主导完成巴基斯坦鲁班工坊建设任务，推动院校产教融合与国际合作高水平发展。

（2）核心开发团队

核心开发团队由各子项目负责人组成，各子项目负责人如表 5-14 所示。

表 5-14　资源库升级改进各子项目负责人

序号	姓名	所在单位及部门	职务
1.	姚嵩	天津轻工职业技术学院电子信息与自动化学院	二级学院院长
2.	唐建生	佛山职业技术学院电子信息学院	二级学院院长
3.	冯黎成	酒泉职业技术学院新能源工程学院	二级学院院长
4.	王丽	乐山职业技术学院新能源工程系	系主任
5.	梁强	德州职业技术学院新能源技术工程系	系主任
6.	刘胜	兰州职业技术学院电工程系	系主任
7.	王真富	衢州职业技术学院信息工程学院	二级学院副院长
8.	黄冬梅	哈尔滨职业技术学院机电工程学院	教研室主任
9.	马薇	秦皇岛职业技术学院机电工程系	系副主任
10.	曾晓彤	襄阳汽车职业技术学院汽车应用学院	教师
11.	夏东盛	陕西工业职业技术学院电气工程学院	二级学院院长
12.	牟志华	日照职业技术学院电子信息学院	二级学院副院长
13.	何萍	包头职业技术学院电气工程系	二级学院副院长
14.	谢军	安徽职业技术学院电气工程系	专业带头人
15.	钱勇	海南职业技术学院工业与信息学院	新能源装备技术专业主任
16.	殷侠	九江职业技术学院电气工程学院	二级学院副院长
17.	黄述杰	武威职业学院能源工程系	系主任

续表

序号	姓名	所在单位及部门	职务
18.	詹新生	徐州工业职业技术学院信电学院	教研室主任
19.	周哲民	湖南电气职业技术学院党政办	副校长
20.	荀爱梅	新疆职业大学机械电子工程学院	二级学院院长
21.	陈晓林	常州工业职业技术学院电子电气工程系	专业带头人
22.	张威	保定电力职业技术学院教务部	主任
23.	韩书娜	平顶山工业职业技术学院自动化与信息工程学院	教研室主任
24.	周雯	湖北水利水电职业技术学院电力电子工程系	教师
25.	郭喜梅	山西华兴科软有限公司资源研发中心	副总经理
26.	刘哲	化学工业出版社职教出版分社	社长
27.	明向军	新疆金风科技股份有限公司金风科技战略规划部	虚拟电厂专家
28.	刘彦龙	中国化学与物理电源行业协会秘书处	秘书长
29.	陈建民	中国太阳能光伏产业校企合作职教联盟（集团）秘书处	秘书长
30.	张平	中国可再生能源行业协会	执行会长
31.	郑丽梅	机械工业教育发展中心行指委秘书处	中心副主任\行指委秘书长
32.	师新利	天津市新能源协会	秘书长
33.	王学孟	顺德中山大学太阳能研究院研发中心（技术部）	院长助理、总监（主任）
34.	龙辛	湘电风能有限公司技术部	副总经理
35.	陈旭	天津瑞能电气有限公司产品设计部	部门经理
36.	张运峰	天津英利新能源有限公司	总工程师
37.	聂志城	武威泰丰新能源有限责任公司	董事长
38.	周旭	四川永祥多晶硅有限公司人力资源部	经理
39.	谢文辉	四川晶科能源有限公司人力资源部	经理
40.	程燕飞	华锐风电科技（集团）股份有限公司人力资源部	部长

续表

序号	姓名	所在单位及部门	职务
41.	于洪水	皇明太阳能股份有限公司工程太阳能光热技术部	技术主任
42.	丁菊	江苏艾德太阳能科技有限公司系统电站工程部	经理
43.	陈岩	领航未来（北京）科技有限公司技术部	项目经理
44.	李世民	甘肃自然能源研究所/联合国工业发展组织国际太阳能技术促进转让中心	副所长
45.	朱薇桦	广东省太阳能协会	秘书长
46.	王水钟	浙江瑞亚能源科技有限公司	副总经理
47.	石文虎	北京尚文汇通能源科技有限公司	经理
48.	张丽荣	北京电子科技职业学院电气技术系	教师

二、项目建设任务分配

根据项目建设目标和内容，各参建申报单位任务分工如表 5-15 所示。

表 5-15 参建单位及所承担的任务

序号	升级改进任务名称	子任务名称	主持单位
1	行业资源	行业调研	天津轻工职业技术学院
			佛山职业技术学院
			酒泉职业技术学院
2	专业资源	专业建设	天津轻工职业技术学院
			佛山职业技术学院
			酒泉职业技术学院
3	标准化课程升级改进（18 门）	“多晶硅生产技术”	乐山职业技术学院
4		“晶硅太阳电池生产工艺”	佛山职业技术学院
5		“应用光伏技术”	天津轻工职业技术学院
6		“光伏组件生产技术”	佛山职业技术学院
7		“光伏应用电子产品设计与制作”	衢州职业技术学院
8		“风电场建设基础”	酒泉职业技术学院
9		“风电场运行维护与检修技术”	湖南电气职业技术学院

续表

序号	升级改进任务名称	子任务名称	主持单位
10	标准化课程升级改进（18门）	“风力发电机组安装与调试”	酒泉职业技术学院
11		“风力发电机组控制技术”	天津轻工职业技术学院
12		“光伏产品检测标准与认证”	佛山职业技术学院
13		“单片机控制技术”	天津轻工职业技术学院
14		“电力电子技术”	哈尔滨职业技术学院
15		“电气控制与 PLC”	秦皇岛职业技术学院
16		“继电保护技术”	包头职业技术学院
17		“机械制图与 CAD”	兰州职业技术学院
18		“新能源利用与开发”	佛山职业技术学院
19		“光伏电站运行与维护”	常州工业职业技术学院
20		“光伏材料检测技术”	乐山职业技术学院
21	新建标准化课程（2门）	“现代能源管理技术及应用”	天津轻工职业技术学院
22		“智能光伏产品设计与实践”	佛山职业技术学院
23	个性化课程升级改进（21门）	原有21门个性化课程升级改进	各参建院校
24	新建个性化课程（4门）	“太阳能热利用技术”	酒泉职业技术学院
25		“新能源创新创业教育”	佛山职业技术学院
26		“光伏电子工程的设计与实施竞赛资源”	天津轻工职业技术学院
27		“太阳能光热利用技术”	武威职业学院 德州职业技术学院
28	完善新能源博物馆	完善新能源博物馆	佛山职业技术学院

续表

序号	升级改进任务名称	子任务名称	主持单位
29	新增虚拟仿真（4个）	CIGS 薄膜电池生产虚拟仿真系统	天津轻工职业技术学院
30		风力发电机组装配与调试虚拟仿真系统	天津轻工职业技术学院
31		光伏系统多节点虚拟仿真教学考练平台	佛山职业技术学院
32		风电控制与运维虚拟仿真系统	酒泉职业技术学院
33	1+X 职业技能等级证书资源包开发	1+X 职业技能等级证书资源包开发	天津轻工职业技术学院
34	社会服务典型案例资源	社会服务典型案例资源	天津轻工职业技术学院
35	资源库平台升级改进	资源库平台升级改进	天津轻工职业技术学院
36	加强国际化服务能力	国际化案例	天津轻工职业技术学院
37		国际化教学标准	天津轻工职业技术学院
38		国际化教材	天津轻工职业技术学院
39	资源库应用推广	资源库应用推广	天津轻工职业技术学院
			佛山职业技术学院
			酒泉职业技术学院

第七节 保障措施

为保障项目的顺利进行，本项目组从组织、制度、资金、技术以及知识产权等方面提供了有力的保障。

一、组织保障

为保障升级改进项目的顺利进行，项目组进行了科学合理的组织设计与分工协作，在联盟管理委员会的指导下，对专家组成员和领导小组成员进行调整。领导小组负责项目建设方向，在项目建设初期负责建设方案等文案以及课程和相关规章制度的修订和制定。建设期间实施项目负责制，各责任单位负责项目的顺利实施以及技术推广，建设后期负责项目资源的持续更新，网站资源维护等工作。

二、制度保障

保障项目建设的规范、有序进行，借鉴其他国家级教学资源库建设经验，并广泛征求各建设组成员的意见，对原有的一系列管理办法进行修订，如《新能源类专业教学资源库项目管理办法》、《职业教育新能源类专业教学资源库建设项目专项资金管理办法》等，同时根据资源库建设的需要，不断充实、修订和完善这些系列制度文件，促进日常管理的规范化、制度化，健全和完善资源库项目建设的制度保障体系。

三、资金保障

新能源类专业教学资源库建设项目建设总资金 600 万元，来源于主持院校自筹。项目建设经费专款专用，主要包括素材制作、企业案例收集制作、课程开发、特殊工具软件制作、应用推广、调研论证、专家咨询等费用。

四、技术保障

在技术上采用面向服务的方式进行架构，使系统具有较强的可扩展性和通用性。由领航未来（北京）科技有限公司技术工程师做技术指导，对资源库建设的核心技术问题提供支持；联盟院校网络技术中心全力参与资源库建设；部分资源通过公开招标方式委托社会具有相当实力的软件开发公司进行制作。

五、知识产权保护

完善知识产权保障制度，保障知识产权管理。加强项目建设过程的知识产权教育与管理。在项目建设的全过程持续进行国家知识产权法律法规宣传，不断提高知识产权意识；明确项目建设成果归国家所有，确保使用国拨资金形成的成果无偿开放共享，参与单位与参与人享有署名权，项目验收后的持续更新部分的知识产权归参与单位的参与人所有；在资源制作阶段，强调资源的原创性，明确资源著作人与资源使用用户的权利与义务；在资源上传与运用环节严格过程审核，设定使用权限，避免产权纠纷；在资源下载与应用环节，严格分配与管理用户权限，防止资源的非法下载或传播。

第八节　预期效果和验收要点

一、预期效果

1. 建成架构完善、资源丰富的高水平教学资源库

通过联盟成员的密切合作，共建共享，建成具有先进性、实用性、开放性、共享性、可持续性的新能源类专业教学资源库。凭借“一中心、四平台”架构，资源、课程、资讯等内容丰富，覆盖新能源行业岗位群，引导界面清晰，服务四类用户能力突出，为教师和学生提供反映最新教学改革成果的资源和课程，为企业员工和社会用户提供当前的最新技术和信息，成为能用、会用、好用的高水平的教学资源库。

持续加强国际化水平项目建设，突出为“一带一路”国家的师生服务，为“一带一路”国家的中资企业服务，引进国际知名高级行业标准和证书，加强师资双语能力培养，增加双语资源数量，并持续保持更新。

2. 全面实现信息化教学，融入思政元素，培养德技并举技术技能人才

云平台系统及大数据的使用，全面实现信息化教学。教师可以借鉴标准化课程，根据不同学情因材施教，搭建个性化课程，实现兼顾典型示范和个性化需求的目标。通过资源平台，提供行业发展以及人才需求最新动态，提高教学情境与行业岗位的吻合度，实现现代技术资源信息化与共建共享。资源库讨论区可供师生、企业技术人员与学生之间开展讨论或争论，实现反复的互动和交流，通过线上线下结合，促成各种信息、知识、经验、观点的碰撞，达到掌握知识的目的，提高新能源类专业人才培养质量。在课程中融入思政元素，使专业课堂教学与思想政治理论课同向同行，形成协同效应，实现立德树人的教育宗旨。

3. 实施“标准化”机制，引领新能源行业健康发展

由于新能源是新兴行业，各类技术标准、服务流程标准等建设尚不规范，资源库升级改进过程中不断将收集、整理的各类标准，与行业企业共同完善、规范、推广使用。升级改进后的资源库，将在远程培训服务、继续教育服务、新技术新方法升级服务中满足从业人员对多样化资源的需求，实现产学一体化，引领整个行业的健康持续发展。

二、绩效指标

表 5-16 （资源库名称）升级改进项目支出绩效目标申报表

总体目标	目标 1：紧密对接新能源产业链对技术技能人才需求，融入行业、企业标准，遵循“一体化设计、结构化课程、颗粒化资源”的建设原则，对资源库进行升级改进。针对岗位能力要求，重构模块化课程体系，满足不同人群的学习需求。实现标准化课程与个性化课程的设置更加科学。 目标 2：将思政教育、工匠精神、美育教育、劳动教育、创新创业等融入课程，对内容进行调整，增加国际化元素，开发国际化专业标准、双语资源和教材。新建企业案例、虚拟仿真、“1+X”培训认证等资源，使教学资源种类更完善、结构更合理。 目标 3：优化资源库平台教学应用能力，学习用户活跃度高、满意度高、互动率高，课程平台功能稳定，微信平台推送顺畅，线上线下学习更加便捷，“教、学”过程全覆盖，应用资源库教学成果显著。 目标 4：在全国同类院校相关专业中全面推广，在企业和社会上全面推广。同时，借助“鲁班工坊”项目实施，有效推进新能源类专业国际化资源输出，助力服务“一带一路”。			
绩效指标				
一级指标	二级指标	三级指标 （＊及其所属，文化传承与创新教学资源项目根据实际填报；#及其所属，专业教学资源库不填报；……指标为项目设定的自定义指标，可以加项加行，序号顺延。）	指标值	
			现有基础	目标值
1. 产出指标	1.1 数量指标	＊1. 1. 1 课程建设数量	27	32
		1. 1. 1. 1 专业核心课程数量（门）	18	20
		1. 1. 1. 2 社会培训课程数量（门）	9	11
		1. 1. 1. 3 对接专业的创新创业课程数量（门）	0	1
		＊1. 1. 2 素材资源建设数量	——	——
		1. 1. 2. 1 视频类素材资源（个）	7284	8100
		1. 1. 2. 2 动画类素材资源（个）	7590	8350
		1. 1. 2. 3 虚拟仿真类素材资源（个）	896	1000
		1. 1. 2. 4 微课类素材资源（个）	120	220
		1. 1. 2. 5 其它非文本类素材资源（个）	1274	1400
		#1. 1. 3 文化传承与创新资源建设数量	——	——
		1. 1. 3. 1……		

续表

一级指标	二级指标	三级指标 （＊及其所属，文化传承与创新教学资源项目根据实际填报；#及其所属，专业教学资源库不填报；……指标为项目设定的自定义指标，可以加项加行，序号顺延。）	指标值	
			现有基础	目标值
1. 产出指标	1.2 质量指标	1.2.1 用户（所有建设单位）数量与活跃度	——	——
		1.2.1.1 学生用户数量（个）	35398	37400
		1.2.1.1.1 建设单位在校学生用户数量（个）	16200	18000
		1.2.1.1.2 建设单位在校学生活跃用户数量（个）	13721	16000
		1.2.1.1.3 建设单位在校学生活跃用户占比（%）	84.6	88.9
		1.2.1.2 教师用户数量（个）	1086	1100
		1.2.1.2.1 建设单位教师用户数量（个）	651	660
		1.2.1.2.2 建设单位教师活跃用户数量（个）	530	560
		1.2.1.2.3 建设单位教师活跃用户占比（%）	81	85
		1.2.1.3 企业员工用户数量（个）	3598	5000
		1.2.1.3.1 建设单位合作企业用户数量（个）	1600	3000
		1.2.1.3.2 建设单位合作企业活跃用户数量（个）	1328	2700
		1.2.1.3.3 建设单位合作企业活跃用户占比（%）	83	90
		1.2.2 素材资源质量	——	——
		1.2.2.1 原创资源占比（%）	90	95
		1.2.2.2 视频类素材资源占比（%）	27.1	28
		1.2.2.3 动画类素材资源占比（%）	25.3	28
		1.2.2.4 虚拟仿真类素材资源占比（%）	2.99	3.5
		1.2.2.5 微课类素材资源占比（%）	0.4	0.5
		1.2.2.6 其它非文本类素材资源占比（%）	13.3	14
		1.2.2.7 活跃资源占比（%）	64.18	70
		1.2.3 特色与创新	——	——
		1.2.3.1（资源更新方面）……		
		1.2.3.1.1 双语教学资源课程数（门）	1	2
		1.2.3.1.2 双语教材（本）	1	3
		1.2.3.2（推广应用方面）……		
		1.2.3.2.1 使用院校数（个）	30	35

续表

一级指标	二级指标	三级指标 （＊及其所属，文化传承与创新教学资源项目根据实际填报；#及其所属，专业教学资源库不填报；……指标为项目设定的自定义指标，可以加项加行，序号顺延。）	指标值	
			现有基础	目标值
1. 产出指标	1.2 质量指标	1.2.3.3（管理与服务方面）……		
		1.2.3.3.1 依托资源库建设在线开放课程数（个）	0	4
	1.3 时效指标	1.3.1 建设情况	30	35
		1.3.1.1 任务及时完成度（%）	——	100
		1.3.2 应用情况	——	——
		1.3.2.1 建设单位在校学生用户占比（%）	71.9	100
		1.3.2.2 建设单位教师用户占比（%）	80	100
		1.3.3 预算执行	——	——
		1.3.3.1 收入预算执行率（%）	——	100
		1.3.3.2 支出预算执行率（%）	——	100
	1.4 成本指标	1.4.1 项目建设总成本	600	600
		1.4.1.1 咨询及调研论证费用（万元）	——	22
		1.4.1.2 不能直接列入限定用途的其他费用（万元）	——	136
2. 效益指标	2.1 社会效益指标	2.2.1 资源库院校使用覆盖面（%）	100	100
		2.2.2. 社会学习者用户数量（个）	2232	3032
		2.2.2.1. 社会学习者活跃用户数量（个）	420	500
		2.2.2.2 使用资源库培训社会人员的单位数量（个）	82	105
		……		
	2.2 可持续影响	2.2.1 资源库建设（更新）及应用激励与约束机制	——	——
		2.2.1.1 教师参与建设（更新）与应用机制	1	2
		2.2.1.2 学生自主学习机制	1	2
		2.3.2 带动校级专业教学资源库建设情况	6	20
		2.3.2.1 第一主持单位校级资源库覆盖面（%）	21	60
		2.3.2.2. 联合主持单位校级资源库覆盖面（%）	10	50

续表

一级指标	二级指标	三级指标 （＊及其所属，文化传承与创新教学资源项目根据实际填报；#及其所属，专业教学资源库不填报；……指标为项目设定的自定义指标，可以加项加行，序号顺延。）	指标值	
			现有基础	目标值
3. 满意度指标	3.1 服务对象满意度指标	3.1.1 建设单位在校生使用满意度（%）	95	98
		3.1.2 建设单位教师使用满意度（%）	93	95
		3.1.3 社会学习者使用满意度（%）	92	95

第五部分 05

成效篇

第六章 全国高校黄大年式教学团队建设——光伏工程技术专业

第一节 仰望星空谋发展 脚踏实地育人才
——记全国高校光伏专业黄大年式教师团队

百年大计，教育为本；教育大计，教师为本。2022年1月，教育部公布了第二批“全国高校黄大年式教师团队”，天津轻工职业技术学院光伏工程技术专业教师团队凭借在新能源领域教学与科研的累累硕果，成为第二批“全国高校黄大年式教师团队”之一。这是该专业在2019年获批全国首批职业院校教师教学创新团队的基础上，又获得的一个沉甸甸的殊荣。

光伏工程技术专业成立于2010年，是对接天津市八大支柱产业——新能源新材料产业的小而新的专业，是京津冀地区首个为战略性新兴产业服务的专业，是中央财政支持的紧缺人才专业，是天津市高水平建设项目优质专业，是中国特色高水平高职学校重点建设专业群项目。随着专业10多年的发展，团队成员也不断壮大，目前团队共15人，“双师素质”教师比例100%，拥有企业一线工作经历教师7人，海外培训经历教师12人。团队始终以习近平新时代中国特色社会主义思想为指导，践行习近平总书记对黄大年同志先进事迹作出的重要指示：心有大我、至诚报国，把爱国之情、报国之志，融入祖国改革发展的伟大事业之中，融入人民创造历史的伟大奋斗之中。时刻以黄大年同志为榜样，深化社会主义核心价值观培育工程，坚持立德树人根本任务，聚焦新能源领域，以创新发展为内生动力，完善创新机制，深化产教融合校企合作，以点带面，将个人成长与团队整体建设相结合，从“双师、双能、双创、双语”四个维度，淬炼了一支德技双馨、锐意进取、国际视野、凝聚力强的高素质创新团队，全方位推进了教育教学改革并取得一定成效。

一、明德砺志扬帆进

团队践行习近平总书记对黄大年同志先进事迹做出的重要指示：心有大我 至诚报国，把爱国之情 报国之志融入祖国改革发展的伟大事业之中，融入人民创造历史的伟大奋斗之中。将师德师风建设作为首要任务，按照

"四有"好老师、"四个引路人""大先生"等要求，秉承"修德育能、日见其功"的校训，注重价值引领和理想信念教育，崇尚科学精神，恪守学术道德，形成严谨治学的教风。团队敢于担当、攻坚克难，在双高专业建设、国际化改革和技术技能积累等方面中取得了骄人成绩，为国家培养了2000余名品学兼优的高素质技术技能人才。团队成员中获中国轻工业职业教育教学名师2人，全国黄炎培职业教育杰出教师奖2人，全国职业院校技能大赛优秀工作者2人，天津市五一劳动奖章2人，最美女教师2人，师德先进个人2人，高校课程思政教学团队和教学名师2组等。

二、立德树人甘奉献

团队遵循职业教育教学及学生成长成才规律，构建"价值塑造-知识传授-技能训练-素质养成-创新实践"的人才培养体系，五育并举将思想政治教育贯穿教育教学全过程，3门专业课被评为天津市课程思政精品课程、示范课。

聚焦产业发展，深化校企协同育人模式，构建"岗课赛证"融通的课程体系，推进"三教"改革，出版国家规划教材2部、中英文教材3部及其他高水平教材20余部，获国家级教学成果二等奖2项。主持并首创国家级新能源类专业教学资源库，主持国家"双高计划"重点专业群建设，开发并承办全国职业院校技能大赛风光互补赛项，开发3个国际化专业教学标准。全国职业院校教师教学能力比赛获一、二等奖4人，教师微课大赛获奖8人，指导学生在全国职业院校技能大赛获一、二等奖33人。

三、科研创新重实效

落实"碳中和、碳达峰"重大战略，立足京津冀，服务新能源产业，团队牵头组建京津冀职教集团，校企共建新能源协同创新中心，主动承担重大项目研发，省部级及以上18项，与行业企业合作12项。与企业合作开发的"碳中和新能源领域教学科研系统"参展第五届世界智能大会，解决了新能源就地消纳问题，研制的新能源多能互补装备得到广泛应用，产生经济效益400余万元。研发的光伏电动车、集新能源与智能控制技术于一体的无人驾驶车已在5个海外"鲁班工坊"应用。主持首批国家级职业教育教师教学创新团队项目2项，牵头组织新能源与环保技术专业领域8个院校的课题研究工作，完成全国教育科学"十三五"规划教育部重点课题1项。获批发明专利8件、实用新型专利25件、软件著作权5件，发表高水平论文60余篇。

四、产教融合谋发展

发挥行业企业办学的突出优势，探索形成了产业、行业、企业、职业、专业“五业联动”的发展新模式。对接新能源龙头企业，与中天未来、中环半导体等企业深度合作，探索1+N现代学徒制育人模式，学生双证书取证率达到100%。全国技能大赛一等奖选手李瑞以年薪18万被中职学校录用，一等奖选手谷永伟以8000元被中交一航局录用。将创新创业教育融入人才培养全过程，优化课程并创新实践活动，学生参加市级及以上创新创业大赛获奖20余项，其中中国国际“互联网+”大学生创新创业大赛金、铜奖各1项。参与的《高职院校“融入递进式”创新创业教育体系的构建与实践》获2014年国家级教学成果二等奖。

五、服务社会履责任

立足产业、扎根行业、服务企业转型升级，团队15人均为天津市企业科技特派员，通过技术转让，成果转化，技术服务为企业创造经济效益1200余万元。国家级新能源类专业教学资源库学习用户达3万余人，建设模式被30余所高职院校采用。建有全国新能源技术虚拟仿真实训基地、全国新能源专业培训基地、全国新能源协同创新中心、光伏1+X证书师资培训基地等，累计培训5000余人次；依托学院建设的印度鲁班工坊、埃及鲁班工坊，输出新能源技术标准、装备、资源等，培训外国教师30余人、境外企业员工和学生1000余人次。对口帮扶新疆职业大学、通辽职业技术学院筹建新能源专业，助力锡林郭勒职业学院师资能力提升，惠及师生1400余人。为天津市耀华中学、岳阳道小学等学校开展劳动教育，进行新能源技术讲座和实践，受益学生达2000余人。

六、团队协同方致远

团队成员注重学习、培训和提升，通过国外定制、国内定制、下企业培训、线上线下混合培训等多元化开展师资能力养成训练，形成互促共融、共建共享的团队文化。团队负责人李云梅教授，是中国轻工业职业教育教学名师、天津职业技术师范大学博士研究生导师、天津市新能源产教对接委员会秘书长，主持完成鲁班工坊建设体验馆等多个重大项目，多次参与教育部专业教学标准、大赛制度研制等工作。团队通过名师、大师、科技能手三个维度进行传帮带，最大限度地挖掘每个人的潜能，坚持带一批高徒、出一批成果、引一个专业的原则，培养专业带头人和骨干教师10人。深化产教融合、校企合作，牵头成立全国新能源创新团队校企共同体联盟，制定共同体章程，组建机构，明确职责，建立运行机制，搭建校企命运共同体，在全国创新团队中起到引领示范作用。

光伏专业品牌凸显，有效提升了人才培养质量，团队成员双师型能力不断加强，教育教学成果丰硕，带动效应显著，学生就业率达到95%以上，毕业生受到就业单位的青睐。2021年，团队负责人作为全国三所院校之一向孙尧副部长汇报团队建设工作与成效，先后两次在全国第二批国家级创新团队建设会上作专题报告，在天津市师德巡讲大会上进行经验分享，团成员先后20余次到职业院校进行团队建设经验分享并指导建设，起到了引领示范作用。团队成果先后在人民日报、新华网、天津教育报、长江日报、网易新闻、新浪新闻、未来网高校等媒体10余次专题报道。

聚是一团火，散是满天星。面向未来，团队将依托国家级新能源类专业教学资源库，面向西部院校、企业、农村、社区、中小学进行教学成果的推广，促进新能源资源共建共享；依托新能源与环保技术专业领域创新团队共同体，实现校校、校企强强联合提升专业贡献度，助推经济发展；依托鲁班工坊建设，深化产能合作，助力国家“一带一路”倡议，打造职业教育的国际化品牌。

第七章 国家级职业教育教师教学创新团队建设——光伏发电技术及应用专业

2019年8月，天津轻工职业技术学院光伏发电技术与应用专业教学团队被教育部批准为“首批国家级职业教育教师教学创新团队”立项建设单位，同年12月，学院获批中国特色高水平高职院校建设单位，光伏工程技术（原光伏发电技术与应用）专业群确定为双高建设重点专业群。团队以习近平新时代中国特色社会主义思想为指导，坚持立德树人的根本任务，聚焦新能源领域，以创新发展为内生动力，深化产教融合校企合作，从“双师、双能、双创、双语”四个维度，力争打造一支高素质、高水平、结构化、双师型的国家级团队。

创新团队加强价值引领和理想信念教育，按照“四有”好教师标准，健全团队管理制度，建立师德建设长效机制，落实师德建设主体责任。落实团队工作责任制，实施创新团队成员的动态管理，每年末对成员在教育教学、科研培训、团队贡献等方面进行考核，实行末位淘汰制，并纳入学院教师整体评价中。创新团队负责人在双高校专业群建设、资源库升级改造、校内外实训基地资源整合以及鲁班工坊推进等方面整体谋划，在团队成长中发扬拓荒牛的创新实干精神、千里马的高效快干精神、领头羊的示范引领精神，不断增强团队的凝聚力和战斗力。通过组织团队教师全员开展专业教学法、课程开发技术、专业教学标准、“1+X”职业技能等级证书等专项培训，提升了教师教学设计、课程开发、创新创业和团队协作等能力，形成了互促共融、共建共享的团队文化。

第一节 守正创新 增值赋能 协同发展 淬炼“双师型”教师队伍

天津轻工职业技术学院

一、政策依据

天津轻工职业技术学院以习近平新时代中国特色社会主义思想为指导，坚持立德树人根本任务，全面落实《关于全面深化新时代教师队伍建设改革的意见》《国务院关于印发国家职业教育改革实施方案的通知》《深化新时代职业教育“双师型”教师队伍建设改革实施方案》《全国职业院校教师教学创新团队建设方案》等文件要求，学院光伏工程技术专业聚焦新能源领域，以创新发展为内生动力，深化产教融合校企合作，从“双师、双能、双创、双语”四个维度，打造一支德技双馨、锐意进取、国际视野、凝聚力强的一流教师创新团队（以下简称创新团队）。

二、针对问题

教师是人类灵魂工程师也是人类文明传承者，师资队伍建设是学校事业发展的命脉，双师型教师团队整体水平决定学校人才培养质量和办学水平。双师型教师队伍建设是职业院校办学质量的重要指标之一，传统的“走出去、引进来”的培养方式已经不能满足高素质双师型教师队伍建设要求，当前职业院校师资队伍培养存在的问题主要包括：一是对双师型认识不统一，缺乏明确的选聘标准；二是师资培养培训体系不完善，培训效果不高；三是“双师型”教师来源单一，企业实践经验较少；四是信息化应用技术、科研水平、技术服务水平有待提升；五是兼职教师工作和教学的矛盾，企业参与动力不足；六是“双师型”教师的激励机制和评价体系不完善。

三、创新工作

结合当前“双师型”教师队伍培养存在的问题，天津轻工职业技术学院先行先试，探索并实践“双师型”教师能力建设路径，主要做法有：

一是立德树人甘于奉献。将师德师风和思想政治作为评价教师的第一标准，制订《关于建立师德建设长效机制的实施办法》《师德宣传教育实施细则》，建立师德考核机制和档案，落实师德建设主体责任，全员签订廉洁从教承诺书。开展师德师风专题培训，发挥优秀人物激励、导向、示范作用，将师德师风考核结果作为双师评价的第一标准，实行师德师风“一票否决”制，实施创新团队成员的动态管理，实行末位淘汰制，将达不到要求的成员退出团队，吸纳能力强、技术精和思想政治素养高的新成员。

二是实施师资培养工程。整体规划形成良性可持续发展的师资培养工程，通过建立机制、搭建平台、分类管理、分层培养、双向协同、优化环境等构建体系化师资培养工程，在系统化推进、精细化管理、多元化投入、融合化发展上全面提供保障，给予配套制度支持，保障创新团队成员能够积极投身到团队建设中，提升团队凝聚力，同时能够高质量完成相应任务。成立教师发展中心、课程思政研究示范中心、大师工作室，定期开展说专业、说课程、说学生、说项目；定期发布企业命题的技术服务；邀请国内外教育及行业大咖开展丰富的沙龙、讲座等活动。

三是产教融合共谋发展。立足京津冀区域，发挥行业企业办学的突出优势，探索形成了产业、行业、企业、职业、专业“五业联动”的发展新模式，政行企校深入融合，共建新能源协同创新中心，探索1+1+N新能源产业学院，实施1+N现代学徒制育人模式，同时实施光伏专业中高一体化贯通培养，畅通人才上升通道，服务现代职教体系。创新团队15人均为天津市企业科技特派员，通过技术转让，成果转化，技术服务为企业创造经济效益1200余万元。2013年技能大赛选手谷永伟以8000元/月高薪被中交一航局录用，2019年技能大赛选手李瑞以年薪18万被中职学校录用。

四是深耕课程多元评价。创新团队遵循职业教育教学及学生成长成才规律，扎实推进“三教”改革，构建“价值塑造-知识传授-技能训练-素质养成-创新实践”的人才培养体系，以“双碳驱动、工匠铸魂、德技并修、劳美同行”为目标，将劳模精神、劳动精神、工匠精神、团队精神、安全意识五位一体的思想政治教育贯穿教学全过程；构建“岗课赛证”融通的课程体系，着力创新模块化教学模式，明确职责分工，协作进行模块化教学，不同课程根据工作过程导向法对课程进行模块化重构。能源创新团队模块化课程“风电机组安装与调试”分为了理论教学、工程案例、虚拟实训、实操演练四个模块；“PLC应用技术”分为了理论知识模块、动画模拟应用模块、实验台联系模块、电梯控制大赛模块、企业真实设备实境练习五个模块；同时，针对模块化课程改革结合学校、企业、学生建立了过程性和结果性相结合的多元评价体系。

五是科研创新注重实效。创新团队注重教学和科研相长，秉承“课题源自教学，教学积累课题，课题促进教学”的研究思路，积极落实“碳达峰、碳中和”重大战略，立足京津冀，服务新能源产业，牵头组建京津冀职教集团，校企共建新能源协同创新中心，主动承担重大项目研发，积极走访调研企业、社区和农村等，注重技术技能积累，服务企业发展需要。与企业合作开发的“碳中和新能源领域教学科研系统”参展第五届世界智能大会，解决了新能源就地消纳问题，研制的新能源多能互补装备得到广泛应用，产生经济效益400余万元；研发的光伏电动车、集新能源与智能控制技术于一体的无人驾驶车已在5个海外“鲁班工坊”应用。

六是团队协同服务社会。创新团队牵头19家单位成立全国创新团队校企共同体联盟，制定共同体章程，组建机构，明确职责，建立运行机制，搭建校企命运共同体协同机制，增强了行业、企业、院校等创新团队成员的凝聚力和创新团队之间协作能力。同时，创新团队成员积极承担在印度和埃及建设鲁班工坊新能源专业的任务，输出光伏专业国际化标准、大赛装备和课程资源，培训外国教师、学生，通过参与鲁班工坊建设，不仅提升了团队双语教学能力，也促进了中外人文交流和成果共享。创新团队主持建设的国家级新能源类专业教学资源库学习用户达 3 万余人，建设模式被 30 余所高职院校采用；建有新能源专业国家级培训基地、光伏 1+X 证书师资培训基地，培训教师 2000 余人；依托学院建设的印度鲁班工坊、埃及鲁班工坊，培训外国教师 20 余人、境外企业员工 615 人；对口帮扶新疆职业大学、通辽职业技术学院筹建新能源专业，助力锡林郭勒职业学院师资能力提升，惠及师生 1400 余人；为天津市耀华中学、岳阳道小学等学校开展劳动教育，进行新能源技术讲座和实践，受益学生达 2000 余人。

四、实施成效

学院光伏工程技术专业（原光伏发电技术与应用专业）成立于 2010 年，是对接天津市八大支柱产业新能源新材料产业的小而新的专业，是京津冀地区首个为战略性新兴产业服务的专业，是中央财政支持的紧缺人才专业，是天津市高水平建设项目优质专业，是中国特色高水平高职学校重点建设专业群项目。随着光伏专业 10 年的发展，团队成员也不断壮大，目前团队共 22 人，校内专任教师 17 人，企业兼职教师 5 人，专任教师中拥有企业一线工作经历教师 7 人，海外培训经历教师 12 人，“双师素质”教师比例 100%。其中，获中国轻工业职业教育教学名师 2 人、全国黄炎培职业教育杰出教师奖 2 人、天津市五一劳动奖章 2 人、最美女教师 2 人、师德先进个人 2 人、课程思政教学名师 2 人；开发国际化教学标准 3 个、出版双语教材 2 部；主持完成国家级新能源类专业教学资源库项目；连续 3 年承办全国职业技能大赛新能源赛项，学生在全国职业院校技能大赛中获一、二等奖 33 人，在中国国际“互联网+”大学生创新创业大赛中获得金奖 1 项、铜奖 1 项，金砖国家技能发展与技术创新大赛一等奖 2 人；学生双证书取证率达到 100%，学生就业率达到 95%，毕业生备受用人单位青睐。

光伏专业品牌凸显，有效提升了人才培养质量，团队成员双师型能力不断加强，教育教学成果丰硕。2019 年学院光伏工程技术专业获批“首批国家级职业教育教师教学创新团队”，同时荣获“天津市教育系统先进集体”称号；2020 年风力发电工程技术专业获批“天津市职业教育教师教学创新团队”；2021 年光伏工程技术专业团队荣获“全国高校黄大年式教师团队”；2021 年 9 月，作为全国三所院校之一向孙尧副部长汇报专业及团队建设工作与成效，9月和10月两次在全国第二批国家级创新团队培训会上作专题报告，12月，作为职业院校代表在天津市师德宣讲团讲述团队成长的故事；近2年，人民日报、网易新闻、新浪新闻、天津教育报等多家权威媒体对创新团队的成果和事迹进行10余次的报道。

2022年1月

第八章 新能源与环保技术专业领域创新团队共同体建设

为了深入学习贯彻习近平新时代中国特色社会主义思想和党的十九大精神，全面贯彻落实全国职业教育大会精神，按照《国家职业教育改革实施方案》、《深化新时代职业教育“双师型”教师队伍建设改革实施方案》、《全国职业院校教师教学创新团队建设方案》文件精神及国家大力发展新能源与环保产业的战略方针，2021 年 1 月新能源与环保技术专业领域创新团队共同体成立。共同体由新能源与环保技术专业领域创新团队基地、建设单位及相关院校、企业等自愿组成。通过理论与实践研究，探索高水平结构化团队的根本内涵与实施路径，促进团队立项课题扎实开展，强化产教融合和校企合作，打造职业教育人才建设的新高地，带动全国职教创新团队整体发展，推进职业院校师资队伍整体可持续提升。在创新团队成员努力下，《新能源与环保技术专业领域创新团队共同体章程》和《新能源与环保技术专业领域创新团队共同体委员会及相关机构》等文件出台，并于 2021 年元月召开了创新团队共同体启动大会，7 所国家级创新团队单位、英利能源（中国）有限公司、新疆金风科技股份有限公司等 19 个共同体成员单位加盟。通过建立创新团队之间协作运行的体制机制，增强了行业、企业、院校等创新团队成员的凝聚力和创新团队之间协作能力，激发团队创新活力，在厚植企业承担职业教育责任，推动产教融合、校企合作，形成校企命运共同体上做出果敢尝试。

《新时代高等职业院校光伏发电技术与应用专业领域团队教师教育教学改革创新与实践》获批教育部首批国家级职业教育教师教学创新团队主课题、《新能源与环保技术专业领域团队共同体协同合作机制研究》获批全国职教创新团队建设体系化课题研究项目，以课题研究为平台，密切了新能源与环保技术专业领域创新团队之间的交流和学习，并分别在 2021 年 1 月、4 月进行了两个课题的开题工作。

第一节 新能源与环保技术专业领域创新团队共同体章程修订版

为了深入学习贯彻习近平新时代中国特色社会主义思想和党的十九大精神，全面贯彻落实全国教育大会精神，按照《国家职业教育改革实施方案》、《深化新时代职业教育“双师型”教师队伍建设改革实施方案》、《全国职业院校教师教学创新团队建设方案》、《关于实施职业院校教师素质提高计划（2021—2025年）》文件精神及国家大力发展新能源与环保产业的战略方针，创建新能源与环保技术专业领域创新团队共同体，通过理论与实践研究，探索高水平结构化团队的根本内涵与实施路径，促进团队立项课题扎实开展，强化产教融合和校企合作，打造职业教育人才建设的新高地，带动全国职教创新团队整体发展，推进职业院校师资队伍整体可持续提升，特制订本章程。

第一章 总 则

第一条 共同体名称：新能源与环保技术专业领域创新团队共同体（以下简称“共同体”）

第二条 共同体性质：由新能源与环保技术专业领域创新团队基地、建设单位及相关院校、企业等自愿组成产教联合共同体。凡具有独立法人资格的职业教育机构、行业和企事业单位均可申请加入本共同体，成为共同体成员单位。

第三条 共同体宗旨：共同体坚持“共研，共建，共享，共用，共赢”的原则，探索新时代高等职业院校新能源与环保技术专业领域创新团队教师教育教学改革协同创新与实践，进而推动职业院校教师培养机制、人才培养方案、课程、教学、质量评价等方面的综合改革，实现高等职业教育高质量发展的目标，更好的对接新能源与环保装备制造产业、服务职业院校学生、国内外新能源行业学习者终生学习，以校际合作为基础，以校企合作为依托，以提高人才培养质量为核心。共同体充分发挥行业协会、职业院校、企事业单位各自的优势，促进职教资源优化配置，推动职业教育专业教学改革，扩展教与学的手段与范围，带动教育理念、教学方法和学习方式变革。

第二章　共同体准则

第四条　共同体以《新能源与环保技术专业领域创新团队共同体章程》为共同行为规范，遵循“四个不变”原则，即共同体成员原有的单位性质和隶属关系不变，管理体制不变，经济独立核算不变，人事关系和员工身份不变。

第五条　新能源与环保技术专业领域共同体成员之间借鉴创新理论、人际关系理论以及企业创新、科技创新等相关成果，构建起能够指导职业院校教师教学团队建设的相关理论，教学团队深化教育教学改革的实践，分析“双师型”教师、骨干教师、教学名师、兼职教师在团队建设中的作用及其成长轨迹，进一步充实职业院校教师专业发展理论，丰富高职院校教育教学理论。完成指导职业院校开展“三教”改革、形成世界水准、中国特色的职业院校新能源与环保技术专业整体教改标志性成果以及提供国家级高水平职业院校教师教学创新团队建设指导方案的终极任务。

第三章　功能目标

第六条　通过组建新能源与环保技术专业领域创新团队共同体，加强行业、企业、学校之间的全方位合作，以先进的教育思想与理念为指导，以职业院校教师教学创新团队建设培养高素质、创新型技术技能人才为目标，以专业建设为抓手，以专兼结合的教师为梯队，利用较强的创新能力，优良的协作精神，按照《国家职业教育改革实施方案》等职业教育改革的要求和产业人才需求，深化教育教学改革，形成一套体现职业教育类型特色、服务专业建设的教改成果，包括深化人才培养方案改革、加强专业群建设，完善人才培养体系、深化课程改革，建设新式教材、加强标准化建设，完善教学资源、构建国内一流的教师教学创新团队，提高教学质量，为新能源与环保技术行业的发展培养高素质复合型技术技能人才。

第四章　管理体制

第七条　新能源与环保技术专业领域创新团队共同体实行共同体管理委员会负责制，是共同体最高权力机构，遵照“管理规范、职责明确、公开公正、简明高效”的原则。共同体管理委员会设立秘书处、专家指导委员会、课题研究分委员会、产教融合分委员会、课程与教材建设分委员会、标准及评价分委员会、模块化教学分委员会等机构。凡是能够认同“共研，共建，共享，共用，共赢”组织原则的新能源与环保专业技术领域的职业院校及企事业单位，均可以申请成为成员单位。共同体管理委员会设立主任 1 人、常务副主任 1 人、副主任 4 人；分委员会设主任 1 人、副主任 1 人等。

共同体设秘书处作为共同体的常设办事机构，负责处理共同体的日常事务及保持与共同体成员的密切联系。秘书处设秘书长 1 人，副秘书长 2 人，成员若干。

第八条 共同体管理委员会职责

1. 确定共同体发展的规划、方针及目标，对重大问题进行决策；

2. 谋划职业院校教师教学创新团队建设方法、路径；

3. 统筹各成员单位的职业教育改革研究方向，协调各成员单位的关系；

4. 制订或修改本共同体章程，研究共同体各成员单位的重要提案；

5. 促进产教融合、校企合作，吸引领域内的知名企业、行业协会、研究机构加入共同体；

6. 定期开展交流、培训、研讨，扎实推进课题研究工作和创新团队建设；

7. 指导、监督分委会工作，做好分委会工作的评价。

共同体全体会议每年召开一次，共同体管理委员会全体会议行使共同体最高权力。共同体管理委员会决定共同体成员单位变更、项目方案内容变更或确定重大事件需要共同体专家指导委员会确认。如果有特殊情况，共同体管委会主任可决定提前、推迟或临时召集共同体会议或共同体管理委员会会议。

第五章 工作任务

第九条 共同体根据《新能源与环保技术专业领域创新团队共同体章程》完成共同确定的工作任务：

1. 全面制定职业院校教师教学创新团队建设标准；

2. 统筹协调开展产教融合、校企合作推进高质量、高水平创新团队建设工作；

3. 制定共同体协同合作机制，探索资源共建共享共用；

4. 重点课题完成其研究方向的若干物化成果以及涵盖衔接共同体所有课题的内容研究报告；

5. 一般课题、实践课题按时保质的完成论文或者专著以及其他的物化成果；

6. 积极推进相关成果的实际应用，扩大共同体知名度和影响力。

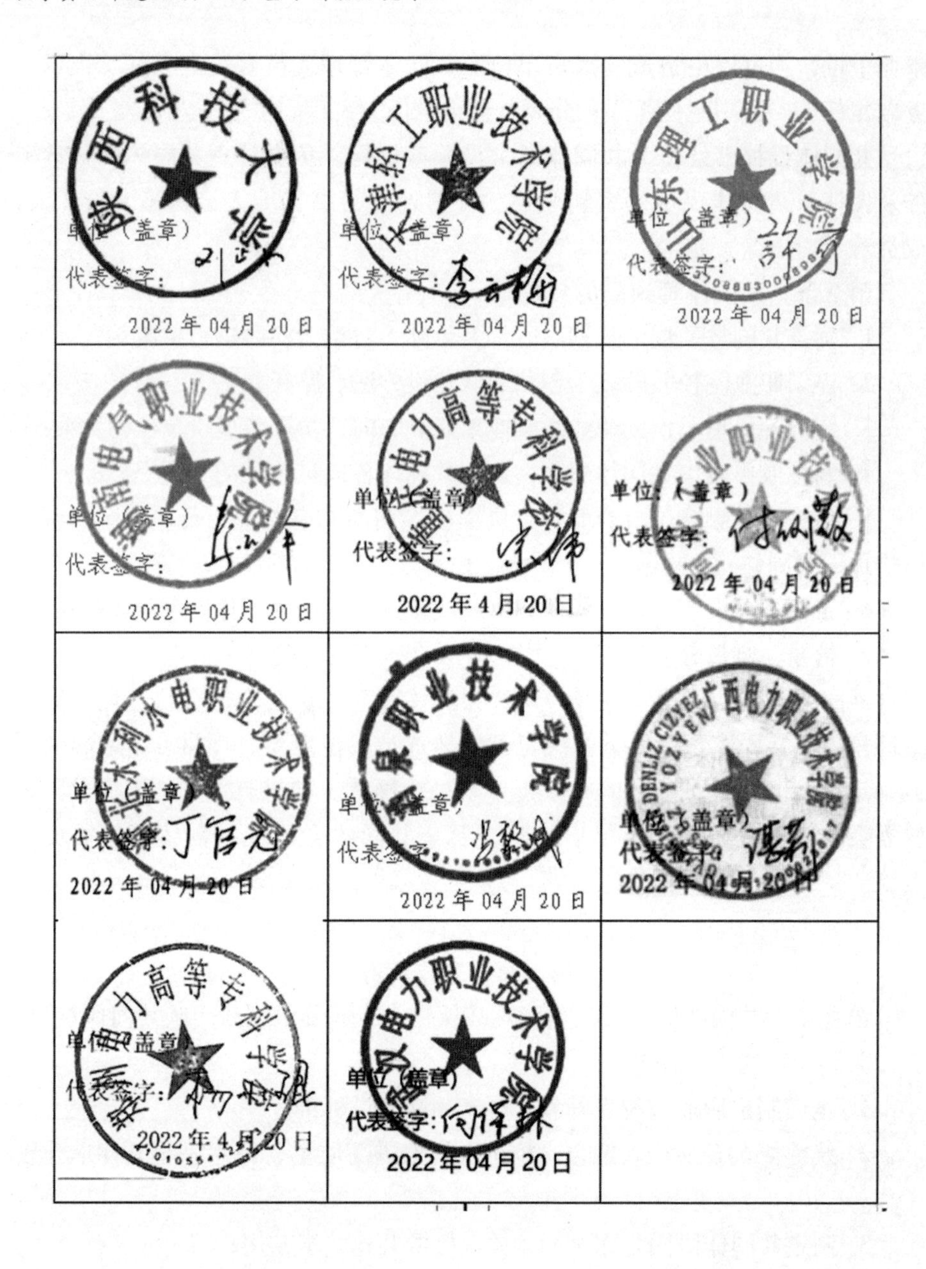

单位（盖章） 代表签字： 2022 年 04 月 20 日	单位（盖章） 代表签字： 2022 年 04 月 20 日	单位（盖章） 代表签字： 2022 年 04 月 20 日
单位（盖章） 代表签字： 2022 年 04 月 20 日	单位（盖章） 代表签字： 2022 年 4 月 20 日	单位（盖章） 代表签字： 2022 年 04 月 20 日
单位（盖章） 代表签字： 2022 年 04 月 20 日	单位（盖章） 代表签字： 2022 年 04 月 20 日	单位（盖章） 代表签字： 2022 年 04 月 20 日
单位（盖章） 代表签字： 2022 年 4 月 20 日	单位（盖章） 代表签字： 2022年04月20日	

附件1

新能源与环保技术专业领域创新团队共同体委员会及相关机构设置

共同体管理委员会

主任：陕西科技大学教育学院院长 刘正安研究员

常务副主任：天津轻工职业技术学院副院长 李云梅教授

副主任：湖南电气职业技术学院党委书记 秦祖泽教授

河北工业职业技术大学党委副书记 付俊薇教授

江苏伟创晶智能科技有限公司总经理 丁基勇

郑州电力高等专科学校校长 杨建华教授

秘书处

秘书长：天津轻工职业技术学院电子信息与自动化学院院长 姚 嵩副教授

副秘书长：陕西科技大学教育学院副院长 郭国法教授

河北工业职业技术大学环境与化学工程系主任 郭立达副教授

共同体专家指导委员会

主 任：陕西科技大学环境科学与工程学院院长 马宏瑞教授

副主任：天津职业技术师范大学职业教育教师研究院院长 曹 晔教授

秘书长：陕西科技大学教育学院副院长 郭国法教授

课题研究分委员会

主任：天津轻工职业技术学院副院长 李云梅教授

副主任：山东理工职业学院科研处处长 周宏强教授

企业专家：英利能源（中国）有限公司总工程师 王秀香

东方日升（常州）新能源有限公司高级经理 袁声召

浙江晶科能源有限公司人力资源经理 张陈良

山东理工昊明新能源有限公司董事长 屈道宽

秘书长：天津轻工职业技术学院重点专业发展中心主任 沈 洁副教授

产教融合分委员会

主任：湖南电气职业技术学院副院长 程一凡教授

副主任：重庆电力高等专科学校校长、党委副书记 宗 伟教授

企业专家：华润电力中西大区南阳新能源公司副总经理 尹忠献

秘书长：湖南电气职业技术学院风能工程学院院长 罗小丽教授

课程与教材建设分委员会

主任：湖北水利水电职业技术学院党委委员、教务处处长　丁官元教授
副主任：河北工业职业技术大学环境与化学工程系主任　郭立达副教授
企业专家：河北旭阳能源有限公司总经理　尹天长
　　　　　河北正润环境科技有限公司副总经理　赵文英
　　　　　浙江瑞亚能源科技有限公司副总经理　刘文斌
秘书长：湖北水利水电职业技术学院教学干事　冯　伦高级工程师
标准及评价分委员会
主　任：酒泉职业技术学院新能源工程学院院长　冯黎成教授
副主任：广西电力职业技术学院教务处处长　谌　莉教授
企业专家：新疆金风科技股份有限公司事业部总经理　韩　海
秘书长：酒泉职业技术学院新能源工程学院副院长　程明杰副教授
模块化教学分委会
主　任：郑州电力高等专科学校三级职员　杨小琨教授
副主任：武汉电力职业技术学院副院长　汪祥兵副教授
企业专家：北京金风科创风电设备有限公司总经理　杨　华
　　　　　武汉市物新智道科技有限公司总经理　汤晓华
秘书长：郑州电力高等专科学校能源与动力工程学院院长　雷莱副教授

附件2

2022年新能源与环保技术专业领域创新团队共同体成员单位

序号	成员单位	负责人
1	陕西科技大学	刘正安
2	天津轻工职业技术学院	李云梅
3	山东理工职业学院	许　可
4	湖南电气职业技术学院	秦祖泽
5	重庆电力高等专科学校	宗　伟
6	河北工业职业技术大学	付俊薇
7	湖北水利水电职业技术学院	丁官元
8	酒泉职业技术学院	冯黎成
9	广西电力职业技术学院	谌　莉
10	郑州电力高等专科学校	杨建华
11	武汉电力职业技术学院	汪祥兵
12	江苏伟创晶智能科技有限公司	丁基勇
13	英利能源（中国）有限公司	王秀香
14	东方日升（常州）新能源有限公司	袁声召
15	浙江晶科能源有限公司	张陈良
16	山东理工昊明新能源有限公司	屈道宽
17	华润电力中西大区南阳新能源公司	尹忠献
18	河北旭阳能源有限公司	尹天长
19	河北正润环境科技有限公司	赵文英
20	浙江瑞亚能源科技有限公司	刘文斌
21	新疆金风科技股份有限公司	韩　海
22	北京金风科创风电设备有限公司	杨　华
23	武汉市物新智道科技有限公司	汤晓华

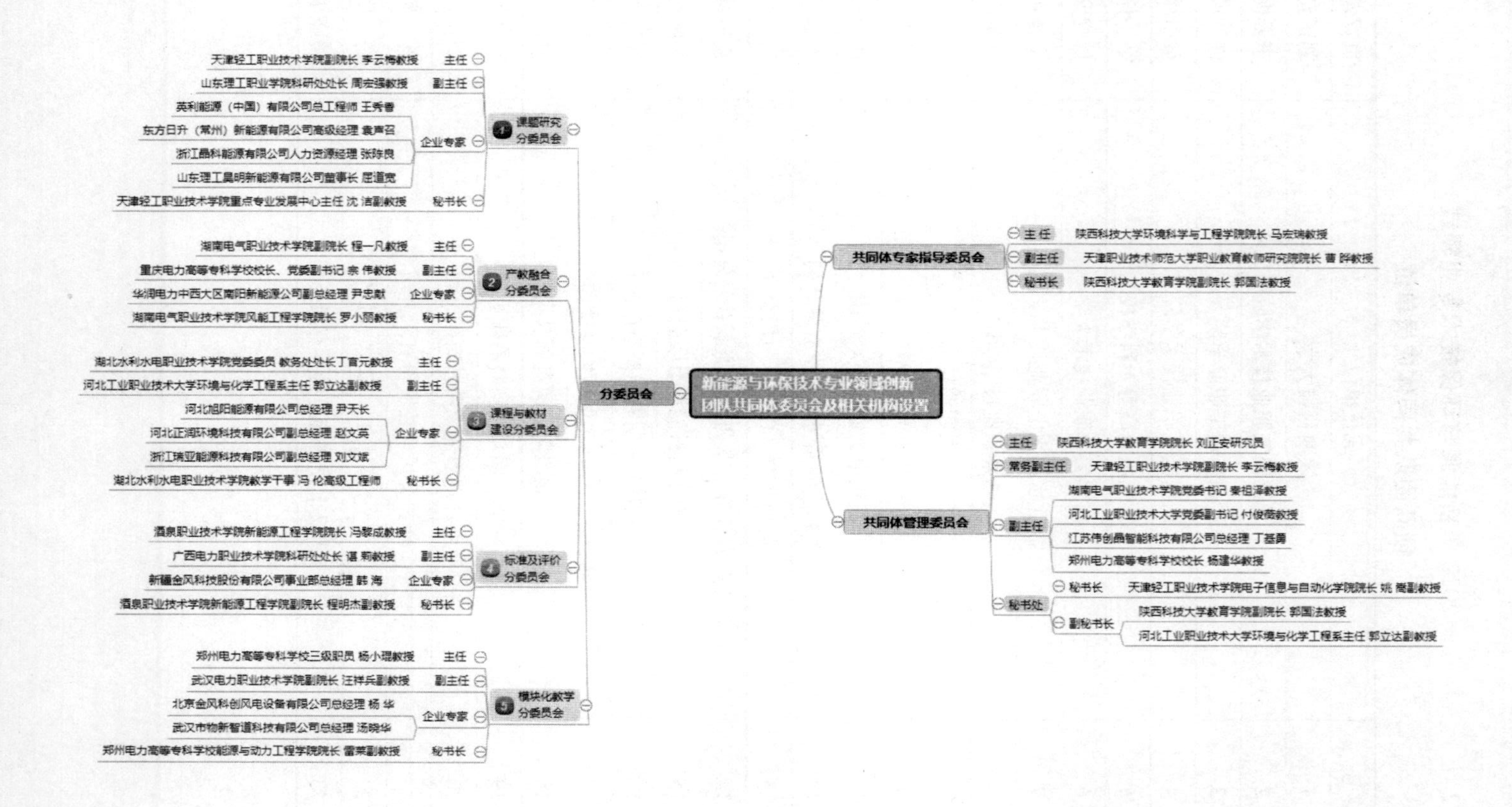

新能源与环保技术专业领域创新团队共同体委员会及相关机构设置
共同体专家指导委员会
主任 陕西科技大学环境科学与工程学院院长 马宏瑞教授
副主任 天津职业技术师范大学职业教育教师研究院院长 曹晔教授
秘书长 陕西科技大学教育学院副院长 郭国法教授
共同体管理委员会
主任 陕西科技大学教育学院院长 刘正安研究员
常务副主任 天津轻工职业技术学院副院长 李云梅教授
副主任
湖南电气职业技术学院党委书记 秦祖泽教授
河北工业职业技术大学党委副书记 付俊薇教授
江苏伟创晶智能科技有限公司总经理 丁基勇
郑州电力高等专科学校校长 杨建华教授
秘书处
秘书长 天津轻工职业技术学院电子信息与自动化学院院长 姚嵩副教授
副秘书长
陕西科技大学教育学院副院长 郭国法教授
河北工业职业技术大学环境与化学工程系主任 郭立达副教授
分委员会
1 课题研究分委员会
主任 天津轻工职业技术学院副院长 李云梅教授
副主任 山东理工职业学院科研处处长 周宏强教授
企业专家
英利能源（中国）有限公司总工程师 王秀香
东方日升（常州）新能源有限公司高级经理 袁声召
浙江晶科能源有限公司人力资源经理 张陈良
山东理工昊明新能源有限公司董事长 屈道宽
秘书长 天津轻工职业技术学院重点专业发展中心主任 沈洁副教授
2 产教融合分委员会
主任 湖南电气职业技术学院副院长 程一凡教授
副主任 重庆电力高等专科学校校长、党委副书记 宗伟教授
企业专家 华润电力中西大区南阳新能源公司副总经理 尹忠献
秘书长 湖南电气职业技术学院风能工程学院院长 罗小丽教授
3 课程与教材建设分委员会
主任 湖北水利水电职业技术学院党委委员 教务处处长丁育元教授
副主任 河北工业职业技术大学环境与化学工程系主任 郭立达副教授
企业专家
河北旭阳能源有限公司总经理 尹天长
河北正润环境科技有限公司副总经理 赵文英
浙江瑞亚能源科技有限公司副总经理 刘文斌
秘书长 湖北水利水电职业技术学院教学干事 冯伦高级工程师
4 标准及评价分委员会
主任 酒泉职业技术学院新能源工程学院院长 冯黎成教授
副主任 广西电力职业技术学院科研处处长 谌莉教授
企业专家 新疆金风科技股份有限公司事业部总经理 韩海
秘书长 酒泉职业技术学院新能源工程学院副院长 程明杰副教授
5 模块化教学分委员会
主任 郑州电力高等专科学校三级职员 杨小琨教授
副主任 武汉电力职业技术学院副院长 汪祥兵副教授
企业专家
北京金风科创风电设备有限公司总经理 杨华
武汉市物新智道科技有限公司总经理 汤晓华
秘书长 郑州电力高等专科学校能源与动力工程学院院长 雷莱副教授

第九章 深化校企合作以资源库建设带动人才培养

第一节 “岗课赛证”融合人才培养方案——光伏工程技术专业

一、专业名称及代码

专业名称：光伏工程技术（原专业名：光伏发电技术与应用）

专业代码：430301（原专业代码：530304）

二、入学要求

高中阶段教育毕业生或具有同等学力者

三、修业年限

三年

四、职业面向

表 9-1 职业面向表

所属专业大类（代码）	所属专业类（代码）	对应行业（代码）	主要职业类别（代码）	主要岗位群或技术领域	职业技能等级证书
能源动力与材料大类（43）	新能源发电工程类（4303）	电力、热力生产和供应业（44）	电力工程技术人员（2-02-15） 电力设备安装人员（6-07-01） 工程设备安装人员（6-23-10） 发电运行值班人员（6-07-02） 输电、配电、变电设备值班人员（6-07-03） 电力设备检修人员（6-07-04）	光伏发电系统规划与设计 光伏发电系统建设与施工管理 光伏发电系统运行与维护 光伏组件生产、光伏电池生产、检测	光伏 1+X 电站运维职业技能等级证书（初、中、高级）（选取）

五、培养目标与培养规格

（一）培养目标

本专业培养理想信念坚定，德智体美劳全面发展，具有一定的科学文化水平，良好的人文素养、职业道德和创新意识，精益求精的工匠精神，劳动精神，较强的就业能力和可持续发展能力；面向京津冀地区在光伏发电类企业、光伏产品生产类企业的电力工程技术人员、电力设备安装人员、工程设备安装人员、发电运行值班人员、输电配电变电设备值班人员、电力设备检修人员、光伏产品生产人员、销售人员等职业群，掌握组件制备技术、光伏系统设计方法、光伏电站建设与施工方法、光伏电站的运行与维护方法等知识，具备对组件进行生产操作、根据对象规划设计光伏发电系统、建设、施工、管理、运维能力，能够从事光伏发电系统规划与设计、建设与施工管理、运行与维护等岗位的高素质复合型技术技能人才。

（二）培养规格

1. 素质

（1）坚定拥护中国共产党领导和我国社会主义制度，在习近平新时代中国特色社会主义思想指引下，践行社会主义核心价值观，具有深厚的爱国情感和中华民族自豪感；

（2）崇尚宪法、遵守法律、严守纪律、崇德向善、诚实守信、尊重生命、热爱劳动，履行道德准则和行为规范，具有社会责任感和社会参与意识；

（3）具有团队精神、合作意识和良好的社会沟通能力；

（4）具有良好的职业道德，爱岗敬业；

（5）具有良好的心理素质、身体素质、人文素质；

（6）具有质量意识、工匠精神；

（7）具有安全意识；

（8）具有环保意识、安全意识；

（9）具有信息素养；

（10）具有创新意识、创新思维和创新能力；

（11）具有国际视野。

2. 知识

（1）熟悉思想政治理论、科学文化基础知识和中华优秀传统文化知识；

（2）熟悉计算机应用基础知识；

（3）掌握英语基本知识；

（4）掌握高等数学基本知识；

（5）了解与本专业相关的法律法规以及环境保护、安全消防、文明生产、操作与安全等相关知识；

（6）掌握电路分析的基本方法，熟悉电工操作与电气安全的相关知识及电气设备的调试方法；

（7）熟悉新能源变换技术的基本理论知识，熟悉常用电力电子器件；

（8）了解国家相关光伏产业政策，熟悉光伏行业标准，熟悉光伏电站申报流程；

（9）掌握光伏发电的基本原理和系统组成；

（10）熟悉光伏电子产品的设计、制作及开发流程；

（11）掌握供配电系统基本分析、电气设备的选型、基本计算等知识；

（12）掌握光伏电站的设计、施工与管理、运行与维护的基本要求。

3. 能力

（1）具备运用辩证唯物主义基本观点及方法认识、分析和解决问题的能力；

（2）具备写作及数学运用的能力；

（3）具备英语阅读能力，能够读懂基本的英语模具技术标准或资料；

（4）具备计算机应用的能力和互联网信息的获取、分析及处理能力；

（5）具备熟练应用常用绘图软件，并能识读电气图的能力；

（6）具备完成光伏电子产品的设计及制作的能力；

（7）具备完成光伏电站的可行性研究报告的编制的能力；

（8）具备参与完成光伏发电系统设计及施工的能力；

（9）具备光伏电站的日常管理、质量检测与评估能力；

（10）具备光伏电站电力系统测试及简单故障排除的能力；

（11）具备光伏设备运行维护与检修的能力。

（三）专业思政建设目标

根据光伏工程技术专业面向的行业特点和岗位能力，并结合素质目标要求，在课程教学中深入挖掘公共知识和专业知识中蕴涵的思想价值和精神内涵，科学合理拓展专业课程的广度、深度和温度，从课程所涉专业、行业、国家、国际、文化、历史等角度，确定专业课程思政建设主要定位在“碳达峰、碳中和”背景下培养科技报国的使命担当、环保意识、工匠精神、创新意识、团队精神、安全劳动意识、法律意识、工程伦理意识等元素。

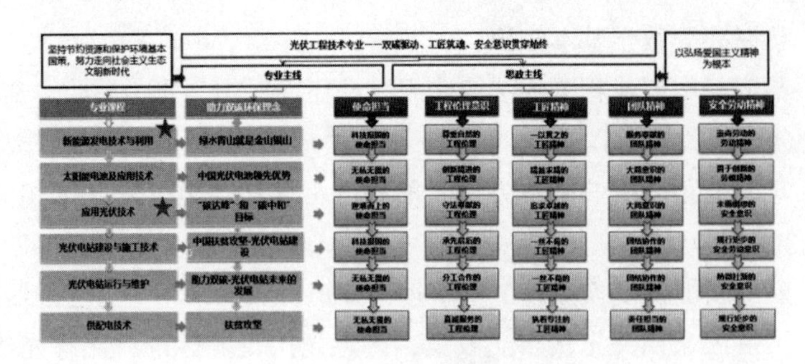

图 9-1 专业思政图

六、课程设置及要求

依托专业岗位需求核心能力，构建专业课程体系。在专业建设委员会的指导下，聘请企业行业带头人、企业高级技术人员共同参与，根据光伏工程技术岗位对人才规格的要求，通过整合课程、调整课程内容、改进教学方法、建设课程资源，将 1+X 证书培训、技能大赛内容及要求有机融入专业人才培养，构建了符合光伏工程技术岗位群要求、符合学生认知规律的“岗课赛证”融通的课程体系。落实立德树人根本任务，将思想道德教育（课程思政）、文化知识教育、技术技能培养（新技术、新工艺、新规范）、社会实践教育、劳动教育融入人才培养的全过程。

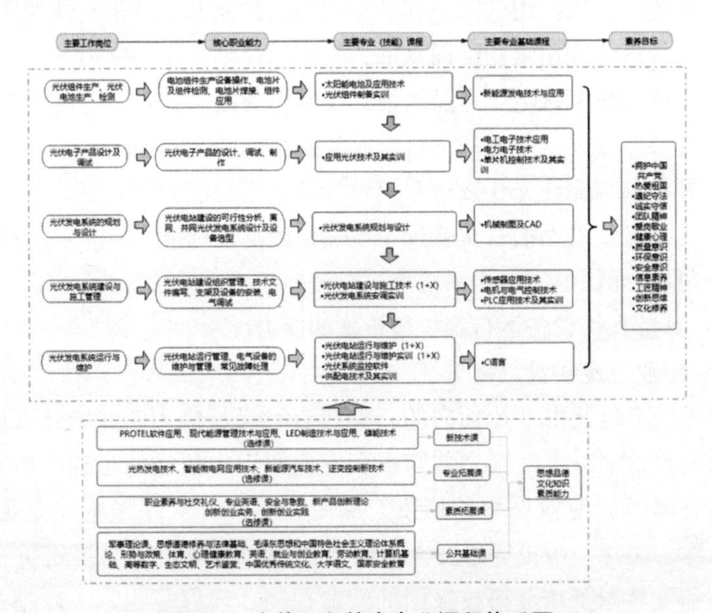

图 9-2 光伏工程技术专业课程体系图

（一）公共基础课程

1. “军事理论课”（36 学时）

（1）课程性质：必修课、考查课。

（2）课程目标：通过课程学习，学生了解军事基础知识和基本军事技能，增强国防观念、国家安全意识和忧患危机意识，弘扬爱国主义精神和传承红色基因，提高学生综合国防素质。

（3）课程内容：第一章中国国防，第二章国家安全，第三章军事思想，第四章现代战争，第五章信息化装备。

（4）教学要求：采用线上线下混合式教学方法，线下教师面授同时使用线上教学平台，教师发布最新国防知识内容，学生自学。课程考核学期总评成绩，面授考核占 60%、线上学习占 30%、学生课程出勤占 10%。

2. “思想道德修养与法律基础”（48 学时）

（1）课程性质：必修课、考试课。

（2）课程目标：帮助学生筑牢理想信念之基，培育和践行社会主义核心价值观，传承中华传统美德，弘扬中国精神，尊重和维护宪法法律权威，注重加强对学生的职业道德教育，提升思想道德素质和法治素养。

（3）课程内容：是以马克思主义为指导，以人生观、价值观、道德观和社会主义法治观教育为主线，将马克思主义中国化最新成果习近平新时代中国特色社会主义思想进教材、进课堂、进学生头脑，依据大学生成长成才的基本规律，教育引导大学生加强自身思想道德修养和强化法治观念的一门课程。

（4）教学要求：本门课程通过构建第一课堂与第二课堂联动、理论教学与实践教学融通、课堂教学与网络教学结合的教学模式，采用互动式、体验式、展演式、信息化等教学方法和手段，运用案例分析、课堂讨论、情境教学、课题研究、知识竞赛、模拟授课、参观考察等教学项目组织教学。本门课程为考试课，教学考核分为平时考核（50%）、实践考核（10%）和期末考核（40%）。

3. “毛泽东思想和中国特色社会主义理论体系概论”（64 学时）

（1）课程性质：必修课、考试课。

（2）课程目标：本课程既担负着对大学生进行系统的马克思主义中国化理论成果教育的任务，又担负着引导大学生健康成长的任务。学生要完整、准确地掌握各阶段理论成果，领会其基本精神，贯通其内在逻辑，提升对党揭示的“三大规律”的认识，坚定“四个自信”，融入“四个伟大”。

（3）课程内容：课程以马克思主义中国化的两次飞跃为主线，以中国化马克思主义的两大成果即毛泽东思想和中国特色社会主义理论体系为对象，以马克思主义中国化最新成果为重点，以站起来、富起来、强起来为主轴，论述毛泽东思想、邓小平理论、“三个代表”重要思想、科学发展观和习近平新时代中国特色社会主义理论体系的基本理论、基本路线、基本纲领、基本经验和基本方略，推动马克思主义中国化、大众化和时代化。

（4）教学要求：在政治立场、政治方向、政治原则、政治道路上同以习近平同志为核心的党中央保持高度一致，统一实行集体备课，创新集体备课形式，创新教学方法，形成课程教学、实践教学、网络教学多元一体教学方式，进一步强化科研支撑教学，进一步完善考核方式。本门课程为考试课，教学考核分为平时考核（50%）、实践考核（10%）和期末考核（40%）。

4. “形势与政策”（40 学时）

（1）课程性质：必修课、考查课。

（2）课程目标：引导学生认清国内外形势新变化、新特点，正确认识世界和中国发展大势，正确认识中国特色和国际比较，正确认识时代责任和历史使命，正确认识远大抱负和脚踏实地，准确理解党的基本理论、基本路线和基本方略，不断增强“四个自信”。

（3）课程内容：围绕教育部下发的《高校“形势与政策”教育教学要点》，讲授全面从严治党、我国经济社会发展、港澳台工作和国际形势与政策四大类专题内容，把坚定“四个自信”贯穿教学全过程。

（4）教学要求：及时将坚持和发展中国特色社会主义的生动实践和重要成果转化为教学案例，将理论教学和实践体验相结合、课堂互动和线上讨论相结合、案例讨论和情景模拟相结合，广泛运用现代信息技术手段教学，依托网络课程平台提供丰富的教学资源，拓展学习渠道和学习方式。将考核内容分为出勤情况、课堂互动、网络学习、小组汇报、期末考试等部分，全方位评估学生的课程学习情况。本门课程为考查课，教学考核分为平时考核（70%）、考勤（10%）和期末考核（20%）。

5. 心理健康教育（32 学时）

（1）课程性质：必修课、考查课。

（2）课程目标：课程旨在使学生明确心理健康的标准，增强自我心理保健意识和心理危机预防意识，掌握并应用心理健康知识，培养自我认知能力、人际沟通能力、自我调节能力，切实提高心理健康素质，促进学生全面发展。通过提升学生成就动机、优化自身个性、锻炼意志品质，升华学生的德育素质，落实立德树人的根本任务；通过培养创造力、想象力、记忆力、观察力，提高学生的智育素质，提升专业知识与技能；通过增强学生的挫折应对能力、沟通合作能力、压力管理能力，提升学生社会适应能力。

（3）课程内容：大学生心理健康基本知识、自我探索、人格完善、情绪管理、人际交往、压力应对、挫折管理、危机干预、生涯规则、生命教育等内容。

（4）教学要求：理论教学与活动实践相结合，讲授与训练相结合，如课堂讲授，案例分析，小组讨论，心理测试，团体训练，情境表演，角色扮演，体验活动等。线上线下教学相结合，如学生主动参与构成的平时成绩与期末考核结合的质性评价方式。

6. 体育（108 学时）

（1）课程性质：必修课、考查课。

（2）课程目标：增强学生体能，全面提升身体素质。熟练掌握基本运动常识与运动技能，以及运动损伤的预防急救方法，能够根据自身情况合理做出相应运动处方，选择适合自身的运动爱好，养成坚持锻炼的良好习惯，培养终身锻炼的运动意识，为成为合格的德智体美劳全面发展的建设型人才打下坚实的革命基础。

（3）课程内容：根据体育课的自身规律面向学生开设不同选项课，包括足球、篮球、排球、健康基础、休闲体育、健美操、羽毛球、网球、武术等项目，以满足学生不同层次、不同水平、不同兴趣的需要。

（4）教学要求：课程授课方式以讲授，实践锻炼为主，根据不同项目选择相应的场地进行上课。考试包括出勤，平时成绩和期末成绩，比例按学院规定，其中平时成绩考核内容包括素质测试和专项测试，期末考试采取实践形式进行考试。

7. 英语（160 学时）

（1）课程性质：必修课、考试课（第三学期考查课）。

（2）课程目标：全面贯彻党的教育方针，培育和践行社会主义核心价值观，落实立德树人根本任务，进一步促进学生英语核心素养的发展，培养具有中国情怀、国际视野、能够在日常生活和职场中用英语进行有效沟通的高素质技术技能人才。

（3）课程内容：发展学生英语素养的基础，突出英语语言能力在职场情境中的应用。涵盖哲学、经济、科技、教育、历史、文学、艺术、社会习俗、地理概况以及中外职场文化和企业文化等。

（4）教学要求：坚持立德树人，发挥英语课程的育人功能；落实核心素养，贯穿英语课程教学全过程；突出职业特色，加强语言实践应用能力培养；提升信息素养，采用信息化教学方式；尊重个体差异，促进学生全面与个性化发展。

8. 就业与创业教育（40 学时）

（1）课程性质：必修课、考查课。

（2）课程目标：了解就业形势、就业和创新创业政策、职业状况。结合专业知识和岗位，能够准确分析自我、合理设计职业生涯规划。掌握就业与创新创业的基本途径和方法，提高就业竞争能力及创新创业能力。养成创新创业意识，能根据创业流程完成创业计划书。

（3）课程内容：课程分为认识篇、规划篇、发展篇、实践篇四个篇章内容，通过转变高职生对高职教育的模糊认识，激发学生职业与生涯发展的自主意识、就业创新创业实境模拟演练，帮助学生在高职学习阶段树立信心，认同高职的人才培养模式从而自觉学习；了解专业、职业，学会制定个人发展规划；熟练运用就业、创新创业理论知识，熟悉国家关于大学生的就业、创新创业政策，从容自如地面对就业、创新创业并把握成功。

（4）教学要求：认识篇，6 学时，第一学期开设；规划篇，12 学时，第二学期开设；发展篇，12 学时，第三学期开设；实践篇，10 学时，第四学期开设。本课程为考查课，采用过程考核、项目考核与结课测试相结合的形式，包括出勤情况、课上表现、作业及结课测试，即出勤占比 10%、平时（含课时表现及作业等）占 70%、结课测试占 20%。

9. 劳动教育（16 学时）

（1）课程性质：必修课、考查课。

（2）课程目标：结合专业特点，以培养专业核心能力为主线构建理论、实践课程体系，注重劳动意识与劳模精神的培养，通过系列实践劳动活动的开展，增强学生职业荣誉感，提高职业劳动技能水平，培育积极向上的劳动精神和认真负责的劳动态度。

（3）课程内容：劳动与人生、劳动与思想、劳动与经济、劳动与法律、劳动与社会、劳动与心理、劳动与劳动关系、劳动与社会保障、劳动与安全、劳动与未来、劳动与创新创业等。

（4）教学要求：课程采用线上平台课与线下实践的方式开展。通过线上课程的学习，理解和形成马克思主义劳动观，树立正确的劳动价值取向和积极的劳动精神面貌；通过线下实际劳动，提升学生的劳动技能水平。

10. 信息技术（64 学时）

（1）课程性质：限选课、考试课。

（2）课程目标：通过理论知识学习、技能训练和综合应用实践，使学生的信息素养和信息技术应用能力得到全面提升，促进数字化创新与发展能力、树立正确的信息社会价值观和责任感，为其职业发展、终身学习和服务社会奠定基础。

（3）课程内容：主要讲授信息技术的内涵，计算机的概念、特点及应用，计算机系统的组成与性能指标，Windows 10 操作系统的安装和使用，office2016 常用办公软件的使用及相关专业拓展训练内容。

（4）教学要求：采用理论知识讲解和实践操作技能训练相结合的方式，在机房授课，采用启发式教学、讨论式教学等方法，把实际生活中遇到的问题引入教学，让学生从实际问题中学习知识和获得解决问题的办法。本门课程为考试课，教学考核等于出勤（10%）+平时考核（30%）+期末考核（60%）。

11. 高等数学（80 学时）

（1）课程性质：限选课、考试课（第二学期考查课）。

（2）课程目标：根据不同专业需要选择不同教学内容，通过学习使学生在抽象思维、推理能力、应用意识、情感、态度与价值观等诸多方面均有大的发展。注重理论联系实际，强调对学生基本运算能力和分析问题、解决问题能力的培养，以努力提高学生的数学修养和素质。

（3）课程内容：遵循“以应用为目的，以必需、够用为度”的原则，让学生理解极限的思想方法，掌握函数的极限、导数与微分，不定积分与定积分等内容，为今后学习专业基础课以及相关的专业课程提供必需的数学概念、理论、方法、运算技能和分析问题解决问题的能力素质。

（4）教学要求：本课程以理论教学为主，利用板书和多媒体教学相结合的教学方式，采用案例教学法、任务驱动法、讲练结合法、探究式教学法等。在考核方面，采取闭卷理论考试和平时考核相结合的方法，促进学生素质的提高和职业能力的培养。第一学期总评成绩包括过程性考核评价（出勤、作业、课堂表现、组队评分等）40%、阶段性自主考核（包括在线测试）20%和期末考核成绩（包括在线测试）40%；第二学期总评成绩包括过程性考核评价（出勤、作业、课堂表现、组队评分等）70%和期末考核成绩（包括在线测试）30%。

12. 生态文明（16 学时）

（1）课程性质：限选课、考查课

（2）课程目标：课程培养学生建立生态文明观念，了解全人类所面临的环境挑战，启迪学生突破学科专业局限，从不同角度思考问题。注重学生生态文明品格的养成，积极实现行为方式、生活方式和学术进路的“绿色”转向。同时，了解生产安全、生活安全等相关内容。

（3）课程内容：生态文明——美丽中国的基石，生态农业、科技创新、生物多样性视角下的生态文明之路，多功能农业与美丽乡村建设，循环经济与低碳农业、生态城市、生态林业等。

（4）教学要求：本课程为平台课，学生通过课程平台自主学习，完成平台上相关测试和考试。

13. 艺术鉴赏（16 学时）

（1）课程性质：限选课、考查课。

（2）课程目标：将美学知识与门类艺术的鉴赏融为一体，使学生在了解美学知识的基础上，提高艺术鉴赏的水平，认识艺术鉴赏的主要功能和途径；引导学生以正确的观点、立场和方法参与社会审美实践，开拓学生的艺术视野；陶冶道德情操，促进德、智、体、美、劳的全面发展，逐步树立正确、高尚的人生观和审美观；提高思想道德素质和文化素质，进一步提高爱国主义热情和民族自信心。

（3）课程内容：什么是艺术鉴赏、如何培养与提高自己的艺术鉴赏力、熟悉艺术语言、认识艺术形象、理解艺术意蕴、如何欣赏电影（中国电影、西方现代主义电影、好莱坞类电影）、如何欣赏电视艺术、如何欣赏话剧、如何欣赏戏曲、如何欣赏中国文学与外国文学、如何欣赏美术作品、如何欣赏音乐与舞蹈、如何欣赏园林艺术等。

（4）教学要求：本课程为平台课，学生通过课程平台自主学习，完成平台上相关测试和考试。

14. 中国优秀传统文化（32 学时）

（1）课程性质：限选课、考查课。

（2）课程目标：以中国传统文化的基本精神为主线，分模块，从多层次、多角度展示了儒道释文化，兵法、文学、音乐、绘画、书法等中国传统文化的主要内容和特色，最后归结到世界格局中的中国文化和新世纪中国文化的展望，极大地拓展文化素质教育的学科领域，发挥整体效应，形成了浓厚的人文氛围。

（3）课程内容：中国传统文化的世界历史地位、中国传统文化的发展、中国传统文化的主要特点、中国共产党人论中国传统文化、正确对待中国传统文化、学习和传承中华优秀传统文化的意义、中华优秀传统文化的基本精神、中华优秀传统文化的核心理念、精忠报国、勤俭廉政、舍生取义、仁爱孝悌、敬业乐群、诚实守信、自谦不息、厚德载物、尊师重道。

（4）教学要求：本课程为平台课，学生通过课程平台自主学习，完成平台上相关测试和考试。

15. 大学语文（30学时）

（1）课程性质：限选课、考查课。

（2）课程目标：以华夏古典为主线，融入西方文学的相关知识。注重学生阅读、表达和写作能力的提升。通过本课程的学习，拓宽学生文学视野、涵养学生心灵，启蒙心智，健全人格，培养新时代大学生必备的人文素养和人文情怀。

（3）课程内容：语言的功能、庄子-秋水、屈原-楚辞、古诗十九首、现代诗词、阅读。

（4）教学要求：本课程为平台课，学生通过课程平台自主学习，完成平台上相关测试和考试。

16. 国家安全教育（16学时）

（1）课程性质：限选课、考查课。

（2）课程目标：让学生系统掌握总体国家安全观的内涵和精神实质，理解中国特色国家安全体系，树立国家安全底线思维，将国家安全意识转化为自觉行动，强化责任担当。

（3）课程内容：国家安全战略教育、国家安全管理教育、国家安全法治教育等。

（4）教学要求：本课程为平台课，学生通过课程平台自主学习，完成平台上相关测试和考试。

（二）专业（技能）课程

1. 职业岗位核心能力分析

国家在《能源发展战略行动计划（2014—2020年）》《天津市市工业经济发展“十三五”规划》《天津市人民政府办公厅关于印发天津市新能源产业发展三年行动计划（2018—2020年）的通知》中均明确提出，将储能电池、太阳能发电设备、智能电网装置等新能源产业作为国家战略和重点发展产业，结合《中国制造2025》，光伏系统技术更重视实现分布式的能源收集、传输、储存和消耗，即能源互联网的物联基础。在光伏发电的产业链中包括装备、产线、发电三个岗位群，其岗位核心能力为装备调试与安装、产线工艺作业、系统建设运维，光伏工程技术专业更偏重于对光伏系统设计、建设和运维能力的培养，根据对能力的要求，融入光伏电站运维 1+X 证书。光伏工程技术专业岗位-岗位能力分析如表 9-2 所示。

表 9-2 光伏工程技术专业职业能力分析表

序号	核心岗位	岗位描述	职业能力及素质要求
1	光伏发电系统规划与设计	1. 离网及并网光伏发电系统各组成部件功能、选型能力； 2. 光伏电站建设的可行性分析； 3. 离网型光伏发电系统设计； 4. 并网光伏发电系统（10kW、100kW、1MW、10MW）设计； 5. 经济效益分析。	职业能力： 1. 掌握离网及并网光伏发电系统各组成部件功能、选型能力； 2. 具备光伏电站建设的可行性分析能力； 3. 具备离网型光伏发电系统设计能力； 4. 具备并网光伏发电系统（10kW、100kW、1MW、10MW）设计能力； 5. 具备经济效益分析能力。 职业素质： 1. 具备安全意识，熟悉规范操作要求； 2. 具备团队合作精神、管理组织能力； 3. 具备爱岗敬业、工匠精神、创新意识； 4. 具有良好的社会沟通能力。
2	光伏发电系统建设与施工管理	1. 光伏电站建设管理模式、管理流程、施工组织实施等技术文件编制； 2. 项目管理； 3. 工程预算管理、项目进度管理，安全、质量、环境管理知识； 4. 光伏支架、组件、电气设备安装工艺与施工； 5. 光伏电站调试、检查、测试及验收管理。	职业能力： 1. 具备光伏电站建设管理模式、管理流程、施工组织实施等技术文件编制能力； 2. 具备项目管理知识； 3. 掌握工程预算管理、项目进度管理，安全、质量、环境管理知识；

续表

序号	核心岗位	岗位描述	职业能力及素质要求
			4. 掌握光伏支架、组件、电气设备安装工艺与施工方法； 5. 具备光伏电站调试、检查、测试及验收管理能力。 职业素质： 1. 具备安全意识，熟悉规范操作要求； 2. 具备团队合作精神、管理组织能力； 3. 具备爱岗敬业、工匠精神、创新意识； 4. 具有良好的社会沟通能力。
3	光伏发电系统运行与维护	1. 光伏发电系统运行数据统计、分析； 2. 光伏发电系统故障分析与排除； 3. 光伏系统运行状态监控； 4. 光伏发电系统定期检修； 5. 光伏组件清洁与保养； 6. 风光互补发电系统维护能力； 7. 光伏发电系统故障与维护。	职业能力： 1. 具备并网型光伏电站和分布式并网光伏电站常见故障及分析、处理能力； 2. 具备光伏电站运行与维护方面管理知识； 3. 具备光伏组件与支架的维护、光伏并网逆变器、电表、气象站的维护、监控系统的维护的能力； 4. 具备技术文件管理能力。 职业素质： 1. 具备安全意识，掌握规范操作； 2. 具备团队合作精神、协调能力； 3. 具备爱岗敬业、工匠精神、创新意识。
4	光伏组件生产、光伏电池生产、检测	1. 光伏产线设备调试、安装； 2. 光伏组件生产操作； 3. 光伏电池产品工艺（质量）检测	职业能力： 1. 具备电池片检测、焊接能力； 2. 具备光伏组件生产设备操作能力。 职业素质： 1. 具备安全意识，掌握规范操作方法； 2. 具备工匠精神，爱岗敬业。

2. 实践教学体系设计

按照课程体系设计思路及麦可思调查数据，介绍本专业实践教学体系设计思路。

（1）实践教学体系

以培养光伏工程技术专业的核心能力为主线构建实践课程体系，注重职业道德和职业素养的养成。在实践教学体系中，安排了基础实训、专业实训、顶岗实习和毕业设计三个模块，其中加强了专业实训课程比重，充分体现了学生动手能力的培养过程是从专业基础能力到专业核心能力再到专业综合能力，如图 9-3 所示。

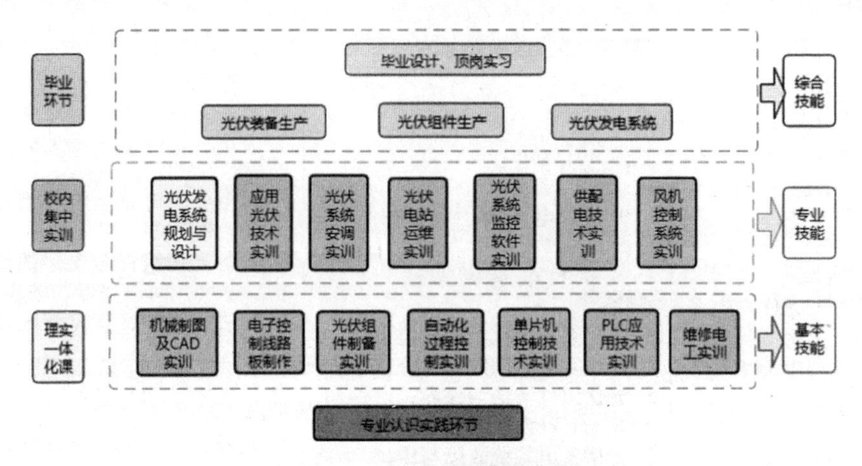

图 9-3 专业实践教学体系图

（2）实践能力与实践课程

核心能力、实践课程和实训项目的对照关系如表 9-3 及表 9-4 所示：

表 9-3 主要核心能力与实践课程

实践阶段	光伏工程技术职业能力	实践课程
职业认知阶段	企业的认知 企业职业岗位的认知 基本技能的能力	认识实训 电子控制线路板制作 单片机控制技术实训 机械制图及 CAD 实训 PLC 应用技术实训 自动化过程控制实训 维修电工实训

续表

实践阶段	光伏工程技术职业能力	实践课程
职业技能训练阶段	光伏组件的生产制造能力 光伏产品生产、设计能力 光伏系统设计能力 光伏发电系统的安装调试 光伏电站和风光互补发电系统运维能力	光伏系统监控软件实训 光伏组件制备实训 应用光伏技术实训 光伏发电系统安调实训 风机控制系统实训 供配电技术实训
职业能力形成阶段	光伏电站设备管理能力 光伏电站设备安调、运维能力 能源系统管理能力	顶岗实习 毕业设计

3. 课程设置

本专业的“光伏电站建设与施工技术”“光伏电站运行与维护”“光伏电站运行与维护实训”课程对应光伏电站运维职业技能等级证书（初级），在初级证书的课程基础上，增加“光伏发电系统规划与设计”对应光伏电站运维职业技能等级证书（中级）。

表 9–4　核心能力与核心课程

核心能力	核心能力要素	支撑核心课程	支撑实训项目
光伏电子产品的设计及制作的能力	使用C语言编写程序； 掌握常用电子元器件应用和电子产品中电路原理图、电路板设计的方法。	电工电子技术应用； 电力电子技术； 单片机控制技术； 应用光伏技术	单片机系统实训
光伏电站设计施工能力	掌握光伏系统的基本理论； 掌握光伏硬件软件设计过程； 掌握光伏电站的施工技能； 掌握光伏系统电气调试。	光伏发电系统规划与设计； 光伏电站建设与施工技术	光伏发电系统安调实训； 机械制图及CAD实训

续表

核心能力	核心能力要素	支撑核心课程	支撑实训项目
光伏系统运维能力	掌握光伏技术必要的基本理论； 综合掌握光伏发电系统安装与调试技术； 掌握光伏控制系统 PLC 编程技术，监控系统应用技术。	PLC 应用技术； 应用光伏技术； 供配电技术	光伏系统监控软件实训； 应用光伏技术实训； 供配电技术实训
光伏组件生产、检测能力	具备电池片检测、焊接； 光伏组件生产设备操作能力。	太阳能电池及应用技术光伏组件制备实训	

表 9–5　实践能力与实践课程

实践阶段	光伏工程技术专业实践能力	实践课程
校内基础技能实训	1. 电子产品设计与分析能力； 2. 自动控制系统调试； 3. 组件生产能力； 4. 光伏系统电气图设计及绘制。	电子控制线路板制作 单片机控制技术实训 机械制图及 CAD 实训 PLC 应用技术实训 维修电工实训 光伏组件制备实训
校内岗位强化实训	1. 光伏电站的电气调试能力； 2. 光伏电站的运维能力； 3. 光伏系统设计能力； 4. 风力系统基本理论知识及安装与调试； 5. 光伏产品设计应用及创新能力。	光伏系统监控软件实训 应用光伏技术实训 自动化过程控制实训 光伏发电系统安调实训 光伏电站运行与维护实训 风机控制系统实训 供配电技术实训 光伏发电系统规划与设计（理实一体化）
校外实训基地顶岗实习	养成职业素养，培养创新能力和锻炼综合能力	顶岗实习 毕业设计

4. 课程描述

（1）电工电子技术应用（52 课时）

①课程性质：必修、考试。

②课程目标：通过讲授电路基本定理、半导体二极管、半导体三极管、基本放大电路和组合逻辑电路等电工电子知识，培养学生的工匠精神，帮助学生树立生态文明理念、较强的安全意识、创新意识、创新精神、团队合作意识和能力以及严谨的科学态度。

③课程内容：讲授线性网络分析的一般方法和定理，掌握三相电路的基本知识、三极管二极管的基本知识、运算放大器及其应用、稳压电源的基本知识、组合逻辑电路时序逻辑电路的基本逻辑关系，让学生能使用最常用的电工电子仪表，能独立完成不太复杂的电子电路分析，能够正确使用一般常用的电工仪表、电子仪器和电气设备，掌握基本电路的连接、测试和调试技术，掌握电路基本的测量方法、故障的检查和排除方法。

④教学要求：本门课程通过构建第一课堂与第二课堂联动、理论教学与实践教学融通、课堂教学与网络教学结合的教学模式，采用互动式、体验式、展演式、信息化等教学方法和手段，学生考试成绩统一采用百分制，期末考试占 60%，平时成绩占 40%（含作业、提问、课堂讨论、测验、实验、实习、出勤、听课的学习态度等）。具体比例在教学大纲中规定。评定学生考查课程的成绩，可采用等第评分制，一般分优、良、及格和不及格差。

（2）C 语言程序设计（32 课时）

①课程性质：必修、考查。

②课程目标：C 语言程序设计是光伏工程技术专业的一门专业基础课。通过课程学习，使学生能够熟练运用 C 语言进行结构化程序设计，具备程序修改调试能力、逻辑思维能力和独立思考能力，为后续单片机、监控等控制类课程打下程序编辑基础，培养学生具有信息素养和工匠精神的职业道德。

③课程内容：C 语言的基本知识、各种语句及程序控制结构，培养学生掌握 C 语言的函数、数组、指针、结构体等数据结构的基本算法。

④教学要求：本课程实践性较强，因此采用讲授和上机操作相结合的教学方式。课程结束要求学生能够独立自主完成相关程序设计代码编写并运行。

（3）传感器应用技术（32 课时）

①课程性质：必修、考查。

②课程目标：培养学生具有安全意识、创新思维，具有社会责任感和社会参与意识。

③课程内容：讲授测量误差理论、测量系统特性及系统可靠性基本知识的基础上，系统地阐述了温度、压力、流量、液位、成分分析等过程参数以及运动控制系统中的位置、速度（转速）、转矩及功率测量等参数的检测原理、测量方法、测量系统构成及测量误差分析，同时还注意介绍各种测量装置的安装使用条件，以保证检测系统的测量精度。

④教学要求：本门课程通过理论教学与实践教学相结合、课堂教学与网络教学相配合的教学模式，运用案例分析、课堂讨论、情境教学等教学方法组织教学。本门课程为考试课，教学考核分为平时考核（70%）、考勤（10%）和期末考核（20%）。

（4）新能源发电技术与利用（32 课时）

①课程性质：必修、考查。

②课程目标：促进学生创新创业意识和能力的培养，拓宽学生专业视野，为创新设计与开发打下基础。培养学生具有环保意识、安全意识、信息素养、创新思维；爱岗敬业，具有社会责任感和社会参与意识。

③课程内容：讲授现代新能源发电技术（风能发电、生物质能发电、海洋能发电、地热能发电等）的全面介绍拓宽学生视野，从整体上了解太阳能光伏发电在新能源发电技术中的地位和发展前景。

④教学要求：本门课程通过理论教学与实践教学相结合、课堂教学与网络教学相配合的教学模式，运用案例分析、课堂讨论、情境教学等教学方法组织教学。本门课程为考查课，教学考核分为平时考核（70%）、考勤（10%）和期末考核（20%）。

（5）电力电子技术（48 课时）

①课程性质：专业必修课、考试课。

②课程目标：帮助学生掌握不可控器件电力二极管的识别、选择、运用的知识；掌握半控型器件晶闸管、IGBT、GTR、MOEFET 等全控型器件的识别、选择、运用的知识；掌握触发电路与主电路的同步；掌握晶闸管及其整流电路的保护方式的选择和设置知识。着重培养学生的安全意识、精益求精的精神。

③课程内容：讲授各种电力电子器件的工作原理和工作特性以及各类变流装置中发生的电磁过程、基本原理、控制方法。变流装置主要包括单、三相可控整流（包括有源逆变），DC-DC 变换器，单、三相交流调压，交-交变频，无源逆变，另外还介绍了 PWM 技术的基本原理及其应用技术和软开关的基本概念和原理。

④教学要求：教学中强调指导性原则与构建性原则的融合，让学生在主动、自我构建与情境引导中学习，而教师是在激励、咨询中指导，在解释中教。采用过程考核（任务考核）与课程考核（期末考评）相结合的方法，强调过程考评的重要性。过程考核占 40 分，期末考核占 60 分，取代了依靠一次期末考试来确定成绩的方式。

（6）单片机控制技术（52 课时）

①课程性质：专业必修课、考试课。

②课程目标：本课程是专业核心课程之一。通过对该课程的学习，使学生掌握 51 内核系列单片机的基本结构和工作原理，熟悉单片机程序的编程方法和系统调试应用的能力和技巧，使学生对电子技术向着模块化、智能化方向的发展趋势有了初步认识，培养和锻炼学生运用计算机技术对硬件、软件进行开发设计的能力，提高动手操作和技术创新的能力，为将来从事电气自动化各岗位工作以及应用、检测和维修奠定坚实的基础。

③课程内容：讲授单片机的基本概念，单片机的操作环境，单片机硬件系统，单片机并行 I/O 端口，显示技术，定时和中断系统。

④教学要求：通过本课程的学习，理论与实践教学相融通，以 AT89C51 为单片机的学习对象，基于 Keil μVision 设计平台和 Protel 硬件仿真平台，通过典型案例项目，采用互动式、体验式、展演式、信息化等教学方式和手段，运用项目分析，课堂讨论，情境教学，课题研究等教学项目组织教学。本课程为考试课，教学考核分为平时考核（30%），考勤（10%）和期末考核（60%）。

（7）电机与电气控制技术（48 学时）

①课程性质：专业必修课、考试课。

②课程目标：培养学生的质量意识、安全意识、工匠精神和良好的职业道德，为后续 PLC 应用技术和应用光伏技术、光伏电站的建设与施工、光伏电站运行与维护奠定基础。

③课程内容：讲授低压电器及基本控制线路，电动机的控制线路，变压器、变频器的控制线路，使学生具备对常用低压电器的接线和故障排除、电机的启动、调速控制接线、变压器和变频器的接线和控制的能力。

④教学要求：教学中强调指导性原则与构建性原则的融合，让学生在主动、自我构建与情境引导中学习，而教师是在激励、咨询中指导，在解释中教。采用过程考核（任务考核）与课程考核（期末考评）相结合的方法，强调过程考评的重要性。过程考核占 40 分，期末考核占 60 分，取代了依靠一

次期末考试来确定成绩的方式。

（8）PLC 应用技术（52 课时）

①课程性质：专业核心课、考试课。

②课程目标：本课程使学生理解 PLC 的概念、类型和工作原理，理解和应用 PLC 的编程元件和编程地址，理解和掌握 PLC 基本指令的功能，掌握 PLC 编程原则，熟悉编程软件的使用规范，能够按照控制系统要求正确进行 I/O 分配和硬件连线，使用编程软件进行编程和运行、调试和分析、软硬件故障诊断排查和纠错。培养学生的安全意识、工匠精神和团队协作精神。

③课程内容：理解 PLC 的基本结构、基本原理和功能，重点介绍 PLC 基本指令和编程原则和规范，以及编程软件的使用，介绍 PLC 控制系统实例。

④教学要求：采用“情境+任务”的形式，选取典型工作任务，创设接近工程实际的学习情境，实现教、学、做一体化，为学生提供丰富的教学资源、网络课件、课堂实录、参考资料等各类学习资源，采用团队协作的方式，综合运用操作演示、实例分析、分组讨论、头脑风暴、鼓励、启发、引导等多种教学方式。考核采用过程考核（任务考核）与课程考核（期末考评）相结合的方法：平时考核为 8 次阶段性能力测验，在实训室完成，平时 8 次考核的平均分占总评成绩的 30%；期末考核在实训室完成，考试内容由 10 套题库构成，考试时每位同学随机抽取一套试卷，在规定时间内完成项目的编程、硬件连线和程序调试，期末考核成绩占总评成绩的 60%；职业素养考核和考勤包括整个教学环节学生的出勤、穿工装在实训场所学习、安全操作、整理工位等方面的考核，占总评成绩的 10%。

（9）太阳能电池及应用技术（52 课时）

①课程性质：专业核心必修课、考试课。

②课程目标：通过学习使学生掌握晶硅和薄膜电池的基本分类、制备及其基本原理，为学习后续课程及从事与本专业有关的光伏电源工作打下一定的基础。

③课程内容：主要讲授晶硅电池、薄膜电池等光伏材料的基础知识，如光伏电池的基本分类、晶硅制备以及基本原理。

④教学要求：本门课程通过理论教学与实践教学相结合、课堂教学与网络教学相配合的教学模式，运用案例分析、课堂讨论、情境教学等教学方法组织教学。本门课程为考试课，教学考核分为平时考核（30%）、考勤（10%）和期末考核（60%）。

（10）机械制图及 CAD（48 课时）

①课程性质：专业必修课、考查课。

②课程目标：通过本课程的学习，使学生熟悉国家机械制图标准，初步掌握绘制机械图样的理论和方法，掌握机械图样的识读方法，培养学生具备初步的绘图能力（能绘制轴、套、盘类零件图）、读图能力（能读懂本岗位零部件装配图及维修零部件装配图）、空间想象和思维能力、绘图的实际技能及利用现代计算机技术（AutoCAD 软件）绘图的能力；培养学生认真负责的工作态度及严谨细致的工作作风；在岗位上爱岗敬业，忠于职守，诚实守信，团结协作，具有明确的职业理想。

③课程内容：主要讲授国家标准关于制图的一般规定，平面绘图，投影基础等；正投影基础，包括投影法及三视图，点、线、面的投影；立体及表面交线，包括基本几何体的投影，截交线，相贯线等；组合体的画法，读图方法，尺寸标注等；机件的基本表达方法，包括视图、剖视图、断面图、局部放大图等；常用机件及结构要素的特殊表示法，包括螺纹紧固件的表示法、键及其联结的表示法、齿轮表示法、滚动轴承表示法等；零件图的内容及作用，典型零件图的表示方法，工艺结构，尺寸标注，表面粗糙度、极限与配合、几何公差等；装配图的内容及作用，视图表示方法，尺寸标注、零部件编号及明细表，常见的装配工艺等；利用 AutoCAD 软件实现图形的绘制。

④教学要求：本门课采用线上与线下教学相结合的方式，理论教学（多媒体教室）与实践教学（机房）相融通；结合课程内容和学生特点，突出以学生为主体，在教学过程中，突出能力培养的目标，采用小组讨论、任务驱动、团队协作等方式，根据教学情境具体要求，综合运用实例讲解、典型案例分析、分组讨论、头脑风暴等多种教学方式方法去引导、启发、鼓励学生参与其中提升教学效果。在教学过程中，引入新能源装备实际开发设计案例、多媒体课件、网络教学等各种手段，优化教学过程，提高教学质量和效果；本课程为考查课，教学考核分为平时考核和期末考核，期末总成绩（100%）：出勤（10%）+平时（60%）+期末成绩（30%）。

（11）光伏发电系统规划与设计（52 课时）

①课程性质：必修、考试。

②课程目标：培训学生具备光伏发电系统规划与设计的能力，培养学生团队合作意识、安全意识、节能环保意识和工匠精神，为后续光伏电站的建设与施工、电站运行与维护奠定专业基础。

③课程内容：讲授电工电子、电力电子之后，主要内容包括光伏系统的

分类、组成、应用、光伏电子产品的设计、光伏主要设备选取、光伏系统设计、设计软件的使用方法。

④教学要求：本门课程通过理论教学与实践教学相结合、课堂教学与网络教学相配合的教学模式，运用案例分析、课堂讨论、情境教学等教学方法组织教学。本门课程为考试课，教学考核分为平时考核（30%）、考勤（10%）和期末考核（60%）。

（12）光伏电站建设与施工技术（52 课时）

①课程性质：必修、考试。

②课程目标：使学生具备光伏电站建设、调试的能力和文字表达能力，培养学生的安全意识、管理意识、团队精神、节约意识、工匠精神。

③课程内容：讲授光伏电站建设管理模式、管理流程、施工组织设计等技术文件编制；项目组织管理知识；工程预算管理、项目进度管理；安全、质量、环境管理；光伏电站施工现场管理知识与方法；光伏支架、组件、电气设备安装工艺与施工方法；光伏电站调试、检查、测试及验收管理。

④教学要求：教学中强调指导性原则与构建性原则的融合，让学生在主动、自我构建与情境引导中学习，而教师是在激励、咨询中指导，在解释中教。采用过程考核（任务考核）与课程考核（期末考评）相结合的方法，强调过程考评的重要性。过程考核占 40 分，期末考核占 60 分，取代了依靠一次期末考试来确定成绩的方式。

（13）应用光伏技术（52 学时）

①课程性质：专业核心必修、考试。

②课程目标：使学生具备光伏电站的运维与管理能力，培养学生的安全意识、工匠精神、团队精神、创新思维等，为走上工作岗位奠定基础。

③课程内容：本课程安排在“太阳能电池及应用技术”“PLC 应用技术”等课程之后，从生态文明建设角度出发，聚焦国家精准扶贫和助农兴农任务，服务“双碳”目标，基于光伏电站运维岗位，紧密结合光伏运维 1+X 职业技能等级证书和光伏技能大赛要求，学习各种光伏电站中主要部件的巡检和常见故障的运行与维护。

④教学要求：本门课程通过理论教学与实践教学相结合、课堂教学与网络教学相配合的教学模式，运用案例分析、课堂讨论、情境教学等教学方法组织教学。本门课程为考试课，教学考核分为平时考核（70%）和期末考核（30%）。

（14）供配电技术（52 课时）

①课程性质：专业必修课、考试课。

②课程目标：初步掌握供配电技术的基础知识和基本技能。培养勇于创新、实事求是的科学态度与科学精神，团队合作精神和安全、节能、环保的思想意识，激发学生的创新潜能，提高学生的社会实践能力。

③课程内容：主要内容为供配电系统的主要电气设备、继电保护；供电系统的二次回路和自动装置、电气安全、电力负荷计算；短路计算及电器的选择校验；供配电系统的保护；供配电系统有关电路图的绘制等。

④教学要求：本门课程通过理论教学与实践教学相结合、课堂教学与网络教学相配合的教学模式，运用案例分析、课堂讨论、情境教学等教学方法组织教学。本门课程为考试课，教学考核分为平时考核（30%）、考勤（10%）和期末考核（60%）。

（15）维修电工实训（30 学时）

①课程性质：专业必修课、考查课。

②课程目标：维修电工实训课程是高等职业院校机电类技术专业的一门专业技术实践课程，本课程的任务是使学生了解机电行业发展现状以及今后的发展前景。具备从事设计与制造工作所必需的电气控制分析与动手实际操作的基本技能。形成利用所学知识解决实际问题的能力，具有分析电路的原理、电路的安装、电路的调试、故障分析与排除的能力，为后续课程的学习打下牢固的基础。并且要在实际教学中，培养学生扎实的工作作风和严谨的工作态度。

③课程内容：常用仪表的使用、常用低压电器的选用、电气控制识图基本知识、电气控制线路的安装步骤和工艺要求、三相异步电动机的基本控制线路、电动机常用的保护措施、常用机床线路的原理分析。

④教学要求：该课程要求学生重点掌握常用电工电子仪器、仪表的使用、注意事项及维护，能正确使用仪器仪表测试电路，掌握常用低压电器的选用，掌握基本电路原理分析、安装、调试、检修与故障排除。本门课程教学考核分为平时考核（60%）、实训报告考核（20%）、出勤（10%）与纪律（10%）。

（16）单片机控制技术实训（30 课时）

①课程性质：专业必修课、考查课。

②课程目标：通过课程训练使学生了解单片机的内部结构以及工作原理，掌握利用 C51 对单片机进行实用的程序设计，培养学生利用单片机技术设计和开发控制装置的综合运用能力。重点是将单片机应用于实际，通过设计硬件电路、软件程序开发和系统的调试，实现产品控制功能，要求对单片机及

外电路进行编程和使用。重点培养学生电子产品的开发能力，强调生产实践中，遇到问题时，除了要从理论上去分析问题该如何解决，还要从国计民生的角度出发，综合考虑经济成本。

③课程内容：通过对单片机的学习，设计实用的各种情景的流水灯，交通灯程序，水情报警程序，电子秒表的设计。每个任务既相对独立，又与前后任务之间保持密切的联系，后一个任务都是在前一个任务基础之上进行功能扩展实现的。

④教学要求：实训课程要求学生进行项目分析，设计电路，画出流程图，软件编程，通过仿真软件联调，直到实现功能。本课程为实践课，教学考核分为平时考勤（10%），纪律（10%），报告（30%），实操（50%）。

（17）PLC 应用技术实训（30 课时）

①课程性质：专业必修课、考查课。

②课程目标：本课程使学生理解 PLC 的概念、类型和工作原理，理解和应用 PLC 的编程元件和编程地址，理解和掌握 PLC 基本指令的功能，掌握 PLC 编程原则，熟悉编程软件的使用规范，能够按照控制系统要求正确进行 I/O 分配和硬件连线，使用编程软件进行编程和运行、调试和分析、软硬件故障诊断排查和纠错，培养学生的安全意识、工匠精神和团队协作精神。

③课程内容：理解 PLC 的基本结构、基本原理和功能，根据控制要求进行 PLC 控制程序的设计，掌握自动化生产线的基本工作原理、特点及应用。

④教学要求采用“情境+任务”的形式，选取典型工作任务，创设接近工程实际的学习情境，实现教、学、做一体化，为学生提供丰富的教学资源、网络课件、课堂实录、参考资料等各类学习资源，采用团队协作的方式，综合运用操作演示、实例分析、分组讨论、头脑风暴、鼓励、启发、引导等多种教学方式。考核采用过程考核（任务考核）与课程考核（期末考评）相结合的方法，总成绩=出勤 10%+平时表现 20%+职业素养 10%+任务完成情况 30%+实训报告 30%。

（18）光伏组件制备实训（30 课时）

①课程性质：专业技术实践必修课、考查课。

②课程目标：掌握电池片的串焊和并焊工艺，熟悉设备的使用方法，了解光伏组件的问题，了解砷化镓电池检测。通过这门课锻炼学生的动手能力、设备操作能力，培养学生精益求精的工匠精神。

③课程内容：本课程使学生们熟悉晶体硅光伏组件的封装工艺流程。

④教学要求：本门课程通过理论教学与实践教学相结合、课堂教学与网

络教学相配合的教学模式，运用案例分析、课堂讨论、情境教学等教学方法组织教学。本门课程为考查课，教学考核分为平时纪律（10%）、考勤（10%）、实际操作（40%）和实训报告书（40%）。

（19）光伏电子产品设计实训（30 学时）

①课程性质：专业必修课、考查课。

②课程目标：本课程使学生具备从事设计与制造工作所必需的电工电子基本知识和基本技能，形成利用所学知识解决实际问题的能力，具有分析电路原理连接电路、制作电子电路、测试电路、调试及故障分析和故障排除的能力。在技能操作中培养学生安全生产意识、爱岗敬业与工匠精神。

③课程内容：重点掌握触电急救、常用电工电子仪器、仪表的使用、注意事项及维护，能正确使用仪器仪表测试电路，掌握常用电工电子器件功能、命名方法、主要参数、识别、测试及选用、电工电子电路原理分析、印制线路板的绘图及制作、电路连接、制作、调试及故障排除。

④教学要求：本门课程主要采用项目驱动的方式，要求学生在规定的 1 周内完成指定教学任务；教学方法主要采用演示法、任务驱动法、小组讨论法等方法；考核采用平时表现与实践操作综合评定，实训总成绩（100%）= 出勤（10%）+纪律（10%）+实训报告（20%）+操作考核（60%）。

（20）光伏发电系统安调实训（30 学时）

①课程性质：必修、考查。

②课程目标：让学生在实践过程中，摸索创新的途径

③课程内容：讲授光伏系统的硬件组成，光伏发电系统主要控制方式及控制电路，通过实训完成光伏系统的逐日系统、储能系统、逆变系统的安装调试。

④教学要求：本门课程通过构建理论知识和实践教学融通，学校知识与企业真实环境相结合的模式，融入光伏技能大赛内容，采用互动式、展示、信息化教学手段进行课堂教学。本门课程为考查课，考勤 10%，纪律 10%，动手实践考核及报告 80%。

（21）应用光伏技术实训（30 学时）

①课程性质：必修、考查。

②课程目标：提高学生分析问题解决问题的主动性，培养学生的创新精神、安全意识、管理意识和工匠精神。

③课程内容：讲授常用的运维工具，分析故障并进行检修，对电站进行维护操作，对文件进行实际管理等。

④教学要求：本门课程通过构建理论知识和实践教学融通，学校知识与企业真实环境相结合的模式，融入光伏运维 1+X 内容，采用互动式、展示、信息化教学手段进行课堂教学。本门课程为考查课，考勤 10%，纪律 10%，动手实践考核及报告 80%。

（22）供配电技术实训（30 学时）

①课程性质：专业必修课、考试课。

②课程目标：初步掌握供配电技术的基础知识和基本技能。培养勇于创新、实事求是的科学态度与科学精神，团队合作精神和安全、节能、环保的思想意识，激发学生的创新潜能，提高学生的社会实践能力。

③课程内容：主要内容为供配电系统的主要电气设备、继电保护；供电系统的二次回路和自动装置、电气安全、电力负荷计算；短路计算及电器的选择校验；供配电系统的保护；供配电系统有关电路图的绘制等。

④教学要求：本门课程通过理论教学与实践教学相结合、课堂教学与网络教学相配合的教学模式，运用案例分析、课堂讨论、情境教学等教学方法组织教学。本门课程为考试课，教学考核分为考勤 10%，纪律 10%，动手实践考核及报告 80%。

（23）光伏系统监控软件实训（60 课时）

①课程性质：实训课、考查课。

②课程目标：通过实训可以让不同层次的学生在校期间就了解光伏发电现场的实际情况，学习并开发设计，包括光伏、电气、监控等多方面在实际应用的技术，学生可以学到更多的实践知识，拓展思维，培养动手和实际操作的能力，以使学生毕业后就可直接进行光伏监控系统运维，以适应现代新能源技术的要求。

③课程内容：熟悉光伏系统软件教学工具；能较完整地、系统地学习光伏发电监控系统中的编程和控制知识；通过监控软件编程来控制相应的设备，从而掌握新能源控制原理；独立完成实训的考核课题；认真写好实训报告。

④教学要求：本门课程通过构建理论知识和实践教学融通，学校知识与企业真实环境相结合的模式，采用互动式、展示、信息化教学手段进行课堂教学。本门课程为考查课，考勤 10%，纪律 10%，动手实践考核及报告 80%。

（24）自动化过程控制实训（30 课时）

①课程性质：专业课必修课、考查课。

②课程目标：使学生能较完整地、系统地学习过程控制方法，从而获得在过程控制方面必备的操作技能。具有分析从简单到复杂系统方法的能力，

具有根据具体工艺过程本身的特点和期望的性能指标参数，选择调节变量、被控量、传感器、执行机构和控制规律，设计出行之有效、切实可行的工艺过程控制系统，培养学生安全操作，提高灵活应用所学知识精准解决生产需求的效率意识。

③课程内容：主要讲授单容水箱液位定制控制系统、锅炉内胆温度定制控制系统、支路水管流量定制控制系统、上中水箱串级回路控制系统、锅炉内胆温度串级控制系统、水管流量串级控制系统。利用实验装置模拟真实的控制过程。

④教学要求：本课程是配合自动控制理论教学而开设的实训课程，选取典型项目，通过任务驱动、问题引领的教学方法，采用互动式、体验式、展演式等教学手段组织教学。本门课程为考查课，教学考核分为考勤考核（10%）、纪律考核（10%）、实操考核（40%）和报告考核（40%）。

（25）风机控制系统实训（30 学时）

①课程性质：必修、考查。

②课程目标：学生基本具备风力发电设备的基本知识。

③课程内容：讲授风力发电系统的硬件组成以及基本的控制功能，风力发电系统控制程序的编写以及底层风机设备的安调。

④教学要求：本课程是配合自动控制理论教学而开设的实训课程，选取典型项目，通过任务驱动、问题引领的教学方法，采用互动式、体验式、展演式等教学手段组织教学。本门课程为考查课，教学考核分为考勤考核（10%）、纪律考核（10%）、实操考核（40%）和报告考核（40%）。

（26）创新创业实务（32 学时）

①课程性质：限选课、考查课。

②课程目标：引导大学生树立创新创业意识，培养创新创业精神，提高创新创业能力，提升创新创业素质，营造良好的校园创新创业文化，为毕业生自主创业奠定基础。

③课程内容：包含创新方法与训练、创业能力塑造、企业创立模拟、企业经营模拟四部分。通过本课程学习，学生可以了解自主创业的各个环节，懂得如何设计一个操作性强的创业计划项目，如何办理企业注册登记的相关手续，如何对初创企业经营管理，从而提升大学生的创新创业素质，引导学生树立创新创业意识，培养创新创业精神，提高创新创业能力。

④教学要求：课程采用任务驱动教学法，引导学生建立提出问题、分析问题、解决问题的思路，使学生在任务前提下掌握知识。本课程为考查课，

采用过程考核、项目考核相结合的形式，根据任务完成进度，期末考核记录合格与不合格。

（27）创新创业实践（8学时）

①课程性质：限选课、考查课。

②课程目标："创新创业实践"在"创业实务"课程基础上，积极引导学生通过第二课堂参与创新创业实践活动，通过实践活动提升学生创新创业实践的积极性，提高创新创业实践的能力。

③课程内容：各二级学院、轻职众创空间、教务处、科研处、团委、学工部等部门组织的创新创业相关系列活动。

④教学要求：学生通过参与学院各级各类创新创业实践活动来完成课程，设有指导教师进行认定与指导，以学生参与创新创业实践活动是否达标为依据，期末考核记录合格与不合格。

（28）人工智能（16学时）

①课程性质：选修课、考查课。

②课程目标：使学生掌握回归分析、支持向量机等基本人工智能知识，从而培养学生应用人工智能算法的能力，培养学生的工匠精神，帮助学生树立生态文明理念、较强的安全意识、创新意识和创新精神、团队合作意识以及严谨的科学态度。

③课程内容：本课程是关于人工智能领域的一门介绍性课程。本选修课程旨在从理性智能主体的角度对人工智能领域所涉及的研究内容，以及针对各种研究内容所采用的解决方法进行了介绍。希望通过学习使学生了解人工智能领域中主要涉及的问题以及采用的解决方法，掌握目前人工智能领域的主流研究方向。

④教学要求：本门课程通过构建第一课堂与第二课堂联动、理论教学与实践教学融通、课堂教学与网络教学结合的教学模式，采用互动式、体验式、展演式、信息化等教学方法和手段，学生考试成绩统一采用百分制，期末考试占20%，平时成绩占80%（含作业、提问、课堂讨论、测验、实验、实习、出勤、听课的学习态度等），具体比例在教学大纲中规定。评定学生考查课程的成绩，可采用等第评分制，一般分优、良、及格和不及格。

（29）职业素养与社会礼仪（26学时）

①课程性质：选修课、考查课。

②课程目标：培养学生相关理论进行深入学习，并将理论运用于实际生活与工作中，掌握公关礼仪的技能技巧，提升职业素养，增强适应工作的

能力。

③课程内容：课程内容主要涉及管理学、公共关系学、礼仪学等学科的综合性课程，具有非常强的实践操作性。

④教学要求：本门课程通过构建第一课堂与第二课堂联动、理论教学与实践教学融通、课堂教学与网络教学结合的教学模式，采用互动式、体验式、展演式、信息化等教学方法和手段，学生考试成绩统一采用百分制，期末考试占20%，平时成绩占80%（含作业、提问、课堂讨论、测验、实验、实习、出勤、听课的学习态度等），具体比例在教学大纲中规定。评定学生考查课程的成绩，可采用等第评分制，一般分优、良、及格和不及格。

（30）专业英语（26学时）

①课程性质：选修课、考查课。

②课程目标：拓宽学生视野，增强学生专业英语能力，以及查询英文专业技术资料的能力。

③课程内容：课程内容所涉及材料全部选自近年来英国、美国、澳大利亚等国太阳能光伏专业教材和专业刊物。涵盖了太阳辐射、半导体材料、晶体硅太阳电池、薄膜太阳电池、太阳电池组件、光伏发电系统概述、光伏发电系统应用及其他可再生能源等内容。内容题材多样、新颖，学科前沿知识丰富，融知识性和趣味性于一体。

④教学要求：本门课程通过构建第一课堂与第二课堂联动、理论教学与实践教学融通、课堂教学与网络教学结合的教学模式，采用互动式、体验式、展演式、信息化等教学方法和手段，学生考试成绩统一采用百分制，期末考试占20%，平时成绩占80%（含作业、提问、课堂讨论、测验、实验、实习、出勤、听课的学习态度等），具体比例在教学大纲中规定。评定学生考查课程的成绩，可采用等第评分制，一般分优、良、及格和不及格。

（31）新产品创新理论（26学时）

①课程性质：选修课、考查课。

②课程目标：培养学生创新思维方式和创新意识。

③课程内容：课程采用线上线下相结合的方式，依托学院参与建设的国家级教学资源库中，主持建设的创新方法与实践课程，完成创新思维方法的学习和训练。

④教学要求：本门课程通过构建第一课堂与第二课堂联动、理论教学与实践教学融通、课堂教学与网络教学结合的教学模式，采用互动式、体验式、展演式、信息化等教学方法和手段，学生考试成绩统一采用百分制，期末考

试占20%，平时成绩占80%（含作业、提问、课堂讨论、测验、实验、实习、出勤、听课的学习态度等），具体比例在教学大纲中规定。评定学生考查课程的成绩，可采用等第评分制，一般分优、良、及格和不及格。

（32）安全与急救（26学时）

①课程性质：选修课、考查课。

②课程目标：培养学生对生命的感悟，对人性的关怀，对健康的重视，对冲突的管理。进而获得现场急救员的技能，以及作为生命守护者的责任和荣耀。

③课程内容：通过引导学生学会常见的现场急救及逃生技能，树立安全意识，指导学生在灾难、事故、伤害，疾病面前如何开展自救和互救，如何减少伤害，如何逃生和生存，成为一个生命的守护者。

④教学要求：本门课程通过构建第一课堂与第二课堂联动、理论教学与实践教学融通、课堂教学与网络教学结合的教学模式，采用互动式、体验式、展演式、信息化等教学方法和手段，学生考试成绩统一采用百分制，期末考试占20%，平时成绩占80%（含作业、提问、课堂讨论、测验、实验、实习、出勤、听课的学习态度等），具体比例在教学大纲中规定。评定学生考查课程的成绩，可采用等第评分制，一般分优、良、及格和不及格。

（33）逆变控制新技术（32课时）

①课程性质：选修课、考查课。

②课程目标：培养学生逆变控制的能力，培养学生具有安全意识、创新思维，具有社会责任感和社会参与意识。

③课程内容：逆变电源作为分散式供电系统中的能量转换装置，在武器装备中由于带非线性负载的种类、数量和比重都迅速增加，由此带来的诸如输出谐波增大、波形畸变等一系列问题将严重影响武器系统的正常工作。

④教学要求：本门课程通过构建第一课堂与第二课堂联动、理论教学与实践教学融通、课堂教学与网络教学结合的教学模式，采用互动式、体验式、展演式、信息化等教学方法和手段，学生考试成绩统一采用百分制，期末考试占20%，平时成绩占80%（含作业、提问、课堂讨论、测验、实验、实习、出勤、听课的学习态度等），具体比例在教学大纲中规定。评定学生考查课程的成绩，可采用等第评分制，一般分优、良、及格和不及格。

（34）LED制造技术与应用（32课时）

①课程性质：选修课、考查课。

②课程目标：培养学生制作单管LED器件的能力，掌握从扩晶到切脚的

LED 生产工艺流程，培养学生具有安全意识、创新思维，具有社会责任感和社会参与意识。

③课程内容：通过理实一体化方式，为学生讲授典型 LED 生产工艺过程，熟悉清洗、装架、压焊、芯片检验、扩片、压焊等工艺过程，培养学生掌握典型 LED 生产工艺等过程，以及典型工艺设备的应用及维修和大功率 LED 的应用等。

④教学要求：本门课程通过构建第一课堂与第二课堂联动、理论教学与实践教学融通、课堂教学与网络教学结合的教学模式，采用互动式、体验式、展演式、信息化等教学方法和手段，学生考试成绩统一采用百分制，期末考试占 20%，平时成绩占 80%（含作业、提问、课堂讨论、测验、实验、实习、出勤、听课的学习态度等），具体比例在教学大纲中规定。评定学生考查课程的成绩，可采用等第评分制，一般分优、良、及格和不及格。

（35）PROTEL 软件应用（32 学时）

①课程性质：选修课、考查课。

②课程目标：培养学生的电子线路板设计、制作能力，同时在教学过程中培养学生高速设计的电路仿真能力，为参加实际工作培养电子线路板设计的技能。

③课程内容：学习 Protel 制图的基本理论。

④教学要求：本门课程通过构建第一课堂与第二课堂联动、理论教学与实践教学融通、课堂教学与网络教学结合的教学模式，采用互动式、体验式、展演式、信息化等教学方法和手段，学生考试成绩统一采用百分制，期末考试占 20%，平时成绩占 80%（含作业、提问、课堂讨论、测验、实验、实习、出勤、听课的学习态度等），具体比例在教学大纲中规定。评定学生考查课程的成绩，可采用等第评分制，一般分优、良、及格和不及格。

（36）现代能源管理技术与应用（32 课时）

①课程性质：选修课、考查课。

②课程目标：具备能源管理基本知识和管理理念，掌握能源管理规划和管理系统使用能力。培养学生环保意识、信息素养、乐观向上的精神，使之具有自我管理能力、职业生涯规划的意识、良好的社会沟通能力、较强的集体意识和团队合作精神。

③课程内容：在已经具备新能源发电技术知识以及电气自动化知识的基础上，学习如何使用典型信息化能源管理系统实现帮助工业生产企业在扩大生产的同时，合理计划和利用能源，降低单位产品能源消耗，提高经济效益，

降低废弃物排放量。

④教学要求：本门课程通过构建第一课堂与第二课堂联动、理论教学与实践教学融通、课堂教学与网络教学结合的教学模式，采用互动式、体验式、展演式、信息化等教学方法和手段，学生考试成绩统一采用百分制，期末考试占 20%，平时成绩占 80%（含作业、提问、课堂讨论、测验、实验、实习、出勤、听课的学习态度等），具体比例在教学大纲中规定。评定学生考查课程的成绩，可采用等第评分制，一般分优、良、及格和不及格。

（37）储能技术（32 学时）

①课程性质：选修课、考查课。

②课程目标：具备能源管理基本知识和管理理念，掌握能源管理规划和管理系统使用能力。培养学生环保意识、信息素养、乐观向上的精神，使之具有自我管理能力、职业生涯规划的意识、良好的社会沟通能力、较强的集体意识和团队合作精神。

③课程内容：任何能量转换过程都涉及能源的存储的问题，因此，先进电能存储技术是电子学以及能源技术的一个重要方面。基于这一时代背景，本课程讲述的电能存储技术，即以某种形式的能量储存，并最后以电能的形式释放。本课程将简单介绍太阳能电池、热电池等类型的电池，而重点介绍燃料电池、电化学电池、核电池等类型的电池。

④教学要求：本门课程通过构建第一课堂与第二课堂联动、理论教学与实践教学融通、课堂教学与网络教学结合的教学模式，采用互动式、体验式、展演式、信息化等教学方法和手段，学生考试成绩统一采用百分制，期末考试占 20%，平时成绩占 80%（含作业、提问、课堂讨论、测验、实验、实习、出勤、听课的学习态度等），具体比例在教学大纲中规定。评定学生考查课程的成绩，可采用等第评分制，一般分优、良、及格和不及格。

（38）光热发电技术（32 学时）

①课程性质：选修课、考查课。

②课程目标：具备应用光热发电的能力，培养学生环保意识、信息素养、乐观向上的精神。

③课程内容：光热发电的概念和类别，光热发电的应用、发展政策和趋势，掌握目前几种典型的光热发电形式如抛物面槽式、集热塔式、线性菲涅尔式、抛物面蝶式的技术状况和应用领域、应用方向，了解全球、国内、美国典型的光热发电项目。

④教学要求：本门课程通过构建第一课堂与第二课堂联动、理论教学与

实践教学融通、课堂教学与网络教学结合的教学模式，采用互动式、体验式、展演式、信息化等教学方法和手段，学生考试成绩统一采用百分制，期末考试占20%，平时成绩占80%（含作业、提问、课堂讨论、测验、实验、实习、出勤、听课的学习态度等），具体比例在教学大纲中规定。评定学生考查课程的成绩，可采用等第评分制，一般分优、良、及格和不及格。

（39）新能源汽车技术（32课时）

①课程性质：选修课、考查课。

②课程目标：拓展学生的专业视野，为学生从事新能源汽车相关工作奠定基础。

③课程内容：新能源汽车各个组成的构造原理和工作原理，了解各种新能源汽车电池系统、电机驱动系统以及控制系统的特点和工作方式，以及新能源汽车的整车故障诊断和排除方法等知识。

④教学要求：本门课程通过构建第一课堂与第二课堂联动、理论教学与实践教学融通、课堂教学与网络教学结合的教学模式，采用互动式、体验式、展演式、信息化等教学方法和手段，学生考试成绩统一采用百分制，期末考试占20%，平时成绩占80%（含作业、提问、课堂讨论、测验、实验、实习、出勤、听课的学习态度等），具体比例在教学大纲中规定。评定学生考查课程的成绩，可采用等第评分制，一般分优、良、及格和不及格。

（40）智能微电网应用技术（32课时）

①课程性质：选修课、考查课。

②课程目标：掌握智能微电网的各部件功能及配置，拓展学生的专业视野。

③课程内容：包含智能微电网的体系结构、工作原理、通信方式、运行控制和维护、能量管理与监控等知识。

④教学要求：本门课程通过构建第一课堂与第二课堂联动、理论教学与实践教学融通、课堂教学与网络教学结合的教学模式，采用互动式、体验式、展演式、信息化等教学方法和手段，学生考试成绩统一采用百分制，期末考试占20%，平时成绩占80%（含作业、提问、课堂讨论、测验、实验、实习、出勤、听课的学习态度等），具体比例在教学大纲中规定。评定学生考查课程的成绩，可采用等第评分制，一般分优、良、及格和不及格。

（41）顶岗实习（600课时）

①课程性质：实习环节、考查课。

②课程目标：本课程是人才培养方案的重要组成部分，主要是检验学生

对专业知识与技能的综合应用能力，并针对学生的就业对职业岗位能力的需要，让学生在毕业前到企业公司具体从事某一方面的机电产品制造或机电设备维护管理工作，学生对本专业建立感性认识，进一步了解本专业的教学实践环节，增强学生运用所学的理论和知识，分析和解决实际问题的能力。注重加强对学生的职业道德教育，提升思想道德素质和法治素养。

③课程内容：机电类相关企业实习岗位工作要求。

④教学要求：本门课程通过下到企业实践的教学模式，采用互动式、体验式等教学方法和手段，以具体岗位技能要求为标准等项目组织教学。本课程为考查课，教学考核分为班主任评价（20%），指导教师评价（40%），单位实习表现（40%）。

（42）毕业设计（150 课时）

①课程性质：毕业环节、考查课。

②课程目标：本课程是完成专业教学计划、达到技能型高职专业培养目标的重要环节，也是教学计划中综合性最强的教学实践环节，培养学生的独立分析问题和解决问题的能力，培养论文写作和语言表达的能力，掌握文献检索、资料查询的基本方法以及获取新知识的能力；提高毕业生全面素质，是学生综合素质教育与综合实践能力培养效果的全面检验。注重提升学生敬业精神，责任意识，工作积极主动，认真负责，谦虚谨慎，诚实信用等素养。

③课程内容：

工科类专业毕业设计（论文）的写作程序大体分为四个阶段：工程（工艺）操作或上机实验（试验）；理论计算和技术经济分析；撰写设计报告或论文初稿；修改定稿。工科类的毕业设计（论文）要求设计方案合理、各方面的数据可靠、图表规范清晰、文字表达的语言流畅简练准确；原则上采用文内图表，不能采用文内图表的，制图、制表形式可根据实际需要而定，论文正文自述不得少于 7000 字。

④教学要求：本门课程通过下到企业实践的教学模式，采用交流式、体验式等教学方法和手段，以应用、维护、设计和开发机电控制系统为标准等项目组织教学。本课程为考查课，教学考核分为平时成绩（20%），材料得分（30%），答辩得分（50%）。最后评定毕业设计成绩，综合成绩采用四级计分制（90 分以上为优秀，80—89 分为良好，60—79 分为及格，60 分以下为不及格）。毕业设计（论文）成绩分布要平衡，即优秀率不得超过 15%，不及格率不得超过 15%。

七、教学进程总体安排

表 9-6 光伏工程技术专业教学进程表

分类	序号	类别	课程名称	学时				学分	考试	考查	学时分配					
				合计	理论教学	实验实训	集中实践教学				第一学年		第二学年		第三学年	
											1	2	3	4	5	6
											15/20	14/20	14/20	13/20	10/20	0/20
公共基础课	1	必修课	军事理论课	36	36			2		√		–				
	2		思想道德修养与法律基础	48	40	8		3	√		4×12					
	3		毛泽东思想和中国特色社会主义理论体系概论	64	56	8		4	√			4×16				
	4		形势与政策	40	40			1		√	–	–	–	–	–	
	5		心理健康教育	32	26	6		2		√		2				
	6		体育	108	36	72		7		√	2	2	2	2		
	7	限定选修课	英语	160	160			10	1、2√	3√	4	4	2			
	8		就业与创业教育	40	20	20		2. 5		√	6	12	12	10		
	9		劳动教育	16	16			1		√		–	–	–	–	
	10		信息技术	64	32	32		4	√		4×16					
	11		高等数学	80	80			5	1√	2√	4×13	2×14				
	12		生态文明	16	16			1		√		–				
	13		艺术鉴赏	16	16			1		√	–	–	–	–		
	14		中国优秀													
	15		传统文化	32	32			2		√		2×16				
	16		大学语文	30	30			2		√	2×15					
			国家安全教育	16	16			1		√				–		

续表

分类	序号	类别	课程名称	学时				学分	考试	考查	学时分配					
				合计	理论教学	实验实训	集中实践教学				第一学年		第二学年		第三学年	
											1	2	3	4	5	6
											15/20	14/20	14/20	13/20	10/20	0/20
			小计	688	542	146	0	50. 5			20	16	6	0	0	0
专业（技能）课	1	必修课	电工电子技术应用	52	40	12		3. 5	√		4					
	2		C 语言程序设计	32	16	16		2		√	2					
	3		传感器应用技术	32	20	12		2		√		2				
	4		新能源发电技术与利用	32	28	4		2		√		2				
	5		电力电子技术	48	30	18		3	√			4				
	6		单片机控制技术 *	52	26	26		3. 5	√				4			
	7		电机与电气控制技术▲	48	24	24		3	√				4			
	8		PLC 应用技术 *	52	32	20		3. 5	√				4			
	9		太阳能电池及应用技术 *	52	32	20		3. 5	√				4			
	10		机械制图及 CAD▲	48	24	24		3		√				4		
	11		光伏发电系统规划与设计 *▲◆	52	26	26		3. 5	√					4		
	12		光伏电站建设与施工技术 *◆	52	32	20		3. 5	√					4		
	13		应用光伏技术 *◆	52	32	20		3. 5	√					4		

续表

分类	序号	类别	课程名称	学时				学分	考试	考查	学时分配					
				合计	理论教学	实验实训	集中实践教学				第一学年		第二学年		第三学年	
											1	2	3	4	5	6
											15/20	14/20	14/20	13/20	10/20	0/20
专业（技能）课	14	必修课	供配电技术	52	32	20		3.5	√					4		
	15		维修电工实训	30			30	1		√		1周				
	16		单片机控制技术实训	30			30	1		√			1周			
	17		PLC 应用技术实训	30			30	1		√			1周			
	18		光伏组件制备实训	30			30	1		√			1周			
	19		光伏电子产品设计实训	30			30	1		√			1周			
	20		光伏发电系统安调实训	30			30	1		√				1周		
	21		应用光伏技术实训◆	30			30	1		√				1周		
	22		供配电技术实训	30			30	1		√				1周		
	23		光伏系统监控软件实训 *	60			60	2		√				2周		
	24		自动化过程控制实训	30			30	1		√				1周		
	25		风机控制系统实训	30			30	1		√					1周	
	26	选修课	创新创业实务	32	8	24		2		√				4		
	27		创新创业实践	8		8		0.5		√				–		
	28		人工智能	16	12	4		1		√					2	
	29		职业素养与社交礼仪	26	22	4		1.5		√				2		

续表

分类	序号	类别	课程名称	学时				学分	考试	考查	学时分配					
				合计	理论教学	实验实训	集中实践教学				第一学年		第二学年		第三学年	
											1	2	3	4	5	6
											15/20	14/20	14/20	13/20	10/20	0/20
专业（技能）课	30	选修课	专业英语	26	22	4		1.5		√				2		
	31		新产品创新理论	26	22	4		1.5		√				2		
	32		安全与急救	26	22	4		1.5		√				2		
	33		逆变控制新技术	32	22	10		2		√					4	
	34		LED 制造技术与应用	32	22	10		2		√					4	
	35		PROTEL 软件应用	32	22	10		2		√					4	
	36		现代能源管理技术与应用	32	22	10		2		√					4	
	37		储能技术	32	22	10		2		√					4	
	38		光热发电技术	32	22	10		2		√					4	
	39		新能源汽车技术	32	22	10		2		√					4	
	40		智能微电网应用技术	32	22	10		2		√					4	
小计			1226	524	342	360	67.5			6	8	20	26	18		
实习环节	41		顶岗实习	600			600	20		√					8周	12周
			小计	600	0	0	600	20								

续表

分类	序号	类别	课程名称	学时				学分	考试	考查	学时分配					
				合计	理论教学	实验实训	集中实践教学				第一学年		第二学年		第三学年	
											1	2	3	4	5	6
											15/20	14/20	14/20	13/20	10/20	0/20
毕业环节	42		毕业设计	150			150	5		√						5 周
	小计			150	0	0	150	5								
总课时				2664	1038	506	1110	140.5			26	24	26	26	18	0

说明：

1. 标＊号为专业核心课，标◆号为1+X取证课，标▲号为理实一体化课。

2. 学分计算方法：理论课16学时计1学分，集中技能训练课程每周30学时计1学分。

3. 形势与政策第1–5学期开设，每学期8课时，共计40课时，1学分；就业与创业教育第1–4学期开设，每学期课时分别为6、12、12、10，共计40学时；劳动教育在第2–5学期开设，每学期4学时，共16学时。

4. 创新创业实践以讲座、社团、大赛等形式开设。生态文明课程16学时，在第2学期以网课形式开设，1学分；艺术鉴赏第1–4学期开设，每学期4课时，共计16学时。中国优秀传统文化32学时，在第二学期以网课形式开设。大学语文30学时，在第1学期以网课形式开设。国家安全教育课程16学时，在第三学期以网课形式开设，1学分。

5. 生态文明、艺术鉴赏、中国传统文化、国家安全教育，大学语文，五门课程，只计学分，不计入总课时。

6. 选修课程：26~28为限选课程；29~32为素质选修课，四选一；33~36为专业拓展课，四选二；37~40为新技术选修课，四选二。

7. 学生需修满教学计划2664学时、140.5学分，且符合本教学计划中相关规定方可毕业。

表 9-7　光伏工程技术专业教学环节分配表

单位：周

学期	课程教学	实践性教学			毕业环节	考试	军训	机动	合计
		集中实训	1+X取证	顶岗实习					
一	15	1				1	2	1	20
二	14	4				1		1	20
三	14	4				1		1	20
四	13	5				1		1	20
五	9	1		8		1		1	20
六				12	7	0		1	20
总计	65	15		20	7	5	2	6	120
说明	顶岗实习寒假不休息，总体时间不少于半年。毕业环节含毕业设计 5 周，毕业教育 2 周								

表 9-8　光伏工程技术专业理论与实践教学学时分配比例表

学年	学期	教学周数	理论教学		实践教学					教学做一体化	
			学时	占总学时比例	实验	实训	集中实训	顶岗实习	占总学时比例	学时数	占总学时比例
一	1	16	256	9.5%	98	30	0	0	4.8%	0	0.0%
	2	18	330	12.3%	94	120	0	0	8.0%	0	0.0%
二	3	18	210	7.8%	116	120	0	0	8.8%	48	1.8%
	4	18	193	7.2%	111	150	0	0	9.7%	100	3.7%
三	5	18	76	2.8%	16	30	240	0	10.6%	0	0.0%
	6	17	0	0.0%	0	0	360	150	19.0%	0	0.0%
合计		105	1065	39.6%	435	450	600	150	60.8%	148	5.5%

注：理论学时占总学时比例 39.6%，实践学时占总学时比例 60.8%，教学做一体化学时比例 5.5%。

八、实施保障

（一）师资队伍

高等职业教育光伏专业教师应有理想信念、有道德情操、有扎实学识、有仁爱之心；有高校教师资格，有自动化、新能源相关专业本科及以上学历；有扎实的学科专业知识和学科教学知识；有较强的实践能力、反思能力、信息化教学能力；能够有效实施光伏教学，开展教学研究。

本专业拥有一支德艺双馨、专兼职结合、“双师”型教师创新团队，与专业建设发展相适应，能够承担本专业教学、实训、应用技术研究、课题的“双主体育人”教学团队。团队能够完成光伏工程技术专业职业教育、职业培训、职业技能鉴定和技术服务等各项工作，并承担多项教改课题的研发工作。专业教师构成如下：

1. 教学名师

拥有1名专业教学名师，充分发挥在专业建设中的带头示范性作用，能够在教学方法、专业设计等方面起到示范作用，精通行业技术，熟悉企业规范，与企业密切联系掌握最新行业、企业知识。

2. 专业带头人

拥有2名专业带头人，充分发挥在专业建设中的引领作用，能够把握本专业技术发展的方向，精通行业技术，带领团队教师开展专业建设、教学改革和科研等工作。

3. 骨干教师与双师素质

拥有2名骨干教师，精通教学业务，能熟练开展教学、科研工作，重点主持课程、教材建设和培养方案的实施。在双师培养方面，学院每年按一定比例安排专任教师到企业进行不少于3个月的挂职锻炼，鼓励教师积极参与企业生产、新技术研发，同时主持实训室建设、指导技能大赛、参加专项培训及社会服务活动等提升专业理论和专业技能。

表9-9 校内专任教师一览表

序号	姓名	年龄	职称/职务	学历	类别	是否双师型	称号
1	刘靖	54	正高级工程师/国有资产处处长	本科	专任	是	轻工行指委教学名师
2	沈洁	39	副教授/新能源中心主任	硕士	专任	是	专业带头人
3	皮琳琳	38	副教授	硕士	专任	是	专业带头人

续表

序号	姓名	年龄	职称/职务	学历	类别	是否双师型	称号
4	武洪娟	40	副教授	硕士	专任	是	
5	孙艳	38	讲师/教研室主任	硕士	专任	是	骨干教师
6	赵洪洁	38	讲师/教师	硕士	专任	是	骨干教师
7	马思宁	31	讲师/教师	硕士	专任	是	
8	侯俊芳	38	副教授	硕士	专任	是	骨干教师

4. 企业兼职教师

聘用来自企业一线的兼职教师 5 名，组织兼职教师参与专业人才培养方案的修订。兼职教师具有一定的教学能力，通过学院组织的专业教学能力测试。兼职教师一般担任实践性较强的专业课程教学，能够熟练指导学生顶岗实习和毕业设计。

表 9–10　校外兼职教师一览表

序号	姓名	年龄	职称/职务	学历	类别	是否双师型	称号
1	李伟	34	工程师	本科/硕士/博士	外聘	否	
2	刘鑫	40	工程师	本科/硕士/博士	外聘	否	
3	王艳越	45	工程师	本科/硕士/博士	外聘	否	
4	周伟	38	工程师	本科/硕士/博士	外聘	否	
5	高喆	37	工程师	本科/硕士/博士	外聘	否	

（二）教学设施

1. 校内实训基地资源配置

光伏工程技术专业校内实训教学资源分为基础实验、基础实训、专业实验和专业实训。

表 9-11　校内实训条件一览表

序号	类别	实训教学场所	教学实训目标	主要设备	数量	备注
1	基础实验	电工电子实验室	1. 理解基本电路原理； 2. 会识读电气图纸； 3. 会根据测量信号分析电路工作特性； 4. 掌握常用电子元器件识别的基本检测方法； 5. 掌握常用电子仪器仪表的使用方法。	电工电子综合实训台、万用表	20 台	
2	基础实验	电机实验室	1. 了解单相、三相交流电机的基本电气控制原理与方法； 2. 掌握电气系统一般故障的产生原因与故障排除方法。	电机实训台	20 台	
3	基础实训	PLC 实训室	1. 熟悉 PLC 基本指令编程方法； 2. 掌握用 PLC 控制简单对象的方法和技能。	PLC 实训设备	20 台	
4	基础实训	单片机实训室	1. 熟悉单片机基本指令编程方法； 2. 掌握用单片机控制简单对象的方法和技能； 3. 掌握单片机编程软件的使用。	单片机实验台	20 台	
5	基础实训	电力电子实训室	1. 理解常见电力电子器件工作原理； 2. 理解常见整流电路工作原理； 3. 理解逆变电路工作原理。	电力电子综合实验台	20 台	
6	专业实验	光伏原理及应用实验室	1. 了解光照条件和其他环境因素对太阳能电池发电量的影响； 2. 了解光伏发电的应用； 3. 理解控制器、蓄电池、逆变器的工作原理，掌握其使用方法； 4. 能进行太阳能电池的电性能测试。	光伏发电实验装置	2 台	

续表

序号	类别	实训教学场所	教学实训目标	主要设备	数量	备注
7	专业实训	光伏组件加工实训室	1. 了解光伏组件的组成； 2. 了解光伏组件的生产工艺流程； 3. 掌握电池片切割、测试、焊接、串接、敷设、组件层压、修边、装框、接线盒安装等操作方法； 4. 掌握光伏组件光电性能的检测方法； 5. 掌握异常情况下的处理方法。	激光划片机 焊接工作台 光伏组件层压机 光伏组件测试仪 光伏电池装框机 裁剪台 电池阵列铺设检测台 观测架	1台 4台 1台 1台 1台 2台 2台 4个	
8	专业实训	光伏发电技术虚拟实训室	1. 光伏电站虚拟仿真光伏电站系统接线及控制过程。	VR虚拟现实仿真设备	1套	
9	专业实训	风光互补发电系统实训室	1. 了解光伏跟踪系统的原理； 2. 了解风光互补发电系统的组成； 3. 了解离网、并网光伏发电系统的组成； 4. 理解风光互补控制原理； 5. 掌握离网和并网光伏发电系统的连接、调试方法； 6. 掌握跟踪系统的安装调试方法； 7. 掌握风光互补控制系统电气安装方法。	风光互补发电系统实训设备	4台	
10	专业实训	光伏电站运维1+X实训室	1. 掌握光伏电站线路连接； 2. 掌握光伏电站的故障检查； 3. 掌握监控系统的应用。	光伏电站运维 1 + X 设备	4台	
11	专业实训	光伏系统设计仿真实训室	1. 了解光伏系统的类型； 2. 掌握光伏系统设计的元素； 3. 掌握光伏系统设计软件的使用方法。	光伏系统设计仿真软件	20点	

续表

序号	类别	实训教学场所	教学实训目标	主要设备	数量	备注
12	专业实训	光伏系统监控软件实训室	1. 掌握监控软件的使用方法； 2. 掌握数据通信连接的方法。	组态王或力控监控软件	20点	
13	专业实训	智能微电网实训室	1. 了解微电网的概念； 2. 了解微电网的一般组成； 3. 了解微电网的关键技术； 4. 掌握典型微电网连接、调试方法； 5. 掌握典型微电网的运行流程、并网和离网运行切换过程； 6. 了解微电网能量管理系统设计策略。	能源互联网实训系统	1套	

2. 校外实训基地资源配置

通过建立多元化实训基地满足光伏产业链不同技术领域的人才需求，使学生更多地接触新技术、新设备、新知识、新工艺，扩大学生视野。

表9-12 校外实训条件一览表

企业名称：天津英利新能源有限公司 功能：作为光伏电池生产、光伏系统集成相关课程的校外实训基地	企业名称：天津津能电池有限公司 功能：作为非硅电池生产原理及生产工艺相关课程的校外实训基地
企业名称：天津三星显示器有限公司 功能：作为LED封装原理及封装工艺相关课程的校外实训基地	企业名称：天津三安光电有限公司 功能：光伏电池制造，节能产品制造
企业名称：天津津亚电子有限公司 功能：LED生产，液晶屏生产	企业名称：天津环智新能源有限公司 功能：铜铟镓硒薄膜太阳能电池的研发和制造

（三）教学资源

1. 规划教材：选用3年内最新出版教材，本专业公开出版校企合作教材5本，其中“单片机控制技术”为天津市市级精品课程、天津市首批“课程思政”优秀课程、国家级新能源类专业教学资源库在线课程；“LED 封装技术及应用”为院级优质核心课程；“应用光伏技术”“新能源利用与开发”课程为国家级教学资源库优秀核心课程。由刘靖主编化学工业出版社出版的《光伏应用技术》教材，经教育部职业教育与成人教育司批准列入“十三五”职业教育国家规划教材立项项目。《风光互补发电系统安装与调试》为双语教材。

2. 活页教材：依托岗位，将大赛和职业技能等级证书融到教学中，实现“岗课赛证”融通，在教学中将《光伏电站运维活页教材》、《新能源技术与利用》、《PLC 应用技术》、《单片机控制技术》、《电工电子技术》作为辅助或者主要教学资源。

3. 网络资源：应用信息化教学资源，实施线上线下教学，在教学中使用职教云平台、新能源教学资源库平台、蓝墨云教材。

职教云平台：https：//zjy2. icve. com. cn/portal/login. html

新能源教学资源库：

http：//qgzyk. 36ve. com/index. php/CourseCenter/course/project - course - list？ projectId = 34

（四）教学方法

1. 项目教学法

教学实施过程中以项目为导向，以学生为核心，根据不同的教学内容采用不同形式的教学方法和手段，如启发式教学、案例式教学、项目式教学等。通过视频展示、案例分析、观摩学习、小组讨论、作品展示、资料检索等教学形式，提高学生的学习兴趣和学习质量。充分利用学院网络教学资源平台和国家精品资源课网站，指导学生通过网上教学资源实现自主学习和交流互动。

2. 教学做一体化教学

对于核心课程的学习采用教学做一体化的教学组织形式，在校内模拟仿真实训基地以项目导向、情境教学的方式设计教学内容与企业工作流程相融合的教学方案。

3. 分组教学法

课程中学生学习能力有差异，根据学生能力的不同采取“以强带弱”、“能力互补”的分组促进教学方式；针对学生的“发散性思维”差异化的特点，根据学生对不同设计选题的敏感度的不同而进行分组引导、个性化定制辅导的教学法。

4. 集中实践教学

实践教学环节中以对学生基本技能的训练为重点，加强自学、实践能力的培养，在教学全过程中注重心理素质养成和环保、节能、高效的职业素质教育，拓宽学生的专业面和知识面，增强社会适应性，提高学生的整体素质。

5. 线上线下混合式教学

探索基于网络平台进行的线上自学、网上辅导和线下组织课堂教学相结合的线上线下教学改革与创新，充分有效地利用网络资源优势，共建和共享优秀教学资源，同时满足不同层次学生学习需求，方便学生自学教学知识内容。

（五）学习评价

终结性评价与过程性评价相结合，个体评价与小组评价相结合，理论学习评价与实践技能评价相结合，素质评价、知识评价、能力（技能）评价并重。

考核方式有 3 种：

1. 考试课（教学进程表中标注的）：平时成绩 30%+期末考试 60%+考勤成绩 10%=学期总评；

2. 考查课（教学进程表中标注的）：平时成绩 70%+期末考试 20%+考勤成绩 10%=学期总评；

3. 进行考试改革部分专业课：

表 9-13　太阳能电池及应用技术课程考核方案

考评方式	出勤考评	平时考评	期末考评	
		素质和学习考评	理论知识	设备实操
	10 分	30 分	30 分	30 分
考评实施	由主讲教师根据学生考勤表考评。	依托学习平台设置课前预习、课中学习、课后复习任务，增加提问讨论等内容完成学习情况考评，并对学生积极程度、团队合作、学习精神等素养方面进行考评。	参加期末学校安排统一闭卷考试进行考评。	参加设备实操考核进行按步考评。
考评标准	旷课超过总学时的三分之一的出勤成绩为 0 分，并且不能参加期末考核。	1. 完成网络签到； 2. 完成课前知识资源学习浏览，并做笔记； 3. 完成课上教师提问平台的问题；设备实操练习；	卷面完成情况进行打分，及格分数 60，满分 100 分。	按要求制作光伏组件，按步得分，实操满分 100 分，及格 60 分。

续表

考评方式	出勤考评	平时考评	期末考评	
		素质和学习考评	理论知识	设备实操
	10 分	30 分	30 分	30 分
考评标准	旷课超过总学时的三分之一的出勤成绩为0分，并且不能参加期末考核。	4. 完成课后网络平台作业； 5. 能够在平台讨论区进行与老师、同学的互动交流； 6. 完成单元、期末知识测评； 7. 团结合作，安全实操、态度认真等学习过程表现。 综合以上内容按照网络平台比例给出成绩。完成考评，占总分数40%。	卷面完成情况进行打分，及格分数 60，满分100分。	按要求制作光伏组件，按步得分，实操满分100分，及格60分。

平时考评集过程性、多元性和时效性于一体：

（1）评价分为课前、课中和课后三阶段进行过程评价；

（2）结合资源学习、实操训练、课堂表现、测试、拓展训练等方式进行多元化综合性评价；

（3）采用线上平台数据的评价方式，每节课立即生成教学评价，及时优化教学设计，实现时效性反馈。

4. 顶岗实习的组织与管理

在第五、六学期进行顶岗实习及毕业设计，安排顶岗实习及毕业设计是实践教学的最后一个极其重要的阶段。顶岗实习实际是一个学习的过程，学生在顶岗实习期间仍然处于发展状态。通过顶岗实习，学生可以从学校走向社会，形成社会过渡期。可以对本专业可能从事的职业有一定程度的了解，认清本专业在社会各技术学科中的地位和就业形势；将书本知识付诸实践，培养动手能力和独立分析解决问题的能力；培养学生与人沟通、合作的团队精神；培养学生不怕吃苦的敬业精神。为今后工作积累丰富的经验奠定坚实的基础，同时也可以检验教学效果，为进一步提高教学质量、培养合格人才积累经验。

校外顶岗实习企业的选取：选择在新能源行业有较高影响力的大、中型企业，能够为学生提供对口岗位实习，企业有完整的实习管理体系和指导文件。能够安排企业工程技术人员对学生进行指导，并安排学生参与企业实际的生产实践过程，让学生能够学习到新技术和新工艺，能够接触到实际生产的相关设备。对学生进行企业特色、企业文件的培训和教育，使学生能对所从事的职业有一定程度的了解，为今后就业做好准备。

毕业设计（字数在5000—8000字以上）论文主题应紧扣自身专业，做到观点明确，逻辑清晰，叙述流畅，结构严谨，理论联系实际。论文必须独立完成，不得抄袭或请他人代写，否则该项成绩以不及格或0分计算，引用部分内容和数据须注明出处。毕业设计应尽量结合实习岗位做到真题真做。

5. 顶岗实习成绩考核办法

学生顶岗实习成绩由以下4部分组成：

学生顶岗实习鉴定表，40%；

顶岗实习周记，20%；

毕业论文，20%；

顶岗实习总结报告，20%。

成绩采用优、良、中、及格、不及格五级计分制。学生顶岗实习鉴定表中企业鉴定成绩具有一票否决效力，即如果该成绩为不合格，则学生顶岗实习成绩直接以不及格处理，不再进行成绩总评。学生顶岗实习鉴定表须加盖公章（复印无效），签章的单位与教务处备案的实习单位须一致，无公章或单位不一致的均视为顶岗实习成绩不合格。

（1）学生必须完成教学大纲规定的实习任务，提交实习报告，方可参加实习考核。实习考核可根据实习岗位采用多种方式进行。

（2）学生实习成绩的评定，由实习指导教师及其他有关人员组成的考核小组给出，评定根据学生实习期间的劳动态度、思想表现、实习报告、实习日记及答辩成绩等进行综合评定。对实习成绩评定为不及格者，必须重修。

（3）实训教学课程采用模块化且与职业资格等级鉴定结合，培养学生运用网络技术的实际技能。

我们以光伏电气系统运维等岗位的综合职业能力为依据，构建实践教学体系，合理地确定实训教学课程体系，改革实践教学，切实重视学生技术应用能力的培养，突出应用性和实践性，按照生产与检测、实习与实训、工程设计和施工安装调试来构建光伏工程技术专业实践教学体系，纵向上与理论教学交叉进行，横向上与理论教学相互渗透，将“1+X”证书教育纳入光伏工程技术专业课程体系中，使学生在完成学历教育的同时取得行业认可的职业技能资格证书。

（六）质量管理

1. 人才培养质量保障体系

专业建设委员会每年定期召开工作会议，制定年度工作计划，根据制造业企业生产管理岗位标准定位人才培养目标，校企共同设计、实施、评价人才培养方案。

建立毕业生质量反馈机制，制定用人单位走访制度，定期赴企业开展调研工作，编写调研报告。

实习实训运行机制，校企共同建设校内外实训基地，开展校内外实训基地建设调研工作，组织企业技术专家进行论证，制定实习实训基地建设规划；制定《校企合作校内外实训基地管理办法》，同时注重实训基地内涵建设；校企共同制定学生实习实训工作计划，联合开发实践教学讲义，制定《顶岗实习教学质量评价标准》、《顶岗实习学生管理办法》、《顶岗实习课堂授课实施办法》，保证学生参观学习和顶岗实习计划落实到位，有利于培养学生的社会能力与方法能力；制定以企业技术人员评价为主体的学生实训评价体系。

毕业生第三方评价机制，依托麦可思、天津市津轻人才开发中心等第三方机构以及学院毕业生就业跟踪调查制度，向不同的对象调查毕业生的就业质量、调查用人单位的情况反馈，针对具体问题，按学院各部门职能，分别拟定整改方案，强化就业质量评价对于教育教学改革的指导作用。

2. 教学质量监控体系

建立用人单位、教师、督导、学生共同参与的教学质量监控体系，形成企业对课程体系与教学内容的评价制度、课堂教学评估制度、实践教学评估制度、教师听课制度、学生定期反馈制度及督导检查制度等，加强对人才培养过程的管理，完善教师、院系、学校三级质量保障机制，建立保证教学质量不断提高的长效机制。

具体的监控措施和办法包括：新教师的登记审查，即对新任教师和讲授新课程的教师进行资格审查和课堂教学评估；建立听课制度，其中专职督导员督导评教，教师同行评教，管理人员评教为主要内容；教学检查制度，期中召开学生代表座谈会收集征求学生对教学工作的意见建议，期末在校学生填写《任课教师评分表》。除了在集中时间进行教学监督之外，还可以在日常的教学监督中采用学生信息员反馈制度，学生可随时向教务处反映教学中存在的问题；对于社会和企业的评价与监督采用毕业生追踪调查的方式，由接受毕业生的企业填写调查表，通过用人单位对学生能力的评价监控教学效果。

3. 机制保障

建立三级贯通的专业建设委员会，主要职责：

（1）组织进行行业企业调研，审定人才培养方案，并组织专家论证；

（2）开发课程体系并审核课程标准；

（3）根据专业需求选聘专兼职教师，落实专业一体化教室、厂中校、校外实训基地等教学场所；

（4）参与企业新产品开发、岗位培训、技术服务等；

（5）组织制定人才培养评价标准并实施监控。

专业建设委员会是电子信息与自动化学院与国内外知名企业和各类企事业单位联系的桥梁与纽带；致力于推进学院与企业在人才培养、专业建设、课程建设、顶岗实习、实习就业、实训基地建设、订单式培养、产品开发、技术咨询、项目申报等方面的全面合作；是创新办学模式、探索产学研一体化的校企合作平台。

九、毕业要求

毕业要求是学生通过规定年限的学习，必须修满的专业人才培养方案所规定的学时学分，完成规定的教学活动，毕业时应达到的素质、知识和能力等方面的要求。毕业要求应能支撑培养目标的有效达成。

学分要求：学生毕业时，必须完成人才培养方案中的全部教学环节学习任务，取得教学计划中规定的 140.5 学分，军事技能 2 学分，并获得大学生思想教育实践 18 学分。

《天津轻工职业技术学院大学生思想教育实践学分考评制度》旨在通过学生思想教育类课外实践活动项目与相关学分的管理工作进一步培养学生的实践创新能力，提高学生综合素质，激发学生积极参与到思想教育实践活动中来，引导其积极践行社会主义核心价值观，培养德智体美劳全面发展的社会主义建设者和接班人。

1. 施行范围：天津轻工职业技术学院三年制专科在校生

2. 考评内容：

表 9-14 大学生思想教育实践考评表

考评活动分类	考评内容	考评占比	必修任务
素质教育网络课程	学院开设的中华优秀传统文化、安全教育、艺术教育等素质教育网络课程。	20%	每学期完成 4 学分的必修课程。
德能大讲堂	学院或二级学院组织的学生德育教育相关讲座活动。	20%	每学期参加 4 次讲座活动。

续表

考评活动分类	考评内容	考评占比	必修任务
学生课外实践活动	①思想教育类实践活动； ②技能大赛中获奖； ③参加创新、创业训练、比赛或实践活动； ④在正式出版的学术期刊上发表大学生思想教育相关文章； ⑤学院组织的社团实践活动； ⑥参加社会实践活动； ⑦获得人才培养方案以外的规定范围内的能力或职业资格证书； ⑧文化素质活动； ⑨志愿者服务活动； ⑩学院组织的或社会公益劳动活动。	60%	每学期至少参加 ①公益劳动活动 1 次累计服务时长达 2 小时； ②学校或学院组织的大型文体活动 1 次； ③班级或社团组织的课外实践活动 2 次。

注：若存在制度规定的相关违纪情况将予以扣分

3. 考评标准：

完成必修内容才可获得思想教育实践学分考评分数 60 分，60 分记为及格，及格后，学生可获得本学期的德育学分（3 分/学期），不及格将无法获得相关学分，专科班 3 学年应累计获得 18 学分。

4. 考评意义：

实践学分考评用以作为衡量学生实践操行的考评依据，获得规定学分后，才可毕业；并为我院优秀奖学金的评定，优秀学生干部、标兵、优秀毕业生的评选及毕业生择优就业提供依据。

第二节 专业核心课程标准——应用光伏技术

一、课程性质与任务

（一）课程性质

课程名称	应用光伏技术		
课程类别	专业核心课	课程性质	必修课程
课程学时	52	课程学分	3.5
开设学期	第4学期	适用专业	光伏工程技术 （原光伏发电技术与应用专业）

（二）课程任务

“应用光伏技术”是光伏工程技术的一门专业核心课程，本课程安排在“太阳能电池及应用技术”“PLC应用技术”等课程之后，本课程从生态文明建设角度出发，聚焦国家精准扶贫和助农兴农任务，服务“双碳”目标，基于光伏电站运维岗位，集合光伏1+X职业技能等级证书和光伏技能大赛要求，学习各种光伏电站的运行与维护。通过本课程的学习，使学生具备光伏电站的运维与管理能力，培养学生的安全意识、工匠精神、团队精神、创新思维等，为走上工作岗位奠定基础。

二、课程目标与要求

（一）素质目标

（1）坚定拥护中国共产党领导和我国社会主义制度，在习近平新时代中国特色社会主义思想指引下，践行社会主义核心价值观，具有深厚的爱国情感和中华民族自豪感，具备科技报国、无私无畏的使命担当；

（2）培养规行矩步、防微杜渐的安全意识，热爱劳动，崇尚劳动；

（3）培养协同合作、大局意识的团队精神；

（4）培养爱岗敬业、精益求精、严谨认真的工匠精神；

（5）培养敬业守分、创新精进的工程伦理意识；

（6）具有创新意识、创新思维和创新能力。

（二）知识目标

（1）了解光伏方阵运行的内容和维护的方法；

（2）掌握汇流箱运行的内容和维护的方法；

（3）掌握直流配电柜运行的内容和维护的方法；

（4）掌握逆变器运行的内容和维护的方法；

（5）掌握交流配电柜运行的内容和维护的方法；

（6）掌握防雷接地运行的内容和维护的方法；

（7）熟悉电缆运行的内容和维护的方法；

（8）熟悉蓄电池运行的内容和维护的方法；

（9）掌握数据通讯系统运行的内容和维护的方法。

（三）能力目标

（1）具备完成光伏电站工程图纸的识读能力；

（2）具备光伏方阵的运行与维护能力；

（3）具备汇流箱的运行与维护能力；

（4）具备直流配电柜的运行与维护能力；

（5）具备逆变器的运行与维护能力；

（6）具备交流配电柜的运行与维护能力；

（7）具备防雷接地的运行与维护能力；

（8）具备电缆的运行与维护能力；

（9）具备蓄电池的运行与维护能力；

（10）具备数据通讯系统的运行与维护能力。

三、课程结构与内容

“应用光伏技术”课程共分为5个项目，主要内容是各种光伏电站的运行与维护。具体结构与内容见表9-15至表9-19所示。

表9-15　项目一——光伏电站的基础描述

项目名称：光伏电站的基础				学时：8
主要内容： 通过学习光伏电站的主要类型、光伏扶贫电站的政策、光伏电站运维常用工器具等内容，让学生对光伏电站有一个整体的认识，夯实基础，为后面的实际光伏电站运行与维护打下基础。				
模块名称	知识要求	能力要求	素质要求	学时
模块一：光伏电站的类型	1. 了解光伏电站的分类； 2. 掌握不同光伏电站的特点。	能根据实际情况判断电站类型。	1. 坚定拥护中国共产党领导； 2. 爱岗敬业，崇尚劳动。	2

续表

模块名称	知识要求	能力要求	素质要求	学时
模块二：光伏扶贫电站的政策	1. 了解光伏行业的发展历程；2. 熟悉光伏电站的相关政策。	能根据政策指导电站建设运行。	1. 遵守法律；2. 具有社会责任感和社会参与意识。	2
模块三：电力安全基础	1. 熟悉各种电力安全标志，并清楚其含义；2. 掌握不同光伏电站中的电信危险源。	能够严格按照操作规程操作电气设备。	具备牢固的安全意识。	2
模块四：光伏电站运维常用工器具	1. 了解光伏电站运维各种常用工具的类型；2. 掌握光伏电站运维常用工具的使用方法。	能够正确使用合适的工具进行光伏电站运维操作。	1. 工匠精神；2. 崇尚劳动的精神。	2

表 9-16 项目二——离网型光伏扶贫电站的运行与维护描述

项目名称：离网型光伏扶贫电站的运行与维护				学时：8
主要内容： 在掌握了光伏电站的基础知识后，引入较简单的离网光伏电站，以离网光伏电站为例让学生初步掌握光伏电站的组成和运行原理，掌握光伏电站的运行与维护技巧，为后面中大型光伏电站的学习打下基础。				
模块名称	知识要求	能力要求	素质要求	学时
模块一：离网光伏电站运行	1. 掌握离网型电站的组成；2. 掌握离网型电站的运行方式。	1. 掌握离网光伏电站运行时各设备的正常参数；2. 能够对离网光伏电站各设备进行正常的运行操作。	1. 爱岗敬业，崇尚劳动。2. 精益求精的工匠精神	4
模块二：离网光伏电站的维护	1. 掌握离网型电站的常见故障类型及特点；2. 掌握离网型电站的中逆变器等典型设备的工作原理。	1. 能够对离网光伏电站发生故障的原因进行正确地排查；2. 能够消除离网光伏电站的常见故障，保障离网光伏电站正常运行。	1. 质量意识；2. 精益求精的工匠精神。	4

表 9-17 项目三——分布式光伏扶贫电站的运行与维护描述

项目名称：分布式光伏扶贫电站的运行与维护				学时：12
主要内容： 本项目主要内容包括分布式光伏扶贫电站运维岗位巡检流程、分布式光伏扶贫电站智能监控系统及常见故障排查方法，通过虚拟仿真和实训设备练习，让学生掌握分布式光伏扶贫电站的运行原理、运行方法和维护技能。				
模块名称	知识要求	能力要求	素质要求	学时
模块一：岗位需求——运维岗位职责与工作	1. 熟悉分布式光伏扶贫电站运维岗位巡检工作职责和工作流程，掌握三种巡检类型并了解不同类型巡检频率； 2. 熟悉分布式光伏扶贫电站工作中危险来源及防护措施； 3. 掌握分布式光伏扶贫电站光伏区主要电气设备，清楚常见故障现象。	1. 能够根据电站实际情况制定巡检计划，规划合理的巡检路线； 2. 能够根据不同巡检内容选择正确齐全的安全工具，正确识别危险源； 3. 能够对分布式光伏扶贫电站光伏区主要电气设备开展全面巡检工作，能够正确识别巡检部位。	1. 培养学生全局意识、责任意识，形成谨慎仔细的思考能力和统筹规划能力； 2. 培养学生的安全意识。	4
模块二：智能运维——监控系统运行与维护	1. 掌握分布式光伏扶贫电站智能监控系统电气接线； 2. 掌握智能监控数据的应用分析方法； 3. 掌握上位机和现场设备之间的通信调试方法。	1. 能根据电气图进行实物识别及接线的能力； 2. 能对分布式光伏扶贫电站实际数据进行分析； 3. 能应用电脑进行信息采集器件的通信调试。	1. 培养学生严谨的工匠精神； 2. 培养学生的安全意识； 3. 培养学生的创新意识。	4
模块三：行业认证——发电系统运行与维护	1. 掌握分布式光伏扶贫电站常见故障的类型； 2. 掌握分布式光伏扶贫电站发生故障的原因；	1. 能够正确分析分布式光伏扶贫电站发生故障的类型； 2. 掌握分布式光伏扶贫电站故障排除中常用工器具的使用方法；	1. 培养学生分析、解决生产实际问题的能力，提高学生的职业技能和专业素质；	4

续表

模块三：行业认证——发电系统运行与维护	3. 掌握分布式光伏扶贫电站故障排查的流程。	3. 会正确排查出分布式光伏扶贫电站的故障，使光伏电站系统恢复正常。	3. 培养学生的安全意识和劳动实践意识。	4

表 9-18 项目四——集中式光伏扶贫电站的运行与维护描述

项目名称：集中式光伏扶贫电站的运行与维护				学时：16
主要内容： 依据职业岗位技能要求，以光伏电站运行维护为任务，从国家政策角度出发，以光伏扶贫政策角度，利用虚拟仿真、VR 仿真、光伏运维 1+X 实训设备、风光互补大赛设备等资源进行教学设计，培养同学们对监控系统、发电系统和跟踪系统故障判断的能力，同时提升学生们的团队合作意识、劳动意识、安全意识、仔细严谨的工作态度等职业素养。				
模块名称	知识要求	能力要求	素质要求	学时
模块一：岗位需求——运维岗位职责与工作	1. 熟悉集中式光伏扶贫电站运维岗位巡检工作职责和工作流程，掌握三种巡检类型并了解不同类型巡检频率； 2. 熟悉集中式光伏扶贫电站工作中危险来源及防护措施； 3. 掌握集中式光伏扶贫电站光伏区主要电气设备：光伏组件区、防雷汇流箱、逆变器等主要巡视点，清楚常见故障现象。	1. 能够根据电站实际情况制定简化巡检、全面巡检和专项巡检计划，规划合理的巡检路线； 2. 能够根据不同巡检内容选择正确齐全的安全工具，正确识别危险源； 3. 能够对集中式光伏电站光伏区主要电气设备：光伏组件区、防雷汇流箱、逆变器等开展全面巡检工作，能够正确识别巡检部位。	1. 培养学生全局意识、责任意识，拥有谨慎仔细的思考能力和统筹规划能力； 2. 培养学生热爱生活，崇尚自然的审美能力，提升职业认同感和自信心； 3. 培养学生建立为人为己全面的安全意识。	4

续表

模块二：智能运维——监控系统运行与维护	1. 掌握光伏电站智能监控系统电气接线； 2. 掌握智能监控数据的应用分析方法； 3. 掌握上位机和现场设备之间的通信调试方法。	1. 能根据电气图进行实物识别及接线； 2. 能对光伏电站实际数据进行分析； 3. 能应用电脑进行信息采集器件的通信调试。	1. 培养学生严谨的工匠精神； 2. 培养学生的安全意识； 3. 培养学生的创新意识。	4
模块三：行业认证——发电系统运行与维护	1. 掌握光伏电站常见故障的类型； 2. 掌握光伏电站发生故障的原因； 3. 掌握光伏电站故障排查的流程。	1. 能够正确分析光伏电站发生故障的类型； 2. 掌握光伏电站故障排除中常用工器具的使用方法； 3. 会正确排查出光伏电站的故障，使光伏电站系统恢复正常。	1. 培养学生分析、解决生产实际问题的能力，提高学生的职业技能和专业素质； 2. 培养学生仔细严谨、精益求精的工匠精神； 3. 培养学生的安全意识和劳动实践意识。	4
模块四：竞赛能力——跟踪系统运行与维护	1. 熟悉电气原理图的读图方法； 2. 熟悉电工器具和万用表的使用方法； 3. 掌握光伏跟踪发电系统故障诊断方法。	1. 能够根据电气原理图进行接线操作； 2. 能根据接线和排故需求选择正确工具； 3. 能根据现象进行快速排故。	1. 培养学生爱岗敬业和吃苦耐劳的精神； 2. 培养学生具有较强的责任心和团队协作能力； 3. 培养学生安全用电意识和低碳环保意识。	4

表 9-19 项目五——大型光伏电站的运行与维护描述

项目名称：大型光伏电站的运行与维护				学时：8
主要内容： 在掌握中小型光伏电站的基础上，进一步引入大型光伏电站的运行与维护内容，让学生掌握对大型光伏电站各设备的运行操作，能够对大型光伏电站发生故障的原因进行正确排查，能够消除大型光伏电站的常见故障，保障大型光伏电站正常运行。				
模块名称	知识要求	能力要求	素质要求	学时
模块一：岗位需求——运维岗位职责与工作	1. 熟悉大型光伏电站运维岗位工作流程； 2. 掌握大型光伏电站的组成及主要电气设备的参数。	能够对大型光伏电站各设备进行正常的运行操作。	1. 具有团队精神、合作意识； 2. 树立牢固的安全意识。	4
模块二：竞赛能力——升压并网侧运行与维护	1. 熟悉大型光伏电站升压并网侧的维护方法； 2. 掌握大型光伏电站常见的故障类型。	1. 能够对大型光伏电站发生故障的原因进行正确排查； 2. 能够消除大型光伏电站的常见故障，保障大型光伏电站正常运行。	1. 树立牢固的安全意识； 2. 具备精益求精的工匠精神； 3. 热爱劳动，爱岗敬业。	4

四、学生考核与评价

本课程为考试课，按照“平时成绩 70%+期末考试 30%=学期总评”对学生进行考核评价。终结性评价与过程性评价相结合，个体评价与小组评价相结合，理论学习评价与实践技能评价相结合，素质评价、知识评价、能力（技能）评价并重。

具体考核标准如下：

表 9-20 “应用光伏技术”考核标准

考评方式	平时考评	期末考评	
	素质和学习考评	理论知识	设备实操
	70 分	15	15 分

续表

考评实施	依托学习平台设置课前预习、课中学习、课后复习任务，增加提问讨论等内容完成学习情况考评，并对学生积极程度、团队合作、学习精神等素养方面进行考评。	参加期末学校安排的统一闭卷考试进行考评。	参加设备实操考核进行按步考评。
考评标准	8. 完成网络签到； 9. 完成课前知识资源学习浏览，并做笔记； 10. 完成课上教师提问平台的问题；设备实操练习； 11. 完成课后网络平台作业； 12. 能够在平台讨论区进行与老师、同学的互动交流； 13. 完成单元、期末知识测评； 14. 团结合作、安全实操、态度认真等学习过程表现； 综合以上内容按照网络平台比例给出成绩。	卷面完成情况进行打分，及格分数 60，满分 100 分。	按要求对设备进行接线和排故，按步得分，实操满分 100 分，及格 60 分。

本课程的平时考核以模块为单位进行平时考评，每个模块的评价方式为结果性评价（30%）与过程性评价（70%）相结合，重在过程性评价（图 9-3）。

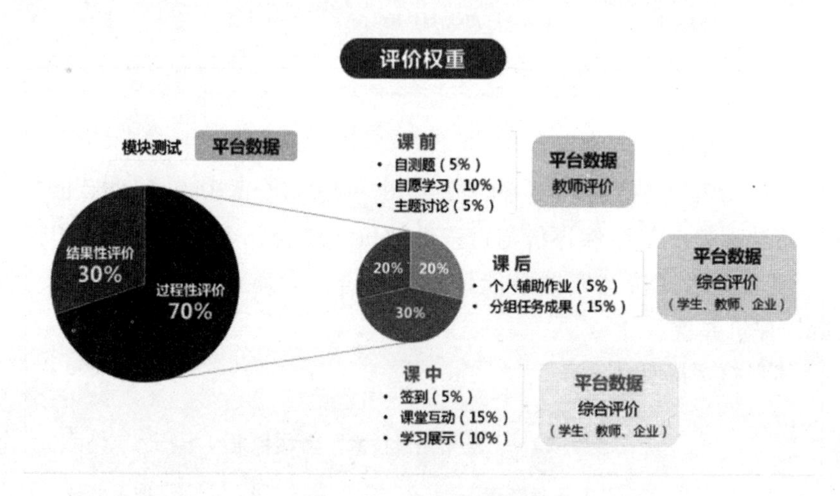

图 9-3 平时考评方式

五、教学实施与保障

（一）教学实施

1. 教学准备

在本环节，教师组建课程教学团队，对团队成员进行合理分工，完成课程的教学设计、内容准备、资源整合和优化、构建教学场景和任务、确定各个学习任务的评价方式和内容。教学准备主要体现在如下几个方面：一是在教学设计上，有明确的教学目标，聚焦教学目标，以“劳动精神、工匠精神、安全意识、质量意识”为价值引领，将“双碳驱动、工匠铸魂”的育人理念贯穿教学全过程，制定教学总体策略；二是教学内容具有足够的广度、深度，保障内容的先进性和时效性，设置专业主线“双碳驱动、工匠铸魂”和思政主线“德技并修、劳美同行”双主线，充分考虑“岗课赛证”的融合；三是教学准备过程中要区分线上线下教学资源的区别，线上教学视频应具有正确的时长和清晰度，充分利用线上平台完成数据统计；四是线下教学秉承翻转课堂的特征，以学生为主体教师为主导，N 任务循环生成性开展教学实施，以讨论、实践、应用和探究为主，关注参与线下学习的学生个体，注重面对面的交流；五是设置合理的答疑环节，及时反馈和解决学生问题，组织线上线下的交流和互动；六是教师应为学习者开发多样化的考核评价手段，体现个性化教学要求，考虑学习者差异和增值空间。

2. 课前自学

在本环节，学生可以通过课程平台的视频和多媒体资源明确了解课程的教学目标、教学任务和教学内容组织过程。在网络虚拟教室中，利用教师事先录制的视频学习理论知识，进行练习和自测，并以自组织的形式参与到网络讨论中，总结出有探究意义的问题，初步完成对接线下知识应用和创新阶段的准备，教师同步做好线下或者线上虚拟课堂，为协作式和探究式个性化教学的组织做准备。在整个实施过程中，多采用合作学习来获得知识和自主学习体验，建构属于学生自己的知识体系与学习经验。

3. 课中学习

课中教学，规划出“前序知识回顾、本课情境导入、理实一体学练、成果反思总结”四个教学环节。其中在“理实一体学练”环节设置 N 个任务，每个任务按照“探究导学、实践导练、阶段测试、过程评价”四个步骤循环开展，细化教学过程和教学评价精度，为后续增值性评价提供数据依据。全程关注学生对知识吸收成效，教学评价做到实时、公平、公正、公开，培养学生良好的道德素养，调动学生积极性，为创造性开发教学资源、开放性规划教学过程提供基础，达到生成性实施课程。

协作学习的主要元素由协作小组、成员、辅导教师和协作学习环境组成。协作小组是协作学习模式的基本活动单元，一般协作小组的人数不能太多，通常以 5 人左右比较合适。成员是指学习者，成员的分派依据学习成绩、认知能力、认知方式、性格差异等因素实施。辅导教师是协作学习质量的保障，教师也要转变角色，从知识的灌输者变为协作学习的组织者与帮助者，变学生的被动接受为主动求知，给学习者更大的自主空间。

4. 课后提升

课后教师需要布置任务以拓展学生知识面、提升学习能力。任务的形式可以是对知识技能的综合应用，完成大型的项目，也可以选择合适主题进行探究学习。课后学习活动需要依托系统化学习平台来获得拓展任务，上传过程性资料，进行网上讨论及训练成果的评价。组织实施形式应该多样化、个性化，教师定时进行课后学习的监控和答疑，鼓励创新和探索，激发学习兴趣，激励学生独立完成相关任务。

5. 学习评价

互联网环境下的教学评价根据学习者的不同特质进行制定，强调学生的差异性、测试场景的复杂性和有效性，形式多样，注重学习过程的阶段性考评，累积学习者个体学习状态和结果数据，通过大数据进行个体学习分析，不断制定和调整学习计划和习惯，促进个人学习经验的积累，最终提升自主学习和协作学习的能力，从而完善整个“互联网+课堂”教学模式，提升教学能力，推动教育改革。

（二）教学保障

1. 师资要求

高等职业教育光伏工程技术专业教师应有理想信念、有道德情操、有扎实学识、有仁爱之心；有高校教师资格，有扎实的学科专业知识和学科教学知识；有较强的实践能力、反思能力、信息化教学能力；能够有效实施光伏工程技术专业教学，开展教学研究。

（1）专任教师

讲授本课程教师应具有硕士及以上学历，具有企业实践操作技术与能力，具有丰富教学经验。与行业企业保持经常密切的联系，每年到企业实践锻炼不少于 1.5 个月。

（2）兼职教师

来自校企合作企业一线岗位的技术精英，主要承担本专业课程的校内实训操作内容，校外企业顶岗实习等实践教学指导任务。应将企业的实际操作流程、要求和规范融入课程教学，实现专业技能与岗位需求的精准对接，并促进专职教师与社会的结合。

（3）授课要求

教师要合理安排和组织教学活动，以学习者为主体设计教学，采用多种教学方式和手段，激发学习者参与教学活动的积极性，增强学习者学习的信心与成就感。

2. 教材要求

（1）使用教材

团队编写的“十二五”职业教育国家规划教材《光伏技术应用》（第三版）化学工业出版社；

（2）辅助材料

《光伏电站运维活页教材》：依据人才培养方案，课程标准，结合光伏电站发展趋势和技术现状，整合教材内容自编活页教材作为教材补充；

《光伏电站运维虚拟实训手册》：根据光伏电站虚拟环境编写虚拟实训手册；

《光伏电站运维1+X实训手册》：根据光伏电站运维1+X对知识和能力的要求编写实训手册等。

3. 网络教学资源

本课程通过共享平台向高校师生和社会学习者提供优质教育资源服务，促进现代信息技术在教学中的应用，实现优质课程教学资源共享。教师和学生可以在该网站交流、学习、在线答疑辅导。

职教云地址：应用光伏技术

https：//zjy2. icve. com. cn/design/process/edit. html？courseOpenId=1sxdawkrq6fcuszigs8utq

新能源教学资源库：应用光伏技术

http：//qgzyk. 36ve. com/index. php/CourseCenter/course/b - course - info？courseId=aa21f926-a400-391d-8c17-4526457b4f7a

云教材：应用光伏技术

4. 教学条件

本课程具备系统、完整的各类教学基本资源，包括课程介绍、教学大纲、教学日历、教案或演示文稿、重点难点指导、作业、参考资料目录和课程全程教学录像等。各类基本资源均按照教学内容和教学进程，予以合理、有序地组织，与知识点/技能点清晰对应，方便各类用户查阅、使用。本课程建议安排光伏运维1+X实训室、风光互补大赛实训室、虚拟仿真实训室和校园光伏系统进行。本课程主要采用问题教学法、任务驱动法、情景教学法、演示法。

六、授课进程与安排

表 9-21 “应用光伏技术”授课进程与安排

周次	章节名称	教学内容	教学重点难点及要求	教学形式及手段	课时	合计
1	项目一：光伏电站的基础	模块一 光伏电站的类型	熟悉常见光伏电站类型	微课、视频、现场参观、问答互动	2	8
2		模块二 光伏扶贫电站的政策	光伏目前的相关政策	视频、互动	2	
3		模块三 电力安全基础	掌握电力安全操作要求	视频展示、教师演示、学生实操	2	
4		模块四 光伏电站运维常用工器具	光伏运维工具的使用方法	视频展示、教师演示、学生实操	2	
5	项目二：离网型扶贫电站的运行与维护	模块一 离网光伏电站运行	熟悉离网系统结构组成、器件功能、运行状态	微课、视频、实物、设备实践操作	4	8
6		模块二 离网光伏电站的维护	熟悉离网系统常见故障和排查方法	视频、演示、实践操作	4	
7	项目三：分布式光伏扶贫电站的运行与维护	模块一 岗位需求——运维岗位职责	熟悉分布式光伏电站的岗位和工作内容	学徒制合作企业参观学习	4	12
8		模块二 智能运维——监控系统运行与维护	熟悉分布式监控系统的应用、故障维护	视频、实践操作	4	
9		模块三 行业认证——发电系统运行与维护	熟悉分布式发电系统的运行状态和故障排查方法	视频、演示、实践操作	4	

续表

周次	章节名称	教学内容	教学重点难点及要求	教学形式及手段	课时	合计
10	项目四：集中式扶贫光伏电站的运行与维护	模块一 岗位需求——运维岗位职责与工作	熟悉集中式光伏电站的岗位和工作内容	学徒制合作企业参观学习、虚拟仿真、VR	4	16
11		模块二 智能运维——监控系统运行与维护	熟悉集中式光伏监控系统的应用，汇流箱、逆变器和并网箱的通信故障维护	视频、演示、实践操作	4	
12		模块三 行业认证——发电系统运行与维护	熟悉集中式发电系统的组件，汇流箱、逆变器的常见故障排查方法	视频、演示、实践操作、虚拟	4	
13		模块四 竞赛能力——跟踪系统运行与维护	熟悉跟踪系统的电气连接和电机、组件、PLC等常见故障排查方法	视频、演示、实践操作、虚拟、VR	4	
14	项目五：大型电站的运行与维护	模块一 岗位需求——运维岗位职责与工作	熟悉大型光伏电站的岗位和工作内容	学徒制合作企业参观学习	4	8
15		模块二 竞赛能力——升压并网侧运行与维护	熟悉大型电站升压设备的安全操作及运维方法	虚拟仿真、VR	4	

第三节 专业基础课程标准—单片机控制技术

一、课程名称

“单片机控制技术”课程标准

二、适用专业

光伏工程技术、风力发电工程技术等新能源类相关专业

三、建议课时（学分）

理论 60+实践 30（5.0）

四、课程性质

本课程是高职三年制新能源类专业的一门必修主干专业课程，也是“光伏电子工程的设计与实施”市赛、国赛的支撑课程。按照我院新能源类专业人才培养定位“为国家新能源产业输送高素质复合型技术技能人才”的要求，准确把握“坚定学生理想信念，教育学生爱党、爱国、爱社会主义、爱人民、爱集体”的主线，通过本课程的学习，使学生掌握单片机系统、接口的设计制作。课程的结束以完成硬件设计、软件编程、调试、运行一个完整单片机小型系统的诞生作为标志，课程学习重点放在实际的软、硬件的技术实践上。通过本课程的学习，使学生具备从事新能源系统控制工作所必需的单片机的基本知识和基本技能。初步形成利用所学知识解决实际问题的能力，初步具有对单片机使用、调整及故障分析和排除的能力。通过本课程学习，旨在向学生传授专业技能，传承工匠精神，弘扬中国传统文化，使学生充分认识单片机技术在自动化生产中的广泛应用和强大力量。

五、课程目标

（一）素质目标

1. 培养学生崇尚宪法、遵法守纪、崇德向善、诚实守信、尊重生命、热爱劳动，履行道德准则和行为规范，具有社会责任感和社会参与意识。

2. 培养学生具有勇于奋斗、乐观向上、自我管理能力、较强的集体意识和团队合作精神。

3. 培养学生具有良好的心理素质和克服困难的能力；培养健康的学习心理，根据学生的能力，帮助学生确立相应的目标，使每个学生都能在快乐中学习。

4. 培养学生具有新能源领域生产的质量意识、环保意识、安全意识。

5. 培养学生学会独立分析和拥有解决问题的能力，培养学生工匠精神和创新思维。

（二）知识目标

1. 熟悉单片机在自动控制领域的相关国家标准及环保要求；

2. 熟悉电力系统的相关技术指标及相关知识；

3. 掌握单片机仿真器和编程器的使用方法；

4. 掌握 MSC51 系列单片机 C 语言基本指令；

5. 掌握常用电子元器件和芯片的检测方法；

6. 掌握典型 A/D、D/A 转换器的使用方法；

7. 掌握加、减、乘、除等子程序调用方法；

8. 掌握 MSC51 单片机的 I/O 接口、中断、定时器等模块的工作原理。

（三）能力目标

1. 具有熟练查阅常用电子元器件和芯片的规格、型号、使用方法等技术资料的能力；

2. 具有熟练使用 C 语言或汇编语言进行电子产品软件程序设计的能力；

3. 具有熟练利用单片机仿真器调试硬件电路的能力；

4. 具有分析典型的模拟、数字电路（信号的提取、电源、信号移相等）的能力；

5. 具有制定电子产品开发计划和步骤，提出解决电路设计问题的思路的能力；

6. 具有查阅单片机外围电子元件的英文资料的能力；

7. 具有撰写产品制作文件、产品说明书的能力；

8. 具有一定的独立分析、设计、实施、评估的能力；

9. 具有获取、分析、归纳、交流知识和新技术的能力；

10. 具有自学能力、理解能力与表达能力；

11. 具有将知识与技术综合运用的能力；

12. 具有团队协作的能力。

六、课程内容

（一）课程结构

表 9-22 课程结构

教学模块	理论学时	实践（实验）学时	学时合计
模块一　欢迎进入单片机的神秘世界	2	0	2
模块二　霓虹灯控制系统设计	12	6	18
模块三　按键控制系统设计	10	4	14
模块四　LED 数码管计数器设计	12	8	20
模块五　双机串口通信设计	6	2	8
模块六　简易数字电压表设计	6	4	10
模块七　简易波形发生器设计	6	4	10
模块八　电子温度计设计	6	2	8
合　计	60	30	90

（二）课程内容和要求

表 9-23 课程内容和要求

教学模块	项目	知识、能力、素质要求	建议学时
模块一：欢迎进入单片机的神秘世界	项目 1：单片机基础知识	知识要求： 1. 介绍我国电子产业的发展现状与面临问题，引导学生对“部分国家对我国高科技出口管制”的思考，触发学生的爱国情怀； 2. 了解什么是单片机及其应用领域。 能力要求： 1. 理解 CPU、振荡器、程序存储器、数据存储器的作用； 2. 掌握单片机最小应用系统的电路构成。 素质要求： 通过分组学习，使学生具有沟通能力和团队精神。	1

续表

教学模块	项目	知识、能力、素质要求	建议学时
模块一：欢迎进入单片机的神秘世界	项目2：单片机内部结构及原理	知识要求： 1. 熟悉单片机的外部特征及引脚功能； 2. 掌握 MCS-51 单片机的总体结构。 能力要求： 理解 CPU、振荡器、程序存储器、数据存储器的作用； 素质要求： 通过分组学习，使学生具有沟通能力和团队精神。	0.5
	项目3：单片机小系统电路设计	知识要求： 单片机最小系统硬件工作原理； 能力要求： 掌握单片机最小应用系统的电路构成； 素质要求： 通过分组学习，使学生具有沟通能力和团队精神。	0.5
模块二：霓虹灯控制系统设计	项目1：单片机控制 LED 电路原理	知识要求： 1. LED 电路元件工作原理能力要求； 2. 能使用常见元件设计单片机 LED 电路素质要求； 3. 节约意识、国计民生。	2
	项目2：LED 单向移位控制	知识要求： 1. 单项移动函数原理能力要求； 2. 能使用单项移位函数控制 LED 灯单向移动素质要求； 3. 节约意识、国计民生。	4
	项目3：LED 循环移位控制	知识要求： 1. 掌握流水灯显示程序编写方法； 2. 熟悉 LED（发光二极管）驱动电路工作原理。 能力要求： 1. 具备 LED 硬件电路分析能力； 2. 具备流水灯（移位函数）显示程序编程能力。 素质要求： 1. 认知行业发展，掌握程序设计的实际技能； 2. 形成自觉遵守规则，诚实守信的良好习惯； 3. 养成尊重宽容，团结协作的合作意识。	6

续表

教学模块	项目	知识、能力、素质要求	建议学时
模块二：霓虹灯控制系统设计	项目4：霓虹灯控制系统设计	知识要求： 1. 利用 I/O 口控制 LED 发光二极管的原理能力要求； 2. 熟练掌握控制 LED 发光二极管的软件设计方法。 素质要求： 1. 坚持省查克治，掌握实际的操作技能； 2. 形成慎独自律，踏实工作的良好习惯； 3. 养成互帮互助，团结协作的合作意识。	6
模块三：按键控制系统设计	项目1：独立按键设计	知识要求： 1. 掌握按键基本知识，了解采用扫描的方式进行按键检测的过程与方式； 2. 熟练掌握中断技术，熟练掌握子程序调用。 能力要求： 学会编写程序实现单个按键识别。 素质要求： 1. 通过编程演练，使学生具有抽象的逻辑思维能力； 2. 通过分组学习，使学生具有沟通能力和团队精神。	4
	项目2：矩阵键盘设计	知识要求： 1. 掌握键盘检测的电路结构和原理、键盘作用、如何实现键盘检测、消抖、键盘编码等内容； 2. 掌握带返回值函数写法及应用熟练掌握中断技术，熟练掌握子程序调用。 能力要求： 学会编写程序实现 4×4 矩阵式键盘识别。素质要求： 1. 通过编程演练，使学生具有抽象的逻辑思维能力； 2. 通过分组学习，使学生具有沟通能力和团队精神。	

续表

教学模块	项目	知识、能力、素质要求	建议学时
模块四：LED数码管计数器设计	项目1：数码管静态显示原理	知识要求： 1. 掌握锁存器控制程序编写方法； 2. 熟悉数码管驱动电路工作原理。 能力要求： 1. 具备锁存器硬件电路分析能力； 2. 具备数码管点亮程序编程能力。 素质要求： 1. 通过编程演练，使学生具有抽象的逻辑思维能力； 2. 通过分组学习，使学生具有沟通能力和团队精神。	4
	项目2：数码管动态扫描显示	知识要求： 1. 掌握LED数码管结构； 2. 了解数码管字形编码。 能力要求： 1. 具备LED数码管硬件电路分析能力； 2. 具备数码管静态显示、动态显示的编程能力。 素质要求： 1. 认知行业发展，掌握程序设计的实际技能； 2. 形成自觉遵守规则，诚实守信的良好习惯； 3. 养成尊重宽容，团结协作的合作意识； 4. 年轻人要发愤图强，不断创新，增强技术自主研发的能力和水平。	6
	项目3：定时/计数器设计	知识要求： 1. 掌握定时器的概念； 2. 熟悉定时/计数器的结构与工作原理。 能力要求： 1. 掌握定时/计数器工作方式的特点； 2. 掌握定时器处理过程和使用方法。 素质要求： 1. 认知行业发展，掌握设计的实际技能； 2. 形成自强不息，踏实学习的良好习惯； 3. 养成勤劳勇敢，团结统一的合作意识。	4
	项目4：数码管按键计数器设计	知识要求： 1. 掌握数码管显示程序编写方法； 2. 熟悉计数器驱动电路工作原理。 能力要求： 1. 具备按键计数器硬件电路分析能力； 2. 具备数码管动态显示程序编程能力。 素质要求： 1. 通过编程演练，使学生具有抽象的逻辑思维能力； 2. 通过分组学习，使学生具有沟通能力和团队精神。	6

续表

教学模块	项目	知识、能力、素质要求	建议学时
模块五：双机串口通信设计	项目1：串行口通信流程	知识要求： 1. 掌握串口传送程序编写方法； 2. 熟悉 74LS164 芯片工作原理。 能力要求： 1. 具备串口通信程序编写能力； 2. 具备扩展芯片学习使用能力。 素质要求： 1. 认知最新技术，掌握串行通信的实际技能； 2. 形成自觉遵守规则，诚实守信的良好习惯； 3. 养成尊重宽容，团结协作的合作意识。	3
	项目2：串行口方式应用	知识要求： 掌握单片机串口通信软件设计方法。 能力要求： 能用 RS232/max232 进行传送数据。 素质要求： 1. 认知行业发展，掌握程序设计的实际技能； 2. 形成自觉遵守规则，诚实守信的良好习惯； 3. 养成尊重宽容，团结协作的合作意识。	3
	项目3：串行口其他方式应用	知识要求： 掌握单片机串口电路的原理。 能力要求： 能用单片机串行传送数据的工作方式。 素质要求： 1. 认知行业发展，掌握程序设计的实际技能； 2. 形成自觉遵守规则，诚实守信的良好习惯； 3. 养成尊重宽容，团结协作的合作意识。	2
模块六：简易数字电压表设计	项目 1：D/A 转换原理及应用	知识要求： 1. 了解 D/A 和 A/D 变换原理； 2. 掌握 DAC0832 使用方法。 能力要求： 具备对模拟量、数字量进行处理和转换的能力。 素质要求： 1. 形成自觉遵守规则，诚实守信的良好习惯； 2. 养成尊重宽容，团结协作的合作意识。	2

续表

教学模块	项目	知识、能力、素质要求	建议学时
模块六：简易数字电压表设计	项目 2：A/D 转换原理及应用	知识要求： 1. 了解 D/A 和 A/D 变换原理； 2. 掌握 ADC0808 使用方法。 能力要求： 计算机与 A/D 和 D/A 转换芯片的连接问题。 素质要求： 1. 科学研究要精益求精，养成严谨的学习和工作态度； 2. 年轻人要发愤图强，不断创新，增强技术自主研发的能力和水平。	4
	项目 3：简易数字电压表设计	知识要求： 了解 D/A 和 A/D 变换原理。 能力要求： 计算机与 A/D 和 D/A 转换芯片的连接问题。 素质要求： 1. 科学研究要精益求精，养成严谨的学习和工作态度； 2. 年轻人要发愤图强，不断创新，增强技术自主研发的能力和水平。	4
模块七：简易波形发生器设计	项目 1：方波发生器设计	知识要求： 1. 掌握定时器的工作原理； 2. 掌握方波的工作方式。 能力要求： 1. 能根据控制要求算出计数初值、定时器的控制字； 2. 能完成查询方式下定时器时间控制。 素质要求： 1. 自觉遵守职业操作规范，诚实守信； 2. 科学研究要精益求精，养成严谨的学习和工作态度； 3. 年轻人要发愤图强，不断创新，增强技术自主研发的能力和水平。	2

续表

教学模块	项目	知识、能力、素质要求	建议学时
模块七：简易波形发生器设计	项目2：锯齿波发生器设计	知识要求： 1. 掌握定时器的工作原理； 2. 掌握锯齿波的工作方式。 能力要求： 1. 能根据控制要求算出计数初值、定时器的控制字； 2. 能完成查询方式下定时器时间控制。 素质要求： 1. 自觉遵守职业操作规范，诚实守信； 2. 科学研究要精益求精，养成严谨的学习和工作态度； 3. 年轻人要发愤图强，不断创新，增强技术自主研发的能力和水平。	2
	项目3：三角波发生器设计	知识要求： 1. 掌握定时器的工作原理； 2. 掌握三角波的工作方式。 能力要求： 1. 能根据控制要求算出计数初值、定时器的控制字； 2. 能完成查询方式下定时器时间控制。 素质要求： 1. 自觉遵守职业操作规范，诚实守信； 2. 科学研究要精益求精，养成严谨的学习和工作态度； 3. 年轻人要发愤图强，不断创新，增强技术自主研发的能力和水平。	2
	项目4：简易波形发生器实现	知识要求： 1. 掌握算术指令的应用方法，运算指令加、减、乘、除； 2. 掌握数码管显示函数编写方法。 能力要求： 1. 能够进行简易计算器的加减乘除指令操作； 2. 能够进行键盘输入数码管显示的制作； 3. 掌握单片机系统的硬件、软件调试方法。 素质要求： 1. 加强学生自主学习、解决问题的能力； 2. 培养学生精益求精的工作作风； 3. 增强学生间沟通能力和团队协作精神。	4

续表

教学模块	项目	知识、能力、素质要求	建议学时
模块八：电子温度计设计	项目1：LED点阵显示	知识要求： 1. 了解的LED点阵硬件知识； 2. 掌握LED点阵显示程序的编写。 能力要求： 学会编写程序，实现LED点阵显示字符。 素质要求： 1. 加强学生自主学习、解决问题的能力； 2. 培养学生精益求精的工作作风； 3. 增强学生间沟通能力和团队协作精神。	1
	项目2：LCD1602液晶显示器程序设计	知识要求： 1. 了解1602液晶屏的硬件知识，掌握液晶屏显示的基本知识； 2. 掌握1602液晶屏显示程序的编写。 能力要求： 学会编写程序，实现1602液晶屏显示字符。 素质要求： 1. 加强学生自主学习、解决问题的能力； 2. 培养学生精益求精的工作作风； 3. 增强学生间沟通能力和团队协作精神。	2
	项目3：12232液晶显示器设计	知识要求： 1. 了解12232液晶屏的硬件知识，掌握字库显示原理； 2. 掌握12232液晶屏显示程序的编写。 能力要求： 学会编写程序，实现12232液晶屏显示字符。 素质要求： 1. 加强学生自主学习、解决问题的能力； 2. 培养学生精益求精的工作作风； 3. 增强学生间沟通能力和团队协作精神。	2
	项目4：12864液晶显示器设计	知识要求： 1. 了解12864液晶屏的硬件知识，掌握字库显示原理； 2. 掌握12864液晶屏显示程序的编写。 能力要求： 1. 学会编写程序，实现12864液晶屏显示字符。	2

续表

教学模块	项目	知识、能力、素质要求	建议学时
模块八：电子温度计设计	项目5：电子温度计设计	知识要求： 1. 熟练使用万能板制作项目硬件的步骤； 2. 掌握相关元件测试的方法； 3. 掌握使用相关工具进行电路制作的操作方法； 4. 掌握使用仪表进行电路测试方法，提高仪表使用的熟练程度； 5. 掌握单片机控制音频输出电路构成及硬件、软件调试。 能力要求： 1. 理解 CPU、振荡器、程序存储器、数据存储器的作用； 2. 掌握单片机最小应用系统的电路构成。 素质要求： 1. 通过编程演练，使学生具有抽象的逻辑思维能力； 2. 通过分组学习，使学生具有沟通能力和团队精神。	3

七、课程组织

1. 本课程主要采用了项目导向、任务驱动教学法、线上线下混合式教学法、教学做一体化教学、问题导向法、案例教学法、分组教学法、现场教学方法、实地考察法、小组专题研讨等多种教学方法来完成真实的工作任务。

2. 在教学过程中，立足于加强学生实际操作能力的培养，通过项目训练提高学生学习兴趣，激发学生的成就感，每个项目的实施可采用小组合作学习的方法，强化学生的团队协作精神。

3. 在教学过程中，建议采用线上线下混合教学。建议主持院校相应专业教师使用资源库进行专业教学的学时数占专业课总学时的比例达 60% 以上，参与建设院校该比例达 40%以上。应运用多媒体、投影等教学资源辅助教学，帮助学生理解相关操作的工作过程。借助大数据、物联网、移动互联等技术手段，从课堂教学、实训教学、课本学习以及课余学习四个主要职教教学场景中提高资源库的应用效力。激活师生用户有效互动、即时反馈通道，使资源库“活”起来，实现“能学”、“辅教”。

4. 在教学过程中，要重视本专业领域的发展趋势，贴近行业发展现状，积极引导学生学习最新技术。为学生提供职业生涯发展的空间，努力培养学生参与社会实践的创新精神和职业能力。

5. 培养学生的“工匠精神”，将本专业学生必须具有的职业素养整合到专业课程教学目标、教学内容和考核办法之中，这样才能使学生真正具备“敬业爱岗、遵章守纪、乐于奉献，具有诚信意识与服务意识、良好的团队合作精神”的职业素养，要将工匠精神的养成计划与专业课程教学紧密结合，在教学中逐步渗透给学生工匠精神的内涵。

八、教学评价

（一）技能考核要求

建立过程考评（任务考评）与期末考评（课程考评）相结合的方法，强调过程考评的重要性。过程考评占 80 分，期末考评占 20 分。具体考核要求如表 9-24 所示。

表 9-24 考核要求

考评方式	过程考评 80%			期末考评占 20%
	出勤考评	平时作业考评	项目考评（素质考评）	卷面考评
	10	30	40	20
考评实施	由教师根据学生平时出勤表现考评。	由教师根据学生平时各知识点进行考评。	由教师对学生进行项目操作及完成的任务情况、工作态度、团队意识考评。	按照教考分离原则，由学校教务处组织考评。
考评标准	根据出勤和纪律等情况进行打分。	根据知识点的理解吸收程度进行打分。	任务完成良好，工作态度认真，有较强的团队意识及与人沟通协作的能力。	建议题型不少于 5 种，如填空、选择、判断、名词解释、问答题、计算题。

（二）学习评价

课程学习结束后可支持考取 1+X 试点证书：光伏电站运维职业技能等级证书（中级）等新能源类相关证书。

九、教学资源

（一）教材要求 1. 使用教材

选用教材：团队编写的“十二五”职业教育国家规划教材，《单片机控制技术与应用》化学工业出版社；辅助材料：活页式工作任务单、Keil C 手册、《新概念 51 单片机 C 语言教程》等。

2. 其他资源

本课程具备系统、完整的各类教学基本资源，包括课程介绍、教学标准、教学日历、教案或演示文稿、重点难点指导、作业、参考资料目录和课程全程教学录像等。

各类基本资源均按照教学内容和教学进程，予以合理、有序的组织，与知识点/技能点清晰对应，方便各类用户查阅、使用。

全程录像与课程标准和授课进度计划高度匹配，内容完整、进程合理，能综合反映教学团队教学理念、教学内容和教学方法，主讲教师有较高的教学水平；拍摄和制作水平较高，播放清晰流畅。

（二）网络教学资源

课程所有教学资源已上线微知库、职教云网站，通过共享平台向高校师生和社会学习者提供优质教育资源服务，促进现代信息技术在教学中的应用，实现优质课程教学资源共享。教师和学生可以在该网站交流、学习、在线答疑辅导。

微知库：http：//qgzyk. 36ve. com，单片机控制技术

职教云：https：//zjy2. icve. com. cn，单片机控制技术

十、课程实施建议

（一）师资要求

1. 专任教师

讲授本课程教师应具有硕士及以上学历，具有企业实践操作技术与能力，具有丰富教学经验。与行业企业保持经常密切的联系，每年到企业实践锻炼不少于 1. 5 个月。

2. 兼职教师

来自校企合作企业一线岗位的技术精英，主要承担本专业课程的校内实训操作内容，校外企业顶岗实习等实践教学指导任务。应将企业的实际操作流程、要求和规范融入课程教学，实现专业技能与岗位需求的精准对接，并促进专职教师与社会的结合。

3. 授课要求

教师要合理安排和组织教学活动，以学习者为主体设计教学，采用多种教学方式和手段，激发学习者参与教学活动的积极性，增强学习者学习的信心与成就感。

（二）教学条件

1. 基本要求

一体化教室（配备多媒体教学设备），单片机基础开发板 20 套，计算机 20 台。

2. 较高要求

一体化教室（配备多媒体教学设备），单片机可扩展开发板 45 套，外围扩展电路套件 45 套，电脑设备 45 套。

3. 其他

（1）教师应依据工作任务中的典型产品为载体安排和组织教学活动。

（2）教师应按照项目的学习目标编制项目任务书。项目任务书应明确教师讲授（或演示）的内容；明确学习者预习的要求；提出该项目整体安排以及各模块训练的时间、内容等。如以小组形式进行学习，对分组安排及小组讨论（或操作）的要求，也应作出明确规定。

（3）教师应以学习者为主体设计教学结构，营造民主、和谐的教学氛围，激发学习者参与教学活动，提高学习者学习积极性，增强学习者学习信心与成就感。

教师应指导学习者完整地完成项目，并将有关知识、技能与职业道德和情感态度有机融合。

第四节 专业核心课程质量报告——应用光伏技术

一、课程基本情况

“应用光伏技术”课程是高职三年制光伏工程技术专业的一门专业核心课程，是“光伏电子工程的设计与实施”市赛、国赛的支撑课程，也是光伏电站运维“1+X”技能等级取证支撑课程。按照我院新能源类专业人才培养定位“为国家新能源产业输送高素质复合型技术技能人才”的要求，准确把握“坚定学生理想信念，教育学生爱党、爱国、爱社会主义、爱人民、爱集体”主线，通过本课程的学习，使学生掌握光伏系统的组成、系统中各组成部分的性能和光伏系统的设计方法。通过本课程的学习，使学生具备从事光伏组件制作、小型光伏产品开发、光伏电站的选型设计的能力。通过本课程学习，旨在向学生传授专业技能，传承工匠精神，弘扬中国传统文化，使学生充分认识光伏发电在社会生活和建设中的广泛应用和强大力量。

课程总体架构以思维导图的方式进行（见附件 1）。

二、课程目标

（一）素质目标

1. 培养学生崇尚宪法、遵法守纪、崇德向善、诚实守信、尊重生命、热爱劳动，履行道德准则和行为规范，具有社会责任感和社会参与意识；

2. 培养学生具有勇于奋斗、乐观向上、自我管理能力、较强的集体意识和团队合作精神；

3. 培养学生具有良好的心理素质和克服困难的能力；培养健康的学习心理，根据学生的能力，帮助学生确立相应的目标，使每个学生都能在快乐中学习；

4. 培养学生具有新能源领域生产的质量意识、环保意识、安全意识；

5. 培养学生学会独立分析和拥有解决问题的能力，培养学生工匠精神和创新思维。

（二）知识目标

1. 熟悉光伏发电的相关国家标准；

2. 熟悉光伏系统的分类和系统组成；

3. 熟悉太阳光特性和晶硅光伏材料特性；

4. 掌握光伏组件的性能和制作工艺；
5. 掌握逆变器、蓄电池、控制器的工作原理和性能；
6. 掌握电压调整等常用电路的工作原理；
7. 掌握独立光伏系统的设计方法；
8. 掌握并网光伏系统的设计方法；
9. 熟悉光伏电站的建设施工和运维方法。

（三）能力目标

1. 具有查阅中外光伏发电的相关标准的能力；
2. 具有分析光伏系统的类型和系统组成的能力；
3. 具有对当地太阳光资源进行分析的能力；
4. 具有制作简单光伏组件的能力；
5. 具有熟练查阅逆变器、蓄电池、控制器的规格、型号、使用方法等技术资料的能力；
6. 具有设计和制作电压调整等常用电路的能力；
7. 具有设计简单独立光伏系统的能力；
8. 具有设计并网光伏系统的能力。

三、课程资源建设情况

1. 课程基本资源与其应对应的培养目标、能力指标的关系

课程基本资源与其应对应的培养目标、能力指标的关系如下表所示。

表 9-25 课程基本资源与能力关系表

序号	课程基本资源内容	培养目标	能力指标
1	太阳光特性与应用	1. 熟悉光的性能和日地运动规律； 2. 掌握方位角、高度角、时角、赤纬角计算； 3. 掌握太阳常数、大气光学质量、日照时间。	具有对当地太阳光资源进行分析的能力。
2	光伏发电物理基础	熟悉半导体、本征半导体、PN 结的性能和原理。	具有对光伏电池工作原理分析的能力。
3	太阳电池工作原理及特性	1. 熟悉光生伏特效应、物理模型； 2. 掌握光伏电池的性能指标。	具有分析光伏电池性能的能力。

续表

序号	课程基本资源内容	培养目标	能力指标
4	太阳电池生产工艺	1. 熟悉太阳电池的种类及特点； 2. 熟悉硅太阳电池生产工艺流程； 3. 熟悉光伏电池的性能改善方法。	1. 具有对各种电池识别的能力； 2. 具有对电池性能改善的能力。
5	光伏组件生产装配	1. 掌握组件的结构组成及生产工艺过程； 2. 掌握光伏方阵的排布和阻塞二极管、旁路二极管的应用。	1. 具有制作晶硅光伏组件的能力； 2. 具有应用阻塞二极管、旁路二极管的能力和组件串并联的能力。
6	光伏系统的结构设计	1. 熟悉光伏系统分类及组成； 2. 掌握光伏板及最大功率跟踪； 3. 掌握控制器、蓄电池、逆变器的工作原理及选型； 4. 掌握设计离网和并网光伏系统的方法。	1. 具有分析光伏系统类型的能力； 2. 具有熟练查阅逆变器、蓄电池、控制器的规格、使用方法等技术资料的能力； 3. 具有设计和制作电压调整等常用电路的能力； 4. 具有设计独立和并网光伏系统的能力。
7	光伏发电系统安装调试	熟悉光伏系统各组成部分的安装调试要点。	具有光伏系统安装调试的初步能力。
8	光伏发电系统运行维护	熟悉光伏运行维护要点、常见故障检修。	具有对常见故障认知和检修的能力。

2. 课程资源呈现形式

（1）课程资源数量

本课程现有资源条数 1288 个，其中视频类资源 497 个，动画、虚拟仿真类 360 个，图形/图像类 129 个，演示文稿 55 个，文本类资源 246 个，其他类型 1 个。其中非文本资源（视频、动画、虚拟仿真）857 条，占 66.5%。

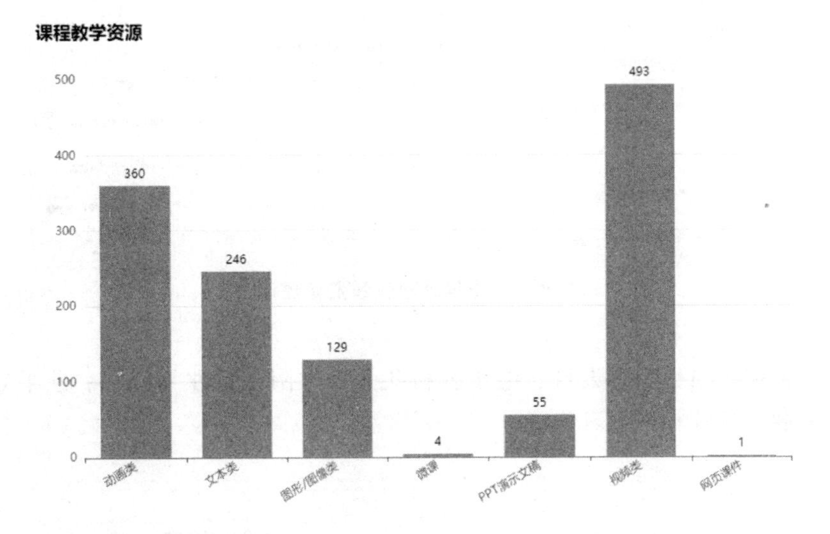

图 9-4 资源类型

（2）课程思政建设思路

结合“应用光伏技术”课程的定位，把握学生成长成才目标，从价值塑造、能力培养、知识传授三个层面开展教学活动，创设了“四协同、三融入、三贯通”课程思政育人模式，对应回答“谁建设？建什么？怎么建？”三个问题。“四协同”教师团队——思政教师、专业教师、企业导师、辅导员跨部门协同，实现同向同行、协同育人；“三融入”教学内容——从中华优秀传统文化、社会主义先进文化、工匠精神三个方面引导学生联系身边人、身边事、身边史来感受中国特色社会主义活力，感受习近平新时代中国特色社会主义思想的吸引力；“三贯通”教学方式——第一课堂是传统课堂的改革、第二课堂是实践课堂的创新、第三课堂是在线课堂的建设，形成教学合力，实现课程思政育人目标的达成，达到“知、情、意、行”统一。引导学生体会专业学习过程中的道德规范、价值观念、行为准则和家国情怀，激发学生勇于拼搏的意识和进取的精神。

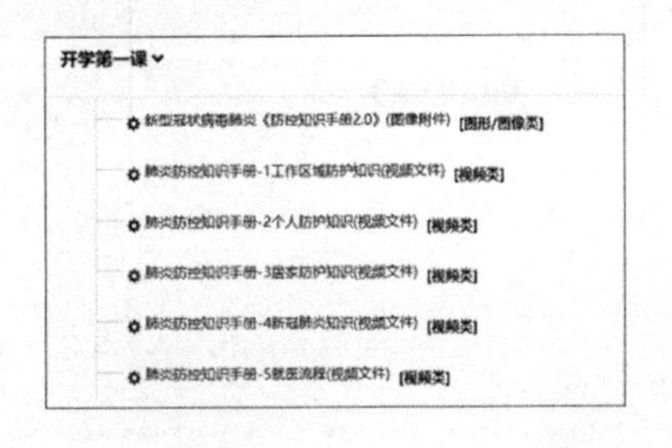

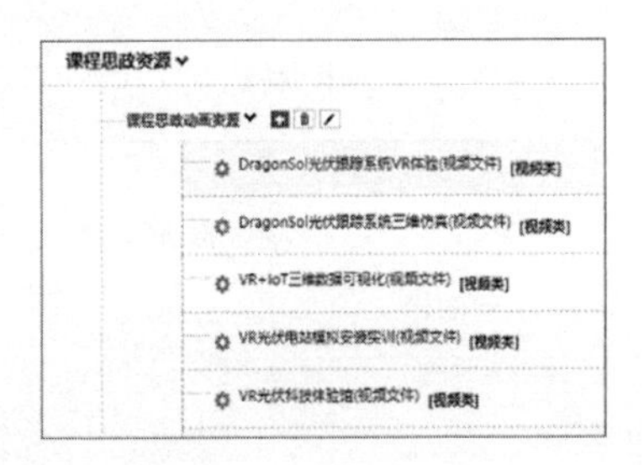

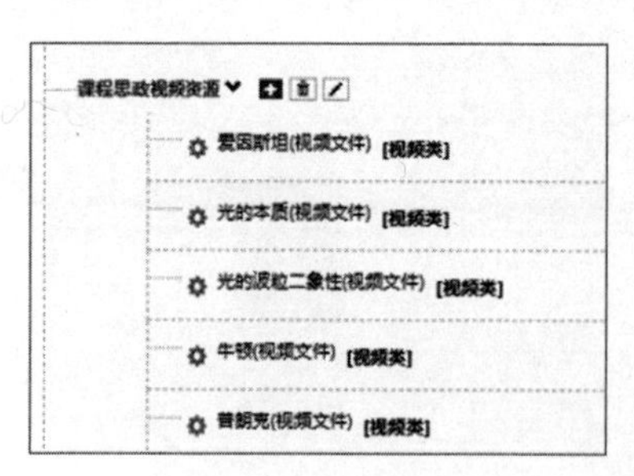

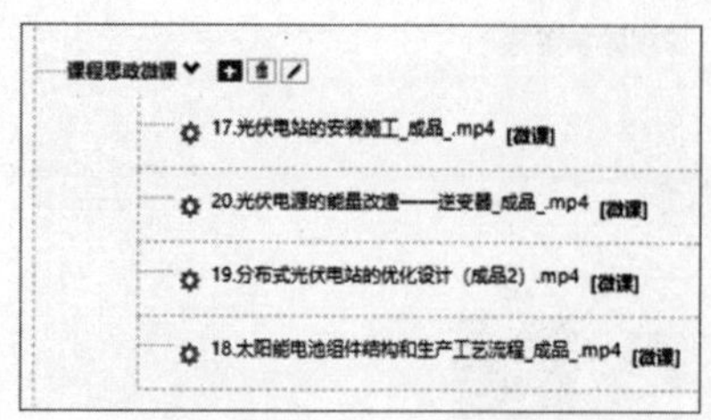

图 9-5 课程思政在线资源建设

（3）电子教材建设

根据课程项目内容设计，电子教材共分为太阳光特性与应用、硅半导体与非晶硅材料等 6 个学习情境。

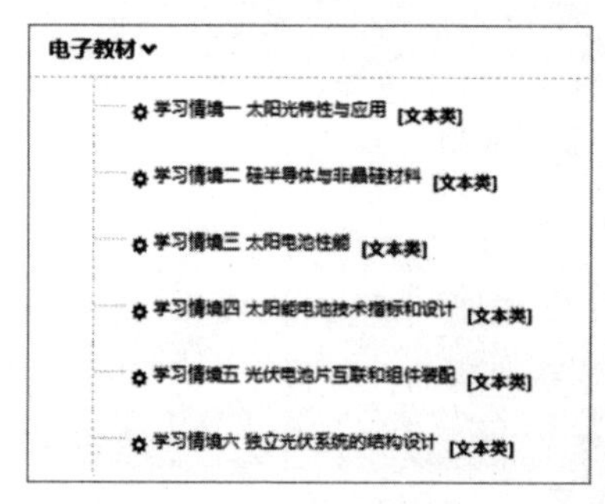

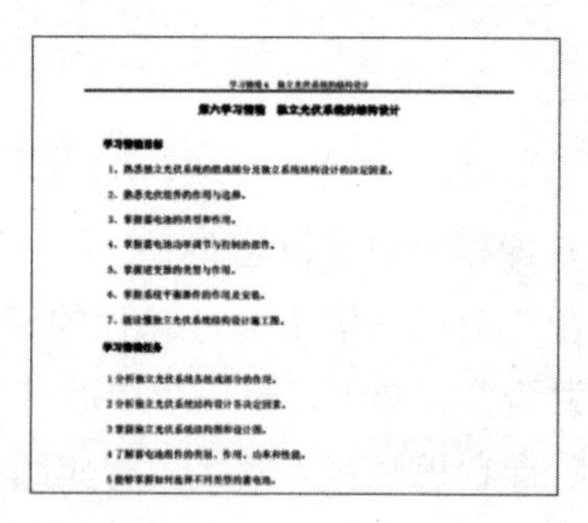

图 9-6 电子教材建设

（4）岗课赛证融通

基于光伏发电设计的岗位，增加“1+X”职业技能登记证书取证相关资源和光伏职业技能大赛资源，实现岗课赛证的融通。

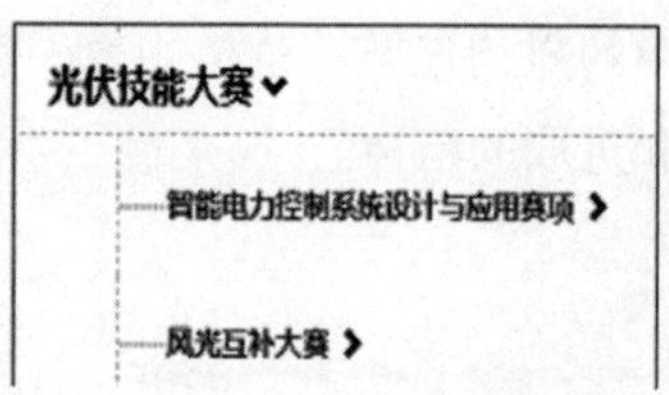

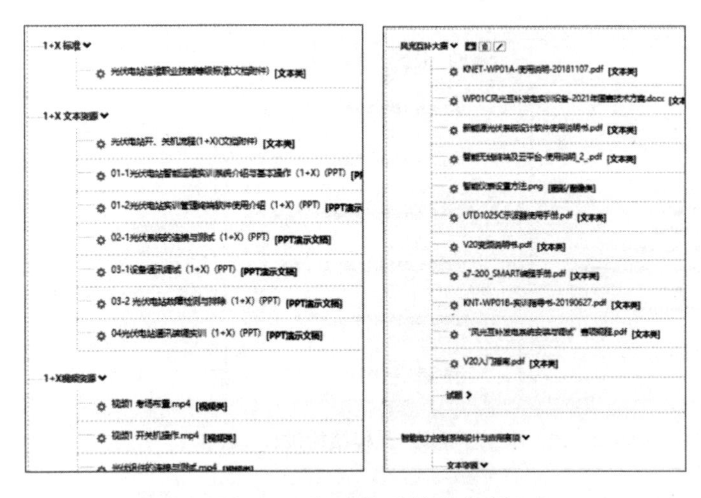

图 9-7 “1+X”和技能大赛

（5）课程平台资源组织

“应用光伏技术”课程以光伏发电应用为主线，设计了 9 个学习情境：学习情境一 太阳光特性；学习情境二 光伏发电物理基础；学习情境三 太阳电池工作原理及特性；学习情境四 太阳电池生产工艺；学习情境五 光伏组件生产装配；学习情境六 独立光伏发电系统；学习情境七 光伏并网系统；学习情境八 光伏发电系统的安装调试；学习情境九 光伏发电系统运行维护及故障检修。通过本课程的学习，学生可以实现熟悉光伏电池及光伏组件的生产制作、掌握光伏系统的设计和了解光伏电站建设施工及运维的目标。在每个情境下分任务，在每个任务中按照“线上线下混合式翻转课堂模式的实施”模式，分为课前预习、课中教学和课后拓展模块。同时配套有教案、实训指导、习题与测试资源，辅助教师开展教学；增加了扩展阅读和国际化教学，丰富学生的视野；设计了专项模块，将视频资源、图片资源、互动系统等资源单独展示。设计效果如图 9-8 所示。

新能源联盟人才培养方案 >
课程概览 >
教师团队 >
开学第一课 >
学习情境1、太阳光特性 >
学习情境2、光伏发电物理基础 >
学习情境3、太阳电池工作原理及特性 >
学习情境4、太阳电池生产工艺 >
学习情境5、光伏组件的生产装配 >
学习情境6、独立性光伏发电系统 >
教学情境7、光伏发电系统的安装调试 >
教学情境8、光伏发电系统运行维护及故障检修 >
学习情境9、光伏并网系统 >
学习情境补充内容、光伏发电系统介绍 >
应用光伏技术教案 >
应用光伏技术实训指导 >
电子教材 >
习题与测验 >

学习情境6、独立性光伏发电系统

任务一 光伏发电系统分类及组成 >
任务二 光伏系统蓄电池的结构及选用 >
任务三 光伏系统逆变器的结构及选用 >
任务四 光伏控制器的结构及选用 >
任务五 光伏系统软件设计方法 >
任务六 光伏系统硬件设备配置与选型 >

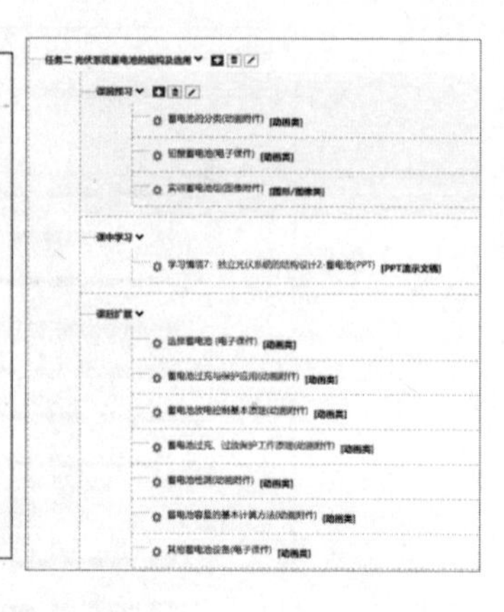

(a) 课程结构设计

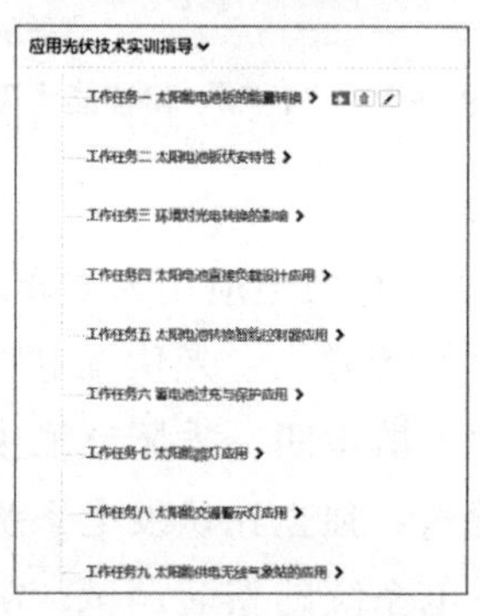

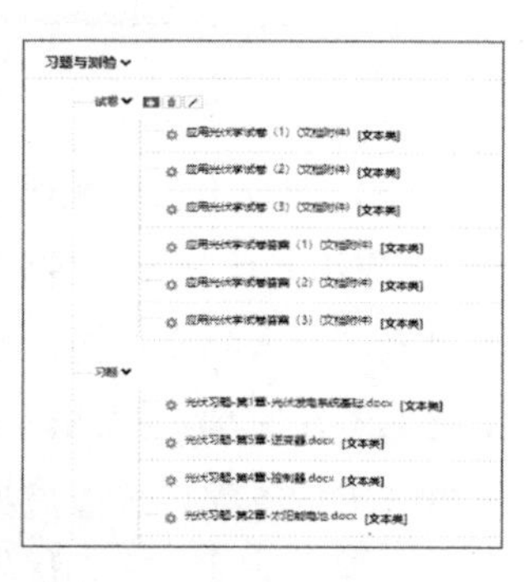

(b) 配套教学资源

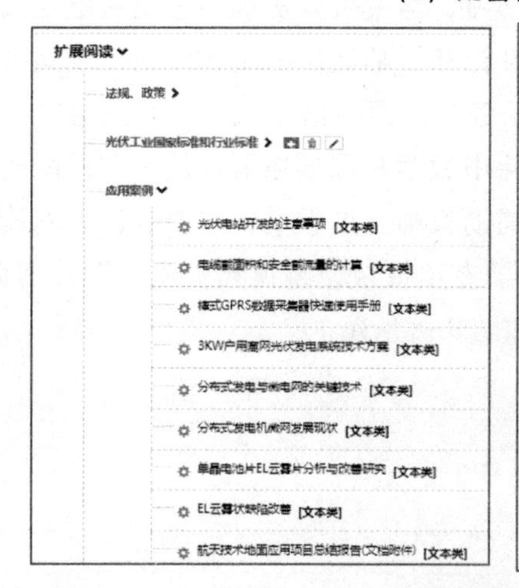

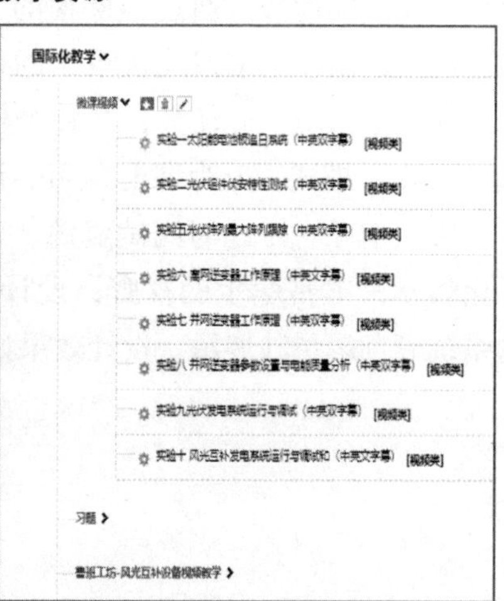

(c) 扩展视野资源

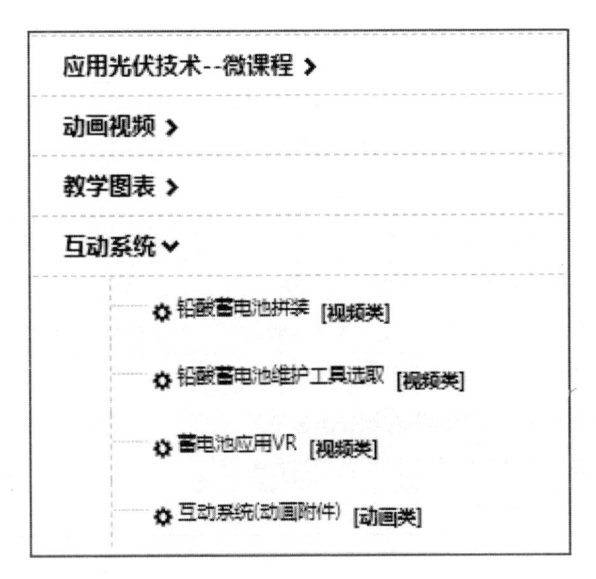

(d) 专项资源

图 9-8 课程平台资源组织

四、课程建设质量保障体系

1. 经费保障

根据《教育部关于确定职业教育专业教学资源库 2015 年度立项建设项目及奖励项目的通知》(教职成函〔2015〕10 号)、《教育部职业教育专业教学资源库建设资金管理办法》(教财厅函〔2016〕28 号)和《新能源专业资源库专项资金管理实施细则(修订)》,严格执行相关制度法规,规范课程建设,提高课程建设质量,发挥资金使用效益。

2. 教学团队保障

课程教师团队 3 人,其中高级职称 1 人,中级职称 2 人,双师比例占 100%,团队实力强,任务分工明确,工作成效高。

3. 制度保障

为保障项目建设的规范、有序进行,新能源类专业教学资源库共建共享联盟建立了 10 个管理制度文件(如表 9-26 所示),对课程建设、实施、应用、推广做好保障。

表 9-26 制度建设一览表

序号	文件名称
1	《新能源类专业教学资源库共建共享联盟章程》

续表

序号	文件名称
2	《新能源类专业教学资源库项目管理办法》
3	《新能源专业资源库专项资金管理实施细则》
4	《新能源类专业教学资源库参建院校校际学分互认管理办法》
5	《新能源类专业教育资源库建设主持院校定期沟通协调制度》
6	《新能源类专业教学资源库共建共享联盟校企合作应用推广管理办法》
7	《新能源类专业教学资源库参建院校教师信息化能力培养与考核制度》
8	《新能源类专业教学资源库建设技术标准》
9	《新能源类专业教学资源库课程资源建设标准》
10	《新能源类专业教学资源库资源质量评价标准》

五、资源建设质量控制过程

1. 根据《高等职业教育新能源类专业教学资源库项目管理办法》和课程建设任务等，建立了资源建设和应用的质量标准，明确资源分类、资源编码和资源质量要求；同时根据资源库课程建设的需要，不断完善课程资源。

2. 根据《新能源类专业教育资源库建设主持院校定期沟通协调制度》定期和上级部门进行沟通调整，由牵头单位相关组织子项目工作运行监控中心，负责信息收集、反馈，定期审查分项目实施进度和建设质量。

3. 由牵头单位建立绩效考核制度，对子项目工作运行监控，负责子项目的绩效考核，制定了确保子项目按计划完成，并接受相关部门其委托单位的绩效考评。

4. 通过严格的成果评审、知识产权登记、资源制作与使用的“实名制”、科学的分级授权措施，加强项目知识产权的管理。

六、典型学习方案

1. “四师三阶段、双线四环节、N 任务循环”模式实施课程教学

创新模式多环节提升学生兴趣。专业教师、企业工程师、思政教师和班级辅导员四类教师共同参与教研活动，实现“课前预习测试、课上实施与答疑、课后巩固与提升”的三阶段教学，打造专业主线和思政主线双线贯穿的全员、全方位育人环境，课中学习采取探究导学、实践导练、阶段测试、过程评价四环节教学流程，配合 N 任务循环学习模式，学习光伏发电知识，培养光伏应用能力，塑造爱国、敬业的工匠精神。

图 9-9　课程实施过程

2. “四师三阶段、双线四环节、N 任务循环”模式教学实施过程案例

（1）课前

教师活动：

①将课前学习资料上传平台：监控系统原理视频、实训操作视频、监控侧故障排查课件、通讯调试记录表；

②发布课前测试（教学难点初测）：

多选题：监控系统故障原因，逆变器、汇流箱、电表通讯调试步骤，光伏系统结构，安全知识；

单选题：逆变器、汇流箱、电表通讯调试地址码格式；

③发布任务让班级学生按照任务单自主学习；

④统计课前测试情况（参与人数、测试结果），分析学生课前学习情况，进行课程内容调整。

学生活动：

①通过手机职教云 APP 接受课前任务单；

②按照任务单要求完成任务（知识学习和测试）；

③获得测试成绩，针对错误内容进行反思，并重新学习进行修正；如果不能自行解决可通过论坛进行互动提问、讨论。

★职业安全意识

①根据专业特点、岗位要求，要求学生上课要穿工装，操作要安全用电，操作完成后要整理工位，培养学生的职业安全意识。

②学生分组轮流负责课前打开实训室大门、闭合电源、打开显示屏，并在下课结束后认真完成实训室值日。

（2）课上

▲项目导入（5分钟）

专业教师：

播放光伏电站监控应用视频，构建光伏电站监控情景。

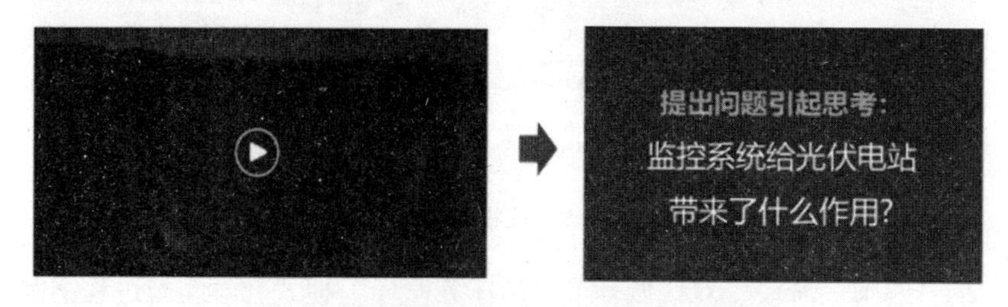

图9-10　播放光伏电站监控系统的应用视频

▲任务分析（15分钟）

通过学生课前对监控调试视频的学习，初步了解本次课内容；课中通过监控视频案例引出监控在光伏电站的应用，进而引出对各知识点的讲解，对各知识点采用碎片化理实相结合的方式，将知识点根植于岗位，灵活应用风光互补大赛设备和光伏运维1+X设备将知识具象化，做到岗课赛证的融通，每个知识点都及时地进行分析总结，最后对整个内容进行总结回顾；课后及时通过线上平台进行知识巩固和拓展。在技能培养的同时，适当融入思政元素，提高学生素质。培养学生严谨的工匠精神；培养学生的安全意识；培养学生的创新意识

学生接到任务后，与老师共同探讨实现的方法和步骤。

教师提问：

这段视频给你们带来了什么感受？监控系统给光伏电站带来了什么作用？

学生回答：

智能化、专业化、数字化是未来的大势所趋。智能化监控是光伏电站运维的创新。这个创新的应用使监屏人员可实时轻松发现故障，并借助设备间的拓扑关系辅助故障诊断，提高运维的效率。

教师总结：

以思维导图的形式呈现监控系统的结构内容：监控界面应用、监控通讯电气连接、汇流箱、逆变器和智能电表通信故障检测方法。

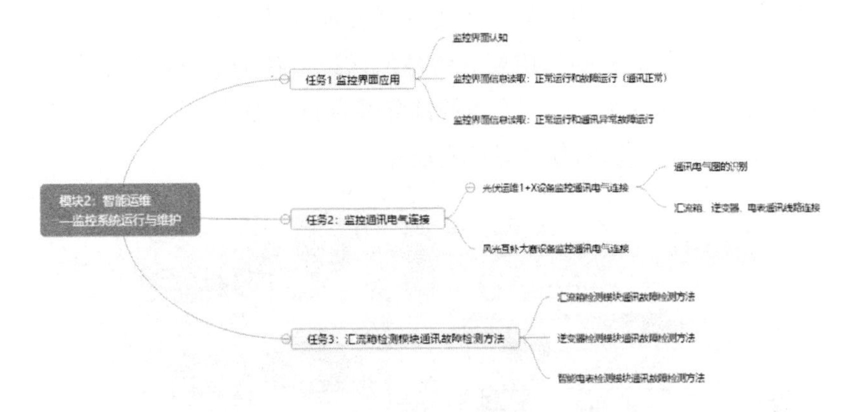

图 9-11 光伏电站监控侧故障检查及排除思维导图

引导学生结合任务特点、实施步骤，将本任务分解成 3 个任务：

子任务 1：光伏电站智能监控界面应用。

教学重点：监控界面认知。

教学难点：通信故障的检查排除内容。

子任务 2：智能监控通讯电气连接。

教学重点：光伏运维 1+X 设备监控通讯电气连接。

教学难点：风光互补技能大赛设备监控通讯电气连接。

子任务 3：信息采集模块通讯调试。

教学重点：汇流箱、逆变器、电表通讯方法。

教学难点：汇流箱、逆变器、电表通讯的实践操作。

▲任务实施（55 分钟）

子任务 1：光伏电站智能监控界面应用。

教学重点：监控界面认知。

教学难点：通信故障的检查排除内容。

步骤 1：探究导学，监控界面认知：分别以风光互补大赛设备和光伏电站运维 1+X 设备的监控系统为例，通过对两种设备监控画面的投屏演示，了解监控界面需要显示的监控信息。

★全局意识

监控界面包含了整个光伏电站的能源运行过程，是整个光伏电站的运行总览。光伏电站在运行中有全局视角，犹如我们在考虑问题的时候也要有大局观念，全局意识，只有这样，才能对整个问题有最清晰的把握。

★责任意识

光伏电站在运行过程中可能会出现这样或那样的问题，我们在对监控界面认知的过程中对各部分的作用要有清楚的认识，各个部分都起着什么样的作用，扮演着什么样的角色，每个监控部分都有自己的监控职责和监控范围，犹如我们一样，在做事的时候也要有责任意识。

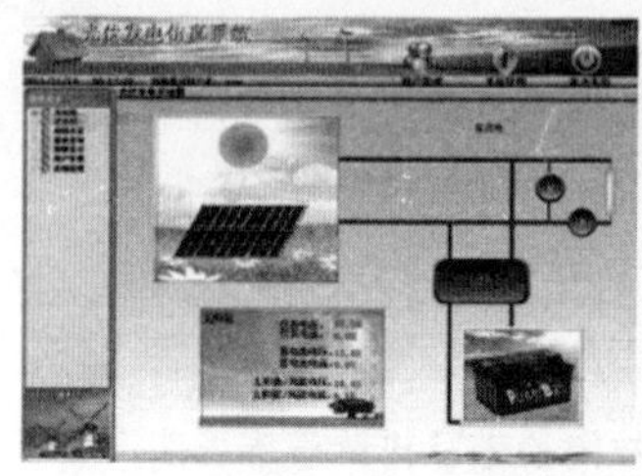

图 9-12　风光互补大赛设备监控界面

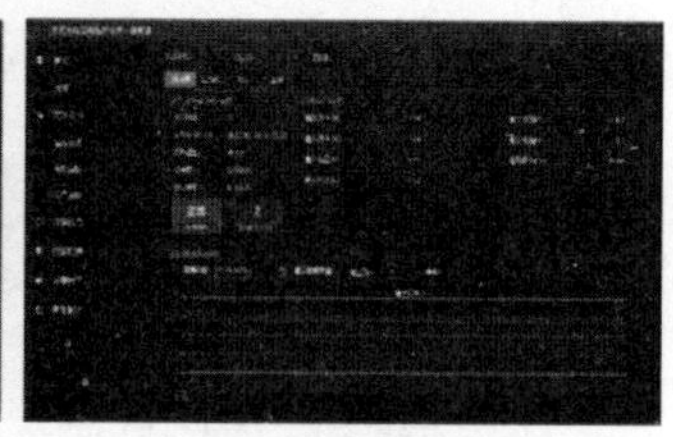

图 9-13　光伏电站运维 1+X 设备监控界面

步骤 2：监控界面信息读取，了解 1+X 正常运行数据。

图 9-14　教师讲述团结协作的途径——改变自己适应社会

★团结协作

各个监控部分都是互融互通的，只有团结起来，相互协作，才能把监控任务完成好。我们在做事的时候也要有团结协作意识，互融互通，相互配合，才能完成好任务。

步骤3：识别通信故障监控画面信息：通信故障导致监控画面不能实时监测数据，引出通信故障排查的内容。

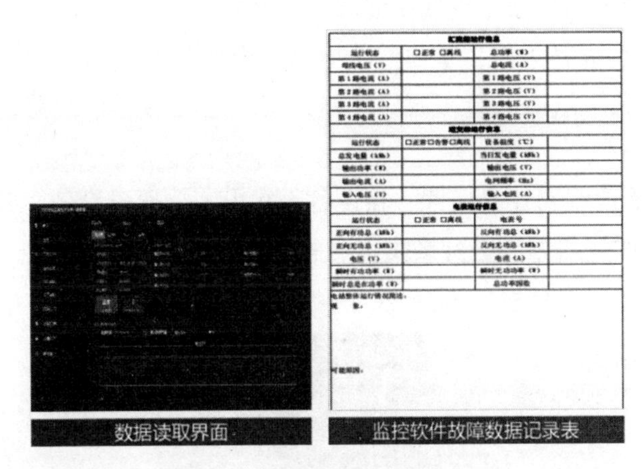

图 9-15 通信故障排查的内容

★严谨的工匠精神

识别通信故障监控画面信息的过程中会发现，不同的故障，监控画面的信息不同，我们要牢记，学会分析判断，具有严谨的工匠精神，才能对故障有最精准的把握。

步骤4：对监控软件数据记录表数据分析总结：

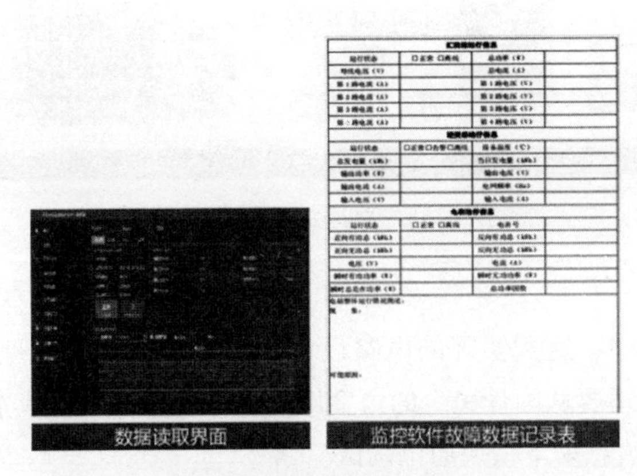

图 9-16 监控软件数据记录表

★求是精神

通过监控软件数据记录表进行分析总结，验证结论，培养学生遵循实事求是，追求真理的精神。

子任务 2：智能监控通讯电气连接。

教学重点：光伏运维 1+X 设备监控通讯电气连接。

教学难点：风光互补技能大赛设备监控通讯电气连接。

步骤 1：学习监控通讯电气接线图：

以 1+X 光伏设备为例，学习光伏电站智能监控系统电气接线原理图，熟悉采集信息情况。包括汇流箱通信线路连接，逆变器通信线路连接，电表通信线路连接。

步骤 2：通信线路连接实践，在设备上找出 3 个通讯设备，并根据通讯电气接线图和器件接线方法进行接线实践操作。

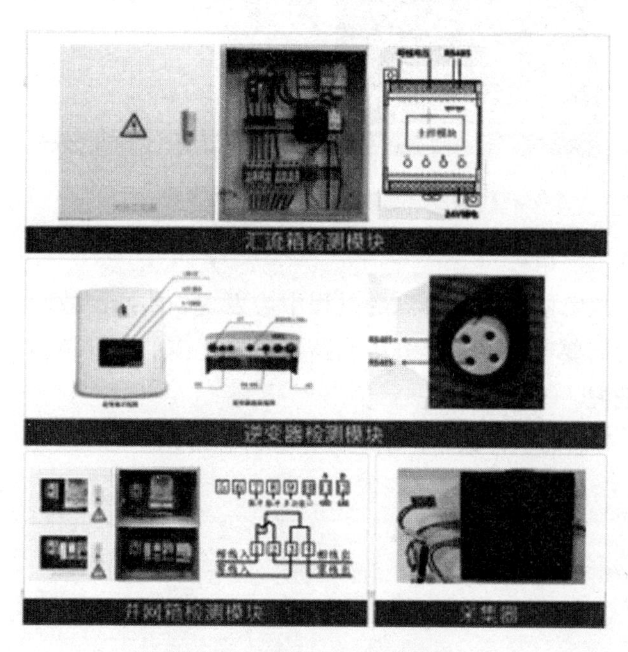

图 9-17 通信线路连接实践

★国计民生

在生产实践中，遇到实际的电路设计问题时，除了要从理论上去分析问题该如何解决，还要从国计民生的角度出发，综合考虑经济成本。

子任务 3：信息采集模块通讯调试。

教学重点：汇流箱、逆变器、电表通讯方法。

教学难点：汇流箱、逆变器、电表通讯的实践操作。

步骤 1：任务分析：通过汇流箱等通信故障情况下智能监测界面的显示，引出汇流箱通讯功能的调试；通过教师讲解和演示使学生熟悉汇流箱通讯调试过程；

步骤 2：小组进行直流汇流箱通讯调试测试，要求小组内每个同学都要进行操作练习；

步骤 3：对平台上任务清单进行整理，问题汇总，包括将端口参数选错；忘记对主控模块进行参数设定。

★思想统一，团结一致

以上通讯测试不成功的原因就是通讯地址不一致，要想能成功，必须统一思想，团结一致。

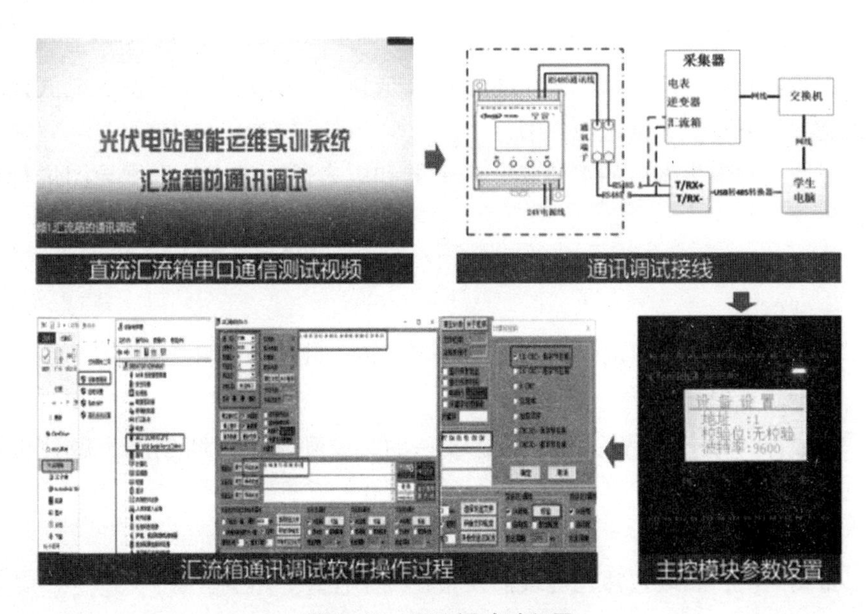

图 9-18　通讯调试过程图

★工匠精神

在通讯调试的过程中，我们要牢记拨号编码，各个模块才能调试成功，在实践过程中要有严谨、细致、精益求精的工匠精神。

▲学习总结（8 分钟）

①总结本次课内容和问题点：监控界面应用、监控通讯电气连接、汇流箱、逆变器和智能电表通信故障检测方法。

②引出后续教学内容：应用智能监控平台对光伏发电系统和控制系统进

行故障排查。

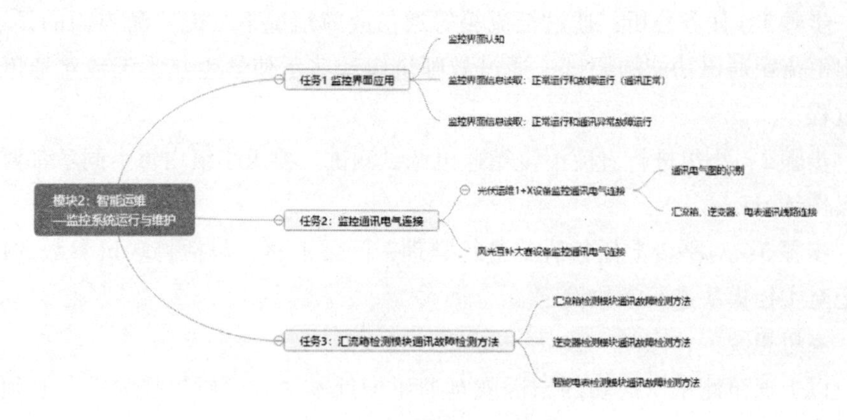

图 9-19　学习总结思维导图

▲布置课后任务（7 分钟）

①布置利用 AUTOCAD 软件进行 1+X 或风光互补设备监控系统电气接线图绘制的任务，发布推送任务书；

②线上对学生做出的汇流箱、逆变器和电表通讯调试的思维导图进行审核评价；

③在线为学生监控系统电气接线图的绘制和电气通讯调试答疑。

★诚信

课下自主学习，目的是培养自主学习意识、诚信的学习态度。

★创新意识

完成课后任务 4 程序设计不是唯一的，鼓励学生大胆创新，做独特的自己。

(3) 课后

每周一次，思政教师在班级群发布在线小任务，本周任务：

★课程平台——创新

打卡观看《创新中国第 2 集　能源》视频。

图 9-20 课程网站《创新中国第 2 集能源》视频

3. 课程考核评价方法

本课程为考试课，按照“平时成绩 40%+期末考试 60%=学期总评”对学生进行考核评价，实现过程评价和结果评价相结合，在平时和期末考试注重理论学习评价与实践技能评价相结合，在平时学习表现成绩中注重个体自评、小组互评和教师评价相结合，课上评价和课下评价相结合，实现素质评价、知识评价、能力（技能）评价并重。

具体考核标准如下：

表 9-27 “光伏电站运行与维护”考核标准

<table>
<tr><td rowspan="4">考评方式</td><td colspan="7">平时考评 40%</td><td colspan="2">期末考评 60%</td></tr>
<tr><td rowspan="3">课前5%</td><td colspan="5">课中 30%</td><td rowspan="3">课后5%</td><td rowspan="3">理论考试 30%</td><td rowspan="3">实践考试 30%</td></tr>
<tr><td colspan="3">学习表现 10%</td><td rowspan="2">理论学习评价10%</td><td rowspan="2">实践技能评价10%</td></tr>
<tr><td>个体自评 3%</td><td>小组互评 3%</td><td>教师评价 4%</td></tr>
<tr><td>考评标准</td><td>课前预习情况</td><td colspan="3">1. 出勤情况；
2. 课上纪律情况；
3. 课上活动参与积极度；
4. 课上学习效果；
5. 团结合作、安全实操等素质。</td><td colspan="2">项目理论知识、实操训练测评成绩，取各项目测试的平均值。</td><td>作业完成情况</td><td>卷面完成情况</td><td>按要求对设备进行接线和调试</td></tr>
</table>

续表

<table>
<tr><td rowspan="4">考评方式</td><td colspan="7">平时考评 40%</td><td colspan="2">期末考评 60%</td></tr>
<tr><td rowspan="3">课前 5%</td><td colspan="5">课中 30%</td><td rowspan="3">课后 5%</td><td rowspan="3">理论考试 30%</td><td rowspan="3">实践考试 30%</td></tr>
<tr><td colspan="3">学习表现 10%</td><td rowspan="2">理论学习评价 10%</td><td rowspan="2">实践技能评价 10%</td></tr>
<tr><td>个体自评 3%</td><td>小组互评 3%</td><td>教师评价 4%</td></tr>
<tr><td>考评实施</td><td colspan="7">依托学习平台设置课前预习、课中学习、课后复习任务，增加考勤、提问讨论、头脑风暴等活动内容完成学习表现考评，每个任务实施理论学习和实操技能评价，培养学生良好的学习习惯、学习的积极态度、工作的团队合作精神和精益求精的工匠精神。</td><td>线上期末闭卷考试</td><td>以光伏运维 1+X 设备或风光互补技能大赛设备为平台进行实操考核。</td></tr>
</table>

七、课程应用与推广情况

1. 课程注册用户

“应用光伏技术”标准化课程选课人数 3405 人，课程教师团队共 3 人。

2. 各类资源访问情况

该课程教学资源访问总数为 93872 次，PPT 演示文稿访问数为 29143 次，其他访问数为 256 次，动画类访问数为 13367 次，图形/图像类访问数为 17242 次，文本类访问数为 15148 次，虚拟仿真类访问数为 715 次，视频类访问数为 18001 次。

3. 测试与作业情况

该课程发布测验和作业 54 次，共 475 道题，参与人数 470 人，提交作业数 1193 次，批改作业数 905 次。

4. 课程学习效果

学生点击访问次数为 487061 次，学习用户访问人数为 4507 人，日活学习用户总数为 13993 人，月活学习用户总数为 8393 人。

5. 社会服务情况

（1）以优质配套教材为载体推广应用，全国同类学校普遍使用

《光伏技术应用》教材 2020 年被国家教育部认定为高职高专“十三五”规划教材。教材再版嵌入二维码，扫码直接观看优质在线资源，把专业教学资源库分散碎片式的素材资源串起来，让在线课程与学生的学习过程紧密结合起来，实现即学即查，随时扩展，贯通学习。

图 9-21 教育部“十三五”规划教材

（2）面向社会培训推广，普职融通、服务西部、国际化服务

普职融通进社区、进校园。新能源教师和学生社团到天津市辛庄镇华运波士顿社区开展新能源知识普及和产品推广工作；深入海河教育园南开学校利用素拓环节开展新能源教学。

服务西部院校，我院教师对口支援新疆和田学院，和田学院学生注册新能源教学资源库进行学习，为西部院校学生提供线上资源学习参考。

开展国际化服务。基于鲁班工坊建设和资源库建设，为印度和埃及教师提供风光互补设备培训，教师感觉拓宽了信息化教学思路，已将课程教学模式推广到本校使用。

图 9-22 普职融通、服务西部、培训外籍教师

八、特色与创新

（一）构建立体化特色资源，填补“应用光伏技术”课程领域空白

自主开发了在 PC 端运行的以企业真实产品为载体的“应用光伏技术仿真互动学习系统”、以教材为载体整合媒体资源制作“互动电子教材”、使用 VR 技术生成的移动端“虚拟现实”均为全国首创、技术领先，填补课程资源空白。

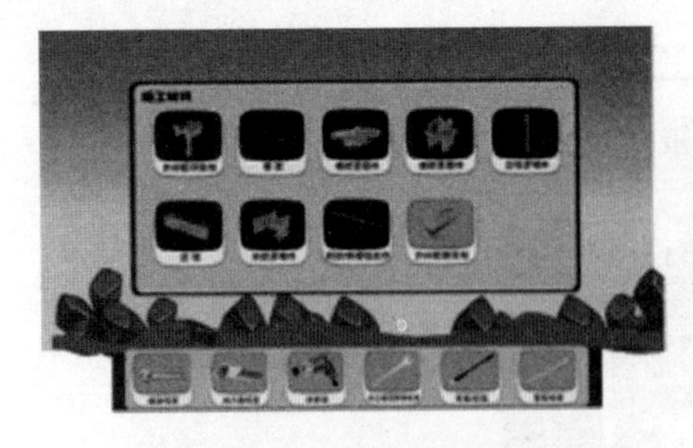

图 9-23　仿真互动学习系统

图 9-24　VR 虚拟现实

（二）创新“四师三阶段、双线四环节、N 任务循环”教学模式

创新教学模式多环节持续提升学生兴趣。四导师共研，打造专业、思政双主线贯穿的全员、全方位育人环境，确保课前、课中、课后三阶段无死角服务学生，课中模块化四环节教学流程，配合 N 任务循环学习模式，体验式感受低碳循环可持续发展理念。

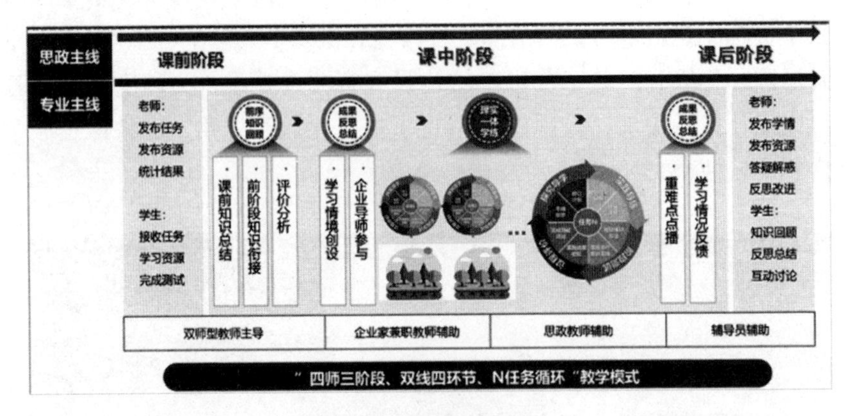

图 9-25　教学模式创新

九、实施课程思政教学改革授课效果调查问卷统计报告分析

基于天津市高等职业技术教育研究会（2019）年度课题“基于‘以人为本’的高职学生课程思政建设研究——以‘应用光伏技术’课程为例”，对光伏、机电专业 3 个班的学生开展座谈和发布调查问卷，从多个角度设置问题，了解学生喜欢的思政教学模式、思政知识点形式。从最初的了解学生的倾向，到后面的反馈，随时指导课题的优化调整。

（一）前期，对光伏、机电专业 3 个班的 67 名学生的问卷调查情况如下：

1. 你喜欢的教学方式？（每人选择 1 项）（共计 67 票）

教学方式	线上平台教学	线下面授
投票数	40	27
比例	60%	40%

2. 专业课中思政元素的传授方式你更喜欢哪一种？（每人最多 2 项）（共计 102 票）

教学方式	一般语言	文言文	提问互动	游戏	实践劳动
投票数	27	33	13	37	53
比例	17%	20%	8%	23%	33%

（二）中期，对光伏、机电专业 3 个班的 67 名学生的问卷调查情况如下：

1. 你喜欢的教学方式？（每人选择 1 项）（共计 67 票）

教学方式	线上平台教学	线下面授	线上线下结合
投票数	20	28	19
比例	30%	42%	28%

2. 专业课中思政元素的传授方式你更喜欢哪一种？（每人最多 2 项）（共计 102 票）

教学方式	一般语言	网络语言	文言文/名言	案例讲授	游戏互动	实践劳动	网络视频
投票数	21	12	3	17	15	23	11
比例	21%	12%	3%	17%	15%	23%	11%

（三）后期，对光伏、机电专业 3 个班的 67 名学生的问卷调查情况如下：

1. 你喜欢的教学方式？（每人选择 1 项）（共计 67 票）

教学方式	线上平台教学	线下面授	线上线下结合
投票数	17	19	31
比例	25%	28%	46%

2. 专业课中思政元素的传授方式你更喜欢哪一种？（多选题）

教学方式	理论教授	游戏互动	实践劳动	网络视频
投票数	35	30	37	28
比例	27%	23%	28%	22%

3. 思政表现的形式更喜欢哪一种？

表现形式	大白话	网络语言	古诗/文言文	名人名言	案例故事	游戏互动
投票数	32	25	24	26	35	30
比例	19%	15%	14%	15%	20%	17%

4. 一节专业课中思政元素的融入特点喜欢哪一种？（共计 67 票）

融入方式	多个不同思政元素在多个点融入	一个主要的思政元素在多个点融入
投票数	27	40
比例	40%	60%

根据调查结果对课程建设进行调整，让学生喜爱专业课程，最大限度地在专业课程学习中提高思政素养，也切实做到“以人为本”。

（一）教学方式多样性，针对性，做到以人为本

针对高职学生基础薄弱、理论学习不强、专注力不够等特点，在专业课程思政教学中避免单纯依靠语言传授的方式，引入游戏教学、网络视频、国学故事、社会实践等多样化教学形式，在情境中让学生感悟思政元素，让课堂更有趣味，寓教于乐。合理利用网络语言、热门话题，用生活化的语言传递思政元素，提高学生对课堂内容的兴趣和对思政的吸收效果。

（二）思政元素多样性，关联性，资源实现信息化和网络化

综合运用家国情怀、个人品格和科学观几方面的思想元素，让思政元素更加多样化，同时审核思政元素的正确性，保证传达的东西一定是向上的积极的元素。融入的思政元素要紧密关联专业知识，不能生搬硬套。

综合运用 QQ 群、微信群、资源库、职教云等网络平台，在信息平台共享

思政教育资源，加强课堂内外师生互动、生生互动，在交流互动中老师引导学生的价值观，观察学生的动态，了解学生的所需，促进更好的实施课程思政教学；进行思政教学资源建设和平台资源共享。

附件 1 课程思维导图

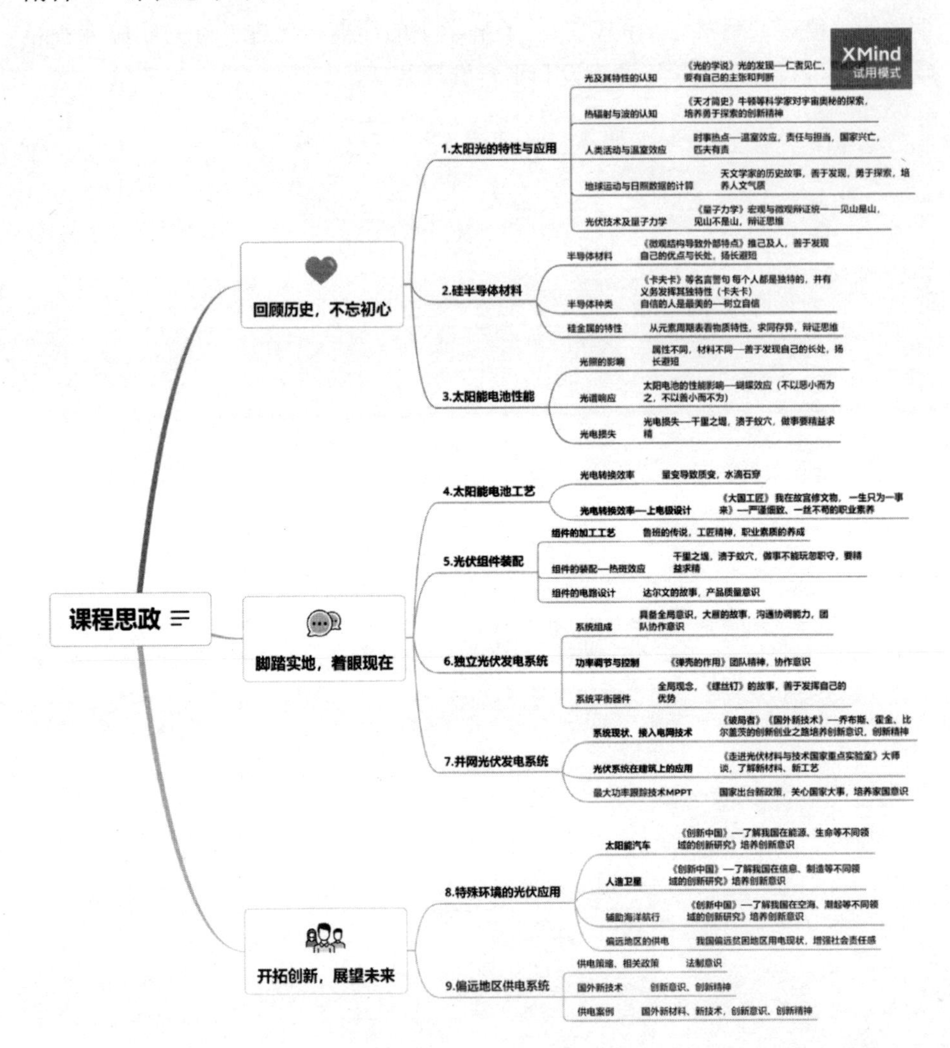
XMind
试用模式
课程思政
回顾历史，不忘初心
1.太阳光的特性与应用
光及其特性的认知
《光的学说》光的发现—仁者见仁，要有自己的主张和判断
热辐射与波的认知
《天才简史》牛顿等科学家对宇宙奥秘的探索，培养勇于探索的创新精神
人类活动与温室效应
时事热点—温室效应，责任与担当，国家兴亡，匹夫有责
地球运动与日照数据的计算
天文学家的历史故事，善于发现，勇于探索，培养人文气质
光伏技术及量子力学
《量子力学》宏观与微观辩证统一——见山是山，见山不是山，辩证思维
2.硅半导体材料
半导体材料
《微观结构导致外部特点》推己及人，善于发现自己的优点与长处，扬长避短
半导体种类
《卡夫卡》等名言警句 每个人都是独特的，并有义务发挥其独特性（卡夫卡）
自信的人是最美的—树立自信
硅金属的特性
从元素周期表看物质特性，求同存异，辩证思维
3.太阳能电池性能
光照的影响
属性不同，材料不同—善于发现自己的长处，扬长避短
光谱响应
太阳电池的性能影响—蝴蝶效应（不以恶小而为之，不以善小而不为）
光电损失
光电损失—千里之堤，溃于蚁穴，做事要精益求精
脚踏实地，着眼现在
4.太阳能电池工艺
光电转换效率
量变导致质变，水滴石穿
光电转换效率—上电极设计
《大国工匠》我在故宫修文物，一生只为一事来》—严谨细致、一丝不苟的职业素养
5.光伏组件装配
组件的加工工艺
鲁班的传说，工匠精神，职业素质的养成
组件的装配—热斑效应
千里之堤，溃于蚁穴，做事不能玩忽职守，要精益求精
组件的电路设计
达尔文的故事，产品质量意识
6.独立光伏发电系统
系统组成
具备全局意识，大雁的故事，沟通协调能力，团队协作意识
功率调节与控制
《弹壳的作用》团队精神，协作意识
系统平衡器件
全局观念，《螺丝钉》的故事，善于发挥自己的优势
7.并网光伏发电系统
系统现状、接入电网技术
《破局者》《国外新技术》—乔布斯、霍金、比尔盖茨的创新创业之路培养创新意识，创新精神
光伏系统在建筑上的应用
《走进光伏材料与技术国家重点实验室》大师谈，了解新材料、新工艺
最大功率跟踪技术MPPT
国家出台新政策，关心国家大事，培养家国意识
开拓创新，展望未来
8.特殊环境的光伏应用
太阳能汽车
《创新中国》—了解我国在能源、生命等不同领域的创新研究》培养创新意识
人造卫星
《创新中国》—了解我国在信息、制造等不同领域的创新研究》培养创新意识
辅助海洋航行
《创新中国》—了解我国在空海、潮起等不同领域的创新研究》培养创新意识
偏远地区的供电
我国偏远贫困地区用电现状，增强社会责任感
9.偏远地区供电系统
供电策略、相关政策
法制意识
国外新技术
创新意识、创新精神
供电案例
国外新材料、新技术，创新意识、创新精神

第五节 专业基础课程质量报告——单片机控制技术

一、课程基本情况

"单片机控制技术"课程是高职三年制新能源类专业的一门必修主干专业课程，也是"光伏电子工程的设计与实施"市赛、国赛的支撑课程。按照我院新能源类专业人才培养定位"为国家新能源产业输送高素质复合型技术技能人才"的要求，准确把握"坚定学生理想信念，教育学生爱党、爱国、爱社会主义、爱人民、爱集体"主线，通过本课程的学习，使学生掌握单片机系统、接口的设计制作。课程的结束以完成硬件设计、软件编程、调试、运行一个完整单片机小型系统的诞生作为标志，课程学习重点放在实际的软、硬件的技术实践上。通过本课程的学习，学生具备从事新能源系统控制工作所必需的单片机的基本知识和基本技能。初步形成利用所学知识解决实际问题的能力，初步具有对单片机使用、调整及故障分析和排除的能力。通过本课程学习，旨在向学生传授专业技能，传承工匠精神，弘扬中国传统文化，使学生充分认识单片机技术在自动化生产中的广泛应用和强大力量。

课程总体架构以思维导图的方式进行（见本节附件 1）。

二、课程目标

（一）素质目标

1. 培养学生崇尚宪法、遵法守纪、崇德向善、诚实守信、尊重生命、热爱劳动，履行道德准则和行为规范，具有社会责任感和社会参与意识；

2. 培养学生具有勇于奋斗、乐观向上、自我管理能力、较强的集体意识和团队合作精神；

3. 培养学生具有良好的心理素质和克服困难的能力；培养健康的学习心理，根据学生的能力，帮助学生确立相应的目标，使每个学生在快乐中学习；

4. 培养学生具有新能源领域生产的质量意识、环保意识、安全意识；

5. 培养学生学会独立分析和拥有解决问题的能力，培养学生工匠精神和创新思维。

（二）知识目标

1. 熟悉单片机在自动控制领域的相关国家标准及环保要求；

2. 熟悉电力系统的相关技术指标及相关知识；

3. 掌握单片机仿真器和编程器的使用方法；

4. 掌握 MSC51 系列单片机 C 语言基本指令；

5. 掌握常用电子元器件和芯片的检测方法；

6. 掌握典型 A/D、D/A 转换器的使用方法；

7. 掌握加、减、乘、除等子程序的调用方法；

8. 掌握 MSC51 单片机的 I/O 接口、中断、定时器等模块工作原理。

（三）能力目标

1. 具有熟练查阅常用电子元器件和芯片的规格、型号、使用方法等技术资料的能力；

2. 具有熟练使用 C 语言或汇编语言进行电子产品软件程序设计的能力；

3. 具有熟练利用单片机仿真器调试硬件电路的能力；

4. 具有分析典型的模拟、数字电路（信号的提取、电源、信号移相等等）的能力；

5. 具有制定电子产品开发计划和步骤，提出解决电路设计问题的思路的能力；

6. 具有查阅单片机外围电子元件的英文资料的能力；

7. 具有撰写产品制作文件、产品说明书的能力；

8. 具有一定的独立分析、设计、实施、评估的能力；

9. 具有获取、分析、归纳、交流知识和新技术的能力；

10. 具有自学能力、理解能力与表达能力；

11. 具有将知识与技术综合运用的能力；

12. 具有团队协作的能力。

三、课程资源建设情况

1. 课程基本资源与其应对应的培养目标、能力指标的关系

课程基本资源与其应对应的培养目标、能力指标的关系如表 9-28 所示。

表 9-28 课程基本资源与能力关系表

序号	课程基本资源内容	培养目标	能力指标
1	欢迎进入单片机的神秘世界	1. MCS-51 单片机的引脚功能及片外总线结构； 2. 8051 单片机 I/O 口的功能； 3. 二进制、八进制和十六进制间的相互转换； 4. 原码、反码和补码间的相互转换； 5. P0、P1、P2、P3 口的功能和使用特点。	1. 掌握单片机的内部结构及工作原理； 2. 了解单片机的引脚功能及时序； 3. 熟悉单片机内并行 I/O 端口电气特性及使用功能； 4. 单片机存储器的结构、存储空间及功能； 5. 单片机的数据总线、地址总线； 6. P0、P1、P2、P3 口的功能和使用特点。

续表

序号	课程基本资源内容	培养目标	能力指标
2	霓虹灯控制系统	1. 掌握单片机 I/O 接口的工作方法和原理； 2. 掌握发光二极管限流电阻计算方法； 3. 掌握单片机仿真器和编程器的使用方法； 4. 掌握 MCS-51 汇编指令的应用方法。	1. 设计 LED 发光二极管的电路图，对限流电阻进行选择和计算； 2. 用 C 语言或汇编语言编写 I/O 口的控制程序； 3. 使用单片机仿真器设计调试运行程序； 4. 用编程器下载调试成功的程序。
3	按键控制系统设计	1. 掌握条件判断选择指令在 4 路抢答器的应用； 2. 掌握键盘行扫描的方法； 3. 掌握外部中断使用方法； 4. 熟悉 4 * 4 键盘工作原理； 5. 掌握 4 * 4 键盘按键输入去抖动编程方法； 6. 掌握子程序的入口地址和使用方法； 7. 掌握软硬联调的技术。	1. 设计 4 路抢答器的电路； 2. 制定抢答器的程序流程图； 3. 设计 4 * 4 键盘的电路能设计 6 位数码管显示的基本功能； 4. 能编写控制程序，使用实验电路板设计调试运行程序。
4	按键控制系统设计	1. 掌握七段数码管的工作原理； 2. 掌握数码管控制电路驱动译码的编程方法； 3. 掌握单片机主程序、分支程序设计的设计方法及流程图的作用。	1. 能设计 2 位静态显示数码管的交通灯电路图； 2. 能画出十字路口交通灯的工作流程图； 3. 能编写控制程序，使用单片机仿真器设计调试运行程序。
5	双机串口通信设计	1. 掌握单工、双工和全双工串行传送数据的工作方法； 2. 掌握简单方法测试软件硬件电路。	1. 能用单片机与单片机串行传送数据方法和传送距离，能用 RS232/max232 进行传送数据； 2. 能用单片机串行传送数据的工作方式。
6	简易数字电压表设计	1. 掌握单片机定时器的使用方法； 2. 掌握输出频率可调的编程步骤。	1. 能分析方波发生器的具体要求； 2. 能完成数字电压测量程序编写。

续表

序号	课程基本资源内容	培养目标	能力指标
7	简易波形发生器设计	MCS-51 单片机的 A/D、D/A 转换软件编程。	1. A/D 转换应用； 2. D/A 转换应用。
8	电子温度计设计	1. 掌握整机电路软件硬件联合调试的步骤； 2. 掌握异常的故障维修方法。	1. 能画出整机安装电路图； 2. 能画出整机安装装配图； 3. 能写作品使用说明书； 4. 能写作品技术指标说明书； 5. 具有团队协作精神。

2. 课程资源呈现形式

（1）课程资源数量

本课程现有资源条数 1157 个，其中视频类 213 个，动画、虚拟仿真类 355 个，图形/图像类 92 个，演示文稿 69 个，文本类 292 个，其他类型 136 个。其中非文本资源（视频、动画、虚拟仿真）652 条，非文本数占 74. 8%。

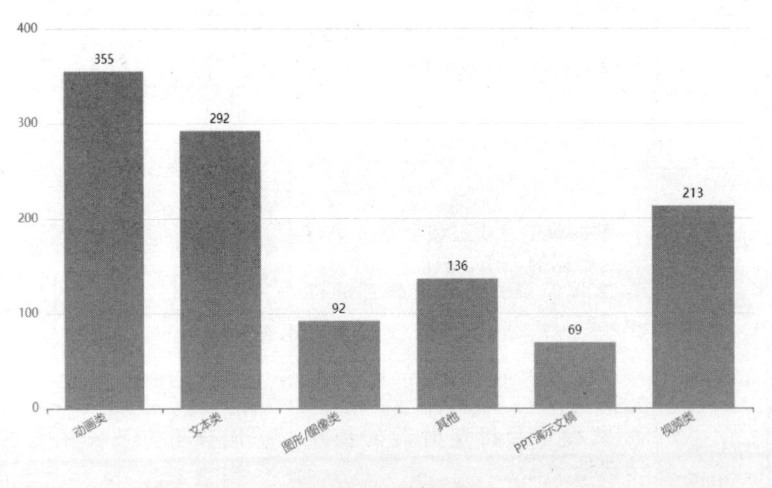

图 9-26　资源类型

（2）课程思政建设思路

结合“单片机控制技术”课程的定位，把握学生成长成才目标，从价值塑造、能力培养、知识传授三个层面开展教学活动，创设了“三协同、三融入、三贯通”课程思政育人模式，对应回答“谁建设？建什么？怎么建?”三个问题。“三协同”教师团队——思政教师、专业教师（企业导师）、辅导员跨部门协同，实现同向同行、协同育人；“三融入”教学内容——从中华优秀传统文化、社会主义先进文化、工匠精神三个方面引导学生联系身边人、身边事、身边史来感受中国特色社会主义活力，感受习近平新时代中国特色社会主义思想的吸引力；“三贯通”教学方式——第一课堂是传统课堂的改革、第二课堂是实践课堂的创新、第三课堂是在线课堂的建设，形成教学合力，实现课程思政育人目标的达成，达到“知、情、意、行”统一。引导学生体会专业学习过程中的道德规范、价值观念、行为准则和家国情怀，激发学生勇于拼搏的意识和进取的精神。

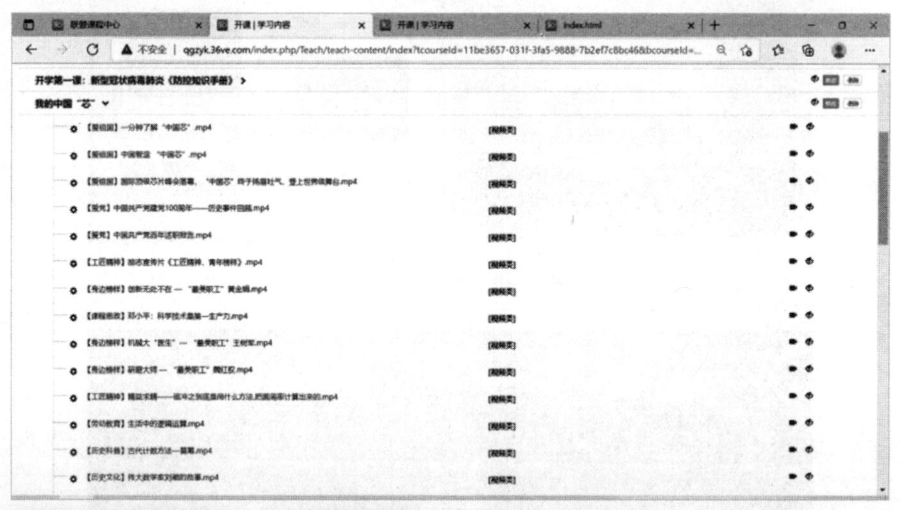

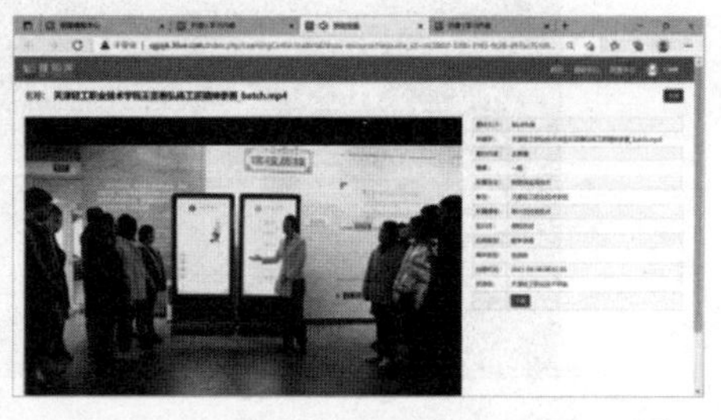

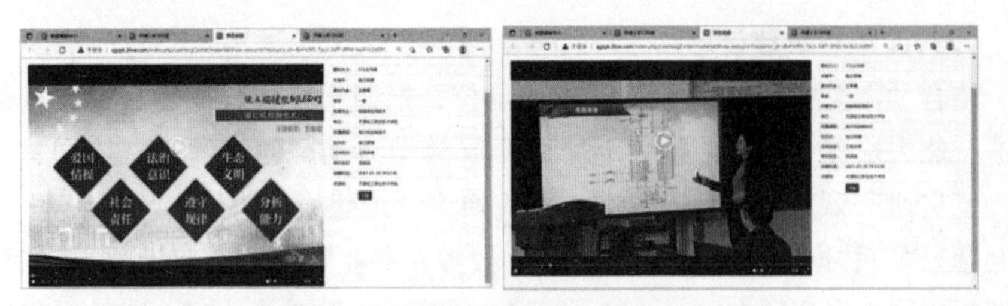

图 9-27 课程思政在线资源建设

(3) 电子教材建设

根据课程项目内容设计，电子教材共分为单片机的发展和应用领域、单片机指令系统、实现交通灯自动控制、在电机控制中应用中断、电机转速控制与定时器计数器、模拟量输入与实时控制输出、PWM 波输出、串行外设通信 SPI0 与 UART、集成开发环境、单片机知识扩展 11 个学习情境。电子教材使用课堂视频资源 20 个，教学动画 178 个，共 198 个非文本资源。

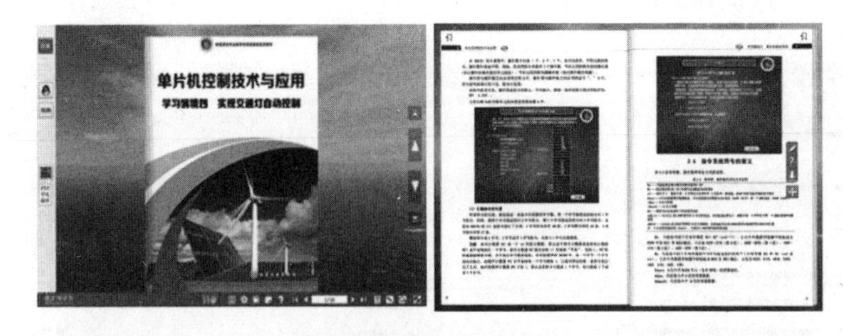

图 9-28 电子教材建设

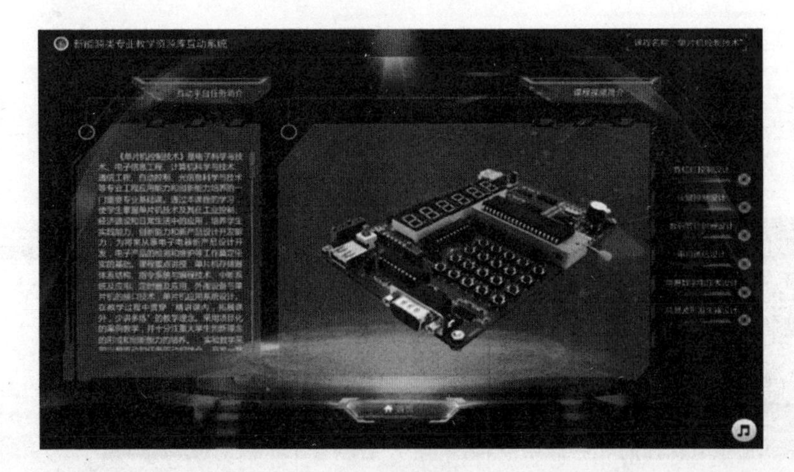

图 9-29 互动教学平台

（4）互动教学平台建设

互动教学平台以学生的认知、项目设计与制作过程为主线，将互动平台分为 6 个学习项目，每个项目由“领取任务单”、“电路设计”、“绘制流程图”、“程序设计”、“产品展示”、“综合答题”等模块组成。

（5）课程平台资源组织

“单片机控制技术”课程以产品（项目）为载体，设计了八个学习情境：学习情境一　欢迎进入神秘的单片机世界；学习情境二　霓虹灯控制系统设计；学习情境三　按键控制系统设计；学习情境四　LED 数码管计时器设计；学习情境五　双机串口通信设计；学习情境六　简易数字电压表设计；学习情境七　简易波形发生器设计；学习情境八　电子温度计设计。通过本课程的学习，学生可以实现完成硬件设计、软件编程、调试、运行一个完整单片机小型系统的目标。；在每个情境下分为并行任务；在每个任务中按照“线上线下混合式翻转课堂模式的实施”模式，分为课前预习、课中教学和课后拓展等模块，设计效果如图 9-31 所示。

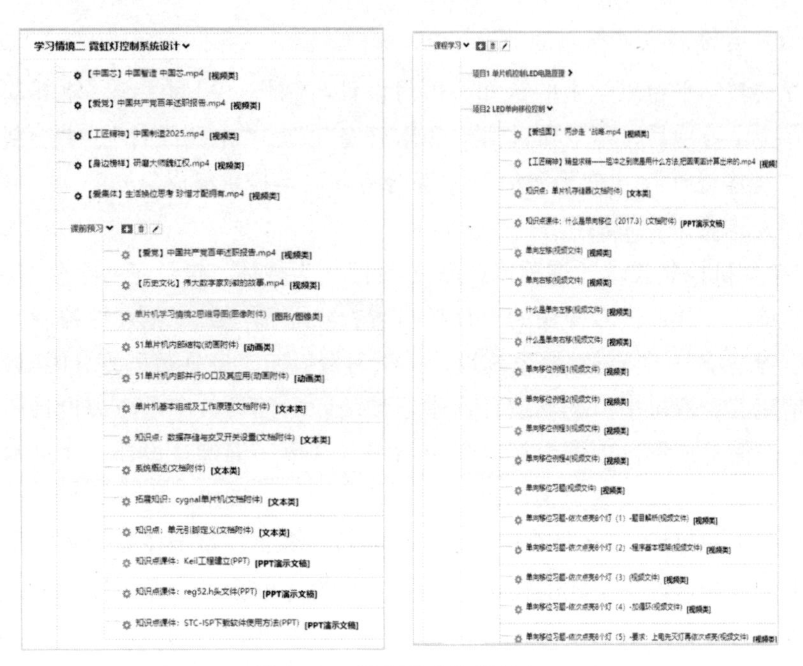

图 9-30　课程平台资源组织

四、课程建设质量保障体系

1. 经费保障

本课程总经费 30 万元，其中中央财政经费 20 万，学校配套经费 10 万。根据《教育部关于确定职业教育专业教学资源库 2015 年度立项建设项目及奖励项目的通知》（教职成函〔2015〕10 号）、《教育部职业教育专业教学资源库建设资金管理办法》（教财厅函〔2016〕28 号）和《新能源专业资源库专项资金管理实施细则（修订）》，严格执行相关制度法规，规范课程建设，提高课程建设质量，发挥资金使用效益。

2. 教学团队保障

课程教师团队现有 8 人，其中高级职称比例占 75%，硕士研究生比例占 87.5%，双师比例占 100%，团队实力强，任务分工明确，工作成效高。

3. 制度保障

为保障项目建设的规范、有序进行，新能源类专业教学资源库共建共享联盟建立了 10 个管理制度文件（如表 9-29 所示），对课程建设、实施、应用、推广做好保障。

表 9-29 制度建设一览表

序号	文件名称
1	《新能源类专业教学资源库共建共享联盟章程》
2	《新能源类专业教学资源库项目管理办法》
3	《新能源专业资源库专项资金管理实施细则》
4	《新能源类专业教学资源库参建院校校际学分互认管理办法》
5	《新能源类专业教育资源库建设主持院校定期沟通协调制度》
6	《新能源类专业教学资源库共建共享联盟校企合作应用推广管理办法》
7	《新能源类专业教学资源库参建院校教师信息化能力培养与考核制度》
8	《新能源类专业教学资源库建设技术标准》
9	《新能源类专业教学资源库课程资源建设标准》
10	《新能源类专业教学资源库资源质量评价标准》

五、资源建设质量控制过程

1. 根据《高等职业教育新能源类专业教学资源库项目管理办法》和课程建设任务等，建立了资源建设和应用的质量标准，明确资源分类、资源编码和资源质量要求；同时根据资源库课程建设的需要，不断完善课程资源。

2. 根据《新能源类专业教育资源库建设主持院校定期沟通协调制度》定期和上级部门进行沟通调整，由牵头单位相关组织子项目工作运行监控中心，负责信息收集、反馈，定期审查分项目实施进度和建设质量。

3. 由牵头单位建立绩效考核制度，对子项目工作运行监控，负责子项目的绩效考核，制定了确保子项目按计划完成，并接受相关部门其委托单位的绩效考评。

4. 通过严格的成果评审、知识产权登记、资源制作与使用的“实名制”、科学的分级授权措施，加强项目知识产权的管理。

六、典型学习方案

1. 线上线下混合式翻转课堂实施策略

依据职业教育教学改革要求，采用各类信息化教学手段，利用教学资源库及网络课程、互动学习平台与仿真技术、教学视频与工程视频及多元化评价方式，开展翻转课堂教学活动，实现“课前预习测试、课上实施与答疑、课后巩固与提升的线上线下相结合的教学互动活动；采用任务驱动教学法，以蓄电池充电保护电路设计为载体，通过互动教学平台、仿真技术、成果转化等途径实现电子线路分析与设计能力培养。

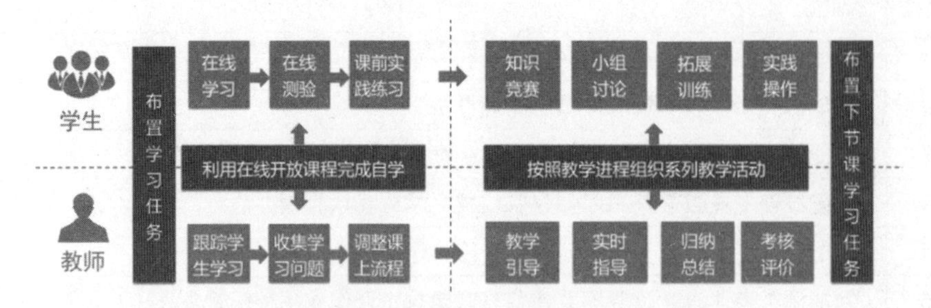

图 9-31 线上线下混合式翻转课堂实施策略

2. 线上线下混合式翻转课堂实施过程案例

（1）课前

辅导员负责常态化的职业素养培养。

★职业安全意识

①根据专业特点、岗位要求，要求学生上课要穿工装，操作要安全用电，操作完成后要整理工位，培养学生的职业安全意识。

②学生分组轮流负责课前打开实训室大门、闭合电源、打开显示屏，并在下课结束后认真完成实训室值日。

（2）课上

▲项目导入（5 分钟）

专业教师通过展示一组数码管在日常生活中的应用图片和视频作为本次项目的切入点，将学生带入情境、引发思考。

导入项目任务：本项目通过单片机来完成手动计数器设计。

图 9-32 生活中常见的数码管应用场景

▲任务分析（15 分钟）

学生接到任务后，与老师共同探讨实现的方法和步骤。

教师提问：要实现这个任务需要用到哪些知识？

学生回答：
1. 数码管的结构；
2. 数码管字形编码；
3. 数码管静态、动态显示程序设计。

图 9-33 教师指导任务分析

引导学生结合任务特点、实施步骤，将本任务分解成 4 个子任务：
子任务 1：独立按键识别检测
教学重点：按键开关的工作原理。
教学难点：去消抖动的方法。
子任务 2：一位数码管驱动显示
教学重点：数码管的结构和显示原理。
教学难点：数码管的静态驱动显示方法。
子任务 3：6 位数码管驱动显示
教学重点：数码管动态扫描的概念。
教学难点：数码管的动态驱动显示方法。
子任务 4：手动计数器实现
培养职业素养：自主学习能力，团队协作能力。
▲任务实施（55 分钟）
子任务 1：独立按键识别检测
教学重点：按键开关的工作原理。
教学难点：去消抖动的方法。
步骤 1：引导学生认知电路元件，完成元器件选型。

★节约意识

电子器件的选型任务中，我们要做到元器件选取的科学性，既要满足要求、又不能浪费，要有节约意识和责任心。

★民族自信

国产电子元器件发展迅速，时至今日，中国已不是20世纪那个百废待兴、贫穷落后的国家。国产晶振的发展现状：我国晶振行业确实和美国、日本有差距，但国产晶振在全球晶振行业占据相当的分量，广泛应用于手机、无人机、机器人等高端智能领域。

图9-34 教师指导学生进行元件认知

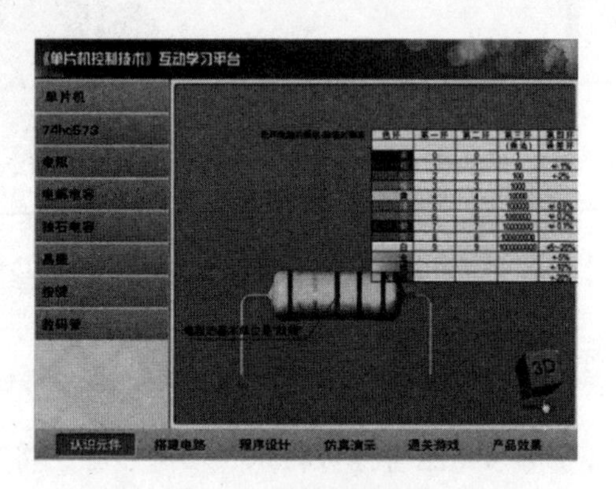

图9-35 自主开发的仿真学习软件——认知元件界面

步骤2：讲授电路设计原理。

★团结协作

图9-36 教师讲述团结协作的途径——改变自己适应社会

单个电子元器件的作用有限，只有和其他元器件组合才能实现复杂功能。学习和研究也一样，只有注重团结协作，才能充分发挥自己的聪明才智，做出更大贡献。科学家的学习研究方法：美国物理学家巴丁，因晶体管效应和超导两次获得诺贝尔物理学奖。巴丁是一个合作型科学家，他的两次获奖都是通过与其他科学家合作而取得的。

步骤 3：Keil 环境下的程序设计。

首先，给定学生程序流程图，如图 9-37 所示。

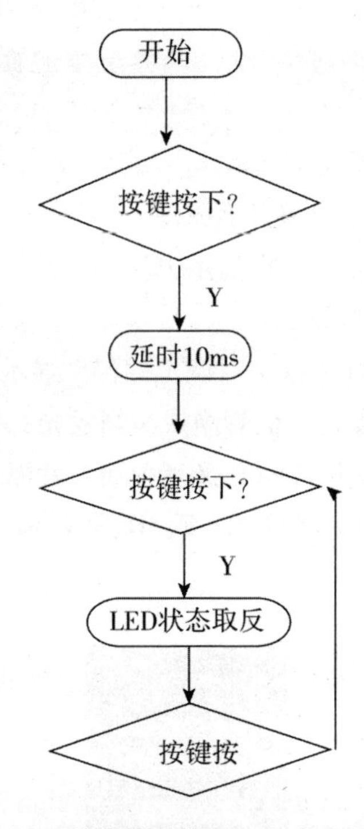

图 9-37 按键控制单灯 LED 程序流程图

★工匠精神

严谨、专注、精益求精的追求高品质代码。在学习程序设计过程中需要严谨地训练和实践，也需要不断学习，输入指令要求区分大小写、区分标点符号全半角输入法，仔细严谨一丝不苟。

步骤 4：在仿真平台搭建电路验证仿真效果

图 9-38　教师指导仿真电路设计

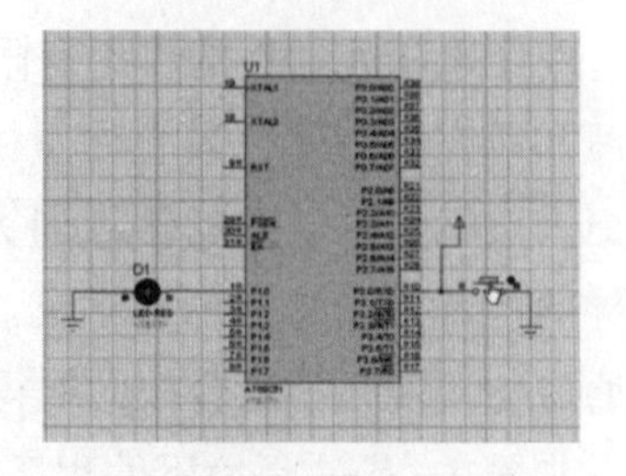

图 9-39　电路仿真

★求是精神

通过动手实验，验证实验结论，培养学生遵循实事求是，追求真理的精神。

子任务 2：一位数码管驱动显示

教学重点：数码管的结构和显示原理。

教学难点：数码管的静态驱动显示方法。

步骤 1：引导学生认识数码管。

通过观察生活中交通灯读秒、空调上的温度显示等，导入项目。

LED 数码管由若干个发光二极管组成。当发光二极管导通时，相应的一个笔画或一个点就发光。控制相应的二极管导通，就能显示出对应字符，通过不同的组合可显示数字 0—9，字符 A—F、H、P、R、U、Y，符号—及小数点“.”。

图 9-40　数码管外观

理解数码管结构和显示原理：

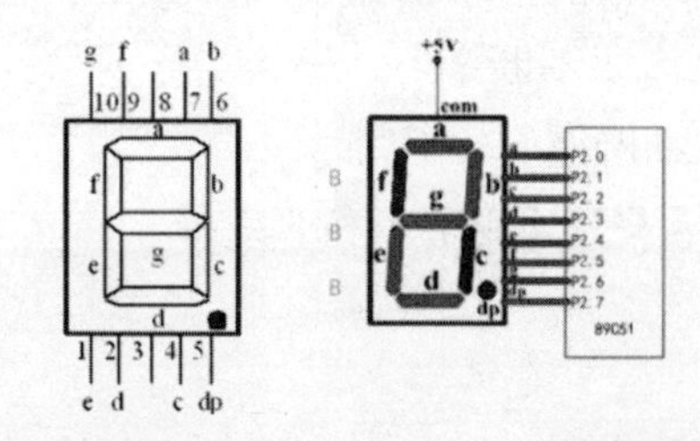

图 9-41　数码管结构原理图　图 9-42　数码管静态显示原理

步骤 2：电路信号仿真，在资源库学习平台搭建电路。

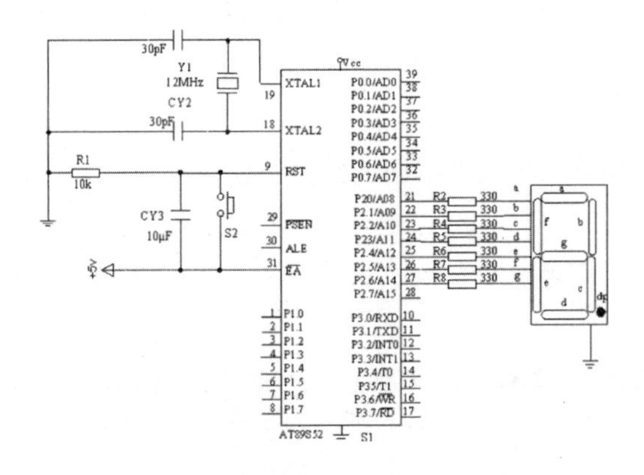

图 9-43 资源库学习平台——搭建电路

引导学生进入仿真学习软件的“仿真演示”环节，学生单击按钮后观察信号仿真动画的运行过程，加深理解程序对电信号的控制。

★国计民生

在生产实践中，遇到实际的电路设计问题时，除了要从理论上去分析问题该如何解决，还要从国计民生的角度出发，综合考虑经济成本。

子任务 3：6 位数码管驱动显示

任务描述：用 6 个数码管同时动态显示 1—6 个数字。

步骤 1：任务分析：任务数码管动态显示。动态扫描动态显示，即轮流向各位数码管送出字形码和相应的位选，利用发光的与会和人眼视觉暂留作用，使人感觉好像各位数码管同时都在显示。

步骤 2：通过让学生观看理解显示原理动画，让学生理解动态扫描原理。

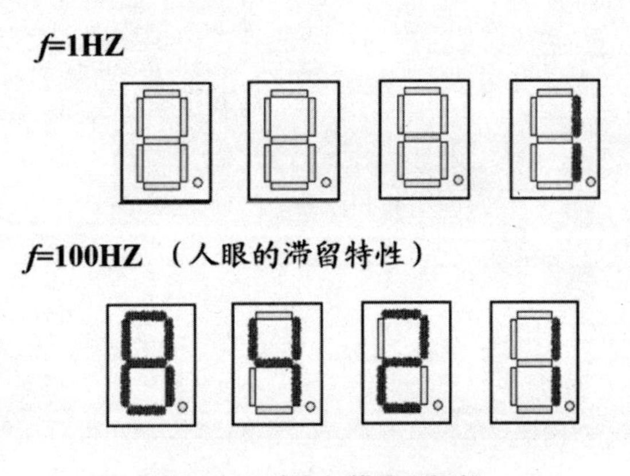

图 9-44 动态扫描原理视频

★知识积累

字形码经过多输出显示的叠加，形成我们看到的有效数据。告诉同学们在生活中，有聚沙成塔、集腋成裘这样的实例，在学习中一点点的知识积累，叠加起来就会从量变导致质变。

步骤 3：在 PROTEUS 软件搭建电路进行仿真。

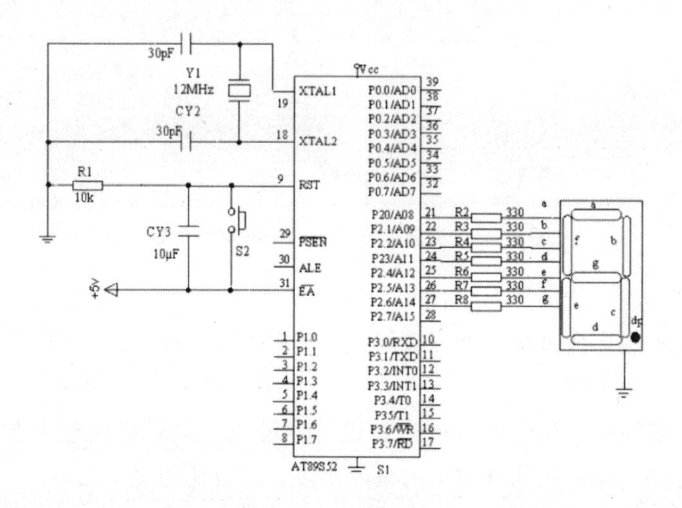

图 9-45　电路原理图

步骤 4：进行程序设计。

子任务 4：手动计数器实现

图 9-46　学生实操

★职业素养养成：自主学习能力，团队协作能力。

作为拓展任务，学生可根据子任务 1、2、3 所学程序设计知识，按要求完成。

步骤 1：先任务分析，单片机 P3.2 引脚接一按键，最开始显示全 0，按下一次按键加 1，把加得的和用 8 位数码管显示出来。

步骤 2：分组实现设计要求，以学生为主体，教师为主导。

步骤 3：任务完成后，学生在开发板上测试程序运行结果，录制视频上传至互动空间。

★工匠精神

计数器的实现不能出现偏差，在任务实施过程中严谨、专注、精益求精。

▲学习总结（8 分钟）

①通过本单元的学习，使学生理解数码管结构和工作原理，能够进行静态显示和动态显示编写，能够进行手动计数器的编写。

②列举学生程序设计中出现的典型错误，给出解决方法。

图 9-47 学习总结

▲布置课后任务（7 分钟）

①完成并提交任务报告单。

②登录我的课堂，复习课堂笔记、知识标签，观看回放微课堂，巩固学习重难点。

★诚信

课下自主学习，目的是培养自主学习意识、诚信的学习态度。

③登录互动空间与教师、企业技术人员交流设计体验。

④在数码管上稳定显示“A”、”C”、“E”、“P”四个字符，完成线上视频的学习和自测以及讨论区的问题回复。

★创新意识

完成课后任务4程序设计不是唯一的，还要鼓励学生大胆创新，做独特的自己。

（3）课后

每周一次，思政教师在班级群发布在线小任务，本周任务：

★课程平台——我的中国“芯”板块

打卡观看《工匠精神，青年榜样》小视频。

图9-48 课程网站“我的中国‘芯’”板块小视频

3. 课程考核评价方法

采用多元化的评价方式，素质评价、知识评价、能力（技能）评价多维度并重考量。借助资源库平台进行数据统计与分析，对过程性评价进行针对性、有效性地管理。对学生上传的实操视频、图片、任务单进行打分，其中每项10%的成绩为“工匠素养”评价，将思想性、价值性评价纳入学生整体评价。

学生线上学习合格获取本课程的线上结业证书，线上学习成绩占总成绩的40%。线上学习成绩由线上资源学习成绩（40%）、课堂成绩（40%）、拓展成绩（20%）组成。线上资源学习由教学材料、学习时长、在线测试、讨论发帖组成；课堂成绩由课堂表现、课堂纪律、活跃度、小组观点组成；拓展成绩由专题作业、效果评价、学习笔记、成果转化组成。线下考核及其他平时教学占总成绩的60%，根据学生情况可以实时调整各项考核比例。期末考核可以采用线上测试试卷加综合项目考核、线下实操考核或具有课程特点的其他考核方式。期末考核结束成绩合格后，发放平台课程学习结业证书。

图 9-49 课程结业证书

七、课程混合式教学注意事项

1. 完善线上教学资源，满足教学需求。线上的资源是开展混合式教学的前提，是贯穿混合式教学的载体。

2. 注重混合式教学过程学情分析，促进学生学习的自觉性。采用课程学习平台，实现课前、课中、课后的学情分析和成绩管理，把握学生学习进度和成效，促进学生线上、线下学习的自觉性。

3. 注重师生互动，应用课程论坛发布、解答学生疑问，提升师生信赖度。

4. 采用混合教学模式教学质量评价体系，将过程性评价与终结性评价相结合，将线上与线下成绩相结合，将学生自评、学生互评和教师评价相互结合，构建多元评价方式，突出学生的全面发展和个性发展。

八、课程应用与推广情况

1. 课程注册用户

“单片机控制技术”标准化课程已开设总周数 266 周，选课人数 3948 人，课程教师团队共 9 人。

课程应用情况：

该课程开课期数为：1;选课人数：3948
不同期数选课人数：
1. 单片机控制技术(王春媚): 3948

单片机控制技术(王春媚)　不同期数选课情况

图 9-50　课程注册用户

2. 各类资源访问情况

课程教学资源访问总数为 335927 次，PPT 演示文稿访问数为 8599 次，其他访问数为 5489 次，动画类访问数为 122708 次，图形/图像类访问数为 25961 次，文本类访问数为 69457 次，虚拟仿真类访问数为 48184 次，视频类访问数为 55615 次，如图 9-52 所示。

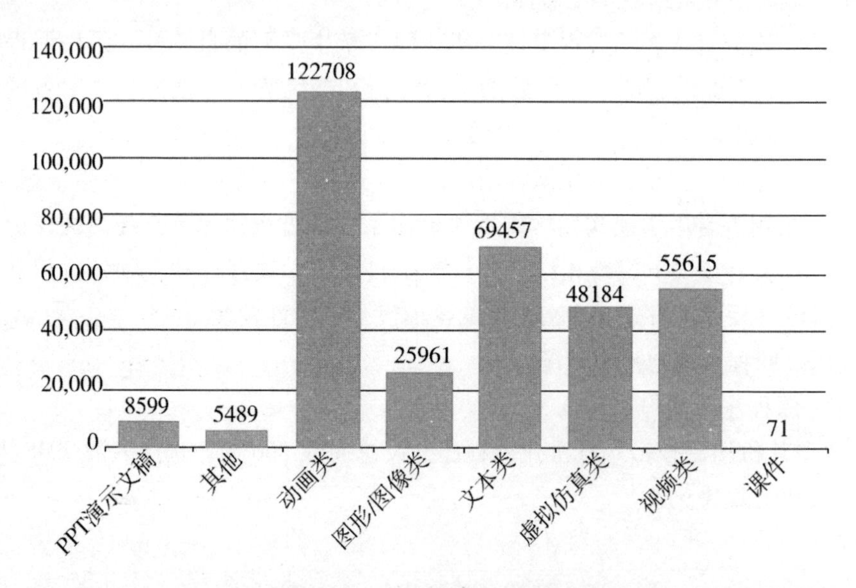

图 9-51　各类资源访问情况

3. 测试与作业情况

发布测验和作业 69 次，共 1246 道题，参与人数 758 人，提交作业数

1340 次，批改作业数 808 次。

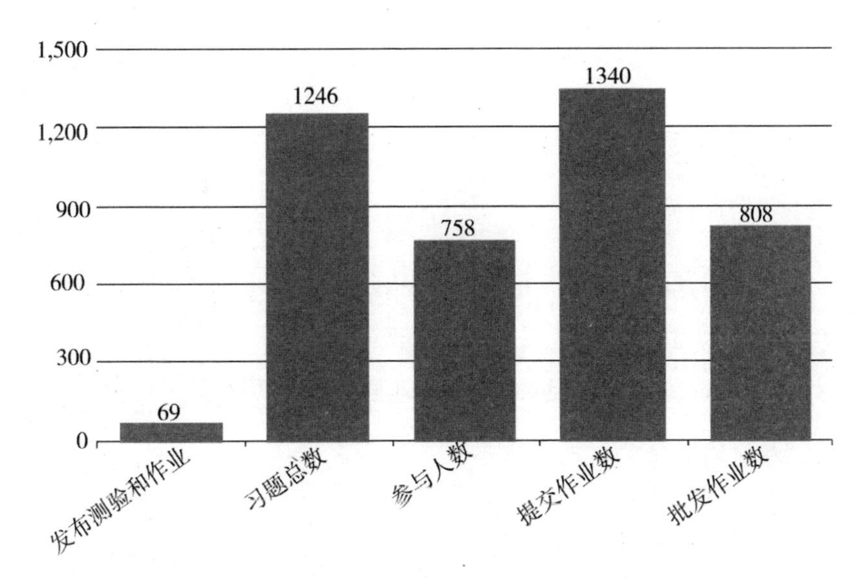

图 9-52 测试与作业情况

4. 课程学习效果

学生点击访问次数为 1225150 次，学习用户访问人数为 2928 人，日活学习用户总数为 14330 人，具体情况如图 9-53 所示，月活学习用户总数为 6671 人，具体情况如图 9-54 所示。

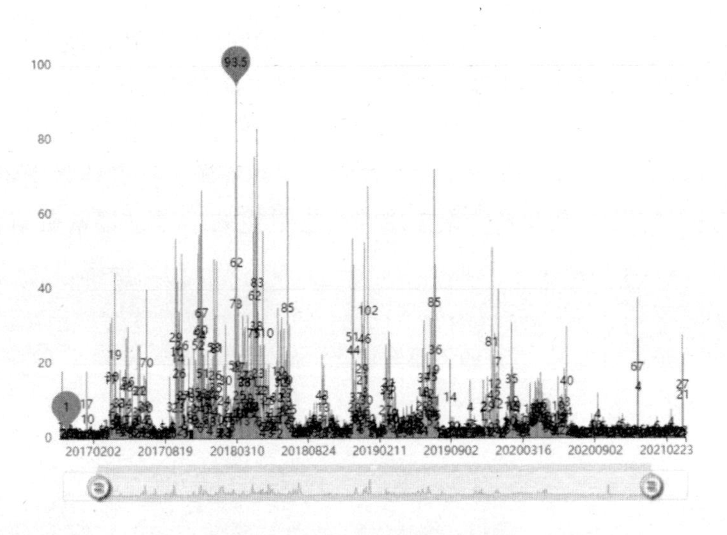

图 9-53 日活学习用户情况

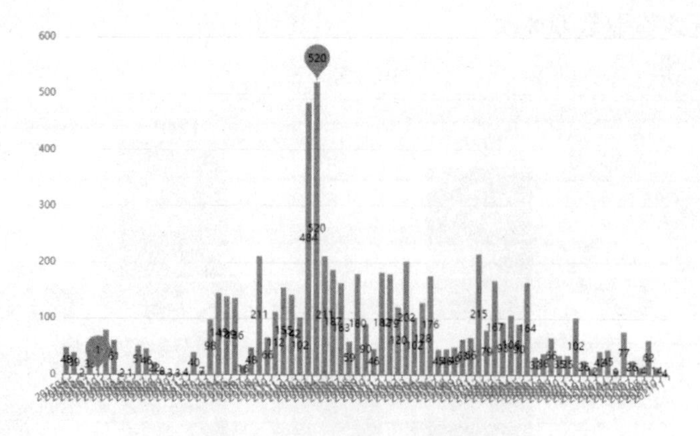

图 9-54 月活学生用户情况

5. 课程应用情况

（1）本校使用情况

我校 2012 级至 2020 级光伏发电技术及应用班、风力发电工程技术班共 1800 余名同学参与使用。通过该课程的学习，能够掌握单片机系统，控制程序设计。

（2）外校使用情况

外校使用院校有天津轻工职业技术学院、佛山职业技术学院、酒泉职业技术学院等 120 所院校。

6. 社会服务情况

（1）以优质配套教材为载体推广应用，全国同类学校普遍使用

《单片机控制技术与应用》教材 2015 年被教育部认定为高职高专“十二五”规划教材，在全国 20 多所职业院校使用，累计销售近 4300 册。2017 年教材再版并嵌入二维码，扫码直接观看优质在线资源，把专业教学资源库分散碎片式的素材资源串起来，让在线课程与学生的学习过程紧密结合起来，实现即学即查，随时扩展，贯通学习。

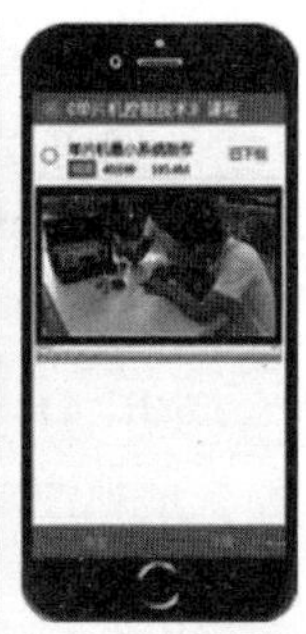

图 9-55 教育部“十二五”规划教材，内嵌二维码，扫码观看优质在线资源

(2) 面向社会培训推广，促进了校企深度融合，教学模式被复制推广

课程为天津圣纳科技有限公司等企业培训员工 210 余人，助力职业教育与行业企业之间有效沟通、技术同步。为国家级骨干教师培训 80 余人，为印度鲁班工坊 EPIP 师资研修班培训外籍教师，教师感觉拓宽了信息化教学思路，已将课程教学模式推广到本校使用。

图 9-56 培训外籍教师、国培、为企业员工培训

天津圣纳科技有限公司总经理魏所库说：“企业需要的是实践能力强、具有良好职业道德的人才，高职教育必须高度重视学生实践能力的培养。单片机课程的混合教学模式，完善了实践教学的不足，切实提高了人才培养质量。”

九、特色与创新

（一）构建立体化特色资源，填补“单片机控制技术”课程领域空白

自主开发了在 PC 端运行的以企业真实产品为载体的“单片机控制技术仿真互动学习系统”、以教材为载体整合 200 余个富媒体资源的“3D 互动电子教材”、使用 AR 技术生成的移动端“虚拟现实实训 APP”均为全国首创、技术领先，填补课程资源空白。

图 9-57　仿真互动学习系统

图 9-58　3D 互动电子教材

图 9-59　虚拟现实实训 APP

（二）形成以学习者为中心的在线课程资源更新迭代机制

1. 线上学习

线上学习可以帮助学生整理学习过程，为学生提供反思的平台，帮助学生使用文字、图片等方式记录自己的思考并在平台的“学习心得”和“学习成果”里将隐性知识显性化。在线学习环境为学生提供了丰富的、可以直接“拿来用”的资源，媒体的多样化能够刺激学生的感官，激发学习兴趣，促进有效的生成。

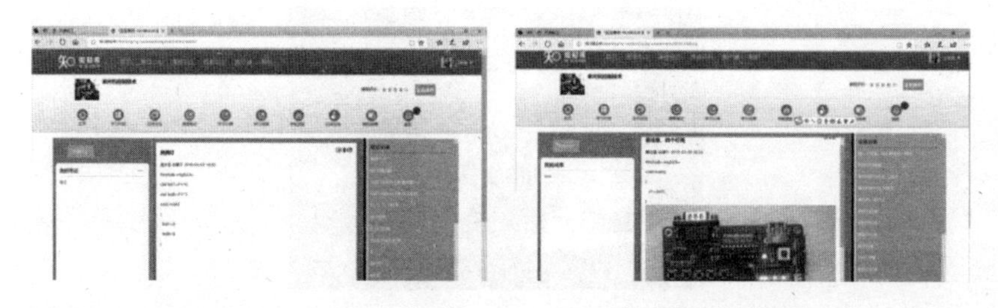

图 9-60　课前生成“学习心得”，课后分享“学习成果”

2. 线下学习

线下课堂的学习发散了学生的思维，促进了资源的生成。在课堂上，师生有充分的时间进行实时的互动交流。学生在学习过程中产生的不同的见解是教师需要抓取的资源“生长点”，抓取到生长点后，需要及时地引导学生思考、表达。教师要依靠敏锐的观察力和感受力发现生成契机，锻炼学生的思维。学生之间也可以在教师的安排下进行适当的交流，表达自己的想法，不一样的思维进行碰撞，会促进思维的生成。为避免互动交流思考产生的资源只停留在课堂上，容易被遗忘，教师要求学生将自己的反思记录分享在在线课程平台“课堂笔记”模块里，学生之间的互动学习不会止步于课堂，可以一直延续到课堂之外。

图 9-61　线下课堂群体交流，促进资源生成

十、实施课程思政教学改革授课效果调查问卷统计报告分析

1. 您认为授课教师在课堂传递正能量方面，有 96.91%的学生认为

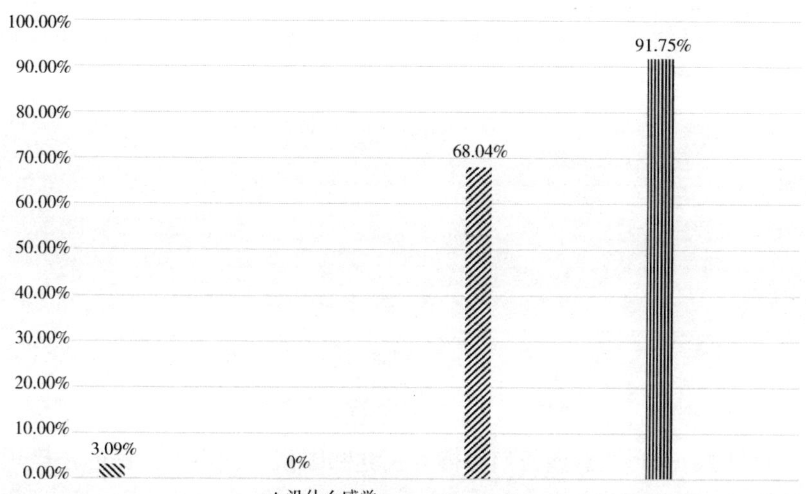

2. 老师在课堂上除了讲授知识，还注重教导学生怎么做人。有 100%的学生认为符合。

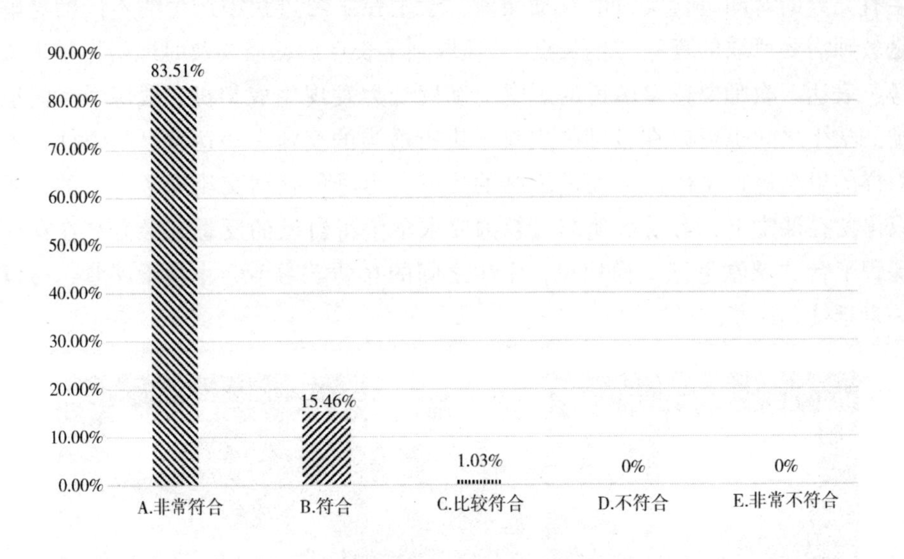

3. 老师能够言传身教，是我们学习的模范。有 100%的学生认为符合。

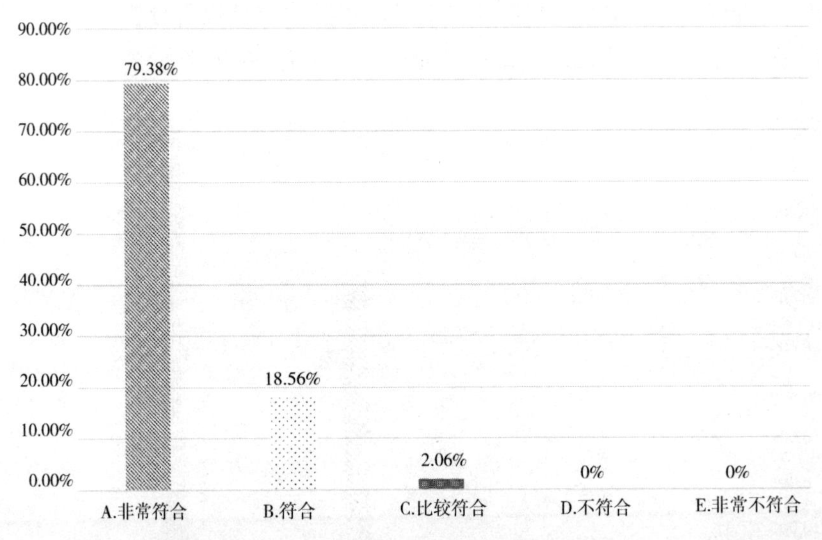

4. 讲课时，老师注意向我们传播有关党和国家、社会、人民的正确理念。有 100%的学生认为符合。

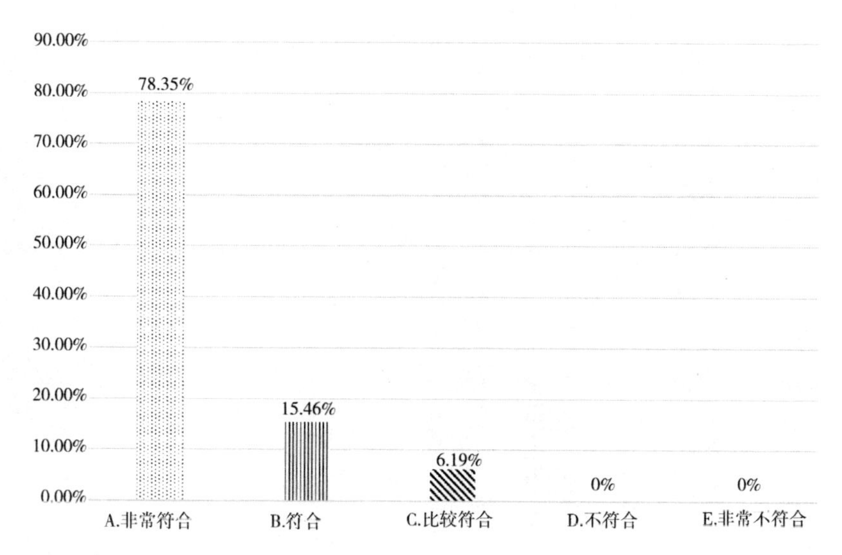

5. 课堂上，老师对我们的道德教育有明显的效果。有 100%的学生认为符合。

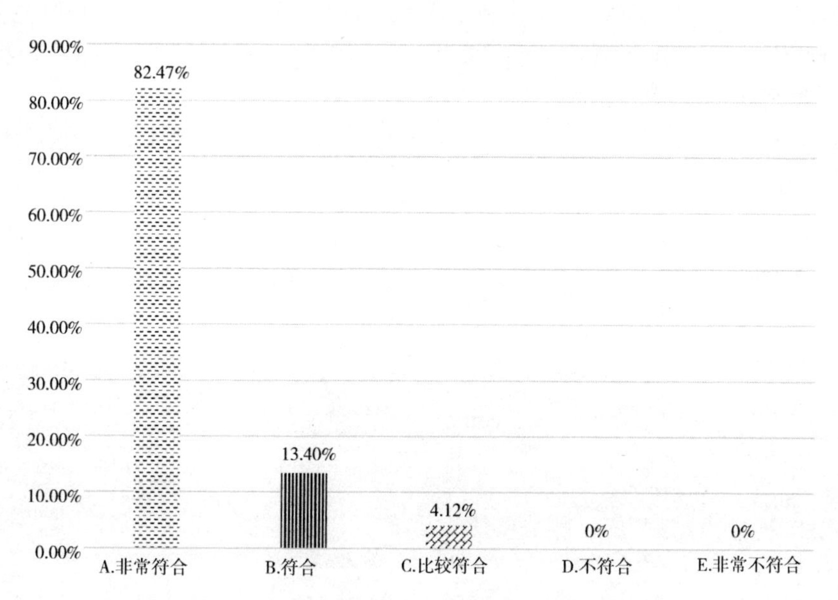

6. 您认为思政内容进入大学课程的必要性如何？有 98. 97%的学生认为有必要。

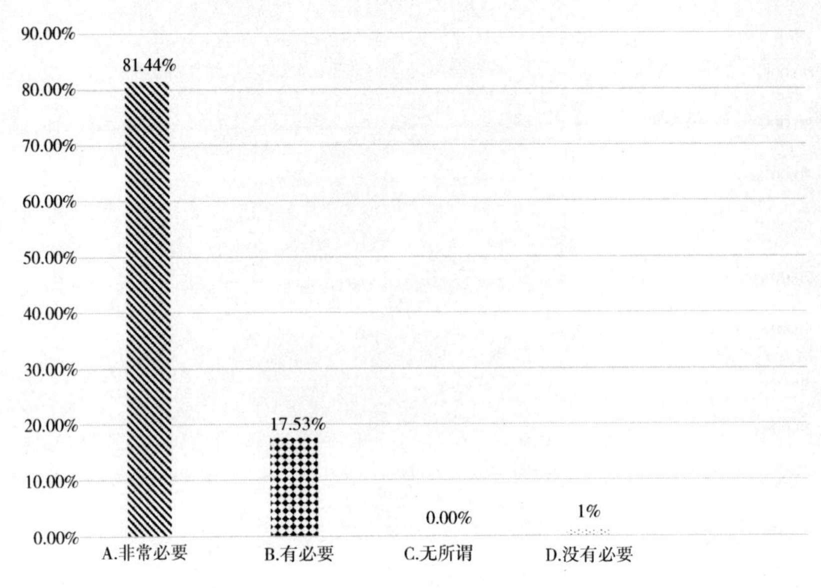

7. 您对思政内容进入大学课程的态度如何？有 97. 94%的学生感觉有兴趣或者欢迎。

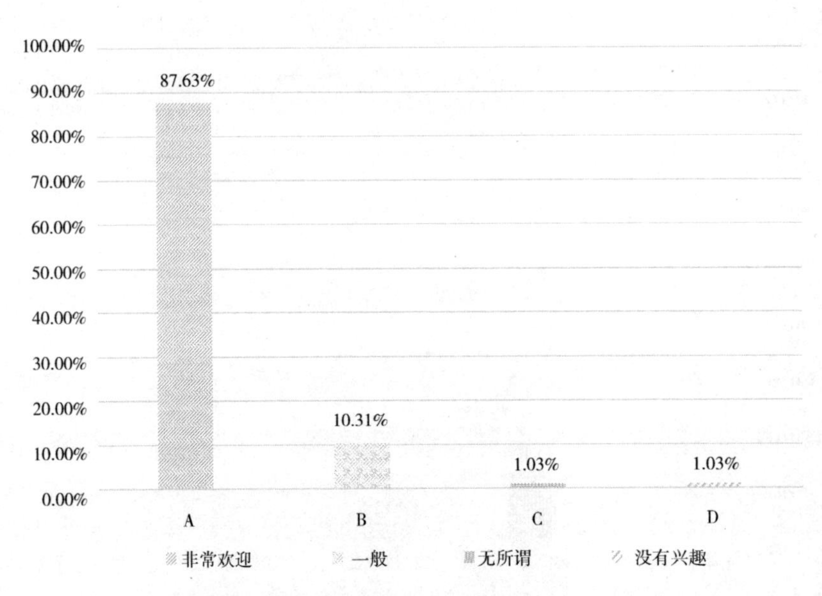

8. 你觉得老师在专业课程中讲授思政内容有用吗？有 94. 85%的学生觉得有用。

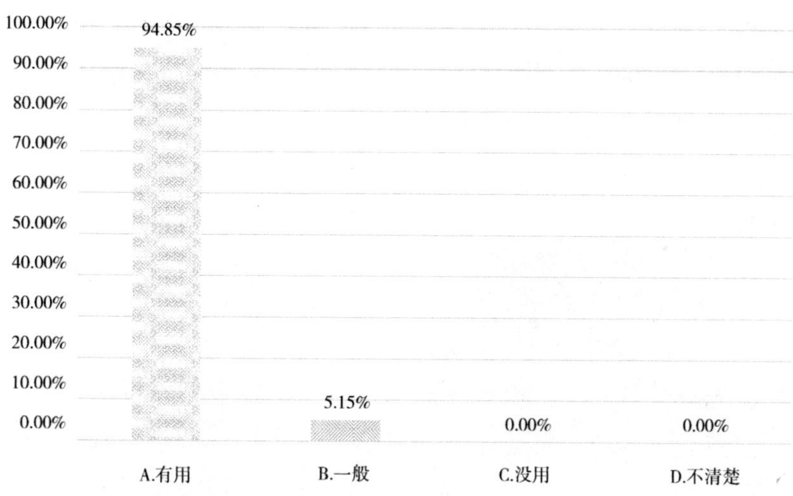

9. 你喜欢老师在专业课程中讲授思政内容吗？有 96.91%的学生感觉喜欢。

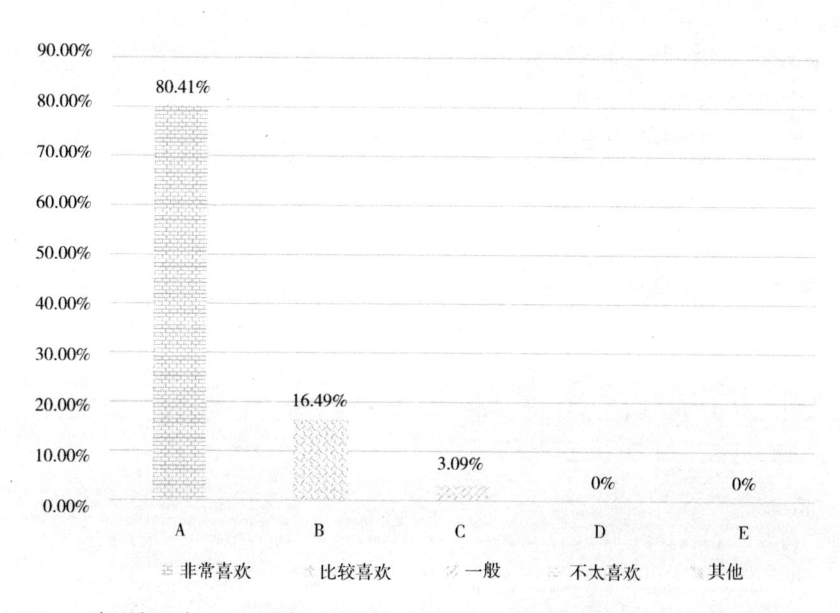

10. 一般课程中一节课加入思政内容的时间有多少？有 98.97%的学生认为 3—10 分钟为宜。

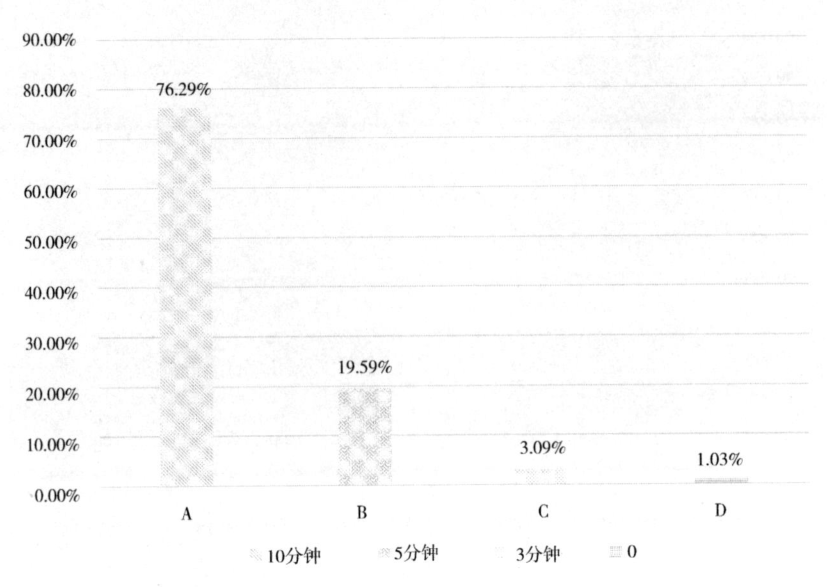

11. 你觉得一门专业理论课程思政内容占多大比例较合适？有 69.07%的学生感觉占比要<30%。

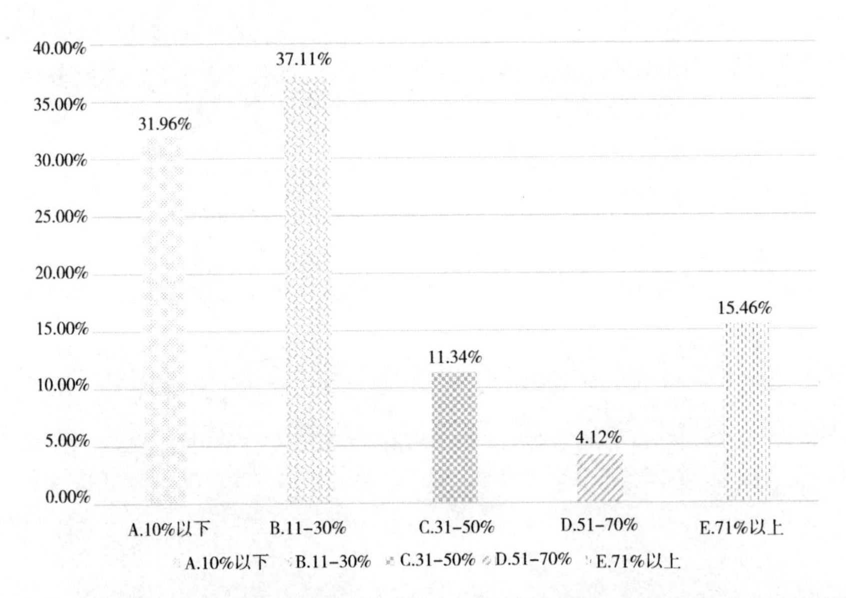

12. 你觉得老师在专业课程中采用哪种方式讲授思政内容比较好？有 91.75%的同学认为每次课开始时先讲一些思政内容或者结合专业课程具体知识点穿插性地讲授思政内容比较好。

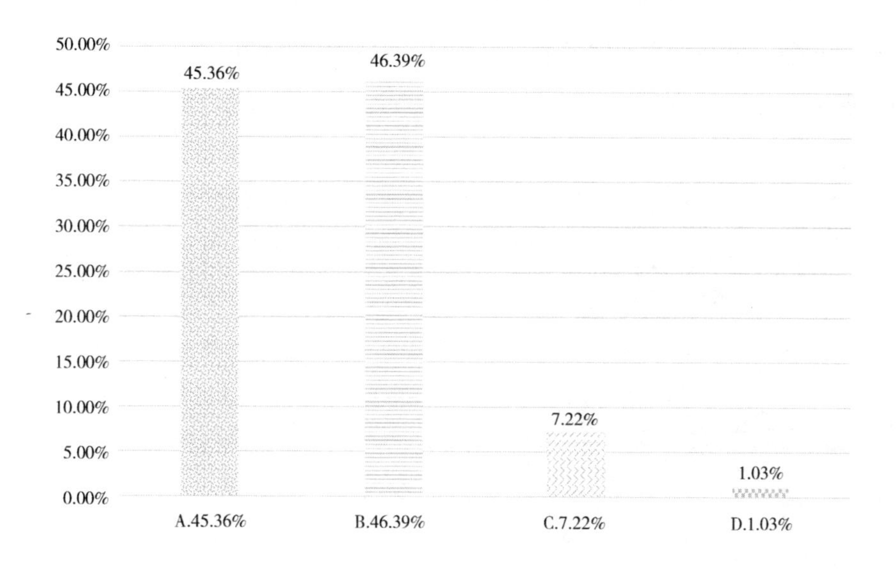

13. 您对思政内容在专业课程中的引入有什么建议？
87.63%的学生希望：形式多样化些；
64.95%的学生希望：多些互动；
48.45%的学生希望：多些课外活动；
58.76%的学生希望：多针对时事热点；
44.33%的学生希望：和专业内容能更加紧密。

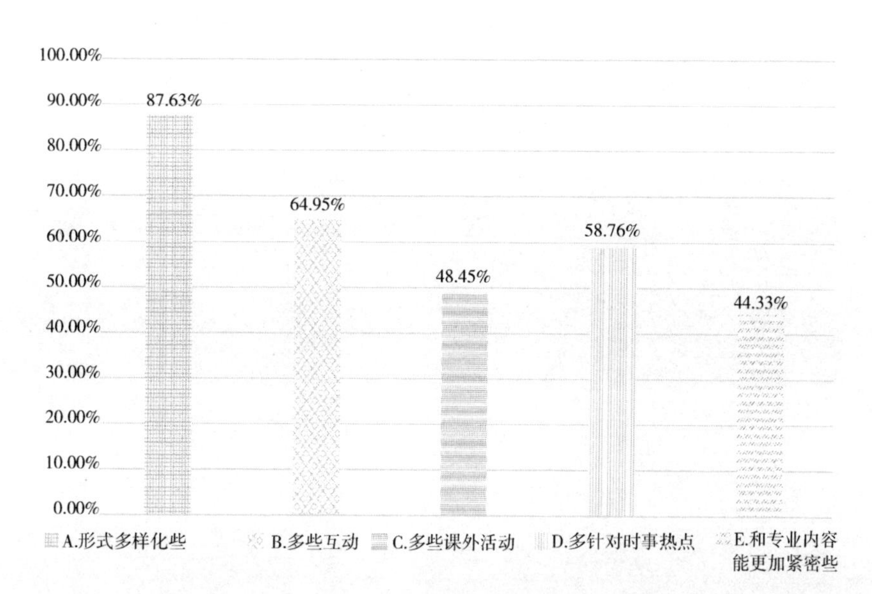

14. 您认为“单片机控制技术”课程授课中融入课程思政元素后，对激

发学习兴趣、提升专业认同感的效果如何？有97.94%的同学认为有帮助或帮助非常大。

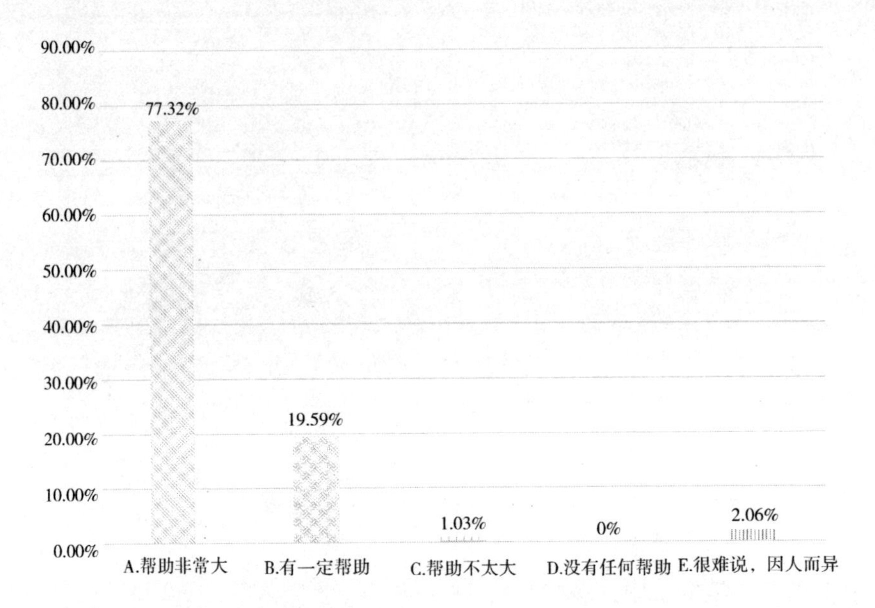

第十章 职业院校技能大赛教师教学能力比赛获奖作品

第一节 课程实施报告—集中式光伏扶贫电站的运行与维护

一、教学整体设计

（一）课程定位

《应用光伏技术》是光伏工程技术专业一门专业核心课程。课程聚焦国家精准扶贫和助农兴农任务，服务光伏产业，助力“双碳”目标。对接光伏电站运维岗位需求，学习各类光伏电站的运维技术技能，培养具备光伏电站运维与管理能力，兼具安全意识、工匠精神、团队精神、劳动精神的高素质复合型技术技能人才。专业课程培养体系如图 10-1 所示。

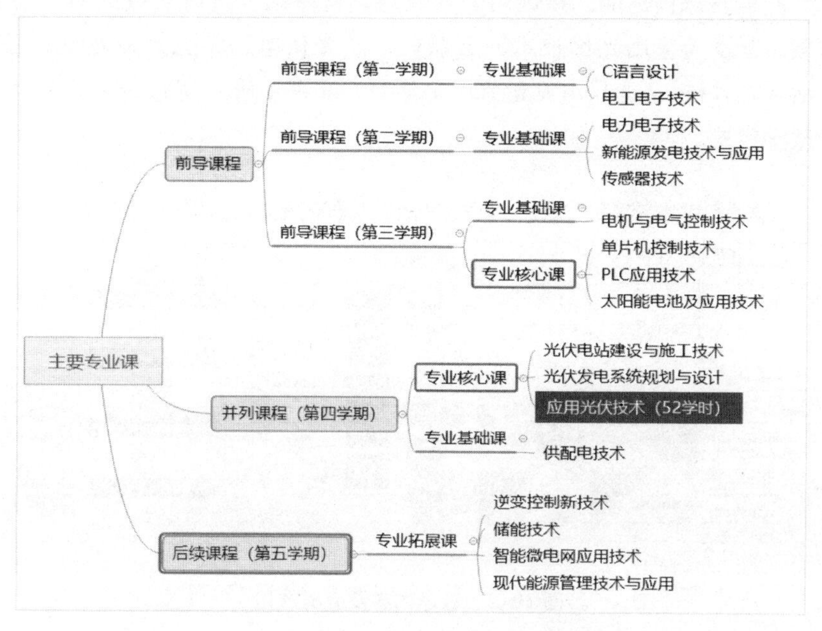

图 10-1 “应用光伏技术”课程在专业课程体系中的位置

（二）教学内容

1. 教学内容重构

依据国家高等职业学校专业教学标准和光伏行业标准 GB/T38335-2019

《光伏发电站运行规程》，对标《1+X 光伏电站运维职业技能等级证书标准》修订专业人才培养方案、优化应用光伏技术课程标准。

对接岗位需求，结合光伏电站典型岗位（站长、运维值班长、运维值班员）工作职责技能需求，提炼典型工作任务。参考专业技能竞赛赛项规程，提炼竞赛技能要点，重构课程内容为五个具有梯度的项目，细化项目为模块，每个模块有专门的老师负责，教师集体备课，实现模块化教学。本次教学内容选自项目四集中式光伏扶贫电站的运行与维护，分为四个模块，每个模块由 N 个任务构成，共 16 学时，在本课程中处于核心地位，如图 10-2 所示。

2. 教材选用

国家级职业教育教师教学创新团队，共同开发了国家级专业教学资源库配套教材《光伏应用技术》，开设在线开放课程，紧跟行业发展，6 年注册学习者 3300 余人，《光伏应用技术》被评为“十三五”职业教育国家规划教材。

将《光伏电站运维职业技能等级培训》教材作为辅助教材，落实学生职业技能等级证书的培养要求；同时依据《1+X 光伏电站运维职业技能等级证书标准》编写课程标准，在选用国家规划教材基础上进行活页式新形态教材的探索，开发《应用光伏技术》云教材、《光伏电站常见故障及维护技巧》校本活页式教材、《光伏电站运维——活页式实训手册》实施线上线下理实一体的教学模式。

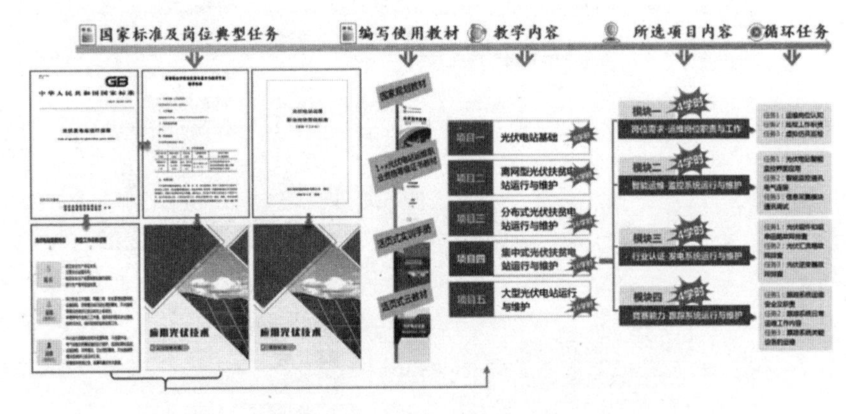

图 10-2　教学内容及教材选用

（三）学情分析

授课对象为高职二年级学生，通过前导课程的学习，学生已掌握了新能源发电基础、电气控制、PLC 等基础知识，为课程的学习奠定了基础。

1. 知识技能基础

已经掌握光伏电站类型和系统结构，了解主要电气设备、光伏电站安全防护知识和相关检修工具使用方法，了解案例学习具体步骤。从课前职教云平台数据反馈，学生规范操作和危险源认识还有提升空间，对于分布式电站主要电气设备的工作原理分析能力有待提高。

2. 认知实践能力

能够根据分布式光伏电站进行村级和户用级电站的巡视计划并开展运行维护，能够正确选择并使用安全工具在实训设备上完成对发电系统、控制系统以及储能系统的维护，能够识别危险源并做好安全防护，能够完成虚拟仿真环境下的运行维护实操训练。

3. 学习特点

（1）形象思维较强，对直观现象感兴趣，愿融入情境以专业岗位视角体验式学习技术技能，因此实施情境教学。

（2）信息化能力和网络学习能力强，习惯用信息化形式进行沟通、学习、表达，因此借助网络学习平台、虚拟仿真软件、VR 仿真系统实施混合式教学。

（3）生源多样，学生主动性、适应性、独立性、表现力等方面存在差异，因此因材施教实施分层教学。

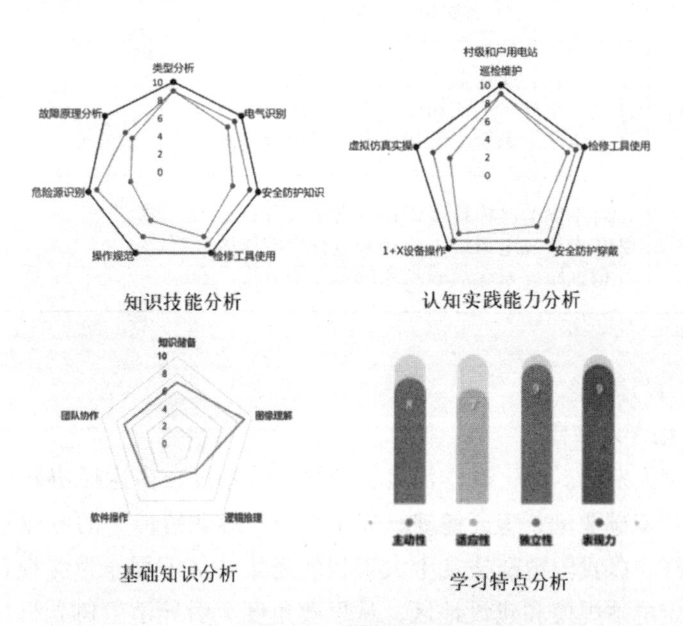

知识技能分析　认知实践能力分析

基础知识分析　学习特点分析

图 10-3　学情分析

（四）教学目标

依据人才培养方案、课程标准、学情分析及职业岗位需求情况，确定教学目标与重难点。如表 10–1、表 10–2 所示。

表 10–1　教学目标

素质目标	①具备一丝不苟、精益求精的工匠精神； ②具备敬业守分、创新精进的工程伦理意识； ③具备协同合作、大局意识的团队精神； ④具备规行矩步、防微杜渐的安全劳动精神； ⑤具备科技报国、无私无畏的使命担当。
知识目标	①熟悉运维岗位运行规程； ②熟悉监控系统常用检测模块通讯调试方法； ③掌握发电系统、跟踪控制系统常见故障原因分析方法。
能力目标	①具备光伏电站巡检规划能力； ②具备能监控平台调试、操作及故障识别能力； ③具备集中式光伏电站常见故障分析和解决实际故障能力； ④具备根据电气原理图分析故障原因的时间能力。

表 10–2　教学重点及难点

教学重点	①汇流箱、逆变器检测端通信测试； ②光伏组件、汇流箱和逆变器故障类型及特点； ③光伏跟踪系统电气接线及故障排查方法。
教学难点	①对不同监测模块通讯调试方法区分； ②在光伏发电系统故障排查过程中的原因分析； ③根据跟踪系统故障现象故障原因分析。

（五）设计理念

1. 强化育人宗旨

强化育人宗旨，深化教学深度，细化评价精度，多途径协同攻克教学重难点。将“双碳驱动、工匠铸魂、安全意识、劳动精神”的专业育人宗旨贯穿课程始终。以我国精准扶贫十大工程的光伏扶贫工程作为课程背景，从专业角度确定电站规模和建设地区，从思政角度上引导学生树立科技报国、无私无畏的使命担当。通过政策背景的学习，学生树立专业自信，了解岗位需求，有的放矢进行知识探索和学习，提高学习积极性。

2. 岗位需求引领多元评价

依据职业岗位技能要求，以光伏电站运行维护为任务，以光伏扶贫政策为依据，将光伏电站按照规模和岗位差别分类，归纳岗位流程，从岗位认知、岗位技术学习、岗位技能实践逐级分层，符合学生由简入繁、由易到难的认知规律。既能使普通学生具备运维值班员岗位能力，又能挖掘部分优秀学生从事运维值班长、站长等管理岗位的潜力，实现梯度分层教学。

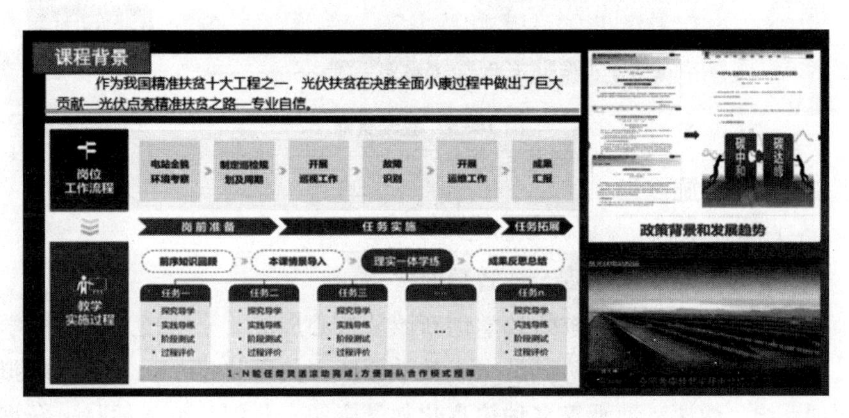

图 10-4 设计理念

规划课中教学流程及评价点，将知识评价和素质评价相融合。

四个教学环节：前序知识回顾、本课情境导入、理实一体学练、成果反思总结；

N 个学习任务：任务 1、任务 2、…任务 n；

四个学习步骤：探究导学、实践导练、阶段测试、过程评价；

细化教学过程和教学评价精度，为后续增值性评价提供数据依据。全程关注学生对知识吸收成效，教学评价做到实时、公平、公正、公开，培养学生良好的道德素养，调动学生积极性。

（六）教学策略

将“双碳驱动、工匠铸魂、安全意识、劳动精神”的育人理念贯穿教学全过程，制定了教学总体策略。以学生为中心，创造性开发利用信息化教学资源；岗课赛证融通，开放性规划教学内容；模块化 N 任务循环，生成性开展教学实施。完成“知责识险、担责避险、强能创新、立德创新”四阶目标，确保线上线下课堂教学同质等效，最终达到“德技并修劳美同行”的目标。

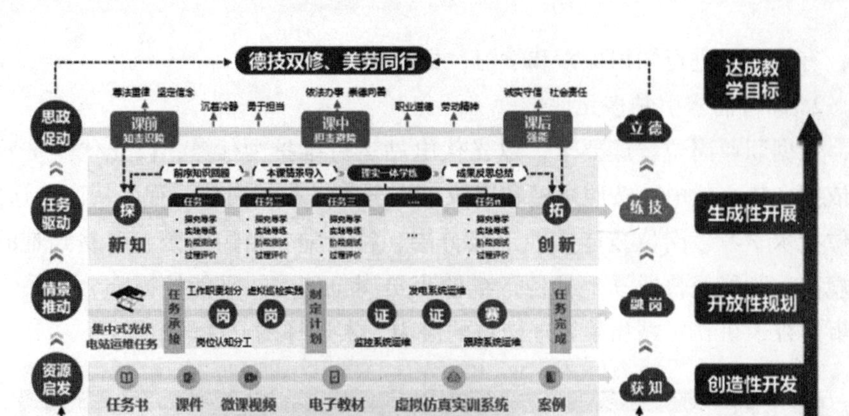

图 10-5 教学策略

二、教学实施过程

（一）整体实施

1. 三教改革合力打造混合式智慧课堂

首批国家级职业教育教师教学创新团队核心成员、全国轻工行业教学能手、市级课程思政名师团队成员组成教学团队，共研共建 VR、PC 端虚拟仿真实训系统、微课、动画等多种信息化教学资源，共创共编云教材、新型活页式教材、工作手册等融媒体教学材料。结合情境教学法等多种教学方法，依托线上国家级教学资源库、职教云等学习平台，线下国家级新能源实训基地、虚拟仿真示范基地等环境，开展混合式模块化教学，最终使学生乐中学、思中学、做中学。

教师		教材		教法	
类型	人数	教学资源	教材	平台环境	教学方法
副教授	1	（全场巡检）VR视频资源	蓝墨云教材	职教云平台、腾讯会议	情境法 乐中学
讲师	3	微课资源	规划教材、新型活页式教材	虚拟仿真实训基地	问题导向法 思中学
高级工程师	1	互动系统	活页式实训工作手册	1+X实训基地	项目法 任务驱动法 做中学
工程师	3			技能大赛实训室	
国家级教师教学创新团队成员	4				
省市级课程思政名师	2				
专业带头人	1				
骨干教师	3				
双师型教师	4				

图 10-6 教师、教材、教法三方合力

2. 构建“四师三阶段、双线四环节、N 任务循环”教学模式

创新模式多环节提升学生兴趣。专业教师、企业工程师、思政教师和班级辅导员共同参与教研活动，打造专业知识主线和思政元素主线贯穿的全员、全方位育人环境，使专业知识和思政元素有机融合确保课前、课中、课后三环节全方位服务学生，课中学习创新采用模块化四环节教学流程，配合 N 任务循环学习模式，使学生体验低碳循环可持续发展理念，鼓励学生思考，实现深度学习。

图 10-7　“四师三阶段、双线四环节、N 任务循环”教学模式

将“工匠精神、工程伦理意识、团队精神、安全劳动精神、使命担当”的价值引领，凝练到“双碳驱动、工匠铸魂、安全意识、劳动精神”育人理念的教学全过程，结合专业特性，从德育和职业素养两方面，梳理出思政元素，采取多种形式，优化课程思政建设。

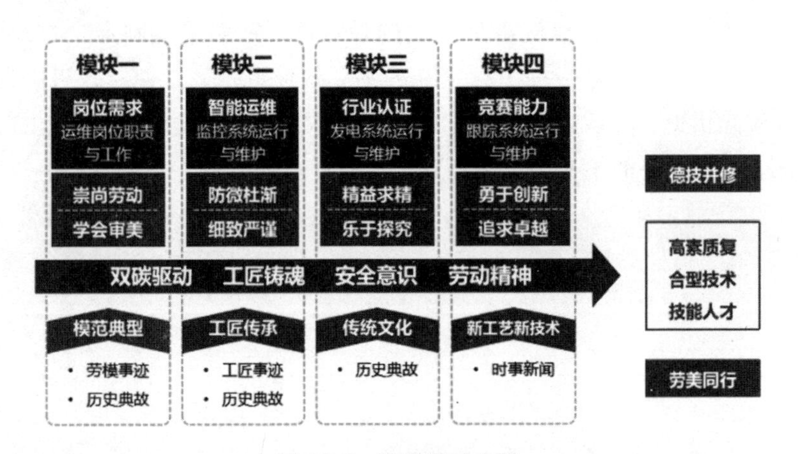

图 10-8　课程思政主线

采用腾讯课堂与面授相结合的方式，并以云课堂为辅助进行相关教学活

动。教学实施过程分为课前、课中和课后三个阶段，课中融入头脑风暴、讨论、小组 PK 等课堂互动，强化过程性考核和科学评价，将信息化技术与教学策略有机融合。

以“近郊某村贫困户的一座兆瓦级集中式光伏扶贫电站出现故障紧急招聘光伏电站运维团队”案例，带领学生进入岗位角色。岗位招聘情境贴近学生需求。

（1）课前自主探究

教师针对教学重难点设计课前任务。根据学情分析和教学重难点，建设资源，进行文本整理，更新活页，设计流程。学生做好预习，整理知识清单，收集资料，进行新知初练。教师发布任务，数据跟踪，及时调整教学策略，进行二次备课。

（2）课中融岗练技

基于专业知识主线情境，围绕岗位职责分工（融岗）—监控系统运维（融 1+X 证书）—发电系统运维（融 1+X 证书、技能竞赛）—跟踪系统运维（融技能竞赛）四大任务模块层层递进，通过“探究导学—实践导练—阶段测试—过程评价”四个环节层层剥茧，帮助学生掌握集中式光伏扶贫电站运维岗位所需技能，化解重难点，实现“岗课赛证”融通，提高学习效率和学习兴趣，丰富课堂知识。

（3）课后拓展提升

课后开展第二课堂，答疑辅导，个性帮扶。学生巩固知识点，教师数据跟踪分析课堂。在云课堂开设辅导答疑板块，及时梳理问题，回放教学内容。对学生个体关注体现在承认每个学生的独特性，针对差生制定个性化辅导，及时对学生的努力、进步提出肯定和鼓励。积极组织第二课堂，巩固课上知识，开展光伏史、时事热点等学生感兴趣和关注的话题，加强与学生的互动和交流，掌握学生的学习动态，拓宽学生视野。

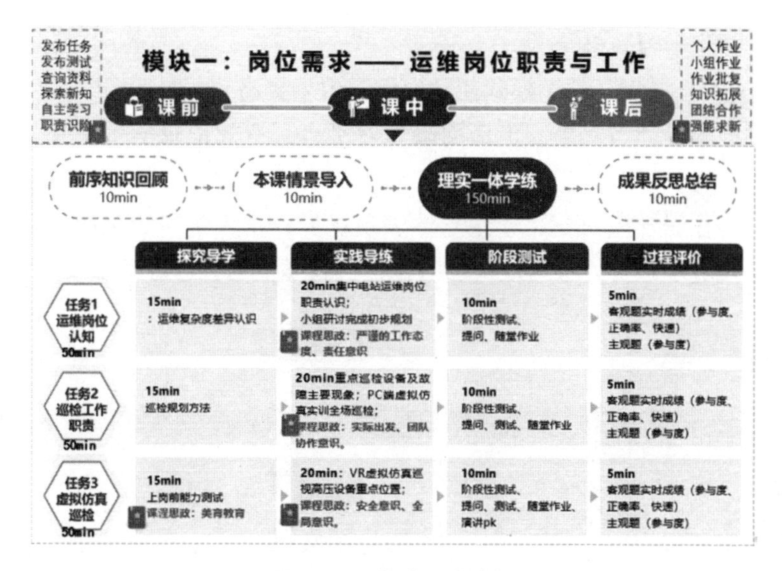

图 10-9 教学实施案例

（三）评价方式

“四师三阶段、双线四环节、N 任务循环”模块化教学模式有效记录学生各环节表现，为多元化评价奠定数据基础，将素质评价有机融合到过程性教学评价各环节。借助职教云平台、云教材实现教学全程记录和评价，开展大数据分析，环环相扣、多途径修正，让每一个学生都有提升的机会。本模块评价方式为过程性评价（70%）与结果性评价（30%）相结合，如图 10-10 所示，知识评价和素质评价相融合。

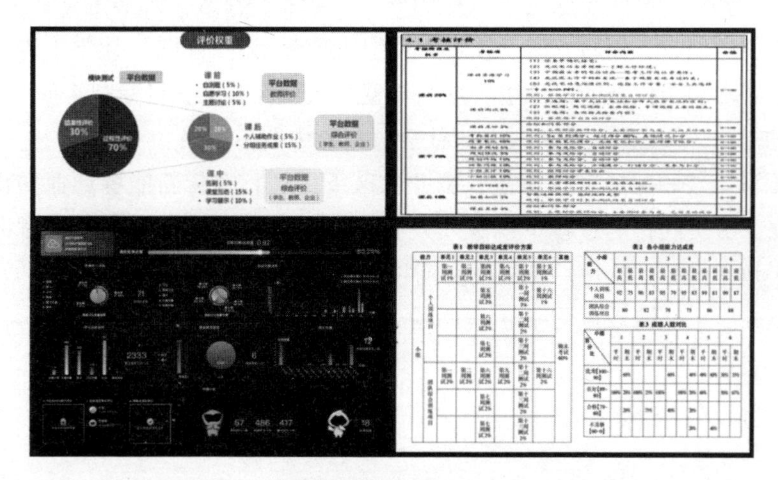

图 10-10 评价方式

三、学生学习效果

（一）N任务循环教学模式使学生学习效果提高

通过教学设计与实施，借助网络学习平台，有效记录学生表现，将数据归纳分析，进行横向知识技能吸收比较、纵向自身学习对比，得出项目四学生成绩。与往届学生对比，学生整体表现优异；个人学习情况的比较，大部分学生呈现进步趋势，参与度增加明显，得到学生的普遍好评。

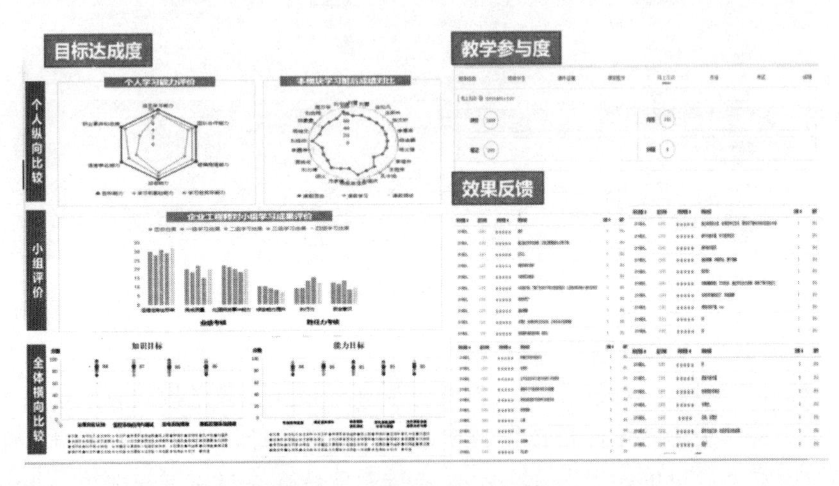

图10-11　学生学习目标及评价

（二）岗课赛证融通，使学生考证率和获奖率大幅提升

“证课”融通后本项目教学内容占“1+X技能等级证书”考试内容的13.6%，学生“考证”通过率达到91%。“赛课”融通扩大学生竞赛受益面，学生在创新创业、创新方法、技能大赛中表现突出。“岗课”让学生进一步了解岗位需求和岗位技能，学生研发的新型光伏组件方案获得专利4项。

（三）一、二课堂有机融合，社会服务能力明显增强

参与“普职融通”进课堂，服务社区下街道，宣传新能源环保知识，德技双修、劳美同行的思政主线深入人心，学生通过实际行动展示了对课程思政融入教学内容的认可。积极投身到技术革新，服务家乡、服务中小微企业、双碳驱动、工匠铸魂的专业主线驱使学生创新创造，得到区团委、学校方的认可和表彰。

图 10-12 （左）社会服务 （右）岗课赛证融通

四、特色与创新

（一）构建“课程思政”+“岗课赛证”融通的育人模式

发挥特色高水平示范校重点建设专业优势，作为光伏专业课程思政体系中的重要环节，重点突出本课程思政要素对本课程“岗课赛证”融通的黏合作用。

（二）创新“四师三阶段、双线四环节、N 任务循环”教学模式

创新教学模式多环节持续提升学生兴趣。四导师共研，打造专业、思政双主线贯穿的全员、全方位育人环境，确保课前、课中、课后三阶段全过程服务学生，课中模块化四环节教学流程，配合 N 任务循环学习模式，体验式感受低碳循环可持续发展理念。

（三）国家级优质资源助力学生多元化快速发展

首批国家级职业教育教师教学创新团队重要成员合力市级课程思政名师团队优势，搭建国家级教学资源库在线开放课程，依托国家级新能源实训基地、虚拟仿真示范基地，共研编“十三五”规划教材、新型活页式教材、工作手册及云教材。培养光伏电站运行维护技术技能，培养创新意识强、创业意识优、技术技能硬、行业企业认可度高的高素质复合型技术技能人才。

五、反思与改进

（一）虚拟仿真案例库有待丰富

虚拟仿真中要设置更多情境，紧跟技术发展、“1+X”取证和大赛要求，持续更新虚拟仿真实训系统资源，培养学生综合运用能力，给学生提供更多真实岗位的实习机会，同时增加虚拟仿真线上教学功能，突破线下虚拟仿真的局限，满足特殊情况下学生实时仿真学习的需求。

（二）增值性评价体系有待优化

基于过程和结果性评价方式，探索一种适合于学生学习个性化发展的增值性评价方式，探索一种增值评价数学算法，依靠学习平台大数据分析功能，辅助完成教学全过程，实现对学生个体的增值性评价方式。

六、融入 1+X 职业技能等级证书重构课程体系

聚焦京津冀新能源产业发展规划，积极对接国内新能源龙头企业：光伏行业组件生产型企业英利集团、中环电子、晶澳太阳能等；风电设备制造企业瑞能电气、明阳风电、金风科技；电力系统运维企业江西电建电力有限公司、国电洁能电力有限公司等。通过与企业的积极交流，分析京津冀新能源产业对专业技术技能人才需求，梳理产业链中典型工作岗位群，明确核心能力，积极参与制定光伏电站运维“1+X”职业技能等级证书标准，将光伏行业新知识、新技术、新标准、新工艺以及“1+X”职业技能等级证书标准融入专业人才培养方案建设，优化课程设置和教学内容，形成新的课程体系（见图 10-13），提升专业群与产业链的匹配度。

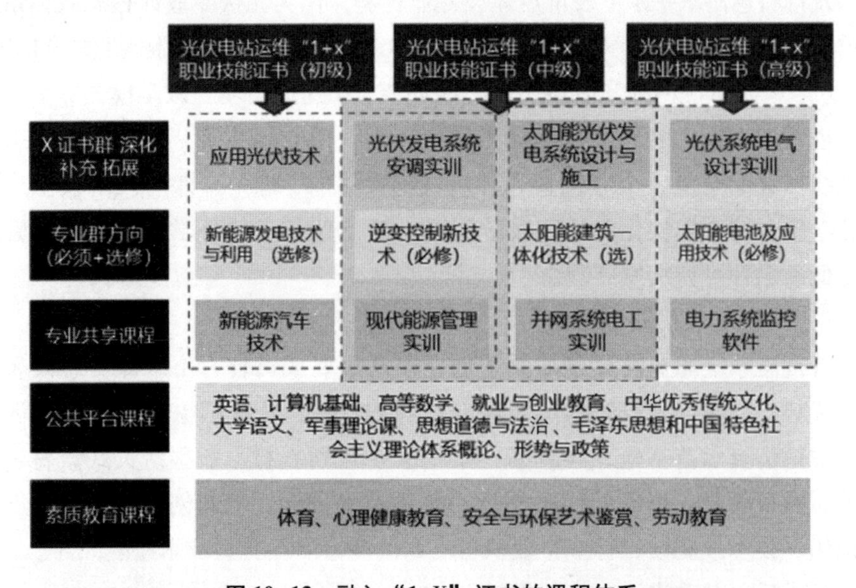

图 10-13 融入“1+X”证书的课程体系

以行业企业技术发展为引领，聚焦专业建设发展需要，与浙江瑞亚能源科技有限公司进行深度合作，联合开展光伏电站运维“1+X”职业技能等级证书标准、培训工作标准的研究与制定工作。将证书培训内容有机融入专业人才培养方案，优化课程设置和教学内容，形成对接职业标准的课程体系。学院已建成光伏电站运维“1+X”证书实训室，成为光伏电站运维“1+X”证书师资培训基地和学生取证考点。2020 年 8 月，团队成员赴企业参加“1+X”证书师资培训；12 月，来自天津 3 个职业院校的 12 名相关专业教师在我院师资培训基地开展了“1+X”证书师资培训，推进了“1+X”师资培训工作的落实。

第二节 课程实施报告——风电机组吊装

一、教学整体设计

（一）课程定位

“风电机组安装与调试实训”课程是风力发电工程技术专业的一门实践课程。通过本实训课程，使学生了解安全操作规范，熟练掌握钳工、电工的操作技能，学会各种典型工具的使用方法；掌握机械零部件装配、吊装、调试的基础知识，学会风电机组轮毂、机舱等的车间装配调试工艺，塔筒、机舱、发电机、叶轮等的现场吊装规范和过程，以及整机的调试试运行。在巩固、扩展所学理论知识的同时，让学生可以学到更多的实践知识，提高动手和实际操作的能力，养成良好的劳动习惯和职业素养，并在创新意识、团队协作、交流表达、信息处理、分析问题与解决问题等各方面得到提高，以适应岗位要求。

本课程的前序课程是“电工电子技术”“风电场建设基础”“风电机组安装与调试”，后序课程是“风电机组控制技术”“风电场维护与检修技术”，本课程与前、后序课程共同打造学生的风电机组安装、调试与检修的实践能力。课程开设在第3学期，共30学时，1学分。

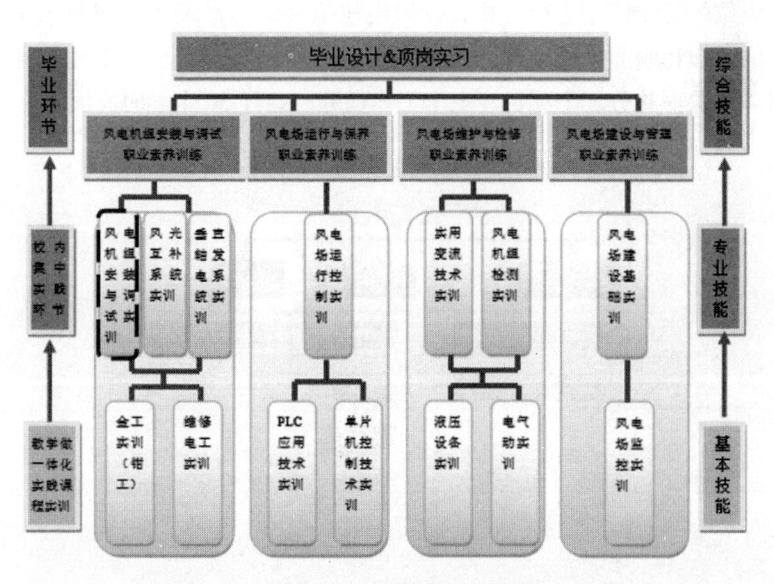

图 10-14 风力发电工程技术专业实践体系图

（二）学情分析

1. 授课对象

风力发电工程技术专业三年制二年级学生。

2. 学生原有知识分析

学生已具备计算机、电工电子技术、机械装配、PLC、风电场建设基础、风电机组安装与调试、单片机控制技术、发电机原理等的基本知识，但缺乏对几种知识的综合应用，尤其缺乏实践操作。

3. 学生学习特点分析

学生对视频、互动、仿真等信息化技术感兴趣，形象思维强于逻辑思维，综合分析能力较弱，对风电设备的实际应用能力不强，目前已经具备了风力发电技术各部分的理论知识，有待将理论知识进行整合，并应用信息化手段与实物练习相结合。

4. 预估教学难点

风电机组吊装操作过程中，安全操作规范意识有待加强。

（三）教学内容

1. 课程教学内容

本课程贯彻《国务院办公厅关于深化产教融合的若干意见》《国家职业教育改革实施方案》（“职教 20 条”）的文件精神，落实党的产教融合工作方针政策，由校企合作共同制定教学内容。基于实际工作过程进行设计，通过对风电行业岗位的工作任务进行分析，以风电机组装配与吊装工作过程为主线，结合学生的认知和职业成长规律，由浅入深进行能力培养，引导学生快速、全面地学习。本课程共分三个项目，七个工作任务，共计 30 个学时。

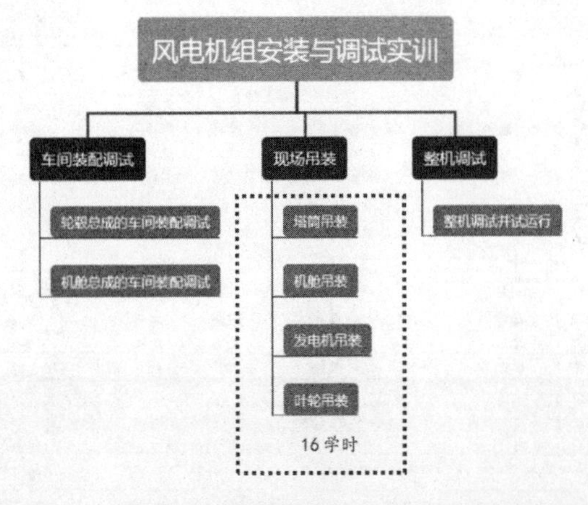

图 10-15 “风电机组安装与调试实训”30 学时课程内容

2. 参赛教学内容

参赛内容选自项目二：现场吊装，共计 16 学时。

表 10-3 教学任务设计

序号	任务名称	思政元素	学时分配
任务 1	塔筒吊装	风电场安全事故警醒：增强安全意识和职业素养，遵守相关法律法规。 塔筒吊装的规范操作：增强安全意识和培养正确劳动观。 工位的整理：培养良好的劳动素养。 中国风电行业发展历史和现状：增强民族自豪感和职业认同感，增强“四个自信”。 分组完成塔筒的吊装工作：用于克服困难，提高团队协作能力。	6 学时
任务 2	机舱吊装	风机机舱外壳坠落事故：增强一丝不苟的工作态度。 机舱吊装的规范操作：增强安全意识和培养正确劳动观。 工位的整理：培养良好的劳动素养。 安全生产微电影《螺思》：做事专注。 分组完成机舱的吊装工作：用于克服困难，提高团队协作能力。	6 学时
任务 3	发电机吊装	我是演说家之《工匠精神》：了解工匠精神的内涵，倡导学生在今后的工作中要不怕辛苦，专注做好每一件事。 发电机吊装的规范操作：增强安全意识和培养正确劳动观。 工位的整理：培养良好的劳动素养。 分组完成发电机的吊装工作：用于克服困难，提高团队协作能力。	2 学时
任务 4	叶轮吊装	深度报告——丹麦、德国、英国、中国海上风电发展趋势分析：了解海上风电未来发展的趋势，增加自己职业的认同感，坚定信心，努力学习，为了中国风电事业努力奋斗。 叶轮吊装的规范操作：增强安全意识和培养正确劳动观。 工位的整理：培养良好的劳动素养。 分组完成叶轮的吊装工作：用于克服困难，提高团队协作能力。	2 学时

（四）单元教学目标

依据国家标准、行业规范、《风力发电工程技术专业人才培养方案》、《风电机组安装与调试实训课程标准》，在学情分析的基础上，确立正确的教学目标，坚持立德树人，将“六育”贯穿实训教学过程，把培育和践行社会主义核心价值观融入和细化到每堂课的教学过程中，专业教学渗透思想政治教育，使学生多方面发展。

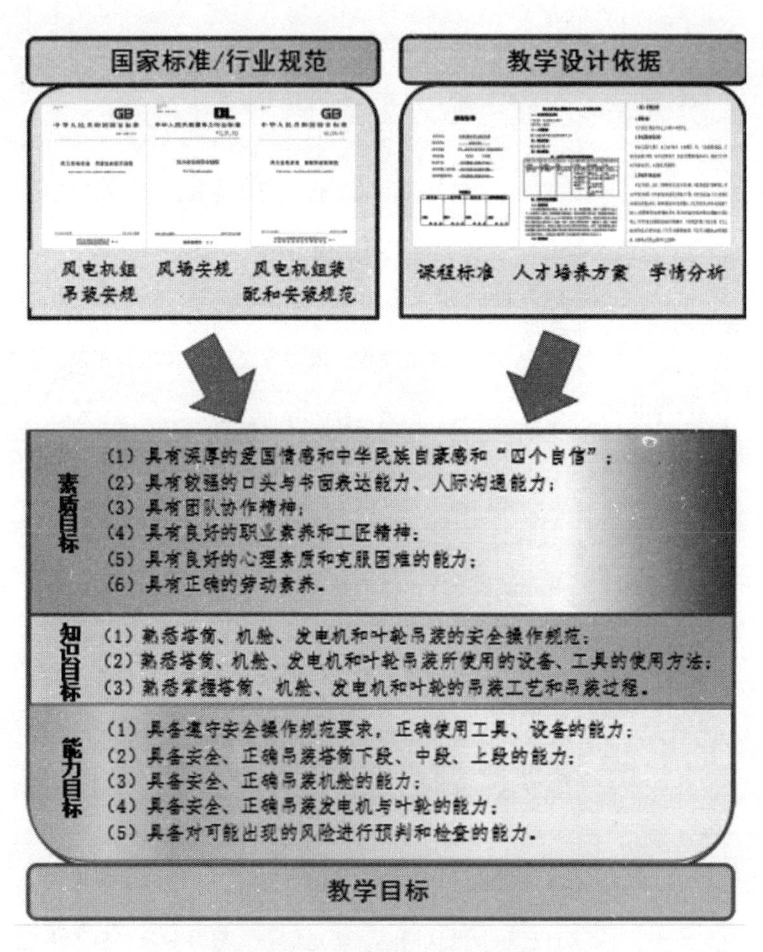

图 10-16 教学目标设定路径图

二、教学实施过程

（一）“一主线、双师制、模块化、混合式”教学模式

“一主线”：以真实风电机组吊装的工作顺序为主线，将实践教学和理论

教学结合起来，提升学生操作能力。

“双师制”：本课程由校内教师与企业兼职教师共同授课，课程中引用大量的工程实例，实训内容贴近实际工作，有助于缩短学生就业时的适应期。

“模块化”：针对风力发电机组安装与调试岗位的能力要求，实行模块化教学，以风电机组吊装岗位任务为依据确定模块，即安全操作规程、工具设备使用、吊装工艺流程三个模块，实现岗位能力的全覆盖。

“混合式”：将线下面授教学方式和线上网络教学方式相融合，将实训过程中相关理论知识及操作步骤的视频、多媒体 PPT 课件等信息化网络学习资料，以及实训日程和实训任务等内容，通过网络发布给学生，实现学生自主学习，充分发挥其学习主体的能动性和自主性，教师起到引导、监督学生的作用。

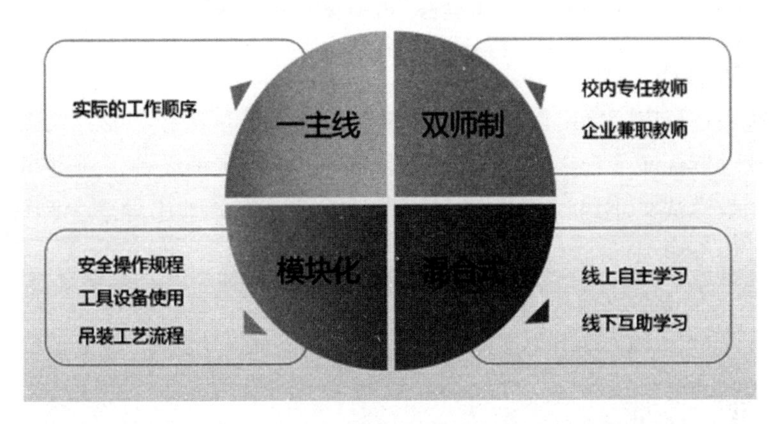

图 10-17 “一主线、双师制、模块化、混合式”教学模式

（二）教学策略

1. 教学设计思路

结合项目教学内容和教学目标，本项目的教学设计是以风电机组吊装为主线，实行“双结合、双融合”的教学设计思路。

“双结合”是指教学依据风电机组吊装的流程，将真实风机的吊装工艺要求与模拟设备的吊装工艺要求相对比，通过工程案例，由企业工程师讲解真实设备吊装的工艺流程，由校内教师依托模拟设备和示范操作，两者结合，提高学生的动手操作能力。

“双融合”是指把课程思政元素（“六育”）融入教学组织、任务实施等各个环节，将民族自豪感、安全意识、良好的劳动习惯等素质修养与学生的技能操作相融合。

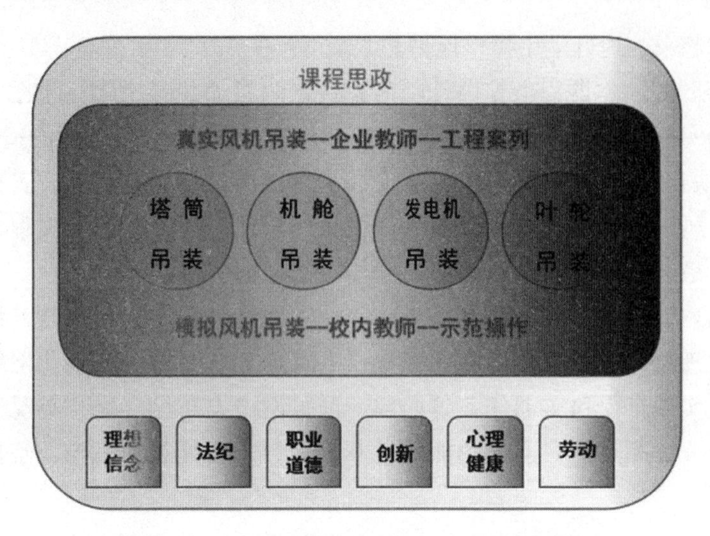

图 10-18 “双结合、双融合”课程设计思路

2. 教学方法

在实训过程中，突出以学生为主体，采用“线上线下”混合式教学，充分利用教学资源库平台丰富的教学资源，依托模拟实训设备，通过案例教学法、现场教学法、小组讨论法等多种教学方法，有效地引导学生积极思考，提高学生综合能力。

3. 教学资源与支撑环境

在教学过程中以够用为度的原则，经济可行地使用了信息化手段，达到了良好的教学效果。

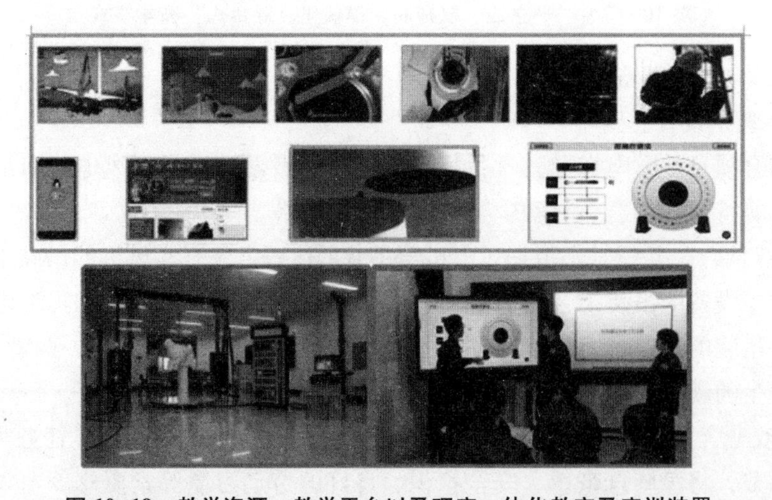

图 10-19 教学资源、教学平台以及理实一体化教室及实训装置

（三）教学实施过程

1. 教学实施

通过选取典型的工作任务，充分合理地利用校内实训条件，创设接近生产实际的实践环节，由任务驱动，以学生为中心，将理论知识应用、实践能力培养和综合素质提高三者紧密结合起来，融入实训过程当中。

课前：通过线上教学，发布学习任务。

教师提前准备好实训过程中相关理论知识及操作步骤的视频、多媒体 PPT 课件等信息化网络学习资料，以及实训日程和实训任务等内容，通过网络发布给学生，学生可在实训之前利用手机、电脑等终端设备观看教师提供的学习资源，回顾以前学过的知识，提前熟悉实训目的和任务，实现自主学习。

课中：采用五步教学法，提高实训课程学习质量。

根据风电机组在风电场的实际吊装工艺和过程，将项目拆分为 4 个具体任务。在每一个任务的教学实施过程中，将安全意识、职业素养、工匠精神、爱国情怀等融入其中，采用“组织教学→精讲示范→分组实训→巡回指导→集中总结”的五步教学法，利用信息化教学资源以及对模拟实训设备的操作，使学生掌握各个吊装任务所要求的知识和技能，在互动、实践中完成教学任务。

课后：在线答疑巩固知识点，加强岗位认知。

课程结束后，教师通过网络在线对实训项目进行答疑、探讨，使学生互相交流，提升技能操作能力；还有企业教师详细介绍企业的工作场景，加强学生对风电安调工作岗位的认知。

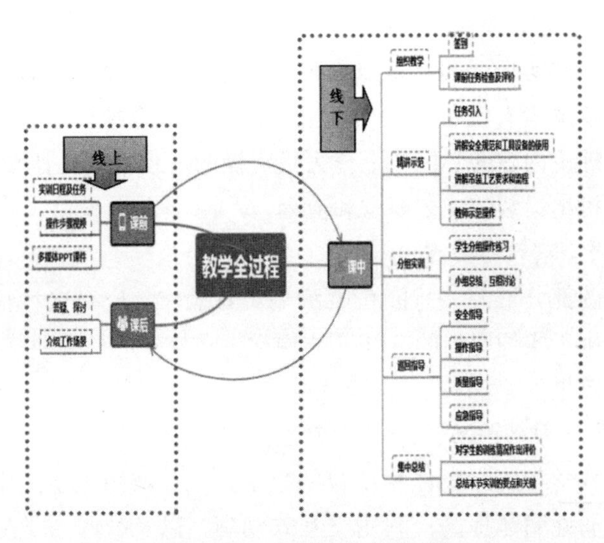

图 10-20 实训课教学全过程

2. 教学考核与评价

本课程采用任务驱动教学法，为实施过程考核提供了条件。采用过程考核（任务考核）与实训报告（工件）考核相结合的方法，强调过程考评的重要性。

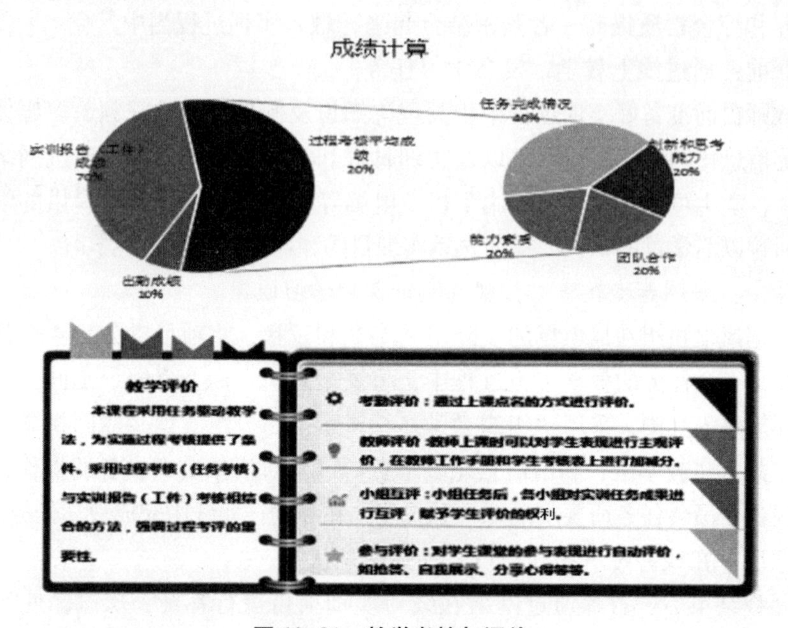

图 10-21　教学考核与评价

三、疫情防控期间教学举措

（一）灵活合理调整教学安排

本课程是一门实训课程，重点内容是学生的动手操作，需要依托大型实训设备，为了解决没有设备无法实践的问题，灵活合理调整教学安排，线上教学阶段安排理论内容的学习，上传大量实操的演示视频，让学生自主学习，提前熟悉风电机组吊装的工艺要求和流程。

（二）积极丰富教学资源

目前课程的部分资源，只能在电脑端观看操作，应对这种情况，准备联合企业开发适用于实训课程的 APP，方便学生在校外进行实训练习。

四、学习效果

（一）学生学习兴趣增强，学习成绩稳步提升

采用现场教学与实际操作相结合的教学方法，增强了学生学习兴趣，学生积极性和主动性明显提高；利用交互式动画，以及教师与学生线上和线下的交流互动等形式，增强了学生的参与感和沟通表达能力。

风电行业职业院校学生的技能大赛“风力发电系统安装与调试技能竞赛”，是与“风电机组安装与调试实训”这门课密切相关的赛项，学生学习这门课的兴趣与积极性，我们从学生参与大赛培训的报名情况变化即可看出。

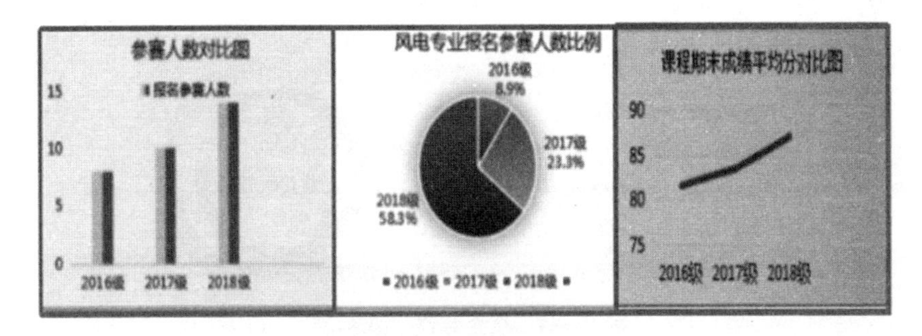

图 10-22 教学实施效果图

（二）学生操作水平提高，技能大赛连续获奖

经过课程的学习，学生动手能力有了一定的提高，对风电专业的理论知识有了进一步的理解。依托行指委风电专业赛项的实训设备，将比赛的内容融入课程中，使参赛的学生取得了优异的成绩，目前本专业获奖达 15 人次。

图 10-23 技能比赛获奖

五、特色与创新

（一）校企合作“双师制”——“四个共同、两个结合”

由校内专任教师与风电企业的工程师密切合作，共同完成授课任务。在过程中要做到“四个共同”，即共同制订授课方案、共同备课、共同授课和共同完成学生考核。企业工程师与学校教师相结合：专任教师讲授理论知识点，企业兼职教师负责教授真实风机吊装的相关知识，并将其在企业工作过程中得到的丰富的实践经验传授给学生，两位教师共同负责操作示范以及巡回指导，为学生提供一个真正的“双师”配备资源，学生不仅提高了专业技能，也学到了书本上不能学到的实践知识。教学、生产相结合：以真实风电机组吊装的工作顺序为主线，以校内理论课程教学为基础，以模拟实训设备为依托，校企有机结合，构建全方位的产学合作平台。专业课程主动为行业、企业服务，行业、企业参与教学实施的全过程。

图 10-24 校企合作“双师制”

（二）育人为本——实训课程中的“六育”

课程中引入风电行业发展历史和现状，增强学生的民族自豪感，树立良好的理想信念；依托国家标准、行业规范讲解岗位的安全操作规程，将安全意识贯穿整个教学过程，让学生明确，在生产、生活等诸多环节都是有标准、有规范需要去遵循的，进一步融入法纪教育；企业教师课后介绍风电行业中爱岗敬业的先进事迹，教育学生在注重提升自身技术能力的同时，不要忽略自身职业道德素养的提升；通过视频《工匠精神》，倡导学生追求卓越的创造精神、精益求精的品质精神，为国家科技的发展不怕艰辛、克服困难、不断进取；在风机吊装操作的过程中，学生通常会出现各种各样的问题，容易出现情绪烦躁的情况，教师在巡回指导的过程中会及时安抚，加以引导；在实操练习中，从工具的使用、场地的整理等各方面，培养学生良好的劳动习惯。

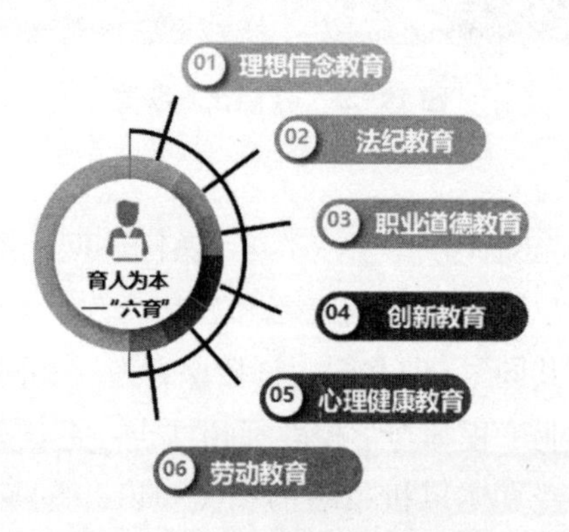

图 10-25 实训课中的“六育”

六、反思与诊改

（一）过程性评价指标有待细化量化

实训课程的考核，最主要和关键的是过程评价考核，目前的考核评价指标还不够具体和量化，实施起来还存在主观因素。下一步将设计出更加合理的过程考核评价任务单，初步设想如下：

表 10-4 考核评价任务单

<table>
<tr><th colspan="2">考核任务</th><th>A</th><th>B</th><th>C</th><th>成绩</th></tr>
<tr><td colspan="2">任务计划决策</td><td>任务计划合理，实施准备充分，实施过程中有完整详细的记录。</td><td>任务计划合理，实施准备充分，实施过程中有记录。</td><td>任务计划比较合理，实施准备较充分，实施过程中不做记录。</td><td>20%</td></tr>
<tr><td colspan="2">任务实施检查</td><td>在规定的时间内，能正确认知工作任务，理解工作过程；按照规定流程正确实施任务。</td><td>在规定的时间内，能正确认知工作任务，理解工作过程；较好地按照规定流程实施任务。</td><td>在规定的时间内，基本正确认知工作任务，理解工作过程；任务实施基本正确。</td><td>30%</td></tr>
<tr><td colspan="2">任务评估讨论</td><td>能完整地总结分析整体任务的实施；理解工作规范；理解和评价整体任务的完成。</td><td>能较完整地总结分析整体任务的实施；较好地理解工作规范；较好地理解和评价整体任务的完成。</td><td>能基本总结分析整体任务的实施；基本理解工作规范；基本理解和评价整体任务的完成。</td><td>10%</td></tr>
<tr><td rowspan="2">职业素质</td><td>遵守时间</td><td>不迟到，不早退，中途不离开实训室。</td><td>不迟到，不早退，中途离开实训室不得超过一次。</td><td>有迟到或早退现象，中途离开实训室超过 2 次。</td><td>10%</td></tr>
<tr><td>操作规范安全</td><td>正确按照 THWPWG-2 大型风力发电实训系统平台操作说明的要求和步骤操作，安全意识强，保护措施得当到位。不玩游戏和做与本任务无关的事情，态度认真。</td><td>安全意识较强，保护措施比较得当到位。有 1 次玩游戏或做与本任务无关的事情。</td><td>安全意识不够，保护措施基本到位。有超过 2 次玩游戏或做与本任务无关的事情。</td><td>10%</td></tr>
</table>

续表

考核任务		A	B	C	成绩
职业素质	环境保护	爱护实训室环境，爱护实训室设备，不随意丢弃垃圾，按照实训室对学员的要求操作。	不完全按照实训室对学员要求操作，有1次违规现象。	不完全按照实训室对学员要求操作，有超过2次违规现象。	5%
	团队协作	分工合理，配合默契，服从组长的安排。积极主动，认真完成本任务。	分工合理，配合较好，能够按照组长的安排完成本任务。	分工较为合理，同学之间配合完成本任务。	5%
	语言能力	积极回答和提出问题，条理清晰，声音洪亮。	积极回答问题，条理清晰，声音较大。	能够回答问题，条理较为清晰，声音一般。	10%

评价方式	评价或建议	等级	签名
学生自评			
同学互评			
教师评价			
综合评价			

（二）数字化资源有待进一步开发

目前的教学过程中，虽然已经采用了很多信息化和数字化手段，但数字化教学资源开发力度仍显不足，应增加虚拟现实（VR）等体验式教学资源。与此同时，应加强校企合作，共同开发新型活页式和工作手册式教材，及时动态更新新工艺和新技术，优化教学任务。

第三节 课程思政设计与实施——新能源发电技术与利用

——天津市高校课程思政示范课程、全国轻工行指委课程思政示范课程

一、课程定位

（一）课程名称

“新能源发电技术与利用”

（二）适用专业

光伏工程技术

（三）课程性质

本课程为专业必修课

（四）课时：32 课时（可适当增加认识实训部分课时 8 课时左右）

二、教学目标

（一）素质目标

通过课程的学习，培养学生运用马克思主义立场观点方法分析和解决问题的能力，重点引导学生了解世界情、国情、党情，深刻领会习近平新时代中国特色社会主义思想；具有深厚的爱国情感和中华民族自豪感，通过国家生态文明建设政策、太阳能等新能源建设政策，坚定学生学习专业的信心，坚定拥护中国共产党领导和我国社会主义制度，在习近平新时代中国特色社会主义思想指引下，践行社会主义核心价值观，增强学生的使命担当。培养学生遵守法律、严守纪律、诚实守信、尊重生命、热爱劳动，履行道德准则和行为规范，具有社会责任感和社会参与意识；培养学生创新意识和创新思维，勇于尝试、乐观向上，具有良好的沟通能力、较强的集体意识和团队合作精神；灵活运用风光互补发电系统、水光互补发电系统等多种新能源结合利用的技术案例；培养学生质量意识、环保意识、安全意识、信息素养、工匠精神、爱岗敬业，具有良好的职业道德，提升学生人文素养。灵活运用国内、国际上对太阳能、风能等的利用，介绍中国先进新能源发电技术。

（二）知识目标

通过课程的学习，学生逐渐了解生态文明必备的思想政治理论。明确发展新能源的意义和国内外的新能源技术及产业发展现状；从中华优秀传统文化中发现太阳能、风能、地热能等资源在中国发展利用，发扬中华民族优秀的传统

文化。熟悉国内外太阳能、风能、生物质能、地热能、海洋能源等资源的利用现状及国家最新颁布的相关政策；掌握太阳能、风能、生物质能、地热能、海洋能源等资源发电基本原理；掌握垃圾分类基本内容，熟悉垃圾分类方法。

（三）能力目标

通过课程的学习，学生具备根据项目需要查阅新能源相关技术资料与文献的能力；具备完成简单的新能源技术实验和技术报告的能力；具备运用创新思维方法进行创新设计产品的能力；具备一定的逻辑思维能力，有较强的分析问题和解决问题的能力；对电子和新能源发电技术相关知识、对新能源互补发电有一定的兴趣和爱好。

三、教学方法及手段

（一）教学方法

采用线上线下混合式教学、启发互动式教学、问题式教学、讨论式教学、探究式教学、发现式教学等方法，把学生思维活动引导到实际问题中，把重点放在引入、分析和解决问题的思路上。

（二）教学手段

职业教育以职业为基础并为职业服务，根据课程所在专业特点和对应岗位需求，遵循职业教育属性，在企业成员的深度参与下对课程系统进行重构，并由思政课教师对课程思政元素进行精准提炼。教学内容基于工作过程预设 7 个学习模块，17 个任务，建设百余条立体化在线资源。通过三教（教师、教材、教法）改革的实施，开展教师教学团队模块化教学，采用线上线下“混合式”教学手段，实现移动端 APP 与 PC 端同步使用。见图 10-26。

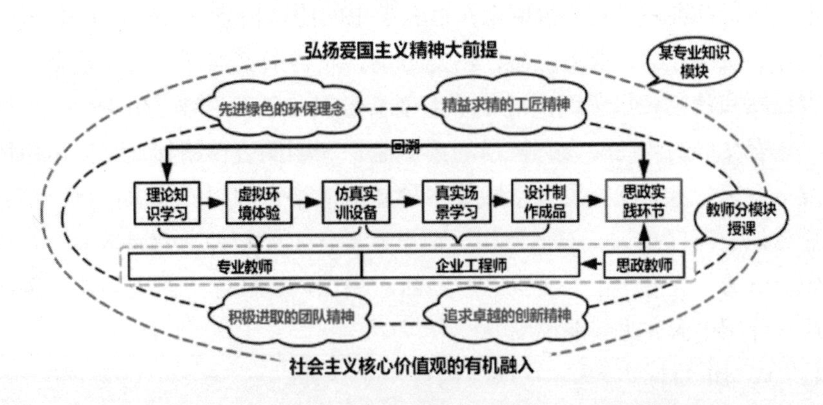

图 10-26　教学内容、师资队伍“双模块化”教学示意图

四、教学设计（含思政元素）

使专业课堂成为思想政治教育的有效载体，达成课程目标，“新能源发电技术与应用”课程教学切实遵循教书育人规律，精心设计“课程思政”教学内容。课程教学以“一核心双主线四维度”的设计思路，将思政元素全面贯穿到教育教学全过程，“一核心”即践行社会主义核心价值观；“双主线”即以弘扬爱国主义精神为思政主线，以坚持节约资源和保护环境基本国策，努力走向社会主义生态文明新时代为专业主线。凝练出先进绿色的环保理念、精益求精的工匠精神、追求卓越的创新精神、积极进取的团队精神四个维度思政元素集合，根据各专业知识模块特点，分工细化，逐层渗透实现 7 个项目 20 个任务 30 余个思政结合点的全面结合。并通过视频、动画、网站、实践协作等方式将“思政元素”融合到教学内容的每一个任务中，达到隐形思政教育的目的。见“一核心双主线四维度”课程思政结合点示意图。

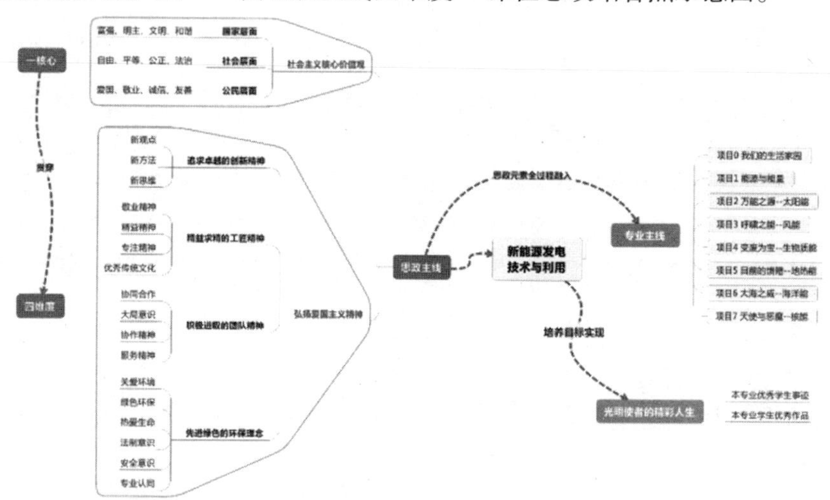

10-27 “一核心双主线四维度”课程思政结合示意图

表 10-5 课程教学内容体系

<table>
<tr><td colspan="3">项目一：我的生活家园</td></tr>
<tr><td rowspan="3">任务：
课程概览</td><td>内容</td><td>新能源发电技术与利用课程基本结构框架概览</td></tr>
<tr><td>思政元素</td><td>1. 教室安全使用教育；
2. 生态文明理念。</td></tr>
<tr><td>呈现方式</td><td>视频：安全教育微课、生态文明大会讲话片段。
实践：鲁班工坊体验馆参观，风光互补实训基地在印度埃及的应用。</td></tr>
</table>

续表

项目二：能源与能量		
任务： 认识能源	内容	1. 能源的基本概念与分类； 2. 新能源的概念； 3. 国内外新能源技术利用的发展现状。
	思政元素	1. 生态文明建设根本方向； 2. 新能源专业服务“一带一路”沿线国家； 3. 习近平总书记关于生态文明金句学习。
	呈现方式	朗读：习近平总书记关于生态文明金句视频片段、金句朗读。 实践：参观线上能源博物馆。
项目三：万能之源——太阳能		
任务 1： 认识太阳能	内容	1. 国内外太阳能资源的利用现状及国家最新颁布的相关政策； 2. 太阳能辐射基础知识； 3. 太阳能利用的基本形式。
	思政元素	四个意识中的核心意识。
	呈现方式	讲授：通过能量来源太阳引出“四个意识”中“核心意识”，引导学生在思想上认同核心、在政治上围绕核心、在组织上服从核心、在行动上维护核心。 实践：放大镜点燃纸实验。
任务 2： 太阳能热利用	内容	1. 太阳能光热利用基本原理； 2. 太阳能光热发电技术四种形式。
	思政元素	1. 国家新能源政策； 2. 敦煌光热电站发展历程，“一带一路”起源。
	呈现方式	视频：新闻片段； 实践：1. 光热烤箱实验； 2. 太阳能光热电站 VR 虚拟现实沉浸式体验学习。
任务 3： 太阳能光伏利用	内容	1. 光伏电池基本原理； 2. 光伏发电系统组成及基本原理； 3. 光伏发电应用。
	思政元素	1. 光伏扶贫政策及案例聚焦精准扶贫，引出中国梦，以民族复兴为己任； 2. 中国精神作为兴国强国之魂，主要表现为激发创新创造的精神动力、凝聚中国力量的精神纽带、推进复兴伟业的精神定力。

续表

<table>
<tr><td>任务 3：太阳能光伏利用</td><td>呈现方式</td><td>视频：央视科教视频片段——偏远地区牧民的光伏用电生活。
实践：1. 光伏发电组件制作，光伏小汽车、光伏泡泡机、光伏收音机等；
2. 光伏运维虚拟现实操作；
3. 小组创新小发明设计方案。</td></tr>
<tr><td colspan="3">项目四：呼啸之能——风能</td></tr>
<tr><td rowspan="3">任务 1：认识风能</td><td>内容</td><td>1. 风能相关基本概念；
2. 国内外风能利用的发展现状。</td></tr>
<tr><td>思政元素</td><td>1. 传统文化：古诗《风》；
2. 风能领域典型工匠人物、工匠精神的体验学习。</td></tr>
<tr><td>呈现方式</td><td>朗诵：古诗《风》、讲工匠故事。
实践：风力发电组件制作。</td></tr>
<tr><td rowspan="3">任务 2：风力发电技术</td><td>内容</td><td>1. 风力发电基本原理；
2. 大型风力发电机组成及功能；
3. 小型风力发电机应用。</td></tr>
<tr><td>思政元素</td><td>1. 风电行业劳动模范等人物事迹；
2. 学习先进人物，学习劳模精神、工匠精神。</td></tr>
<tr><td>呈现方式</td><td>讲授：通过视频配合讲授劳模事迹。
实践：小组创新小发明设计方案。</td></tr>
<tr><td colspan="3">项目五：变废为宝——生物质能</td></tr>
<tr><td rowspan="3">任务 1：认识生物质能</td><td>内容</td><td>1. 生物质、生物质能概念及国内外应用现状；
2. 生物质能发电原理及技术。</td></tr>
<tr><td>思政元素</td><td>《梁家河办沼气的故事》</td></tr>
<tr><td>呈现方式</td><td>讲授：引出习近平总书记曾经用“扣扣子”比喻价值观的养成，他说：“青少年时期的价值取向不仅影响个人成长，更决定了未来社会的价值取向。就像扣扣子，如果第一粒扣子扣错了，剩余的扣子都会扣错。”他用梁家河的七年，扣好了自己人生的第一粒扣子。
实践：生物质能发电体验，水果发电，生物电。</td></tr>
</table>

续表

任务2：垃圾分类知识	内容	1. 国家垃圾分类政策和意义； 2. 垃圾分类的要求和方法。
	思政元素	典型生物质能利用技术即沼气技术及垃圾分类的意义。
	呈现方式	动画：垃圾分类动画。 实践：垃圾分类游戏互动。
项目六：母亲的馈赠——地热能		
任务：地热能及其利用	内容	1. 地热能概念及基本知识； 2. 国内外地热能利用现状； 3. 地热能发电技术基本原理。
	思政元素	雄安新区最新政策和建设进展；紧跟时事政治，了解国家政策。
	呈现方式	火山爆发小实验。
项目七：大海之威——海洋能		
任务：海洋能源及其利用	内容	1. 了解海洋能利用现状； 2. 掌握波浪能、潮汐能、盐差能应用基本原理。
	思政元素	多能互补理念引入的同时体会合作共赢、团结协作的精神。
	呈现方式	视频：水光互补的案例片段。 实践：水光互补设计方案。
项目八：天使与恶魔——核能		
任务：核能及其利用	内容	1. 了解核能利用现状； 2. 掌握核能应用基本原理。
	思政元素	核安全知识引出工作岗位安全意识培养，职业素养学习。
	呈现方式	讲授：核安全小故事分享。

五、实施成效

（一）实施班级具体情况

实施专业：光伏工程技术专业、风力发电工程技术专业、机电一体化技术专业、节能工程技术专业。

实施班级（仅列举光伏发电技术专业）：

20光伏1班30人、20光伏2班31人、20光伏两年制班24人、19光伏班、19光伏两年制1班37人、19光伏两年制2班38人、18光伏1班33人、

18 光伏 2 班 30 人、18 光伏两年制班 47 人、17 光伏 1 班 35 人、17 光伏 2 班 33 人、17 光伏 3 班 31 人、17 光伏两年制 1 班 33 人、17 光伏两年制 2 班 31 人、16 光伏 1 班 38 人、16 光伏 2 班 38 人、16 光伏 3 班 37 人。

（二）教学资源

本课程自 2010 年建设至今，以国家级教学资源库等课程建设项目、校级首批课程思政精品课、中国特色高等职业院校及重点专业群建设项目为契机，独创活页式教材、仿真互动系统、3D 互动教材、VR 实景虚拟实训等特色资源，填补“新能源发电技术与应用”课程资源领域空白。网址：ttps：//zjy2. icve. com. cn/expertCenter/process/edit. html？courseOpenId = zmewagirgbpltladlrsg&tokenId = sk3vajtii9g7ecgx1twow（职教云平台）

（三）具体实施情况

本课程目前为新能源专业群通识专业课，原理性的知识居多，在不同专业开设目的不同，在理论知识和实际技能之间存在盲区，为了满足不同专业需求，我们以生态文明建设为主线、实际案例为载体，创设 7 个学习情境和 7 个实践模块，课程团队自主开发了 1000 余条碎片化资源，通过微视频、动画、仿真有效辅助，课程互动交流百余次，千余人参与作业测验。基础资源覆盖课程所有知识点和岗位技能点，拓展资源体现行业发展的前沿技术，资源有一定的拓展性和冗余度，便于满足个性化学习和终身学习的需求。

六、教学特色创新

1. 构建“3+3 自适应”课程思政教学团队新模式

课程改革始终将立德树人作为教育教学的根本任务，坚持为党育人、为国育才宗旨，把培养新时代讲政治、有本领的高质量人才摆在突出重要的位置。发挥教师团队协作共同体的“主力军”作用，课程团队成员由专业教师、思政课教师、企业工程师构成，同时聘请联盟院校专业教师作为课程成员，聘请教育学专家教授作为教学理论指导专家，聘请企业高级工程师作为专业指导顾问，形成“3+3 自适应”课程思政教学团队新模式，定期开展线上、线下学校内、校校间、校企间联合教研备课，根据专业知识内容、岗位需求梳理出各门思想政治理论课新教材对于学生在思想道德素质和法律素质等方面的德育要求及教育教学要点。

2. 新型活页式教材辅助“双模块化”线上线下混合式教学实施

“双模块化”是指教学内容的模块化设计和教师教学团队的模块化分工。在教学内容模块化的基础上，教学团队充分发挥“校企共建、思专共研”的优势，根据团队成员特点，实现分模块教学。为辅助“双模块化”线上线下混合式教学的实施，团队协作为研究适应产业发展需要与学生成长需求的“课程思政”新载体。将调研扩大至行业企业、教师学生等多个对象，将产业和职业等经济社会发展需要与学生个性化成长等需求结合起来、开发制作与实践应用结合起来，融入数字技术、教学信息化等新载体与形式，开发了新型活页式教材，并配套数字化教学资源、创新工具套装等学材，依托网络课程平台开展基于信息化的混合式教学模式实践，不断创新载体与形式，实现思想政治教育与技术技能培养的有机统一。

3.“一核心双主线四维度”课程思政设计思路育德技双馨青年

习近平总书记提出过“坚持绝对忠诚的政治品格、坚持高度自觉的大局意识、坚持极端负责的工作作风、坚持无怨无悔的奉献精神、坚持廉洁自律的道德操守”的“五个坚持”要求。而将“五个坚持”的要求作为思政元素融入课程，则分析其核心是树立服务意识。本课程充分发挥生态文明环保理念的课程基因优势，将服务意识的培养充分渗透到教学全过程，同时结合创新思维、方法和专业知识，锻炼学生动手、动脑、身体力行完成一系列学习和活动，通过实践将知识夯实扎牢。课程在服务校内、外师生的基础上，延展带动学生服务社会，真正实现了践行社会主义核心价值观，通过真切的成果给学生和教师证明了思政课程和课程思政的同向同行。

七、典型案例教学设计

表 10-6　教学案例设计

项目名称	项目一课程概览			
教学分析	教学内容	课程专业知识概览；明确生态文明主线。		
	学情分析	学生掌握基本的专业知识，但生态文明建设的理念不系统，知识面窄。		
	思政元素	生态文明		
教学目标	素质目标	1. 了解生态文明必备的思想政治理论，在习近平新时代中国特色社会主义思想指引下，践行社会主义核心价值观，具有深厚的爱国情感和中华民族自豪感，树立责任担当； 2. 具备质量意识、环保意识、工匠精神、创新思维。		
	知识目标	1. 了解新能源技术与应用课程基本结构框架； 2. 了解每章节部分重难点。		
	能力目标	1. 学会使用新能源类专业教学资源库本课程学习平台； 2. 学会使用职教云本课程学习平台。		
教学重点	新能源技术与应用课程基本结构框架			
教学难点	学会使用新能源类专业教学资源库本课程学习平台			
教学方法	网络平台环境——职教云：课前预习+课中签到、提问+课后复习、作业（疫情期间增加腾讯会议等直播授课平台软件辅助）。			
教学手段	硬件多媒体环境：（1）线上：电脑、pad、手机；（2）线下：多媒体教室电子大屏、手机（签到答题）、电脑。			
教学实施过程				
课前				
教学环节	教学内容	教师活动	学生活动	思政元素

续表

课前准备	1. 搭建课程平台，上传整体课程资源；组建授课班级；发布课程任务； 2. 教师发布此课程任务。	1. 加入学习平台班级；下载并熟悉电脑和手机端学习平台使用方法； 2. 学生看任务中视频，根据要求完成课前内容，将作业上交平台。	1. 为线上线下课程实施做好准备； 2. 让学生掌握平台使用方法，了解课程的整体架构； 3. 让学生了解新能源领域，特别是光伏专业的政策文件和发展情况，建立专业自豪感。	培养学生的生态文明理念，并深刻体会“青山绿水就是金山银山”的内涵。
课中				
教学环节	教学内容	教师活动	学生活动	思政元素
课前任务总结	课前情况评价； 学生答案展示。	学生汇报交流。	了解生态文明相关政策。	用习近平总书记在全国生态文明大会上讲话引出课程，开启生态文明建设主线。
课程概览	以思政内容引出本堂课的教学内容；提出问题，引导学生思考。	增强职业认同感； 回答教师提出的问题。	掌握课程知识目标。	宏观意识
实践学习	展示学习平台内容和平台使用方法。	熟悉平台使用方法。	熟悉本课程的网络学习环境。	与时俱进 主动性
总结	总结课程学习内容及过程。	理顺所学知识； 熟悉课程学习方法。	熟悉课程整体学习计划。	规划意识
课后				
教学环节	教学内容	教师活动	学生活动	思政元素

续表

回顾课程概览的课程结构，选出自己感兴趣的单元准备下节课讨论。	
教学效果	1. 学生通过本次课程的学习，了解学习平台的使用方法；2. 熟悉课程的结构和内容；3. 熟悉课程的学习要求及成绩构成。
反思改进	反思：极少数同学认为本次课程授课内容过于丰富，不能全部吸收。 改进：将课程内容设置为递进式，关于光热元主要元件这一部分，根据授课内容，进行梯度安排，较难部分以小组讨论进行，教师辅助，帮助学生提升参与度，加强对知识点的认知。

第四节 新能源教学资源库相关课题论文及获奖情况

组织研发团队，主动前往京津冀地区复工复产企业调研，摸准企业对技术服务、咨询服务的需求，及时解决企业遇到的技术难题，全力帮助企业转型升级。联合清华大学天津高端装备研究院氢能源所开展“氢能燃料电池动力车及燃料电池装置科研技术开发”项目，已投入使用；联合天津圣威科技发展有限公司研制开发了集新能源光伏发电技术应用、人工智能自动控制技术于一体的无人驾驶车，为公司创造效益400万元；依托新能源协同创新中心获批专利11件、软件著作权1项，主持教科研课题19项。

表10-7 新能源教学资源库相关课题

序号	课题来源	课题名称	课题负责人	立项时间	备注
1	教育部国家级职业教育教师教学创新团队课题研究项目	新时代高等职业院校光伏发电技术与应用专业领域团队教师教育教学改革创新与实践	李云梅	2020年11月	在研
2	全国职业院校教师教学创新团队建设体系化课题研究项目	新能源与环保技术专业领域团队共同体协同合作机制研究	李云梅	2020年12月	在研
3	天津市教育科学“十三五”规划课题	数字化教学平台在高职教育中的作用研究	李云梅	2016年	已结项
4	天津市教育科学“十三五”规划课题	“互联网+”与高职教育人才培养深度融合的研究	姚嵩	2016年	已结项
5	2020年天津市教育工作重点调研课题	双高计划下京津冀新能源专业群与产业链对接模式研究	姚嵩	2020年12月	已结题

续表

序号	课题来源	课题名称	课题负责人	立项时间	备注
6	2017年天津市教育工作重点调研课题	深化高校教学模式改革研究	王春媚	2017年6月	已结题
7	全国轻工职业教育教学指导委员会2020年度课题	基于产教融合的风电专业协同育人机制的构建与实践	李良君	2020年9月	在研
8	全国轻工职业教育教学指导委员会2019年度课题	微课、慕课的建设与应用研究——以国家职业教育专业教学资源库课程为例	王春媚	2019年11月	已结题
9	天津职业院校联合学报科研课题	“德技并修”，培育工匠精神的理论与实践研究——以天津市高校新时代“课程思政”改革精品课《单片机控制技术》为例	王春媚	2019年5月	已结题
10	天津市津南区2018年科技计划项目	基于人脸识别技术的学生校园行为分析系统研究	姚嵩	2019年2月	已结项
11	天津市津南区2019年科技计划项目	基于深度学习算法的新型电源材料及生产工艺研究	王春媚	2020年5月	在研
12	天津市津南区2020年科技计划项目	多能源互补智能建筑科研实训系统研发	李云梅	2021年2月	在研

续表

序号	课题来源	课题名称	课题负责人	立项时间	备注
13	天津市高等职业技术教育研究会	“以学习者为中心”的专业和课程教学评价体系研究——以百万扩招为例	李娜	2020年	在研
14	天津市高等职业技术教育研究会	“双主体”“双嵌入式”专业课程思政教学及考核评价体系研究	赵元元	2020年	在研
15	天津市高等职业技术教育研究会	基于“百万扩招”的人才培养方案实施研究	李娜	2019年	已结题
16	天津市高等职业技术教育研究会	基于“以人为本”的高职学生课程思政建设研究——以《应用光伏技术》课程为例	孙艳	2019年	已结题
17	天津市高等职业技术教育研究会	高职院校课程思政改革的探索与实践	李云梅	2019年	已结题
18	天津市高等职业技术教育研究会	实施“混合式”教学的要素解析与绩效管理研究——以国家级教学资源库课程为例	王春媚	2018年	已结题
19	天津市高等职业技术教育研究会	现代学徒制建设项目的研究与实践	李娜	2017年	已结题

续表

序号	课题来源	课题名称	课题负责人	立项时间	备注
20	天津市高等职业技术教育研究会	线上线下“混合式”教学实施与绩效管理研究	王春媚	2017年	已结题
21	天津市高等职业技术教育研究会	互联网+视角下新能源技术课程体系构建模式研究	皮琳琳	2016年	已结题
22	甘肃省教育厅	厉害了，我的国——中国风电发展之路	程明杰	2020年	已结题
23	甘肃省教育厅	地球大气对太阳辐射的影响	张云鹏	2020年	已结题
24	甘肃省教育厅	追光者——认识独立光伏发电系统	董鋆刚	2020年	已结题
25	甘肃省教育厅	风机叶片几个合适？	张永婷	2020年	已结题
26	甘肃省教育厅	珍爱生命，创造奇迹！——触电急救	白忠明	2020年	已结题
27	甘肃省教育厅	51单片机最小系统制作	高学泽	2020年	已结题
28	甘肃省教育厅	单相半波可控整流电阻性负载电路	胡国武	2020年	已结题
29	酒泉职业技术学院	酒泉职业技术学院2020年创业教育试点改革专业	李亮	2020年9月	在研
30	发电厂及电力系统教学资源库共建共享联盟	光伏发电系统安装技能模块课程建设	王莉	2019年4月	在研

续表

序号	课题来源	课题名称	课题负责人	立项时间	备注
31	发电厂及电力系统专业国家级教学资源库	《新能源发电技术》课程建设	曹钰	2020年5月	在研
32	甘肃省教育厅	电气设备检修与安装精品课程建设	马刚	2021年5月	在研
33	全国职业教育资源库建设项目	《风电场建设基础》标准化课程建设	张振伟	2015年6月	已结项
34	国家新能源类专业教育资源库升级改进项目	《风电场建设基础》标准化课程建设	张振伟	2019年2月	在研
35	广东省精品资源在线课程	广东省省级精品在线开放课程——《晶体硅太阳电池生产工艺》	班群	2016年	已结题
36	广东省创新强校工程	钙钛矿太阳电池关键工艺技术研究	班群	2019年	在研
37	中华人民共和国教育部	国家级光伏技术虚拟仿真实训中心	段春艳	2019年	在研
38	广东省教育厅	广东省教育科学“十三五”规划——“课程—思政—科创”三位一体化的创新人才培养模式研究与实践——以“单片机控制技术”课程为例	谭建斌	2020年	在研
39	广东省佛山市教育局	佛山市教育科学规划课题“国际化光伏工程技术高水平专业群建设研究”	段春艳	2018年	已结题

表 10-8　新能源教学资源库相关论文

序号	论文名称	作者	发表刊物	发表时间
1	风电机组防雷系统及其维护	王欣	科学中国人	2016-06-15
2	风电机组叶片常见损坏及处理	李良君	科学中国人	2016-06-25
3	我国海上风电发展现状分析与政策研究	李娜	科技展望	2016-11-20
4	信息化教学大赛成果向课堂教学的转化探究	王春媚	职业教育（中旬刊）	2017-01-08
5	多串口并行通信数据传输系统设计	王春媚	现代电子技术	2017-02-01
6	高层楼宇中央空调的节能环保综合策略研究	皮琳琳	南方农机	2017-10-28
7	刍议风力发电的发展现状及趋势	于婷婷	现代工业经济和信息化	2017-12-11
8	基于 FLUENT 风速模型的建立研究	赵元元	内燃机与配件	2017-12-30
9	风电专业现代学徒制人才培养模式探索与实践	李良君；何昌国；师新利	风能	2018-01-06
10	浅谈现代学徒制教学管理运行机制	李娜	广东蚕业	2018-01-15
11	航天电源技术地面应用的探索	刘靖；夏宏宇	通信电源技术	2018-01-25
12	风力发电机整机流场收敛性分析	赵元元	内燃机与配件	2018-01-26
13	风力发电对电网的影响研究	王欣	科技风	2018-08-14

续表

序号	论文名称	作者	发表刊物	发表时间
14	在线课程混合式教学模式构建与学习绩效研究	王春媚	科技视界	2018-09-08
15	基于新能源类专业教学资源库课堂教学实施的研究——以风力发电系统结构教学任务为例	夏红梅；皮琳琳；王春媚	天津职业院校联合学报	2019-04-25
16	面向先进制造业的“校企协同、三级贯通”技术技能人才培养探索	李云梅；安昕睿；丁冉	天津职业院校联合学报	2019-06-20
17	激光供能转换器光电特性	刘靖；仲琳；杨亚丽；郑光恒	电源技术	2019-09-20
18	课程思政融入高职工科专业课程的实现路径探析——以《单片机控制技术》课程为例	王春媚；李扬	南方农机	2020-01-09
19	基于在线开放课程的高职学生自主学习和评价模式研究	王春媚	知识经济	2020-05-01
20	基于光伏技术的垃圾分类资源化系统设计与实现	沈洁；余海晨	工业控制计算机	2020-08-25
21	以人为本指导下专业课程的思政教学改革——以高职“应用光伏技术”课程为例	孙艳	新课改教育理论探究	2020-10-01
22	论数字化教学平台在高职教育中的重要作用——以国家级新能源专业教学资源库为例	夏红梅；皮琳琳；王春媚	天津职业院校联合学报	2020-10-25
23	基于“鲁班工坊”建设推进新能源专业课程体系优化	马思宁；沈洁；姚嵩；皮琳琳；王妍	中国多媒体与网络教学学报（中旬刊）	2020-12-11

续表

序号	论文名称	作者	发表刊物	发表时间
24	基于产教融合的风电专业协同育人机制的构建与实践	李良君；朱童	质量与市场	2021-01-20
25	依托行业大赛加快风电技能型人才培养的实践与思考	李良君；何昌国；王华君	风能	2021-03-06
26	“1+X”证书制度实践研究——以光伏发电技术与应用专业为例	孙艳	大众标准化	2021-07-23
27	高职光伏专业数字化人才培养质量监测体系构建	段春艳；章大钧；吴悦芳	现代职业教育	2016-11
28	高职光伏专业创新型技术技能人才培养体系的探索与实践	段春艳；章大钧；胡昌吉	职业	2016-12
29	以任务驱动为基础的《太阳电池生产工艺》教学方法研究	林涛；段春艳；章大钧	电脑迷	2016-10
30	黄炎培职业教育思想对高职光伏专业群人才培养的启示	段春艳；冯泽君；李姗	百科论坛	2020-09
31	高职光伏专业创新创业学习地图构建与实践	段春艳；冯泽君；唐建生	教育科学	2021-09
32	浅谈情境教学法融合思政教育在Arduino程序设计基础课程中的应用	梁水英	消费电子	2021-04
33	《单片机控制技术》课程思政典型案例探讨	谭建斌；欧阳萍	中国科技投资	2020-06

注重将创新创业教育融入人才培养全过程，强化专创融合、科创融合和劳创融合三结合理念，培养复合型、创新型高素质人才。光伏专业学生在2019年第五届中国国际“互联网+”大学生创新创业大赛获得金奖1人，在2020年第六届中国国际“互联网+”大学生创新创业大赛获得铜奖1人，在各类创新创业大赛中获奖40人次。

表10-9 学生在各类职业技能大赛中获奖情况

序号	赛项名称	获奖名次	获奖人次
1	2019年全国职业院校技能大赛“光伏电子工程的设计与实施”赛项	一等奖	2
2		二等奖	4
3	2019年天津市职业院校技能大赛“智能鼠走迷宫”赛项	一等奖	1
4		二等奖	2
5	2019年天津市职业院校技能大赛“智能电梯装调与维护”赛项	一等奖	1
6		二等奖	1
7	2019年机械行业职业教育技能大赛“风力发电系统安装与调试”赛项	三等奖	3
8	2020年天津市职业院校技能大赛“光伏电子工程的设计与实施”赛项	一等奖	2
9		二等奖	4
10	2020年天津市职业院校技能大赛“智能电梯装调与维护”学生赛	一等奖	2
11		二等奖	2
12	2019年机械行业职业教育技能大赛“智能电力装备控制系统设计与应用”赛项	三等奖	3

表10-10 学生在各类创新创业大赛中获奖情况

序号	赛项名称	获奖名次	获奖人次
1	2020年第六届中国国际“互联网+”大学生创新创业大赛总决赛职教赛道	铜奖	5
2	2020年天津市大学生创客马拉松大赛	银奖	5
3	2020年天津市大学生创新创业大赛	一等奖	5
4		二等奖	5
5		三等奖	5
6	2020年移动互联创新大赛高校组全国赛	二等奖	5

续表

序号	赛项名称	获奖名次	获奖人次
7	2020 年移动互联创新大赛高校组华北赛区	一等奖	5
8	2020 年天津市第四届黄炎培职业教育创新创业大赛	三等奖	5

第十一章　高质量建设鲁班工坊，提升国际化水平

依托新能源专业群优秀教育教学成果，在推进印度鲁班工坊启运后全面运行的同时，创新团队开展了埃及鲁班工坊的建设工作，通过与埃及艾因夏姆斯大学新能源应用技术专业合作，完成了国际化专业教学标准、课程标准的制定，埃及教师为期一个月的全英语专业培训，多台实训设备的采购与运输等，并于2020年1月，赴埃及开罗，建设了新能源技术实训区、大型风力发电实训区，赠送了配套的双语教材和教学资源，11月30日，埃及鲁班工坊通过互联网云方式进行启动运营，也创新了揭牌的新模式。此外，应印度鲁班工坊的要求，制定了“智能鼠原理与制作”课程标准，校企共同开发了双语教材，并指导印度学生在2020年亚洲科技节Micromouse国际电脑鼠挑战赛中获得优秀奖，推动智能微型运动装置技术走进印度课堂，走向国际赛事，满足服务当地经济社会对智能技术人才的迫切需要。通过鲁班工坊建设，不仅提升了教师双语教学能力，也提升了国际化专业水平。

第一节　新能源发电工程类专业建设标准

一、适用范围

本标准适用于职业教育新能源发电工程类专业［参照教育部《职业教育专业目录（2021年）》发布的专业名称］。

包括光伏工程技术、风力发电工程技术等专业。

说明：实际开设专业名称可以根据合作国教学体系认证情况微调。

二、建设原则

符合鲁班工坊建设定位、建设原则和建设内涵，符合中国和合作国各级教育行政管理部门相关政策，遵守中国和合作国法律法规，尊重中国和合作国的公序良俗。

三、建设指标及标准

对照专业建设标准整体框架体系的三级指标，提出具体的监测指标及相

关支撑材料要求，如表 11-1 所示。

表 11-1 专业教学标准的监测指标

<table>
<tr><th>三级指标</th><th>监测指标</th><th>支撑材料</th></tr>
<tr><td>C1 合作国发展需求</td><td>1. 合作国产业结构情况调研。全面了解合作国新能源产业结构发展现状。
2. 合作国相关行业发展调研。全面了解合作国新能源行业发展现状及长远规划和相关专业人才需求。</td><td rowspan="2">C1-1/C2-1 合作国新能源相关专业人才供求情况可行性报告（含新能源相关产业、行业发展现状及长远规划，合作国企业和中资企业新能源相关专业人才需求与岗位能力要求，合作国新能源相关专业人才培养情况），包含 3～5 个典型企业</td></tr>
<tr><td>C2 合作国企业人才需求</td><td>1. 合作国企业和中资企业相关人才需求调研。主要对新能源专业相关的当地企业以及中资企业在合作国的企业结构、数量、用工需求等方面开展调研和分析。
2. 合作国企业和中资企业相关岗位能力需求及培养状况调研。主要对合作国企业和中资企业新能源相关专业的岗位职业能力需求及合作国新能源相关岗位人才培养培训情况开展调研。</td></tr>
<tr><td>C3 中方院校合作优势</td><td>中方院校发展情况。主要对中方院校的整体优势、新能源相关专业（群）发展现状及规划、师资队伍、国际交流与合作优势进行分析。</td><td>C3-1 中方院校发展情况报告</td></tr>
<tr><td>C4 合作国院校合作优势</td><td>合作国合作院校发展情况。主要对合作国合作院校的整体优势、新能源相关专业（群）发展现状及规划、国际交流与合作优势进行分析。</td><td>C4-1 合作国合作院校发展情况报告</td></tr>
<tr><td>C5 合作国教学场地要求</td><td>合作国教学场地建设情况。建设至少 1 间相对独立的教学空间（24 人标准班配置），配备师生桌椅、电、网络、空中课堂系统、信息化教学设施等基础条件；环境设计风格在尊重合作国文化的同时，包含体现中国文化和工匠精神要求。</td><td>C5-18××鲁班工坊××专业教学场地建设标准</td></tr>
<tr><td>C6 合作国校内实训基地要求</td><td>合作国校内实训基地建设情况。建设包含至少 1 间实训室/区域（总面积不少于 $200m^2$）与专业教学要求相匹配的实训场地；每个实训室/区域配置不少于 24 个工位的相关设备设施，每个工位满足 10 人的实训要求；配套有水电、网络、信息化教学等设施；要有统一的鲁班工坊标志，环境设计风格在尊重合作国文化的同时，包含体现中国文化和工匠精神要求。</td><td rowspan="2">C6-1/C7-1××鲁班工坊××专业实训基地建设方案</td></tr>
<tr><td>C7 合作国校外实训基地要求</td><td>合作国校外实训基地建设情况。建设符合相关专业岗位培养需求的校外实训基地。</td></tr>
</table>

续表

三级指标	监测指标	支撑材料
C8 国际化专业教学标准	开发国际化专业教学标准。针对合作国行业企业发展需要，开发体现中国职业教育先进理念（如 EPIP 等），满足合作国国民教育体系要求的专业教学标准。	C8-1 xx 国际化专业标准 C8-2 xx 国际化专业标准
C9 国际化专业课程标准	开发国际化专业课程标准。根据国际化专业教学标准，开发本专业主要核心课程标准不少于 2 门。	提供主要核心课程标准 C9-1 “×××” 课程标准 C9-2 “×××” 课程标准 ...
C10 国际化培训教学标准	开发国际化专业培训教学标准。针对合作国新能源行业企业发展需要，开发相关岗位培训标准不少于 1 个（含等级的岗位培训标准）。	C10-1××国际化专业培训教学标准
C11 国际化培训课程标准	开发国际化专业培训课程标准。根据相关岗位培训标准开发培训课程不少于 2 门。	提供主要培训课程标准 C11-1 “××” 培训课程标准 C11-2 “××” 培训课程标准 ...
C12 国际化教学资源	教学资源建设情况。开发与课程标准匹配的双语教学辅助资料，包含教材、指导书、任务单等教学辅助资料；配套开发系列化专业教学资源，包括 PPT、视频、微课、虚拟仿真、动画等。	提供主要教学资源列表
C13 合作国教学团队要求	合作国专业教学团队建设情况。设有专业带头人不少于 1 人，需具有专业规划与建设的能力，熟悉掌握专业相关知识与技能；建设结构合理的专业教学团队，人数不少于 3 人，需掌握专业相关知识与技能，且具有一定的双语基础和表达能力，团队成员可聘用企业兼职教师。	C13-1××鲁班工坊××专业教学团队建设报告
C14 合作国师资培训要求	合作国师资培训情况。需接受专业培训（线上或线下）不少于 280 学时/人，并取得结业证书；承诺参加中方院校提供的 2~3 年一周期的师资培训，并取得相应结业证书。	C14-1××鲁班工坊××专业师资培训方案

续表

三级指标	监测指标	支撑材料
C15 机制保障措施	专业建设保障机制。需具有鲁班工坊运行管理机制，合作院校共同成立鲁班工坊项目领导小组与管理机构，建立定期会商制度；需建设专业沟通机制，具有定期交流沟通制度，具有可行的专业发展 3~5 年规划与完善的教育教学管理制度；需具有教学质量与监督体系，建立教学质量监督与评估体系。	C15-1 提供运行机构及保障制度文本

四、可行性综述

（一）建设基础

新能源发电工程类国际化专业的建设基础从合作国产业结构和新能源行业调研情况、本院校的发展情况以及合作国合作院校的发展情况三个方面进行论述。

1. 合作国新能源发电工程类专业人才供求情况报告

报告中说明调研方法和调研对象，例如通过网站查询、论坛、访谈交流等方式调研。调研内容包括合作国产业结构现状，重点调研作为第二产业的新能源行业的发展现状及趋势，了解合作国的政策环境、合作国新能源行业市场概况、本专业在新能源行业中的发展情况等。通过合作国当地企业和中资企业新能源类人才需求与岗位能力要求情况进行调研结果分析，分析合作国新能源行业的发展情况以及本专业建设鲁班工坊的必要性和可持续性。

2. 中方院校发展情况报告

报告中介绍本学校（中方院校）的整体优势、建设鲁班工坊专业的情况、国际交流与合作优势等。包括学校发展情况，学校在国际化人才培养方面的优势和特色，新能源类专业建设情况，本专业服务本地新能源行业企业情况，本专业是否有开展过国际化人才培养的经历和成果，本专业国际化人才培养的师资队伍建设情况和规划。

3. 合作国合作院校发展情况报告

报告主要说明合作国合作院校的发展情况、新能源类专业及相关专业发展现状及规划、国际交流与合作优势。包括合作国合作院校的专业设置情况（专业布局，新能源类专业设置情况，本专业在学校中的发展状况、招生情况、国际合作情况等），合作院校本专业的人才培养情况，本专业的师资队伍建设情况（专业教师人数、师生比、学历情况、汉语水平、国际交流等），本专业与当地新能源企业和中资企业校企合作情况等，分析本专业建设鲁班工坊的可行性。

（二）教学条件

新能源类专业按24人标准班，结合每个专业的特点和要求，满足教学场地建设、校内校外实训基地、专业教学标准和专业教学资源建设等方面要求。

1. 教学场地建设标准

合作国教学场地建设情况。从教学与实训场地总体布局、环境标识、文化元素、管理规定等方面结合本专业的特点明确建设内容，环境设计风格在尊重合作国文化的同时，包含体现中国文化和工匠精神的元素，实训场地应在显著位置有统一的鲁班工坊标志。规划满足需要的相对独立的教学空间数量，教学空间需要配备的师生桌椅、电、网络、空中课堂系统、信息化教学设施等基础条件，可通过区域布局图和功能介绍进行说明。

2. 实训基地建设方案

合作国校内、校外实训基地的建设情况。结合本专业的设施设备要求，规划鲁班工坊对应的校内实训室数量和面积，各实训室内设备的台套数、工位数、系统配置、信息化教学设备等，各实训室中需要配套的水电、气源、网络、照明、安全保护等设施；建设符合相关专业岗位培养需求的校外实训基地情况。

3. 国际化专业教学标准和课程标准

参照合作国教育体系要求和我国专业建设标准，结合合作国新能源行业企业发展需求，制定本专业国际化专业教学标准，教学标准要体现中国职业教育先进理念（如EPIP等）。制定的本专业国际化专业教学标准包括专业名称、入学要求、基本学制、培养目标、人才规格、课程设置及要求等必备项，以及职业范围、教学安排、教学评价、专业教学团队基本要求及建议、专业实践条件及建议等可选项。结合本专业国际化教学标准选取不少于2门专业核心课程制定课程标准。

4. 国际化专业培训标准

如合作国相关行业企业有开发国际化专业培训教学标准的需求，可针对发展需要共同制定岗位培训标准，并根据相关岗位培训标准开发不少于2门的培训课程。

5. 教学资源建设

根据本专业的教学和培训需要，逐步开发与课程标准匹配的双语教学辅助资料，包括教材、指导书、任务单等；配套开发系列化专业教学资源，包括PPT、视频、微课、虚拟仿真、动画等数字资源以及虚拟空中课题、网络教学平台等资源。

（三）师资建设

1. 师资队伍

师资队伍建设是鲁班工坊前期建设的一个重要内容。根据本专业鲁班工坊建设的实际情况对合作国专业教学团队建设进行规划，建设一支专兼结合、业务能力强、结构合理的专业教学团队，并完成鲁班工坊专业教学团队建设报告。报告中说明教学团队人员设置情况，明确本专业教师人数、企业兼职教师人数、双师型教师比例、专业带头人的要求，以及团队教师学历情况、职称职务、汉语水平、国际交流培训情况等。要求设有专业带头人不少于1人，需具有专业规划与建设的能力和跨文化沟通能力，熟悉掌握专业相关知识与技能；人数不少于2人，需掌握专业相关知识与技能，且具有一定的双语基础和表达能力；团队成员可聘用企业兼职教师，但数量不得超过专职教师。

2. 师资培训

鲁班工坊建设过程中需要完成本专业合作国师资培训。合作国教师团队中教师需接受不少于150学时/人的线上或线下专业培训，并取得结业证书。需要制定本专业鲁班工坊2~3年一周期的师资培训方案，培训方案中包括培训对象、培训计划、培训时长、培训项目、考核标准等。培训项目不仅是本专业相关知识和技能，还可以包括与本专业相关的国际法律法规，国家的历史、文化和宗教，国际交往基本礼仪，环境保护，安全消防，文明生产等相关知识。

师资培训采用EPIP教学模式，本着理论与实践相结合、知识讲授与技能训练相结合、专业教学与职业技能相结合的原则，帮助培训教师深入了解国内优质的职业教育理论和新能源发电的技术技能需求，全面把握新能源相关行业最新的技能要求及行业发展，掌握新能源最新教学仪器的操作及开发教学相关内容，并通过培训了解国内的风土人情及传统文化历史，促进双方的人文交流。

（四）机制保障

为保证鲁班工坊顺利运行，合作院校双方需具有鲁班工坊运行管理机制，共同成立鲁班工坊项目领导小组与管理机构，负责鲁班工坊管理，协调落实鲁班工坊工作部署，做好鲁班工坊的管理与统筹。建立定期会商制度，就鲁班工坊的运行情况、具体工作和部署进行沟通协调。建设专业沟通机制，具有定期交流沟通制度，旨在为双方专业教师团队搭建沟通平台，增进相互间技术层面的交流和沟通，确保鲁班工坊的可持续发展。需具有可行的专业发展3—5年规划与完善的教育教学管理制度。

为保证鲁班工坊运行质量，需具有教学质量与监督体系，建立教学质量监督与评估体系：一是应建立专业建设和教学质量诊断与改进机制，健全专业教学质量监控管理制度，完善课堂教学、教学评价、实习实训、毕业设计以及专业调研、人才培养方案更新、资源建设等方面质量标准建设，通过教学实施、过程监控、质量评价和持续改进，达成人才培养规格；二是应完善教学管理机制，加强日常教学组织运行与管理，定期开展课程建设水平和教学质量诊断与改进，建立健全巡课、听课、评教、评学等制度，建立与企业联动的实践教学环节督导制度，严明教学纪律，强化教学组织功能，定期开展公开课、示范课等教研活动；三是应建立毕业生跟踪反馈机制及社会评价机制，并对生源情况、在校生学业水平、毕业生就业情况等进行分析，定期评价人才培养质量和培养目标达成情况；四是应充分利用评价分析结果有效改进专业教学，持续提高人才培养质量。

五、埃及新能源应用技术专业鲁班工坊建设案例

2020年11月30日，埃及两个鲁班工坊顺利举办“云揭牌”启动仪式，标志着埃及鲁班工坊正式进入崭新的发展阶段。埃及鲁班工坊充分考虑埃及经济社会发展需求，同时结合两所中方承建院校的专业优势，为两个鲁班工坊建设了特色化国际专业。坐落于艾因夏姆斯大学的鲁班工坊占地面积共计约1200m^2，建有数控设备应用与维护、新能源应用技术、汽车运用与维修技术三个高职层次专业。坐落于开罗高级维修技术学校的鲁班工坊占地面积共计620m^2，建设数控加工技术和汽车维修技术两个中职层次专业，并包含一个电脑鼠实训区。以天津交通职业学院与艾因夏姆斯大学共建新能源应用技术专业鲁班工坊为例进行分析。

（一）专业建设必要性

1. 埃及发展需求

埃及地跨亚非两大洲，领土面积100万平方公里，拥有超过1亿人口数量，是阿拉伯世界和非洲地区最重要的经济体之一。埃及全境太阳能和风能资源丰富，使之成为西亚北非地区最具新能源发展潜力的市场之一。埃及首都开罗是整个中东地区的政治、经济、文化和交通中心。开罗工业高度集中，制造业产值占埃及近半数，棉纺织工业尤为发达，紧随其后的是石油化工业、机械制造业及汽车工业，城市建设对汽车运用与维修、新能源、数控等领域

技术需求大。

埃及人口数量庞大，用电量需求高。以传统能源电力为主的埃及面临较大的电力供应压力，通过发展以太阳能和风能发电为主的新能源，可以减轻传统能源供应压力，促进电力结构多样化。

2. 企业人才需求

埃及是劳动力大国和劳务输出大国，劳动力资源十分充裕。外籍劳务需求规模不大，只有部分技术和管理岗位有一定的外籍劳务需求。由于其国内就业形势严峻，埃及政府一直严格限制外国劳工进入埃及市场，埃方在工程项目中遇到本地员工无法胜任的情况下，方授予外籍员工工作许可。埃及光伏行业目前仍处于起步阶段，本土具有相关经验与技术的人员较少。目前埃及光伏产业正在加快发展的步伐，规划到 2035 年光伏发电装机容量达到 43 吉瓦，该行业技术与管理人才存在巨大的缺口。

（二）专业建设可行性

1. 天津轻工职业技术学院合作优势

学院 2001 年 1 月成立，坐落于海河教育园区，占地面积 866 亩。学院设有机械工程、电子信息与自动化、经济管理、艺术工程 4 个二级学院，开设 35 个专业，有全日制在校生 9000 余人，教职工近 500 人。学院是国家级优秀示范校骨干高职院校、中国高等职业教育服务贡献 50 强院校、国家“双高计划”建设单位、天津市世界先进水平高职院校建设单位，连续 12 年承办全国职业院校技能大赛。

学院的新能源应用技术专业于 2010 年开始招生，该专业是中央财政支持的重点专业，是主持国家级新能源类专业教学资源库项目建设单位。该专业与天津英利新能源有限公司合作在校内建有 20kW 太阳能电站，与光伏组件加工实训室构成特色校内实践基地。

2. 艾因夏姆斯大学合作优势

艾因夏姆斯大学始建于 1950 年，是埃及的第三大拥有现代自然学科和人文学科的综合性大学。学校拥有 8 个校区，19 个二级学院与机构，200 个专业。艾因夏姆斯大学的学历教育有本科、研究生和博士生层次。

艾因夏姆斯大学积极开展与其他高校的合作，和许多国内外大学建立了长期合作关系。2017 年该大学与广东外语外贸大学合作建设埃及艾因夏姆斯大学孔子学院，在当地开展汉语推广和中埃文化交流活动。2018 年中国人民大学与艾因夏姆斯大学签订共建“一带一路”合作研究中心谅解备忘录，进一步促进中埃两国在经济、文化等领域的协同发展。

艾因夏姆斯大学工程学院是最初成立的8个二级学院之一，其办学愿景是努力使该院工程教育和科学研究在国内和国际上处于领先地位，满足当地和区域市场的需求。工程学院下设13个专业，其中汽车工程专业现有27名教职员工，本科层次学生将近200人。在汽车工程专业，学生会在以下方面得到全面发展：一是汽车机械工程原理和专业知识；二是基本机械工程原理，包括数学和物理科学的研究。学生毕业后可从事汽车和其他高科技行业相关职业。

（三）教学场地

艾因夏姆斯大学鲁班工坊建设数控设备应用与维护技术、新能源应用技术、汽车运用与维修技术3个实训室。其中，新能源应用技术实训室为400m²左右。鲁班工坊设计风格在尊重埃及文化的基础上，结合中国传统文化、天津职教文化和专业文化的特点，在场地布置、文化墙展示等方面体现工匠精神。

教学场地作为认知理论和基础知识的教学区域，包括24组学生课桌椅、1组教师桌椅、2组文件柜及1组空中课堂视频交互系统，可同时为24名学生开展理论授课，可实现网络直播授课及远程交互授课，并放置原理教学设备，便于介绍部件模块的功能原理、部件组成等。

埃及艾因夏姆斯大学鲁班工坊新能源技术实训区效果如图11-1所示。

图11-1　新能源技术实训区效果

（四）实训基地

校内实训教学场所要求：校内实训室建设以校企合作共建为基础，以“一带一路”沿线国家相关新能源电力及新能源装备行业调查为依据。实训室内安装有一定数量的文化宣传展板或视频，内容图文并茂，展现新能源材料及装备的发展历程、潮流、技术和装备，弘扬精益求精的工匠精神和积极向上的人生态度。内容使用中、英、阿拉伯文字书写。同时，学校统筹建设与管理校内实训室，充分发挥专业群建设的优势，实现校内实训室的共享共用，最大限度提高设备的利用率。学校还建设了应用虚拟仿真技术的实训室。

埃及艾因夏姆斯大学的鲁班工坊总面积为1200m^2，鲁班工坊内部文化交流体验区域用于中埃文化交流和工匠精神等鲁班工坊文化元素展示，一体化教室里有多媒体设备和空中课堂系统，并且配备足够的网络设备，可以实现中埃网络交流和空中课堂教学等功能。鲁班工坊新能源实训教学区采用一体化教学设计，实训室中配有新能源实训风电装调实训平台，平台基于海外新能源产业需求，结合天津轻工职业技术学院国际化专业优质资源设计确定。该平台由模拟光源跟踪装置、模拟风能装置、模拟能源控制系统、能源转换存储控制系统、并网逆变控制系统和能源监控管理系统六部分组成，本实训平台自带计算机，工业控制系统及桌椅、装配工具及调试软件，要求实训室的电、气、照明、通风等符合专业教学要求。

（五）教学标准

以我国教育部颁发的光伏发电技术与应用、光伏工程技术等专业教学标准为依据，在充分调研的基础上，结合埃及的实际，学习借鉴国内外职业教育人才培养先进经验与做法，以中国职业教育先进教学理念为指导（如EPIP等），对接埃及国民教育体系（学历教育与职业培训）的专业教学标准，携手埃及艾因夏姆斯大学、开罗高级维修技术学校，中非泰达、中交一公局等国内外知名新能源建设投资企业、国内外知名院校，共建了新能源应用技术专业国际化教学标准。

通过调研国内外新能源发电、新能源装备产业发展现状，明确职业面向；通过调研国内外新能源装备制造、新能源发电系统安调、运维等岗位能力要求，确定培养目标；通过调研国内外国际化新能源领域技术技能认证要素，选择职业资格证书；最后，分析调研结果，首创了“书证融通”的新能源发电工程类国际化专业教学标准。该标准紧跟国内外新能源产业发展战略，以立德树人为根本任务，以能力培养为主线，以“1+X”为路径，以培养具备服务区域经济和“一带一路”发展的国际化人才为目标，引导学生掌握国际通行的新能源行业规则、新能源发电装备的安装与调试等技术要求、新能源电力系统运维与检修等后市场服务规范，增强学生对跨国新能源类企业职业环境适应能力，培养满足国际化新能源企业发展需要的复合型技术技能人才，使学生具备在国内外新能源人才市场就业的基本能力和可持续发展能力。（国际化专业课程标准见附件1，培训标准与课程标准见附件2、附件3。）

（六）教学资源

通过分析埃及新能源岗位群能力需求及典型工作任务，遴选出人才培养对应的关键岗位，分析各岗位人才能力需求，围绕本专业教学标准和培训标准，以培养光伏电站及风力发电站的运维创新技能人才为宗旨，开发并出版《风光互补发电系统安装与调试》《智能鼠原理与制作（进阶篇）》2 本双语教材。

根据艾因夏姆斯大学的实际情况，引入国际化新能源行业专业培训的优质课程资源，序化为满足专业教学、培训需要的专业能力课程资源，引进国内外新能源行业最新职业、行业标准和岗位规范，紧贴岗位实际工作过程，分层分类分步进行课程教学资源建设，建设能够满足智能化教学需要，充分利用大数据、云计算、物联网、虚拟仿真、人工智能等技术手段，基于岗位能力的新型教学资源。目前，已针对光伏发电系统、设备运行维护等 89 个知识点进行了细致的剖析和分解，开发适合埃及当地学生学习的教学资源，以三维动画、二维动画、视频等形式进行展现。其中，视频 300 分钟，国际化专业标准 2 个，图形/图像 200 个，满足教师上课的需求，提高学生的学习兴趣，提高了教学质量（见表 11-2）。

表 11-2　资源一览表

序号	资源类型	资源数量	备注
1	双语教材	4 本	已出版
2	视频双语教学资源	300 分钟	—
3	题库	500 道	—
4	图形/图像双语教学资源	200 个	—
5	国际化专业标准	2 个	—

（七）师资队伍

本专业教学团队设有专业带头人 1 名。Ahmed Moneeb Elsabbagh 是艾因夏姆斯大学设计与生产工程系主任，于艾因夏姆斯大学获铝铸件模拟专业博士学位，于德国克劳斯塔尔工业大学获第二个博士头衔（纤维聚合物复合材料专业），是德国克劳斯塔尔技术大学高分子材料与塑料工程学院科学合作者，担任工程部最高委员会受邀成员、工程学院最高委员会成员、新工程学院大型项目/高等教育部协调员。他带领团队成员完成工业项目监督，是德国巴达公司 ZIM 项目（2013—2014 年）首席调查员；并完成学术项目监督，是

2009—2016年5个德国学术交流中心资助项目的首席研究员、埃及JESOR资助项目专家。他曾获2015年葡萄牙亚速尔群岛国际天然纤维会议ICNF奖、2010年埃及国家青年科学家创新奖、2011年埃及艾因·夏姆斯科学奖，是尖端材料技术协会（SAMPE）成员，出版书籍3项，公开发表论文41项。

团队成员2人，且均获得相关专业的博士学位，具备新能源相关专业知识与技能，具有一定的英语基础和表达能力，团队成员在年龄、职称等方面结构合理。

（八）师资培训

针对埃及教师的专业背景与从教经历进行了深入分析，以中国职业教育为主线，以实际工作任务中的典型案例为引导，制定了埃及鲁班工坊师资培训方案，采用专家讲座、企业实践、交流研讨、实际操作、讲练结合、虚实融合、师带徒等多种方式开展了二期线下（每期5周，150学时）、三期线上的师资培训和一期入埃及师资培训，使埃及教师学习中国特色职业教育、优秀的教学方法、EPIP教学模式和先进的汽车技术技能，培养埃及教师的综合能力，为使其成为“鲁班工坊”在埃及的播种机、宣传队和工作者，为埃及培养更多的紧缺技能型人才，实现埃及“鲁班工坊”的可持续发展奠定坚实的基础。

在培训过程中不断总结经验，最终形成了一套符合埃及鲁班工坊师资培训的方案并通过埃及鲁班工坊项目推广应用。埃及教师在学习中国职业教育的基础上，提高专业知识、专业实践能力、专业教学能力，为当地青年提供职业技能教育教学，服务于当地新能源产业发展（见表11-3）。

表11-3 师资培训主要内容一览表

序号	模块	培训内容
1	职业教育模块	中国职业教育的发展与展望
2		鲁班工坊源起及发展
3		鲁班工坊建设体验馆参观
4		大赛博物馆与公共实训中心参观
5		职业教育国际化发展
6		EPIP教学模式
7		企业参观

续表

序号	模块	培训内容
8	专业培训模块	光伏技术及逐日控制
9		新能源虚拟教学
10		风力发电技术组装、控制及监控
11		模拟风能控制单元
12		模拟光源跟踪控制单元
13		能源转换储存控制单元
14		并网逆变控制单元
15		能源监控管理单元
16		模拟风能控制的安装和操作
17		模拟光源跟踪控制单元的安装和操作
18		并网逆变控制单元的安装与操作
19		能源监控管理单元的安装与操作
20		太阳能电池板追日跟踪系统
21		光伏组件伏安特性测试
22		太阳能电池组件和蓄电池的选择
23		风力机特性仿真
24		并网型逆变器工作原理实训
25		风机控制

（九）教学保障

学院已构建鲁班工坊运行管理机制，包括合作院校共同成立鲁班工坊项目领导小组与管理机构，建立了定期会商制度；建设专业沟通机制，建立了定期交流沟通制度；建设教学质量与监督体系，制定了可行的专业发展五年规划及完善的教育教学管理制度、教学质量监督与评估体系（见表11-4）。

表11-4　鲁班工坊制度汇编目录

序号	制度汇编目录	数量
1	鲁班工坊管理机制	1套
2	鲁班工坊专业教师沟通机制	1套
3	教学质量与监督制度	1套

续表

序号	制度汇编目录	数量
4	鲁班工坊专业发展五年规划	1套
5	鲁班工坊教育教学管理制度	1套
6	鲁班工坊评价机制	1套

第二节 光伏工程技术专业国际化专业教学标准

一、专业名称（专业代码）（中英文对照）

光伏工程技术（430301）

Photovoltaic engineering technology

二、入学要求

普通高级中学毕业生、中等职业学校毕业或具备同等学力

三、修业年限

全日制三年

四、职业面向

本专业毕业生面向国内外光伏产品生产类和光伏发电类等企业，从事光伏电池生产、光伏发电系统设计与施工、光伏电站的运维等相关岗位的工作。

面向的主要职业岗位见表11-5。

表11-5 光伏工程技术专业职业面向

所属专业大类（代码）	所属专业类（代码）	对应行业（代码）	主要职业类别（代码）	主要岗位群或技术领域举例	职业技能等级证书或行业影响力证书
能源动力与材料大类（43）	新能源发电工程类（4303）	电力、热力生产和供应业（44）	电力工程技术人员（2-02-15） 发电运行值班人员（6-07-02）	光伏发电系统设计与施工建设 光伏发电系统运行与维护 光伏电池生产	光伏电站运维职业技能等级证书（中、高级） 变配电运维职业技能等级证书（中级）

五、培养目标与培养规格

（一）培养目标

本专业培养理想信念坚定，德智体美劳全面发展，具有一定的科学文化水平，较高的英语水平，良好的人文素养、职业道德、创新意识和劳动精神，精益求精的工匠精神，具有较好的国际视野、跨文化交流与合作能力、就业

能力和可持续发展能力；了解国内外光伏产品生产类和光伏发电类等企业的发展需求，掌握光伏发电系统规划与设计、建设与施工管理、运行与维护技术的高素质、复合型技术技能人才。

（二）培养规格

1. 素质

（1）坚定拥护中国共产党领导和我国社会主义制度，在习近平新时代中国特色社会主义思想指引下，践行社会主义核心价值观，具有深厚的爱国情感和中华民族自豪感；

（2）崇尚宪法、遵守法律、严守纪律、崇德向善、诚实守信、尊重生命、热爱劳动，履行道德准则和行为规范，具有社会责任感和社会参与意识；

（3）具有团队精神、合作意识和良好的社会沟通能力；

（4）爱岗敬业，具有良好的职业道德；

（5）具有良好的心理素质、身体素质、人文素质；

（6）具有良好的职业素养，包含工艺生产过程中的质量意识、工匠精神、安全意识、环保意识、节能意识及信息素养；

（7）具有创新意识、创新思维和创新能力；

（8）具有国际视野，有一定英文沟通能力。

2. 知识

（1）掌握必备的思想政治理论、科学文化基础知识、中华优秀传统文化知识、中外优秀企业文化；

（2）掌握必要的计算机应用基础知识、英语基本知识、高等数学基本知识；

（3）掌握电工、电子电路分析方法，熟悉电工操作和电气相关知识及设备的调试方法；

（4）掌握 CAD 制图，PLC、单片机控制系统的设计应用；

（5）熟悉光伏发电基本原理、光伏组件生产工艺；

（6）掌握光伏发电系统设计与电站的施工建设；

（7）掌握光伏电站运行与维护的基本要求；

（8）掌握供配电系统基本分析、电气设备的选型、基本计算等知识。

3. 能力

（1）具备运用辩证唯物主义基本观点及方法独立思考、逻辑推理的能力，具有认识、分析和解决问题的能力；

（2）具备语文写作、数学运用、常用英语口语书面表达和阅读的能力；

（3）具备计算机应用的能力和互联网信息的获取、分析及加工处理能力；

（4）具备熟练应用常用绘图软件，并能识读电气图的能力；

（5）具备单片机和 PLC 设计应用的能力；

（6）具备按工艺进行光伏组件生产的能力；

（7）具备光伏电站设计及建设调试的能力；

（8）具备光伏电站的日常管理、检测与常见故障维护的能力。

六、主要接续专业

本专业毕业生可以接续本科专业：新能源科学与工程（080503T）、能源与动力工程（080501）。

七、课程设置及学时安排

（一）职业能力分析

通过对光伏行业的发展情况和国内外光伏产品生产类和光伏发电类等企业调研，针对光伏发电系统规划与设计、建设与施工管理、运行与维护技术等岗位分析，依据光伏行业国际或国家最新职业标准，结合光伏电站运维职业技能等级证书或国内高端企业认证的要求，形成本专业核心岗位的职业能力及素质要求。本专业职业能力分析表见表 11-6。

表 11-6　光伏工程技术专业职业能力分析表

序号	核心岗位	岗位描述	职业能力及素质要求	对接国际资格认证或国内高端企业认证的能力和素质分析
1	光伏发电系统规划与设计	（1）光伏发电系统各组成部件功能、选型能力； （2）电站建设的可行性分析； （3）离网型光伏发电系统设计； （4）并网光伏发电系统设计； （5）经济效益分析。	职业能力： （1）具备光伏发电系统部件功能、选型能力； （2）具备光伏电站建设的可行性分析能力； （3）具备光伏发电系统设计能力。 素质要求： （1）具有爱国、爱岗敬业的意识； （2）具有安全意识； （3）具有团队精神； （4）具有创新意识。	（1）对接隆基、First Solar、晶澳、中环等国内外光伏高端企业认可的光伏设计软件应用能力、光伏电站分析设计能力； （2）对接世界光伏技能竞赛的竞赛需求。

续表

序号	核心岗位	岗位描述	职业能力及素质要求	对接国际资格认证或国内高端企业认证的能力和素质分析
2	光伏发电系统建设与施工管理	(1) 光伏电站建设管理模式、管理流程、施工组织实施等技术文件编制，项目管理； (2) 工程预算管理、项目进度管理，安全、质量、环境管理； (3) 光伏组件、设备施工； (4) 光伏电站调试、检查、测试及验收管理。	职业能力： (1) 具备施工组织实施等技术文件编制能力； (2) 具备安全、质量、环境管理知识； (3) 具备光伏支架、组件、电气设备安装工艺与施工方法； (4) 具备光伏电站调试、检查、测试及验收管理能力。 素质要求： (1) 具备安全意识； (2) 具备工匠精神、敬业精神； (3) 具有团队精神。	(1) 对接隆基、First Solar、晶澳、中环等国内外光伏高端企业三维设计软件的应用能力、光伏电站建设项目的实施调试能力； (2) 对接世界光伏技能竞赛的竞赛需求。
3	光伏发电系统运行与维护	(1) 光伏系统运行状态监控； (2) 光伏发电系统定期检修； (3) 光伏电站日常维护； (4) 光伏发电系统故障诊断与维护。	职业能力： (1) 具备电站常见故障及分析、处理能力； (2) 具备光伏电站运行与维护方面管理知识； (3) 具备光伏组件与支架的维护，光伏并网逆变器、电表、和气象站维护、监控系统维护的能力。 素质要求： (1) 具备安全意识； (2) 具备工匠精神、敬业精神； (3) 具有团队精神； (4) 具有创新意识。	(1) 对接隆基、First Solar、晶澳、中环等国内外光伏高端企业对光伏电站的管理、运维能力； (2) 对接光伏电站运维职业技能等级证书的取证需求。
4	光伏组件生产与检测	(1) 光伏产线设备调试、安装； (2) 光伏组件生产操作； (3) 光伏电池产品检测。	职业能力： (1) 具备电池片检测、焊接能力； (2) 具备光伏组件生产设备操作能力； (3) 英文版设备操作手册阅读能力； (4) 生产工艺改善的能力。 素质要求： (1) 具备安全意识；	(1) 对接隆基、First Solar、晶澳、中环等国内外光伏高端企业的光伏电池生产、设备操作和电池检测的能力；

续表

序号	核心岗位	岗位描述	职业能力及素质要求	对接国际资格认证或国内高端企业认证的能力和素质分析
4	光伏组件生产、检测		（2）具备工匠精神、敬业精神； （3）具有团队精神； （4）具有创新意识。	（2）对接隆基、First Solar、晶澳、中环等国内外光伏高端企业执行的6S管理体系。

（二）课程体系架构

按照“一带一路”沿线国家建设需要和国际光伏类企业对人才的能力要求，对接新型碳中和能源管控技术及结合全国职业院校技能大赛“风光互补发电系统安装与调试”赛项、“光伏电子工程的设计与实施”赛项和“光伏电站运维”职业技能等级证书的考核内容，与业内知名企业开展深度校企合作，实践工程实践创新项目（EPIP）教学模式，将课程思政融入人才培养全过程，构建包含公共基础课、专业基础课、专业核心课、专业拓展课的光伏工程技术专业课程体系。

课程体系框架如图11-2所示。

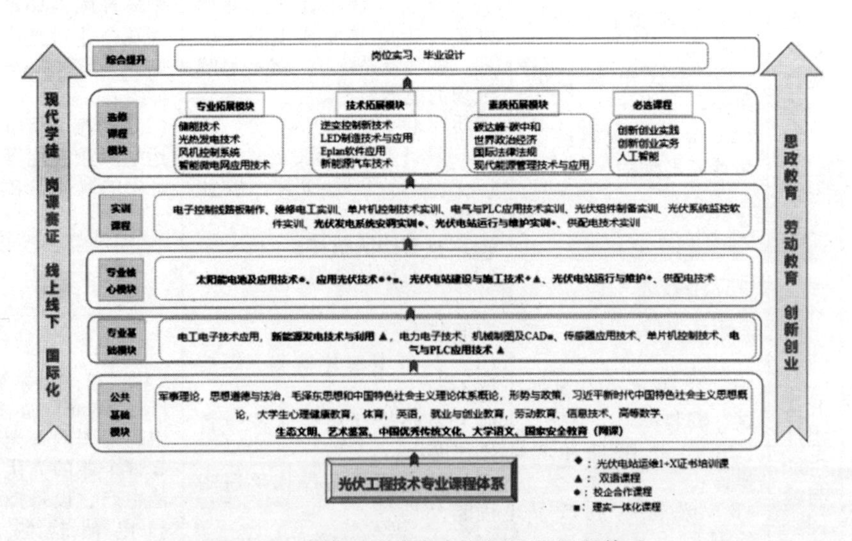

图11-2　光伏工程技术专业国际化课程体系

（三）课程设置

1. 公共基础课

根据党和国家有关文件的规定，开设思想道德与法治、毛泽东思想和中国特色社会主义理论体系概论、形势与政策、大学生心理健康教育、体育等公共基础必修课程，并将习近平新时代中国特色社会主义思想概论、英语、就业与创业教育、劳动教育、信息技术、高等数学、生态文明、艺术鉴赏、中华优秀传统文化、大学语文、国家安全教育等课程列为必修课或限定选修课。

2. 专业课程

（1）专业基础课

开设6—8门专业基础课程，建议包括电工电子技术应用、新能源发电技术与利用、电力电子技术、机械制图及CAD、传感器应用技术、单片机控制技术、电气与PLC应用技术等。

建议选择1~2门专业基础课程，采用双语进行教学，如新能源发电技术与利用、电气与PLC应用技术。

（2）专业核心课程

开设5~7门专业核心课程，建议包括太阳能电池及应用技术、应用光伏技术、光伏电站建设与施工技术、光伏电站运行与维护、供配电技术等。

建议选择1~2门专业核心课程，采用双语进行教学，如光伏电站建设与施工技术。

（3）专业拓展课程

以“1+X”职业技能等级证书和光伏相关技术在不同行业的应用为纽带，构建多个专业拓展方向，每个方向开设3~4门专业拓展课程，引导学生根据实际情况选修1个拓展方向的课程。建议开设以下专业拓展方向：

①微电网方向，开设课程包括储能技术、光热发电技术、风机控制系统、智能微电网应用技术等。

②半导体应用方向，开设课程包括LED制造技术与应用、新能源汽车技术、逆变控制新技术等。

③管理方向，开设课程包括世界政治经济、国际法律法规、现代能源管理技术与应用、碳达峰·碳中和等。

3. 专业核心课程主要教学内容

光伏工程技术专业核心课程主要教学内容如表11-7所示。

表 11-7　光伏工程技术专业核心课程主要教学内容

序号	专业核心课程	主要教学内容	对接要点
1	太阳能电池及应用技术	（1）光伏电池基本分类； （2）晶硅电池的特性及制备； （3）晶硅电池组件的生产； （4）薄膜电池的特性及制备。	对接光伏电池生产中光伏电池的新材料、新工艺和新管理模块
2	应用光伏技术	（1）光伏系统的分类、组成； （2）逆变器、蓄电池、控制器的原理及特点； （3）离网光伏系统设计； （4）并网光伏系统设计； （5）光伏系统设计软件应用。	对接光伏系统的相关器件的选型和设计模块
3	光伏电站建设与施工技术	（1）光伏电站建设施工组织设计等技术文件编制； （2）安全、质量、环境管理； （3）光伏电站施工现场管理知识与方法； （4）光伏支架、组件、电气设备安装工艺与施工方法； （5）光伏电站调试、检查、测试及验收管理。	对接独立式、分布式和集中式电站的建设施工管理模块
4	光伏电站运行与维护	（1）电力安全基础、光伏电站运行与维护的常用工具； （2）运营生产管理制度、技术文档管理、设备管理制度； （3）光伏电站的故障预防和处理； （4）光伏电站常见故障处理。	对接光伏电站的智能化管理及运维模块
5	供配电技术	（1）供配电系统的主要电气设备、继电保护； （2）供电系统的二次回路和自动装置、电力负荷计算； （3）短路计算及电器的选择校验； （4）供配电系统有关电路图的绘制等。	对接电站变电区的安全运行模块

4. 实践性教学内容

加强实践性教学，实践性教学学时原则上占总学时的50%以上。要积极推行认知实习、岗位实习等多种实习方式，强化以育人为目标的实习实训考核评价。学生岗位实习时间一般为6个月，可根据专业实际，集中或分阶段安排。建好用好各类实训基地，强化学生实习实训。统筹推进文化育人、实践育人、活动育人，广泛开展各类社会实践活动。

实践教学体系框架见图11-3。

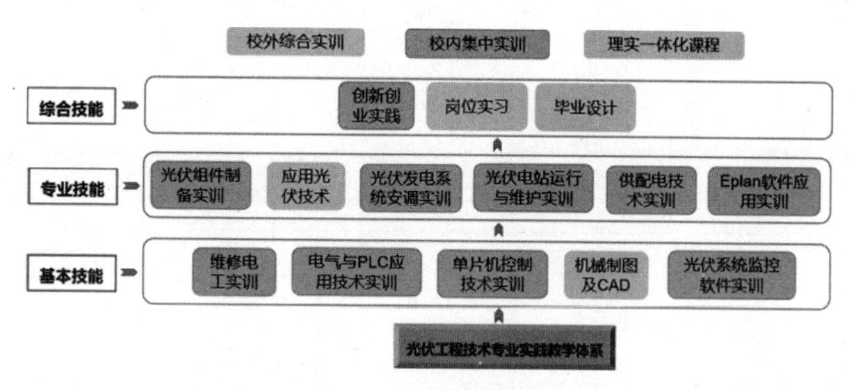

图11-3 实践教学体系

八、教学进程总体安排

学时安排应根据学生的认知特点和成长规律，注重各类课程学时的科学合理分配，学时总数2500~2800学时，每16学时折算1学分，公共基础课学时不少于总学时的25%，实践性教学学时不少于总学时的50%。岗位实习累计时间一般为6个月，可根据实际情况集中或分段安排。各类选修课程学时不少于总学时的10%。

实施的专业教学进程表见表11-8。

表 11-8　光伏工程技术专业教学进程安排表

课程类别		序号	课程	学时				学分	考试	考查	学时分配					
				合计	理论教学	实验实训	集中实践教学				第一学年		第二学年		第三学年	
											1	2	3	4	5	6
											16/20	18/20	18/20	18/20	10/20	0/20
公共基础课程	必修课	1	军事理论课	36	36			2		√		–				
		2	思想道德与法治	48	40	8		3	√		4×12					
		3	毛泽东思想和中国特色社会主义理论体系概论	64	56	8		4	√			4×16				
		4	形势与政策	40	40			1		√	–	–	–	–	–	
		5	习近平新时代中国特色社会主义思想概论	36	36			2		√			2			
		6	大学生心理健康教育	32	26	6		2		√	2					
		7	体育	108	36	72		7		√	2	2	2	2		
		小计		364	270	94		21			8	6	4	2		
	限选课	8	英语	160	160			10	1、2√	3√	4×16	4×16	2×16			
		9	就业与创业教育	40	20	20		2. 5		√	6	12	12	10		
		10	劳动教育	16	16			1		√		–	–	–	–	
		11	信息技术	64	32	32		4	√		4					
		12	高等数学	80	80			5	1√	2√	4×13	2×14				

续表

课程类别		序号	课程	学时				学分	考试	考查	学时分配					
				合计	理论教学	实验实训	集中实践教学				第一学年		第二学年		第三学年	
											1	2	3	4	5	6
											16/20	18/20	18/20	18/20	10/20	0/20
公共基础课程	限选课	13	生态文明	16	16			1		√		–				
		14	艺术鉴赏	16	16			1		√	–	–	–	–		
		15	中华优秀传统文化	32	32			2		√		2×16				
		16	中外优秀企业文化	16	16			1		√			–			
		17	大学语文	30	30			2		√	2×15					
		18	国家安全教育	16	16			1		√			–			
		小计		360	308	52		30. 5			14	8	2			
专业（技能）课程	必修课	1	电工电子技术应用	52	40	12		3. 5	√		4					
		2	新能源发电技术与利用▲	32	28	4		2		√		2				
		3	电力电子技术	48	30	18		3	√			4				
		4	电气与 PLC 应用技术▲	64	30	34		4	√			4				
		5	机械制图及 CAD■	48	24	24		3		√			4			
		6	单片机控制技术	52	26	26		3. 5	√				4			
		7	太阳能电池及应用技术 *●▲	52	32	20		3. 5	√				4			
		8	应用光伏技术 *◆■●	52	26	26		3. 5	√				4			

续表

课程类别		序号	课程	学时				学分	考试	考查	学时分配					
											第一学年		第二学年		第三学年	
				合计	理论教学	实验实训	集中实践教学				1	2	3	4	5	6
											16/20	18/20	18/20	18/20	10/20	0/20
专业（技能）课程	必修课	9	传感器应用技术	32	20	12		2		√				2		
		10	光伏电站建设与施工技术＊◆▲	52	32	20		3.5	√					4		
		11	光伏电站运行与维护＊◆	52	32	20		3.5	√					4		
		12	供配电技术＊	48	24	24		3	√					4		
		小计		584	344	240		38			4	10	16	14		
	选修课	1	碳达峰·碳中和	32	22	10		2		√					4	
		2	世界政治经济	32	22	10		2		√					4	
		3	国际法律法规	32	22	10		2		√					4	
		4	现代能源管理技术与应用	32	22	10		2		√					4	
		5	逆变控制新技术	32	22	10		2		√					4	
		6	LED 制造技术与应用	32	22	10		2		√					4	
		7	新能源汽车技术	32	22	10		2		√					4	
		8	Eplan 软件应用	32	22	10		2		√					4	
		9	储能技术	32	22	10		2		√					4	
		10	光热发电技术	32	22	10		2		√					4	

续表

课程类别		序号	课程	学时				学分	考试	考查	学时分配					
				合计	理论教学	实验实训	集中实践教学				第一学年		第二学年		第三学年	
											1	2	3	4	5	6
											16/20	18/20	18/20	18/20	10/20	0/20
专业（技能）课程	选修课	11	风机控制系统	32	22	10		2		√					4	
		12	智能微电网应用技术	32	22	10		2		√					4	
		13	人工智能	32	22	10		2		√					4	
		14	创新创业实务	32	8	24		2		√				4		
		15	创新创业实践	8	0	8		0.5		√				–		
		小计		200	118	82		12.5						4	16	
实习实训	必修课	1	维修电工实训	30			30	1		√	1周					
		2	电气与PLC应用技术实训	30			30	1		√		1周				
		3	单片机控制技术实训	30			30	1		√			1周			
		4	光伏组件制备实训	30			30	1		√			1周			
		5	光伏系统监控软件实训	30			30	1		√			1周			
		6	光伏发电系统安调实训●	30			30	1		√				1周		
		7	光伏电站运行与维护实训◆	30			30	1		√				1周		
		8	供配电技术实训	30			30	1		√				1周		
		9	电子控制线路板制作	30			30	1		√					1周	
		10	岗位实习	600			600	20		√					8周	12周
		小计		870			870	29								

续表

课程类别		序号	课程	学时				学分	考试	考查	学时分配					
				合计	理论教学	实验实训	集中实践教学				第一学年		第二学年		第三学年	
											1	2	3	4	5	6
											16/20	18/20	18/20	18/20	10/20	0/20
毕业环节	必修课	1	毕业设计	150			150	5		√						5周
		小计		150			150	5								
实践活动	必修课		军训	60			60	1		√	2周					
			劳动技术	16			16	1		√	4	4	4	4		
			入学教育	16			16	1		√	16					
			毕业教育	16			16	1		√					16	
			社会实践	16			16	1		√	4	4	4	4		
		小计		124			124	5								
总课时（学分）				2652	1040	468	1144	141			26	24	22	20	16	

说明：专业核心课程名称后标记“＊”，双语课程名称后标记“▲”；“1+X”取证课程名称后标记“◆”；理实一体课程名称后标记“■”；校企合作课程名称后标记“●”；专业选修课共3组，1~4为管理方向，5~8为半导体应用方向，9~12为微电网方向，可任选1组；13~14为限选课程；生态文明、艺术鉴赏、中华优秀传统文化、中外优秀企业文化、国家安全教育、大学语文，只计学分，不计入总课时。

九、教学基本条件

（一）师资队伍

1. 师资队伍结构

光伏工程技术专业应具备一支专兼结合、业务能力强、结构合理的教学团队，师资队伍人数按照生师比 18∶1 配备。配备专业带头人 1~2 人，建议采用双带头人，分别来自学校和企业。“双师型”教师应达到 80%以上，来自企业的兼职教师比例应达到 40%。建议配备 1 名可以讲授国际交往礼仪等公共课程的外籍教师和 1 名可以讲授专业课程的外籍教师。

2. 专任教师

专任教师须满足以下条件：

（1）具有光伏工程技术相关专业大学本科及以上学历；

（2）具备高校教师资格及相关专业技术职务；

（3）具备光伏工程技术及相关领域职业资格证书或行业认证证书或职业技能等级证书（含师资认证）；

（4）具备光伏工程技术专业教学所需的专业知识和能力；

（5）熟悉国际标准和行业企业标准，具有较强的教学、实践和社会服务的能力；

（6）英语水平达到 CET-4 以上，具有较强的与其他语言和文化之间的交流能力；

（7）具有在全球范围内寻找教育资源的意识和能力；

（8）每年累计不少于 1 个月的企业实践经历。

3. 专业带头人

专业带头人须满足以下条件：

（1）具有光伏工程技术相关专业大学本科及以上学历；

（2）具备光伏工程技术及相关领域高等级职业资格证书或行业认证证书或职业技能等级证书（含师资认证）；

（3）具备高级专业技术职务；

（4）具有国际交流、培训经历或国际化企业工作经历；

（5）具有宽广的国际视野、较强的国际观念和国际意识；

（6）能够熟悉行业现状，把握行业发展动态，对行业的发展趋势有深刻且独到的见解；

（7）有较强的专业能力，精通光伏工程相关技术，在光伏电站建设施工、运行维护等领域具有一定的造诣和影响力；

（8）能够很好地把握专业发展方向，指导专业教师成长，带领团队进行专业建设、课程体系建设、课程资源开发等工作。

4. 兼职教师

兼职教师须满足以下条件：

（1）来自生产建设、管理、服务第一线，具有丰富的实际工作经验，了解光伏工程技术专业及相关技术领域发展动态；

（2）具有工程师（含技师）以上的职称资格或 3 年以上实践经验；

（3）具有国际视野和国际意识，具备良好的外语表达能力和逻辑思维能力；

（4）掌握一定的教育教学方法，在教学中能紧密结合工作实践，能够将新能源装备领域的新技术、新方法、新经验及时充实到教学过程中去，使教学内容更贴近社会工作现实。

（二）教学设施

1. 专业教室基本条件

专业教室一般需配备黑（白）板、多媒体计算机、投影设备、音响设备、互联网接入或 Wi-Fi 环境，并具有网络安全防护措施；教室采光应符合 GB/T50033-2013 的有关规定；照明应符合 GB50034-2013 的有关规定；教室内安装应急照明装置并保持良好状态，符合紧急疏散要求，标志明显，保持逃生通道畅通无阻。

2. 校内实训室基本要求

（1）实训教学场所要求

按照国际企业文化 7S 标准进行管理，对校内实训基地进行不断改进、充实和补充，能够独立承担光伏工程技术专业实践教学、实训教学任务，开展学历、非学历教育职业技术技能培训，开展 1+X 认证、国际化认证、国际企业职工培训，承担市赛、国赛重大任务，进行专业研究、技术开发、生产及新技术的应用推广等。

（2）主要教学设备要求

表 11-9 主要实训室教学设备要求

序号	主要实训室名称	功能	主要设备	对接行业企业/标准
1	电气控制与PLC实训室	PLC 电气控制电路设计、安装、调试技能训练	电气控制与PLC实验台	对接西门子、三菱等国内外高端企业的 PLC 应用标准。
2	单片机实验室	单片机控制系统接线、编程、调试技能训练	单片机实验台	对接 Intel、Atmel、台湾义隆等国内外高端企业的单片机应用标准。
3	光伏组件加工实训室	光伏组件制备工艺、光伏产品设计与制作	（1）激光划片机 （2）焊接工作台 （3）光伏组件层压机 （4）光伏组件测试仪	（1）对接光伏电池相关的国家标准：GB/T6495 光伏器件 GB12632—90 单晶硅太阳能电池总规范等； （2）对接隆基、First Solar、晶澳、中环等国内外光伏高端企业实际作业标准。
4	风光互补发电系统实训室	风光互补发电系统安装、调试技能训练	风光互补发电系统实训平台	（1）对接光伏电站建设国家和行业标准：T/CPIA 0011. 1- 2019 户用光伏并网发电系统、GB/T 33599 -2017 光伏发电站并网运行控制规范等； （2）对接隆基、First Solar、晶澳、中环等国内外光伏高端企业实际光伏电站建设标准。
5	光伏电站运维 1+X 实训室	光伏电站运维中级、高级技能培训	（1）光伏电站运维 1+X 设备； （2）光伏运维虚拟仿真。	（1）对接光伏电池相关的国家标准：GB/T 33599-2017 光伏发电站并网运行控制规范、GB/T 31366-2015 光伏发电站监控系统技术要求等； （2）对接隆基、First Solar、晶澳、中环等国内外光伏高端企业实际光伏电站运维标准。

具体设备配置可参考教育部颁布的《高等职业学校光伏发电技术与应用

专业仪器设备装备规范》。

3. 校外实训基地基本要求

充分开展校企合作，建立能实现光伏工程技术专业国际化人才培养目标的稳定的校外实训基地，完成校外专业实习和岗位实习。校外实训基地应具有一定规模和国际化背景，一般为在国际、国内或本地区有一定影响力的光伏相关企业，以保证学生能够接触教学要求中规定的国际化工程项目和典型工作任务，使学生的光伏组件制作、光伏电站建设、运维等核心专业能力得到培养锻炼。主要实习实训项目如表 11-10 所示。

表 11-10　校外实训基地主要实习实训项目

序号	实习基地	实习项目
1	天津三安光电有限公司	光伏电池制造，节能产品制造
2	天津环智新能源有限公司	太阳能电池的研发和制造
3	天津英利新能源有限公司	光伏电池生产、光伏系统集成
4	特变电工京津冀智能科技有限公司	变压器制造及性能检测
5	浙江瑞亚能源科技有限公司	光伏电站运维职业技能培训

4. 学生实习基地基本要求

学生实习基地要求所经营业务和承担的职能要与光伏工程技术专业对口，在本地区本行业有一定知名度和社会影响力，能满足实习学生食宿、学习、劳动保护和卫生等方面的条件，能满足完成教学实习任务的要求，就地就近、相对稳定和节约实习经费开支，能与“学、研、产”一体化相结合，基地建设双方互惠互利、义务分担。

（三）教学资源

根据“国家职业教育改革实施方案”“关于推动职业教育高质量发展的意见”和“职业院校教材管理办法”的相关教学资源要求以及满足区域、专业教学特色要求，优先选用职业教育国家规划教材、全国优秀教材获奖教材、国家级专业教学资源库等，倡导使用新型活页式、工作手册式教材以及结合现代信息技术的云教材等新形态教材，同时选用一定数量的双语教材，并根据人才培养和教学实际需要，融入光伏电站运维职业技能等级证书内容、国家职业技能大赛风光互补发电系统的安装与调试赛项的内容，并结合中高职衔接、百万扩招和光伏合作企业的需求，补充编写反映专业特色的教材、线上教学资源等。

1. 教材

表 11-11 核心课程推荐教材

序号	专业核心课程名称	推荐教材名称	出版社	是否双语
1	太阳能电池及应用技术	《硅太阳能电池：高级原理与实践》	上海交通大学出版社	是
2	应用光伏技术	《光伏技术应用》	化学工业出版社	否
3	光伏电站建设与施工技术	《风光互补发电系统安装与调试》	化学工业出版社	是
4	光伏电站运行与维护	《光伏电站运行与维护》	中国铁道出版社	否
5	供配电技术	《供配电技术》	西安电子科技大学出版社	否

2. 数字化资源

可利用的教学资源库和教学平台如下：

新能源专业教学资源库：http：//qgzyk. 36ve. com/

职教云：https：//zjy2. icve. com. cn/portal/login. html

云教材：https：//www. mosobooks. cn/ms2/

3. 专业图书技术资料

针对光伏工程技术专业国际化融合的发展方向，我们拟推荐以下相关的专业图书资源作为学生学习、实践的学习教辅：

[1]（日）麻时立男，微小世界里的新天地：神奇的薄膜，ISBN：9787030319357，2020-07.

[2]（美）Donald A. Neamen，半导体物理与器件（第四版），ISBN：9787121343216，2021-04.

[3]（美）夸克、瑟达，半导体制造技术，ISBN：9787121260834，2015-06.

（四）教学方法建议

遵循“以学生为中心”，因材施教，专业核心课程实施工程实践创新项目（EPIP）教学模式。专业教学应根据不同的课程与教学内容灵活选用各种教学方法和教学手段，可采用项目教学法、案例教学法、分组教学法、任务教学法、案例教学法、情境教学法、角色扮演法等，让学生通过具体的生产任务掌握知识、技能，做到学以致用；在教学手段上借助网络技术、多媒体技术、模拟仿真技术、生产型设备运用以及营造真实的职业环境，提供有利于学生学习与实践的条件。

（五）教学评价

应充分发挥校企合作育人的作用，共建人才培养质量评价体系，结合课程属性和专业教学目标，实施“过程性评价与终结性评价相结合、个体评价与小组评价相结合、理论学习评价与实践技能评价相结合和素质评价、知识评价、创新创业能力（技能）评价并重的多样化评价方式”，如书面考试、口试、现场操作、提交案例分析报告、工件制作等。进行整体性或过程性评价，保证教学管理运行符合专业建设需要。

十、取证与毕业要求

（一）获取证书

光伏工程技术专业学生经过学习和培训，结合自身具体情况，可以考取表 11-12 的证书。

表 11-12　光伏工程技术专业认证和证书一览表

序号	认证或证书名称	发证单位	备注
1	光伏电站运维职业技能等级证书（中级、高级）	浙江瑞亚能源科技有限公司	选取
2	变配电运维职业技能等级证书（中级）	国家电网	选取
3	可编程控制系统应用编程职业技能等级证书	无锡信捷电气股份有限公司	选取

（二）毕业要求

本专业的毕业要求：学生通过规定年限的学习，须修满专业人才培养方案所规定的学时学分，完成规定的教学活动，毕业时应达到素质、知识和能力等方面要求，取得教学计划中规定的 139 学分，并获得大学生素质教育学分 18 学分。

十一、质量保障

1. 学校和二级院系应建立专业建设和教学质量诊断与改进机制，健全专业教学质量监控管理制度，完善课堂教学、教学评价、实习实训、毕业设计以及专业调研、人才培养方案更新、资源建设等方面质量标准建设，通过教学实施、过程监控、质量评价和持续改进，达成人才培养规格。

2. 学校和二级院系应完善教学管理机制，加强日常教学组织运行与管理，定期开展课程建设水平和教学质量诊断与改进，建立健全巡课、听课、评教、评学等制度，建立与企业联动的实践教学环节督导制度，严明教学纪律，强化教学组织功能，定期开展公开课、示范课等教研活动。

3. 学校建立毕业生跟踪反馈机制及社会评价机制，并对生源情况、在校生学业水平、毕业生就业情况等进行分析，定期评价人才培养质量和培养目标达成情况。

4. 专业教学委员会充分利用评价分析结果有效改进专业教学，持续提高人才培养质量。

天津轻工职业技术学院：沈 洁 孙 艳 马思宁 侯俊芳 王宝龙 崔立鹏

天津机电职业机电学院：王祥文

杭州瑞亚教育科技有限公司：桑宁如

明阳智慧能源股份有限公司：马学亮

天津英利光伏电站技术开发有限公司：王艳越

第三节 新能源装备技术专业国际化专业教学标准

一、专业名称（专业代码）（中英文对照）

新能源装备技术（460204）

New energy equipment technology

二、入学要求

普通高级中学毕业生、中等职业学校毕业或具备同等学力

三、修业年限

全日制三年

四、职业面向

本专业毕业生面向新能源装备制造企业，从事风力发电、光伏发电设备的生产制造、安装调试、技术服务等相关岗位工作。面向的主要职业岗位如表 11-13 所示。

表 11-13 新能源装备技术专业职业面向

所属专业大类（代码）	所属专业类（代码）	对应行业（代码）	主要职业类别（代码）	主要岗位群或技术领域举例	职业技能等级证书或行业影响力证书
装备制造大类（46）	机电设备类（4602）	通用设备制造业（34） 电气机械和器材制造业（38）	机械制造工程技术人员（2-02-07-02） 机械设备修理人员（6-31-01）	风力发电、光伏发电设备生产制造、安装调试、技术服务	智能制造设备安装与调试职业技能等级证书、可编程控制系统应用编程职业技能等级证书、特种作业操作证（低压电工作业）

五、培养目标与培养规格

（一）培养目标

本专业培养理想信念坚定，德智体美劳全面发展，具有一定的科学文化水平，较高的英语水平，良好的人文素养、职业道德、创新意识和劳动精神，

精益求精的工匠精神，具有较好的国际视野、跨文化交流与合作能力、就业能力和可持续发展能力；通晓国际产业发展最新技术标准，面向国内外风力发电、光伏发电装备制造类企业的发展需求，培养掌握新能源设备的制造、安装、调试等知识和技术技能，能够从事国内或国际风力发电设备生产制造与安装调试、光伏组件生产加工、光伏发电系统安装与调试、新能源装备售后技术服务等具有国际化能力要求的相关岗位工作，掌握国际先进技术和应用能力的高素质、复合型技术技能人才。

（二）培养规格

1. 素质

（1）坚定拥护社会主义制度和中国共产党的领导，了解国家政策和发展战略，具有较高的政治思想素质，能时刻与党和国家的方针政策保持一致；

（2）具有深厚的家国情怀和民族自豪感，在复杂的国际环境中坚定自身立场，时刻保持中华民族的人格和国格，能自觉维护国家形象和企业的国际形象；

（3）具有宽广的国际视野，尊重多元文化；

（4）遵法守纪、崇德向善、诚实守信、尊重生命、热爱劳动，履行道德准则和行为规范，具有社会责任感和社会参与意识；

（5）具有较强的集体意识和团队合作精神，乐观向上，具有自我管理能力和职业生涯规划的意识；

（6）具有健康的体魄、心理和人格，有良好的卫生习惯和行为习惯，掌握1—2项运动技能；

（7）具有一定的审美和人文素养，能够形成1—2项艺术特长或爱好；

（8）具有一定的英文沟通能力和书面认读能力。

2. 知识

（1）了解中国传统文化知识；

（2）了解其他国家宗教、习俗、禁忌、法律等文化知识；

（3）了解“一带一路”沿线国家的历史、文化和宗教，掌握国际交往基本礼仪；

（4）了解国际通用机械、电气控制规范知识及标准；

（5）掌握国际化企业常用软件 Portel、AutoCAD 等操作方法；

（6）掌握国际风电设备的安装技术标准与调试操作规程及国际标准；

（7）掌握国际化大型企业风力发电的基本原理、风电场及其相关设备运行特点和技术要求；

（8）掌握国际新能源（太阳能、风能等）装备的生产流程和制造工艺。

3. 能力

（1）具备国际化企业工作沟通所需要的听、说、读、写等外语基本能力；

（2）具备用英语（或其他语种）进行专业技术交流的能力；

（3）具备跨国文化理解能力和处理文化差异能力；

（4）具备国际化企业适应国外操作环境灵活处理问题的能力；

（5）具备国际化企业风力发电机组零部件组装的能力、系统测试及简单故障排除的能力、风机设备调试的能力；

（6）具备国际化企业工作所需的电气线路安装与检修的能力、机械部件安装与检修的能力；

（7）具备国际化企业新能源（太阳能、风能等）工程装备操作和管理的能力；

（8）具备国际化企业新能源（太阳能、风能等）装备现场安装和生产调试的能力。

六、主要接续专业

本专业毕业生可以接续本科专业：装备智能化技术（260201）

七、课程设置及学时安排

（一）职业能力分析

通过对新能源装备制造企业调研，针对风力发电、光伏发电设备的生产制造、安装调试、技术服务等相关岗位分析，结合新能源装备技术专业“智能制造设备安装与调试”“可编程控制系统应用编程”等职业技能等级证书、特种作业操作证（低压电工作业）要求，形成本专业核心岗位职业能力及素质要求。本专业职业能力分析见表11-14。

表 11-14 新能源装备技术专业职业能力分析表

序号	核心岗位	岗位描述	职业能力及素质要求	对接国际资格认证或国内高端企业认证的能力和素质分析
1	风力发电设备生产制造岗	(1) 能够对风机进行生产、装配； (2) 能够对控制系统、传动系统等装置进行装配。	职业能力： (1) 具备机组装配的前期准备工作能力； (2) 具备塔架、机头部分、控制系统、传动系统、齿轮箱、变桨系统、液压系统、偏航系统、蓄能装置的装配能力。 职业素质： (1) 具有良好的团队合作精神和职业素养； (2) 具有良好的社会沟通能力。	(1) 对接行业认证的风力发电机组机械装调工； (2) 对接电气安装工的能力要求，根据项目要求和相关指导文件，装配组件、接通电气、搭建与调试产线、采集部署工业数据等能力和素质要求。
2	风电机组安装与调试岗	(1) 风力发电机组厂内安装与调试； (2) 风力发电机组现场安装与调试。	职业能力： (1) 具备机组装配的前期准备工作能力； (2) 具备塔架、机头部分、控制系统、传动系统、齿轮箱、变桨系统、液压系统、偏航系统、蓄能装置的安装与调试能力。 职业素质： (1) 具有良好的团队合作精神和职业素养； (2) 具有良好的社会沟通能力。	(1) 对接上海电气自动化设计研究所有限公司智能制造设备安装与调试职业技能等级证书； (2) 对接特种作业操作证（低压电工作业）证书； (3) 达到新能源装备企业安装、调试的能力和素质要求。
3	光伏组件生产制造岗	(1) 光伏组件生产操作； (2) 光伏电池产品工艺（质量）检测。	职业能力： (1) 具备电池片检测、焊接；(2) 具备光伏组件生产设备操作能力。 职业素质： (1) 具备安全意识，掌握规范操作方法； (2) 具备工匠精神，爱岗敬业。	(1) 对接 IEC61215 地面用光伏（PV）组件设计规范和形式标准； (2) 达到熟悉光伏电池及其组件的制作工艺能力和素质要求。

续表

序号	核心岗位	岗位描述	职业能力及素质要求	对接国际资格认证或国内高端企业认证的能力和素质分析
4	光伏发电设备安装与调试岗	（1）光伏电池组件安装； （2）光伏发电系统安装、接线和调试。	职业能力： （1）具备电池片检测、焊接能力；（2）具备光伏组件生产设备控制和逆变部分相应器件的安装、接线和调试操作能力。 职业素质： （1）具备安全意识，掌握规范操作方法； （2）具备工匠精神、爱岗敬业。	（1）对接上海电气自动化设计研究所有限公司智能制造设备安装与调试职业技能等级证书； （2）对接特种作业操作证（低压电工作业）证书； （3）达到新能源装备企业安装、调试的能力和素质要求。

（二）课程体系架构

按照“一带一路”沿线国家新能源产业建设需要和国际新能源装备企业对人才的能力要求，对接智能制造设备安装与调试职业技能等级证书标准和机电工程技术实践创新等赛项的竞赛内容，与业内知名企业开展深度校企合作，实践工程实践创新项目（EPIP）教学模式，将课程思政融入人才培养全过程，构建包含公共基础课、专业基础课、专业核心课、专业拓展课的新能源装备技术专业课程体系。课程体系框架如图 11-4 所示。

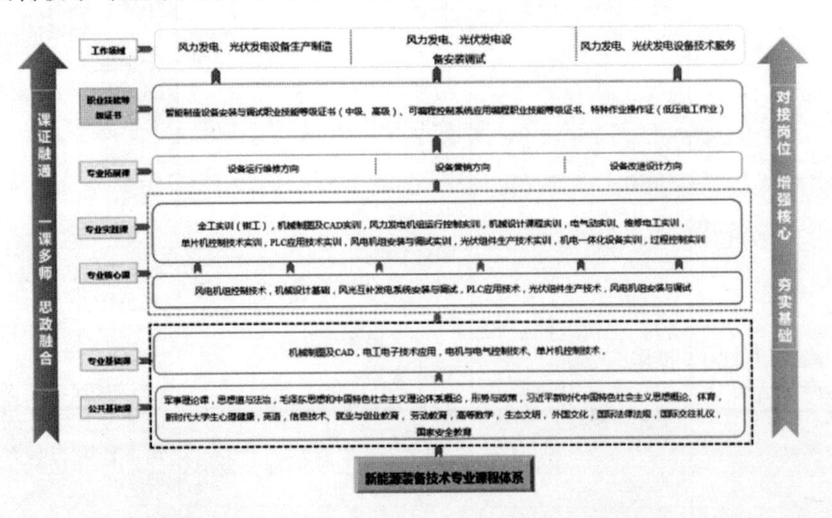

图 11-4　新能源装备技术专业国际化课程体系

（三）课程设置

1. 公共基础课

根据党和国家有关文件的规定，开设军事理论课、思想道德与法治、毛泽东思想和中国特色社会主义理论体系概论、形势与政策、习近平新时代中国特色社会主义思想概论、体育、新时代大学生心理健康等公共基础必修课。

将英语、信息技术、高等数学、就业与创业教育、劳动教育、生态文明、外国文化、国际交往礼仪、国际法律法规等课程列入公共限选课。

2. 专业课程

（1）专业基础课

开设 4 门专业基础课程，包括机械制图及 CAD、机械装配工艺、电工电子技术应用、单片机控制技术。

选择 1 门专业基础课程采用双语进行教学：机械制图及 CAD。

（2）专业核心课程

开设 6 门专业核心课程，包括机械设计基础、风电机组安装与调试、风电机组控制技术、PLC 应用技术、风光互补系统安装与调试、光伏组件生产技术，与智能制造设备安装与调试职业技能等级证书内容融合融通，与新能源装备的生产制造、安装调试、技术服务岗位的主要环节相对应。

选择 1 门专业基础课程和 1 门专业核心课程，采用双语进行教学，如机械制图及 CAD、风光互补发电系统安装与调试。

（3）专业拓展课程

以“1+X”职业技能等级证书和新能源装备技术在不同行业的应用为纽带，构建多个专业拓展方向，每个方向开设 3~4 门专业拓展课程。引导学生根据实际情况选修 1 个拓展方向的课程。建议开设以下专业拓展方向：

①设备运行维修方向，开设课程包括传感技术与应用、电气安全技术、光伏电站运行维护课程。

②设备营销方向，开设课程包括产品营销与技术服务、物流技术、西方经济学。

③设备改进设计方向，开设课程包括机电设备结构和工作原理、机电设备改造方案设计与实施、机电设备调试与检验。

3. 专业核心课程主要教学内容

新能源装备技术专业核心课程主要教学内容如表 11-15 所示。

表 11-15 新能源装备技术专业核心课程主要教学内容

序号	专业核心课程	主要教学内容	对接要点
1	机械设计基础	（1）常用平面机构项目； （2）学会运用“手册”和“标准”； （3）常用标准零件项目。	（1）对接先进国家机械设计标准； （2）智能制造设备安装与调试 1+X 证书。
2	风电机组控制技术	（1）风力发电基础理论； （2）控制系统执行机构及传感器； （3）风力发电机组控制系统； （4）风力发电机组并网技术。	（1）对接国家电气相关的国家标准：GB50055-2011； （2）对接可编程控制系统应用编程 1+X 证书。
3	风电机组安装与调试	（1）装配基础知识； （2）风电机组机舱的安装与调试； （3）风电机组叶轮的安装与调试； （4）风电机组电气部件的安装与调试； （5）风电机组的装运与储存。	（1）对接风力发电机组装配和安装规范的国家标准：GB/T 19568-2004； 对接特种作业操作证（低压电工作业）证书。
4	PLC 应用技术	（1）PLC 工作原理； （2）等效电路； （3）硬件结构、软件编程知识； （4）PLC 硬件电路排线。	（1）对接国际智能装备行业新技术新标准； （2）对接可编程控制系统应用编程 1+X 证书。
5	风光互补系统安装与调试	（1）安装调试光伏追日跟踪系统； （2）风力机特性仿真； （3）离网型逆变器原理与系统测试； （4）光伏发电系统运行调试； （5）风光互补发电系统运行与调试； （6）能源监控管理系统组态。	（1）对接离网型风力发电机组安装规范； （2）对接光伏系统并网技术要求； （3）对接可编程控制系统应用编程 1+X 证书。
6	光伏组件生产技术	（1）光伏电池基本分类； （2）晶硅电池的特性及制备； （3）晶硅电池组件的生产； （4）薄膜电池的特性及制备。	对接隆基、First Solar、晶澳、中环等国内外光伏高端企业的光伏电池生产、设备操作和电池检测的能力。

4. 实践性教学内容

以培养新能源装备技术的核心能力为主线构建实践课程体系，注重职业道德和职业素养的养成。在实践教学体系中，安排了基础实训、专业实训、岗位实习和毕业设计三个模块，充分体现了学生动手能力的培养过程是从专业基础能力到专业核心能力再到专业综合能力。实践教学体系框架如图 11-5 所示。

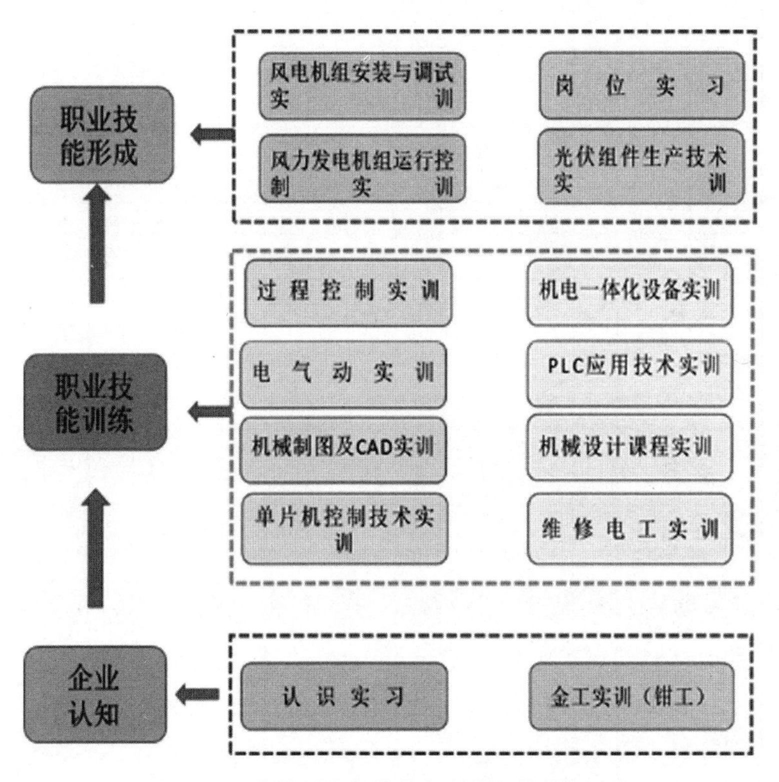

图 11-5 新能源准备技术专业实践教学体系图

八、教学进程总体安排

表 11-16　新能源装备技术专业教学进程安排表

课程类别		序号	课程	学时				学分	考试	考查	学时分配					
				合计	理论教学	实验实训	集中实践教学				第一学年		第二学年		第三学年	
											1	2	3	4	5	6
											15/20	15/20	13/20	14/20	8/20	0/20
公共基础课程	必修课	1	军事理论课	36	36			2		√		–				
		2	思想道德与法治	48	40	8		3	√		4×12					
		3	毛泽东思想和中国特色社会主义理论体系概论	64	56	8		4	√			4×16				
		4	形势与政策	40	40			1		√	–	–	–	–	–	
		5	习近平新时代中国特色社会主义思想概论	36	36			2		√			2×18			
		6	体育	108	36	72		7		√	2×14	2×13	2×13	2×14		
		7	新时代大学生心理健康	32	26	6		2		√	2×16					
		小计		364	270	94		21			8	6	4	2	0	0
	限选课	1	英语	160	160			10	1、2√	3√	4×16	4×16	2×16			
		2	信息技术	64	32	32		4	√		4×16					
		3	高等数学	80	80			5	1√	2√	4×13	2×14				
		4	就业与创业教育	40	20	20		2. 5		√	–	–	–	–		
		5	劳动教育	16	16			1		√		–	–	–	–	

续表

课程类别		序号	课程	学时				学分	考试	考查	学时分配					
				合计	理论教学	实验实训	集中实践教学				第一学年		第二学年		第三学年	
											1	2	3	4	5	6
											15/20	15/20	13/20	14/20	8/20	0/20
公共基础课程	限选课	6	生态文明	16	16			1		√		-				
		7	外国文化	16	16			1		√	-	-	-	-		
		8	国际法律法规	32	32			2		√		2×16				
		9	国际交往礼仪	30	30			2		√	2×15					
		10	国家安全教育	16	16			1		√			-			
		小计		360	308	52		29. 5			12	6	2	0	0	0
	选修课	1	日语	32	32			2		√			2×8+ 4×4			
		2	专业英语	32	32			2		√			2×8+ 4×4			
		3	新能源发电技术与利用	32	32			2		√			2×8+ 4×4			
		4	能源管理技术与应用	32	32			2		√			2×8+ 4×4			
		小计		32	32			2					2			

续表

课程类别		序号	课程	学时				学分	考试	考查	学时分配					
				合计	理论教学	实验实训	集中实践教学				第一学年		第二学年		第三学年	
											1	2	3	4	5	6
											15/20	15/20	13/20	14/20	8/20	0/20
专业(技能)课程	必修课	1	机械制图及 CAD $	94	62	32		6	1√	2√	4	4				
		2	风电机组控制技术 *	48	32	16		3		√				4		
		3	机械设计基础 *	78	52	26		5	2√	3√		4×13	2			
		4	电工电子技术应用	56	38	18		3. 5	√			4				
		5	风光互补发电系统安装与调试 * $	64	42	22		4	√				6			
		6	单片机控制技术	48	24	24		3	√				4×12			
		7	PLC 应用技术 *	56	28	28		3. 5	√					4		
		8	光伏组件生产技术 *	64	38	26		4	√					4		
		9	风电机组安装与调试 *	70	46	24		4	√					4		
		10	电机与电气控制技术	32	22	10		2		√			4			
		小计		610	384	226		38			4	12	16	16	0	0
	选修课	1	（1 组）传感技术与应用	32	20	12		2		√					4	
		2	（1 组）电气安全技术	32	20	12		2		√					4	
		3	（1 组）光伏电站运行维护	32	20	12		2		√					4	

续表

课程类别		序号	课程	学时				学分	考试	考查	学时分配					
				合计	理论教学	实验实训	集中实践教学				第一学年		第二学年		第三学年	
											1	2	3	4	5	6
											15/20	15/20	13/20	14/20	8/20	0/20
专业（技能）课程	选修课	4	（2组）产品营销与技术服务	32	20	12		2		√					4	
		5	（2组）物流技术	32	16	16		2		√					4	
		6	（2组）西方经济学	32	16	16		2		√					4	
		7	（3组）机电设备结构和工作原理	32	16	16		2		√					4	
		8	（3组）机电设备改造方案设计与实施	32	16	16		2		√					4	
		9	（3组）机电设备调试与检验	32	16	16		2		√					4	
		小计		96	60	36		6			0	0	0	0	12	0
	限选课	1	人工智能	16	16			1		√					2×8	
		2	创新创业实务	32	8	24		2		√				4×8		
		3	创新创业实践	8		8		0. 5		√				–		
		小计		56	24	32		3. 5			0	0	0	4	2	0

续表

课程类别		序号	课程	学时				学分	考试	考查	学时分配					
				合计	理论教学	实验实训	集中实践教学				第一学年		第二学年		第三学年	
											1	2	3	4	5	6
											15/20	15/20	13/20	14/20	8/20	0/20
实习实训	必修课	1	金工实训（钳工）	30			30	1		√	1周					
		2	机械制图及CAD实训	30			30	1		√		1周				
		3	风力发电机组运行控制实训	30			30	1		√		1周				
		4	机械设计课程实训	30			30	1		√			1周			
		5	电气动实训	60			60	2		√		1周	1周			
		6	维修电工实训	60			60	2		√			2周			
		7	单片机控制技术实训	30			30	1		√			1周			
		8	PLC应用技术实训	30			30	1		√				1周		
		9	风电机组安装与调试实训	30			30	1		√				1周		
		10	光伏组件生产技术实训	60			60	2		√				2周		
		11	机电一体化设备实训	30			30	1		√					1周	
		12	过程控制实训	30			30	1		√					1周	
		13	岗位实习	600			600	20		√					8周	12周
		小计		1050			1050	35			1周	3周	5周	4周	10周	12周

续表

课程类别		序号	课程	学时				学分	考试	考查	学时分配					
				合计	理论教学	实验实训	集中实践教学				第一学年		第二学年		第三学年	
											1	2	3	4	5	6
											15/20	15/20	13/20	14/20	8/20	0/20
毕业环节	必修课		毕业设计	150			150	5		√						5周
			小计	150			150	5								5周
实践活动	必修课		军训	60				1			2周					
			劳动技术	16				1			4	4	4	4		
			入学教育	16				1			16					
			毕业教育	16				1							16	
			社会实践	16				1			4	4	4	4		
总课时（学分）				2718	1078	440	1200	145			24	24	16	22	14	0

说明：
1. 专业核心课程名称后标记“＊”，双语课程名称后标记“＄”；
2. 设备运行维修方向选（1组）课程；设备营销方向选（2组）课程；设备改进设计方向选（3组）课程。

九、教学基本条件

（一）师资队伍

1. 师资队伍结构

新能源装备技术专业应具备一支师德师风高尚、业务能力强、专兼结合、结构合理的教学团队，师资队伍人数按照生师比不高于 18：1 配备。配备有专业带头人 1~2 人，建议采用双带头人，选择来自学校的专业带头人和来自企业的专业带头人各 1 人。

专业专任教师应具备一定的企业工作经验，取得与本专业相关的职业资格证书和职业技能等级相关证书，“双师型”教师应达到 80% 以上。建议配备 1 名可以讲授国际交往礼仪、外国文化等公共课程的外籍教师和 1 名可以讲授专业课程的外籍教师。

来自企业的兼职教师应具有丰富的实际工作经验并掌握一定的教育教学方法，兼职教师比例应达到 40%。

教学团队成员应达到 CET-4 及以上的英语水平，能使用双语进行教学。

2. 专任教师

专任教师必须满足以下条件：

（1）具有新能源装备技术相关专业大学本科及以上学历，35 岁以下青年教师应具有硕士研究生及以上学历（学位）；

（2）具备高校教师资格及相关专业技术职务；

（3）具备新能源装备及相关领域职业资格证书或行业认证证书或职业技能等级证书（含师资认证）；

（4）具备新能源装备技术专业教学所需的专业知识和能力；

（5）熟悉国际标准和行业企业标准，具有较强的教学、实践和社会服务的能力；

（6）每 5 年累计不少于 6 个月以上的企业实践经历。

3. 专业带头人

专业带头人必须满足以下条件：

（1）具有新能源装备技术相关专业大学本科及以上学历；

（2）具备新能源装备技术及相关领域高等级职业资格证书或行业认证证书或职业技能等级证书（含师资认证）；

（3）具备高级专业技术职务；

（4）具有国际交流、培训经历或国际化企业工作经历；

（5）能够熟悉行业现状，把握行业发展动态，对行业的发展趋势有深刻且独到的见解；

（6）有较强的专业能力，精通新能源装备相关技术，在新能源装备加工、控制等领域具有一定的造诣和影响力；

（7）能够很好地把握专业发展方向，指导专业教师成长，带领团队进行专业建设、课程体系建设、课程资源开发等工作。

4. 兼职教师

兼职教师必须满足以下条件：

（1）来自生产建设、管理、服务第一线，具有丰富的实际工作经验，了解新能源装备技术专业及相关技术领域发展动态；

（2）具有工程师（含技师）以上的职称资格或3年以上实践经验；

（3）具有国际视野和国际意识，具备良好的外语表达能力和逻辑思维能力；

（4）掌握一定的教育教学方法，在教学中能紧密结合工作实践，能够将新能源装备领域的新技术、新方法、新经验及时充实到教学过程中去，使教学内容更贴近社会工作现实。

（二）教学设施

1. 专业教室基本条件

专业教室一般需配备黑（白）板、多媒体计算机、投影设备、音响设备、互联网接入或 Wi-Fi 环境，并具有网络安全防护措施；教室采光应符合 GB/T50033-2013 的有关规定；照明应符合 GB50034-2013 的有关规定；教室内安装应急照明装置并保持良好状态，符合紧急疏散要求，标志明显，保持逃生通道畅通无阻。

2. 校内实训室基本要求

（1）实训教学场所要求

实训基地场所建设要按照统筹规划和“开放、联合、共享、协作”的原则，按照国际企业文化7S标准进行管理，对校外实训基地和校内实训基地进行不断改进、充实和补充，将原有校内实训基地改建分为基础实验、基础实训、专业实验和专业实训不同部分，增加双语标志及双语教材，能够独立承担我院光伏工程技术专业实践教学、实训教学任务，开展学历、非学历教育职业技术技能培训，开展1+X认证、国际化认证、国际企业职工培训，承担市赛、国赛重大任务，进行专业研究、技术开发、生产及新技术的应用推广等。逐步发展为集“教学、培训、鉴定、生产、新技术推广及应用、技术研发”为一体的国际化示范性基地。

（2）主要教学设备要求

见表 11-17 所示：

表 11-17　主要实训室教学设备要求

序号	主要实训室名称	功能	主要设备	对接行业企业/标准
1	机械制图实训室	（1）典型零部件的三视图绘制、零件的表达方式；（2）标准件的绘制；（3）机械装配体的拆装和绘制及拆装和测绘工具的使用。	工程制图实训台、工程制图绘图工具、数字化绘图设备	对接 GB/T 14665-1998 机械工程 CAD 制图规则
2	可编程控制器实训室	（1）认识 PLC 等效电路图，完成基本程序的开发；（2）完成配套实训项目程序的开发与调试；（3）实现 PLC 的以太网通信。	可编程控制器操作平台、实验板、导线	对接 GB/T5969.2 可编程控制器国家标准
3	风电机组安装与调试实训室	（1）风电机组整机厂内安装与调试实训；（2）风电场整机吊装与调试实训。	风力发电机组装配与调试实训装置、龙门吊、装配工具	对接天津明阳风电设备有限公司风电机组安装与调试的实际作业标准；对接 GB/T 19568-2017 风力发电机组装配和安装规范
4	光伏组件生产实训室	（1）光伏组件制备工艺；（2）光伏产品设计与制作。	激光划片机、焊接工作台、光伏组件层压机、光伏组件测试仪、光伏电池装框机、裁剪台、电池阵列铺设检测台、观测架	IEC61194-独立光伏系统的特性参数 IEC60904-1 光伏电流-电压特性的测量

续表

序号	主要实训室名称	功能	主要设备	对接行业企业/标准
5	风光互补发电系统实训室	(1)风光互补发电系统安装、调试技能训练; (2)能源监控管理系统组态。	模拟光源跟踪装置、模拟风能装置、模拟能源控制系统、能源转换储存控制系统、并网逆变控制系统、能源监控管理系统	对接GB/T 14048.5-2001低压开关设备和控制设备第5-1部分控制电路电器和开关元件机电式控制电路电器
6	风电机组控制实训室	(1)风电机组结构认知; (2)风电机组运行过程虚拟仿真; (3)风电机组控制系统运行调试。	风电机组控制虚拟仿真系统、数据交换中心、机舱运行调试平台、变桨系统运行调试平台、发电系统运行调试平台	对接天津瑞能电气有限公司风电机组控制实际作业标准;对接T/CEEIA 405-2019风力发电机组智能控制技术规范

3. 校外实训基地基本要求

充分开展校企合作，建立能实现新能源装备技术专业国际化人才培养目标的稳定的校外实训基地，完成校外专业实习和岗位实习。校外实训基地应具有一定规模和国际化背景，一般为在国际、国内或本地区有一定影响力的新能源装备企业，以保证学生能够接触教学要求中规定的国际化工程项目和典型工作任务，使学生的风力发电、光伏发电设备装配、安装与调试等核心专业能力得到培养锻炼。主要实习实训项目，如表11-18所示。

表11-18 校外实训基地主要实习实训项目

序号	实习基地名称	实习项目
1	天津瑞能电气有限公司	风电机组控制系统的装配与调试、运行与维护
2	天津明阳风电设备有限公司	风电机组的装配与调试，风电机组运行、维护与检修
3	特变电工京津冀智能科技有限公司	变压器绕线工艺、变压器器身装配工艺、变压器引线工艺、变压器真空处理工艺、变压器总装配工艺

续表

序号	实习基地名称	实习项目
4	天津英利新能源有限公司	光伏电池生产、光伏系统集成
5	上海电气自动化设计研究所有限公司	智能制造设备安装与调试职业技能等级证书培训

4. 学生实习基地基本要求

具有稳定的校外实习基地，能提供足够的工位和岗位完成风力、光伏发电设备生产制造，风力、光伏发电设备安装与调试，新能源装备技术服务等相关实习，能涵盖当前新能源装备制造产业发展的主流技术。配备相应数量的指导教师对学生进行指导和管理，有保障实习安全、顺利进行的规章制度和保险等保障措施。以有国际化背景的或直接在境外设置的学生实习基地为主。

（三）教学资源

根据“国家职业教育改革实施方案”“关于推动职业教育高质量发展的意见”和“职业院校教材管理办法”的相关教学资源要求，紧紧围绕京津冀区域新能源装备产业发展要求，优先选用职业教育国家规划教材、全国优秀教材奖获奖教材、国家级专业教学资源库等，倡导使用融合新能源装备技术产业岗位要求、对接1+X职业技能等级证书要求和全国职业院校技能大赛要求的新型活页式、工作手册式教材以及结合现代信息技术的新形态教材，同时应选用一定数量的双语教材或根据人才培养和教学实际需要，补充编写反映专业特色的教材、线上教学资源等。

1. 教材

见表11-19所示：

表11-19　新能源装备技术专业核心课程推荐教材一览表

序号	专业核心课程名称	推荐教材名称	出版社	是否双语
1	机械制图及CAD	《机械制图及CAD》	北京师范大学出版社	否
2	风光互补发电系统安装与调试	《风光互补发电系统安装与调试》	化学工业出版社	是

续表

序号	专业核心课程名称	推荐教材名称	出版社	是否双语
3	PLC 应用技术	《PLC 应用技术》	机械工业出版社	否
4	风电机组控制技术	《风力发电机组控制技术》	化学工业出版社	否
5	光伏组件生产技术	《硅材料与太阳能电池》	机械工业出版社	否
6	机械设计基础	《机械设计基础》	北京邮电大学出版社	否
7	风电机组安装与调试	《风力发电机组安装与调试》	化学工业出版社	否

2. 数字化资源

（1）多媒体教学条件：具有适应专业教学的多媒体教室和配套的专业教学资料（幻灯、录像、课件、仿真软件等）。校园网满足教学和学习要求。具有必备的专业通用软件，并能满足专业教学的需要。

（2）网络教学条件：建有 1 门在线开放课程：电机与电气控制技术，以及 1 门优质核心课程：单片机控制技术。教学资源包括教学标准、教学课件、实践项目、案例分析、课题练习、试题测试、教学设计、教学实施、教学评价、视频、微课等教学素材。

电机与电气控制技术网站：https：//ke. qq. com/course/349150？taid=2845123776173022

3. 专业图书技术资料

表 11-20 新能源装备技术专业图书技术资料

序号	图书名	作者	出版社
1	*Materials Selection in Mechanical Design*	Michael F. Ashby	Butterworth-Heinemann
2	*3D Printing and Ubiquitous Manufacturing*	Chen	Springer Berlin Heidelberg

续表

序号	图书名	作者	出版社
3	*Fundamentals of machine manufacturing*	刘旺玉，Claudio R. Boër	华南理工大学出版社
4	*3D Printing of Metals*	Manoj Gupta	Mdpi A Publish

（四）教学方法

专业核心课程实施工程实践创新项目（EPIP）教学模式。专业教学应根据不同的课程与教学内容灵活选用各种教学方法和教学手段，可采用项目教学法、案例教学法、分组教学法、任务教学法、情境教学法、角色扮演法等，让学生通过具体的生产任务掌握知识、技能，做到学以致用；在教学手段上借助于网络技术、多媒体技术、虚拟仿真技术、生产型设备运用以及营造真实的职业环境，提供有利于学生学习与实践的条件。

（五）教学评价

充分发挥校企合作育人的作用，共建人才培养质量评价体系，结合课程属性和专业教学目标，实施“过程性评价与终结性评价相结合、个体评价与小组评价相结合、理论学习评价与实践技能评价相结合”和素质评价、知识评价、创新创业能力（技能）评价并重的多样化评价方式。如课程项目作业评价、课内项目竞赛评价、提交案例分析调研报告、设计制作等，进行整体性或过程性评价，保证教学管理运行符合专业建设需要。如书面考试、口试、现场操作、提交案例分析报告、工件制作等。

十、取证与毕业要求

（一）获取证书

新能源装备技术专业学生经过学习和培训，结合自身具体情况，可以考取如表 11-21 所示的认证和证书。

表 11-21　新能源装备技术专业认证和证书一览表

序号	认证或证书名称	发证单位	备注
1	智能制造设备安装与调试职业技能等级证书（中级、高级）	上海电气自动化设计研究所有限公司	必取

续表

序号	认证或证书名称	发证单位	备注
2	可编程控制系统应用编程职业技能等级证书	无锡信捷电气股份有限公司	选取
3	特种作业操作证（低压电工作业）	中华人民共和国应急管理部	选取
4	Autodesk Certified Associate（初级）	欧特克有限公司	选取

（二）毕业要求

本专业的毕业要求为：学生通过规定年限的学习，须修满专业人才培养方案所规定的学时学分，完成规定的教学活动，毕业时应达到的素质、知识和能力等方面要求，取得教学计划中规定的145学分。

十一、质量保障

1. 学校和二级院系应建立专业建设和教学质量诊断与改进机制，健全专业教学质量监控管理制度，完善课堂教学、教学评价、实习实训、毕业设计以及专业调研、人才培养方案更新、资源建设等方面质量标准建设，通过教学实施、过程监控、质量评价和持续改进，达成人才培养规格。

2. 学校和二级院系应完善教学管理机制，加强日常教学组织运行与管理，定期开展课程建设水平和教学质量诊断与改进，建立健全巡课、听课、评教、评学等制度，建立与企业联动的实践教学环节督导制度，严明教学纪律，强化教学组织功能，定期开展公开课、示范课等教研活动。

3. 学校建立毕业生跟踪反馈机制及社会评价机制，并对生源情况、在校生学业水平、毕业生就业情况等进行分析，定期评价人才培养质量和培养目标达成情况。

4. 专业教学委员会充分利用评价分析结果有效改进专业教学，持续提高人才培养质量。

天津轻工职业技术学院：姚嵩、郭瑞华、王欣、李良君、李娜
天津明阳风电设备有限公司：何昌国
英利集团有限公司：吴翠姑